# 工业机器人系统及其先进控制方法

宋永端　编著



科学出版社
北　京

## 内 容 简 介

本书介绍工业机器人的组成、驱动方式、关键技术及应用，包括工业机器人的体系结构、驱动方式、传感器信息处理、控制理论应用、柔性关节驱动、网络通信与协同等多个方面。本书通过系统和详实的分析，向读者展现工业机器人的基本组成、驱动方式、动力学与运动学建模分析方法、基于动力学与运动学的控制设计方法、基于多智能体技术的分布式协同控制方法、柔性关节建模技术及运动控制方法、工业机器人现场通信技术与实现方法，以及一类工业机器人系统设计与应用案例，旨在培养读者掌握工业机器人分析与控制设计方法和实际应用能力。

本书可作为高等院校及科研机构控制工程与技术、工业自动化、机电工程等专业的高年级本科生及研究生教材，亦可供从事相关专业的工作人员参考。

**图书在版编目(CIP)数据**

工业机器人系统及其先进控制方法 / 宋永端编著. — 北京：科学出版社，2019.4（2023.2 重印）

ISBN 978-7-03-061042-3

Ⅰ. ①工…　Ⅱ. ①宋…　Ⅲ. ①工业机器人-系统设计　Ⅳ. ①TP242.2

中国版本图书馆 CIP 数据核字（2019）第 070737 号

责任编辑：张　展　孟　锐 / 责任校对：彭　映
责任印制：罗　科 / 封面设计：墨创文化

科 学 出 版 社 出版
北京东黄城根北街16 号
邮政编码：100717
http://www.sciencep.com

成都锦瑞印刷有限责任公司印刷
科学出版社发行　各地新华书店经销

*

2019 年 4 月第　一　版　　开本：787×1092　1/16
2023 年 2 月第二次印刷　　印张：15 1/4
字数：362 000

**定价：120.00 元**

（如有印装质量问题，我社负责调换）

# 序　　言

工业机器人主要包含精密减速器、伺服电机、控制系统与本体四大部分，是典型的机电一体化、数字化装备，具备技术附加值高、应用范围广等特点。作为先进制造业的支撑技术和信息化社会的新兴产业，工业机器人是机械设计、传感器技术、计算机技术、控制技术、通信技术等多领域、多学科融合的产物，在工业生产中占据越来越重要的地位，也对社会发展起着越来越大的推动作用。

目前，工业机器人研究与应用的重点和难点，主要在于如何使单台甚至多台工业机器人在高度不确定、复杂、动态的环境下，独立或共同完成某项任务，即工业机器人需要同时具备鲁棒性、智能性以及协同性。这方面的研究，不仅可以推动相关学科的发展、科学技术的进步，同时其应用也将带动工业机器人产业的发展，促进工业生产和组织形式的变革。

本书是作者依据自身多年的研究工作，吸收和借鉴国内外相关文献内容编著而成的。全书遵循理论联系实际、原理与应用结合、突出研究重点、服务实际需求的原则，既注重基础原理，为工业机器人的入门学习提供系统的理论指导，又兼顾工业实际，较为完整地介绍典型工业机器人系统的实际设计步骤和方法。此外，本书还针对工业机器人的发展趋势，介绍一些新的控制技术和控制方法，帮助学有余力的读者开阔视野。

本书围绕工业机器人所涉及的主要技术展开，从体系结构、驱动方式、传感器信息处理、控制理论应用、柔性关节驱动、网络通信与协同等多个方面对工业机器人的关键技术进行系统阐述。本书包含 8 章：第 1 章介绍工业机器人的概念、发展、分类和关键技术；第 2 章阐述工业机器人驱动方式；第 3 章介绍工业机器人常用的各种传感器，特别是其基本原理、应用范围和使用方法；第 4 章分析工业机器人的结构和动力学特性，介绍一些新的控制方法；第 5 章介绍工业机器人协同控制的相关概念和理论，以及一种有限时间的多机器人协同方法；第 6 章针对工业机器人的结构特点，介绍关节驱动的相关概念，以及关节驱动控制方法；第 7 章介绍工业机器人相关的通信技术，以及常用的通信方式和方法；第 8 章通过实际案例，从系统设计、综合集成的角度，介绍一类工业机器人系统的设计开发、运行调试的完整过程以及相关注意事项。

本书的编写得到国家重点基础研究发展计划、国家自然科学基金的资助。在策划与编写过程中，得到了温长云、薛方正、黄江帅、王玉娟、敖伟、高瑞贞、赖俊峰、罗小锁、罗邵华、高辉、黄秀财、赵凯、何鎏、周淑燕、曹晔等的大力协助，书中部分内容来自其中几位的相关文献及成果，在此一并表示感谢。本书的编写还得到重庆大学自动化学院智慧工程研究院、星际(重庆)智能装备技术研究院、重庆大学信息物理社会可信服务计算教育部重点实验室的大力支持。此外，本书内容还得益于国内外工业机器人领域的专家与学者的相关论文和专著，作者在此深表谢意。

工业机器人技术和应用快速发展、日新月异，由于作者的水平有限，书中疏漏之处在所难免，敬请读者批评指正！

# 目　录

# 第 1 章　工业机器人概述

工业机器人是最典型的机电一体化数字化装备，技术附加值很高，应用范围很广，作为先进制造业的支撑技术和信息化社会的新兴产业，将对未来生产和社会发展起着越来越重要的作用。据国外专家预测，机器人产业是继汽车、计算机之后出现的一种新的大型高技术产业。据联合国欧洲经济委员会和国际机器人联合会的统计，世界机器人市场前景看好，从 20 世纪下半叶起，世界机器人产业一直保持着稳步增长的良好势头。自 20 世纪 90 年代起，机器人产品发展速度加快，平均年增长率为 10%左右。2009～2015 年，中国工业机器人市场销量年均增长速度达到 40%。2013～2015 年，我国工业机器人销量分别为 36560 台、57096 台和 68000 台，超越日本，成为全球第一大工业机器人市场[1]。

发达国家的经验表明：使用工业机器人可以降低废品率和产品成本，提高机床的利用率，降低工人因误操作带来的残次零件风险等，其带来的一系列效益也是十分明显的，如减少人工用量、减少机床损耗、加快技术创新速度、提高企业竞争力等。机器人具有执行各种任务特别是高危任务的能力，平均故障间隔期达 60000h 以上，比传统的自动化工艺更加先进。工业机器人具有如下优点：①改善劳动条件，逐步提高生产效率；②实现更强与可控的生产能力，加快产品更新换代；③提高零件的处理能力与产品质量；④完成枯燥的工作，节约劳动力；⑤提供更安全的工作环境，降低工人的劳动强度，减少劳动风险；⑥减少机床损耗；⑦减少工艺过程中的工作量、缩短停产时间及降低库存；⑧提高企业竞争力。在全球性竞争加剧的形势下，制造商正在利用工业机器人技术来生产价格合理的优质产品。一个公司想要获得一个或多个竞争优势，实现机器人自动化生产将是推动业务发展的有效手段。

经过四十多年的发展，工业机器人已在越来越多的领域得到应用。在制造业中，尤其是在汽车产业中，工业机器人得到了广泛的应用，如在毛坯制造(冲压、压铸、锻造等)、机械加工、焊接、热处理、表面涂覆、上下料、装配、检测及仓库堆垛等作业中，机器人逐步取代人工作业。随着工业机器人向更深、更广方向发展以及机器人智能化水平的提高，机器人的应用范围还在不断扩大，已从汽车制造业推广到其他制造业，进而推广到如采矿业、建筑业以及水电系统维护维修业等各种非制造行业。此外，在国防军事、医疗卫生、生活服务等领域，机器人的应用也越来越多，如无人侦察机(飞行器)、警备机器人、医疗机器人、家政服务机器人等。机器人正在为提高人类的生活质量发挥着重要的作用。

此外，随着人工智能技术的发展与应用，智能制造与智能装备是我国乃至世界制造业的发展方向，而工业机器人则是智能装备的重要基础。智能制造实际上是信息技术与制造技术的融合发展，可以细分为发展智能装备和智能产品、推进生产过程智能化和深化互联网在制造领域的应用三个方向。机器人的大规模应用是未来制造业的重要趋势，是实现智能制造的基础，也是未来实现工业自动化、数字化、智能化的保障。围绕汽车、机械、电子、危险品制造、国防军工、化工、轻工业等行业需求，工业机器人将成为智能制造中智能装备的代表。

本章主要从工业机器人的基本概念、发展历程、国内外发展状况、主要支撑技术以及几种典型工业机器人等方面进行介绍。

## 1.1 工业机器人定义

国际标准化组织对机器人的定义为：机器人的动作机构具有类似于人或其他生物体某些器官的功能；机器人具有通用性，工作种类多样，动作程序灵活易变；机器人具有不同程度的智能性，如记忆、感知、推理、决策、学习等；机器人具有独立性，完整的机器人系统在工作中基本可以不依赖人类的干预。

本书的研究对象是工业机器人，又称为机器臂或机械手，是指在工业应用中，可以进行自动控制、可重复编程、多自由度、多功能以及多用途的操作机，能搬运材料、工件或操持工具，用以完成各种作业。工业机器人可以固定在一个地方，也可以安置在往复运动的小车上。一般而言，它是指具有与手臂相似的功能，并且可以抓放物体或进行其他操作的机械装置，图 1-1 就是一个典型的焊接工业机器人。

图 1-1 焊接工业机器人

## 1.2 工业机器人发展历程

随着科学技术的不断进步，我国工业机器人已经处于自主研发阶段，这标志着我国工业自动化走向新的阶段。按照工业机器人的关键技术，其发展过程可分为以下四代。

第一代是程序控制机器人，主要由机器人本体、运动控制器和示教盒组成，操作过程比较简单。第一代机器人使用示教盒在线示教编程，并保存示教信息。当机器人自动运行时，由运动控制器解析并执行示教程序，使机器人实现预定动作。这类机器人通常采用点到点运动、连续轨迹再现的控制方法，可以完成直线和圆弧的连续轨迹运动，复杂曲线的运动则由多段圆弧和直线运动组合而成。由于操作容易、可视性强，在当前工业中仍然被大规模应用。

第二代是离线编程机器人，该机器人编程系统采用离线式计算机实体模型仿真技术。首先，建立起机器人及其工作环境的实体模型，再采用实际的正逆解算法，通过对实体模型的控制和操作，在离线的情况下进行路径规划；然后，通过编程对实体模型进行三维动画仿真，以检验编程的正确性；最后，将正确的代码传递给机器人控制柜，以控制机器人运动。

第三代是智能机器人，它除了具有第一代和第二代的特点，还带有各种传感器，这类机器人对外界环境不但具有感知能力，而且具有独立判断、记忆、推理和决策的能力，能适应外部对象、环境并协调地进行工作，能完成更加复杂的动作。在工作时，通过传感器获得外部的信息，并进行信息反馈，然后灵活调整工作状态，保证在适应环境的情况下完成工作。此类机器人在弧焊和搬运工作中使用较多。在我国，工业机器人主要应用在制造业，如汽车制造行业和工程机械制造业，主要用于汽车及工程机械的喷涂、焊接及搬运等。

目前，正式投入使用的绝大部分是第一代机器人，即程序控制机器人，这代机器人是固定的、无感应器的电子机械设备，主要以示教再现方式工作，采用点位控制系统，主要用于焊接、喷漆和上下料。第二代机器人内置了感应器和由程序控制的控制器，通过反馈控制，可以根据外界环境信息对控制程序进行校正。这代机器人通常采用接触传感器一类的简单传感装置和相应的适应性算法。第三代机器人正在第一、第二代机器人的基础上蓬勃发展，这代机器人带有多种传感器，可以进行复杂的逻辑推理、判断及决策。它是能感知外界环境与对象，并具有对复杂信息进行准确处理、对自己行为做出自主决策能力的智能化机器人。它们既有固定的，又有移动的；既有自动化的，也有仿生的。它们由复杂的程序设计出来，并且能辨识声音，此外还具备其他高级功能。这代机器人能够根据获得的信息进行逻辑推理、判断和决策，具有一定的适应性和自给能力，在变化的内部状态与外部环境中，自主决定自身的行为。

第四代机器人还在研发中，预计将具备自我复制、人工智能、自动组装和尺寸达纳米级别等特点。

## 1.3　国内外工业机器人发展现状与趋势

### 1.3.1　国内外发展现状

1954 年，美国的乔治·德沃尔设计出第一台电子可编程的工业机器人，并于 1961 年发表了该项专利，1962 年，该项专利在美国通用汽车公司投入使用，标志着第一代机器人诞生。从此，机器人开始成为人类生活中的一部分，随后，工业机器人在日本得到迅速的发展。如今，日本已经成为世界上工业机器人产量最大和拥有量最多的国家。20 世纪 80 年代，世界工业生产技术向高度自动化和集成化方向高速发展，同时也使工业机器人得到进一步发展。在这个时期，工业机器人对世界整个工业经济的发展起到了关键性作用。

目前，无论从技术水平上还是从已装配的数量上，工业机器人都日趋成熟，优势集中在以日本、美国为代表的少数几个发达的工业化国家中，工业机器人已经成为一种标准设备在工业界被广泛应用。国际上成立的具有影响力的、著名的工业机器人公司主要分为日系和欧系，日系主要有安川、OTC、松下、FANUC、川崎等公司；欧系主要有德国的 KUKA、CLOOS，瑞典的 ABB，意大利的 COMAU 及奥地利的 IGM 公司。工业机器人已成为柔性制造系统、计算机集成制造系统、工厂自动化的自动工具。据专家预测，工业机器人产业是继汽车、计算机之后出现的一种新的大型高技术产业。

全球拥有现役工业机器人 98 万台。在过去的 10 年，工业机器人的技术水平取得了惊人的进步，传统的功能型工业机器人已趋于成熟，各国科学家正在致力于研制具有完全自主能力、拟人化的智能机器人。现在，机器人的价格降低了约 80%，而且仍在继续下降，而欧美劳动力成本上涨了 40%。现役机器人的平均寿命在 10 年以上，还可能达 15 年以上，并且还易于重新使用。由于机器人及自动化成套装备对提高制造业自动化水平，提高产品质量、生产效率、增强企业市场竞争力和改善劳动条件等起到了重大的作用，加之成本大幅度降低和性能提升，其增长速度较快。在国际上，工业机器人技术在制造业中的应用范围越来越广，其标准化、模块化、智能化和网络化的程度也越来越高，功能越来越强，正向着成套技术和装备的方向发展，工业机器人自动化生产线成套装备已成为自动化装备的主流及未来的发展方向。与此同时，随着工业机器人向更深、更广的方向发展以及智能化水平的提高，工业机器人的应用已从传统制造业推广到其他制造业，进而推广到如采矿、农业、建筑、灾难救援等非制造行业，而且在国防军事、医疗卫生、生活服务等领域，机器人的应用也越来越多，如无人侦察机(飞行器)、警备机器人、医疗机器人、家用服务机器人等。机器人正在为提高人类的生活质量发挥着越来越重要的作用，已经成为世界各国抢占的科技制高点。

我国的工业机器人研究开始于 20 世纪 80 年代中期，在国家的支持下，通过科技攻关，已经基本实现了从实验、引进到自主开发的转变。工业机器人研究工作促进了我国制造、勘探等行业的发展。截至 2018 年底，我国从事机器人研发的单位有 200 多家，专业从事机器人产业开发的企业有 50 多家。在众多专家的建议和规划下，在国家高技术研究发展计划(863 计划)项目的支持下，沈阳新松机器人自动化股份有限公司、哈尔滨博实自动化设备有限责任公司、上海机电一体工程有限公司、北京机械工业自动化研究所、四川绵阳四维焊接自动化设备有限责任公司等确立为智能机器人主题产业基地。此外，还有上海富安工厂自动化有限公司、哈尔滨焊接研究院有限公司、北京机电研究所有限公司、首钢莫托曼机器人有限公司、北京安川北科自动化工程有限公司、奇瑞汽车股份有限公司等都以其研发生产的特色机器人或应用工程项目而活跃在当今我国工业机器人市场上。

我国工业机器人主要有以下特点。

(1) 以汽车制造业为主的制造业的发展促进了工业机器人的发展。汽车制造业属于技术、资金密集型产业，也是工业机器人应用最广泛的行业。在我国，工业机器人最初应用在汽车和工程机械行业，主要用于汽车及工程机械的喷涂及焊接。从2000年开始，受国家宏观政策调控及居民消费水平提高的影响，我国汽车工业进入一个高速增长期。面对这种局面，国际汽车巨头纷纷进入中国市场，并与我国企业合资设厂或扩大原有生产规模，国内企业也纷纷转型或加大对汽车行业的投资，整个行业的增产扩能增加了对工业机器人的需求。据不完全统计，最近几年，国内厂家所生产的工业机器人有超过一半是提供给汽车制造行业的，海关进出口增长数据与汽车行业增长数据具有较高的相关度。由此可知，汽车工业的发展是近几年我国工业机器人增长的原动力之一。

(2)沿海经济发达地区是工业机器人的主要市场。我国工业机器人的使用集中在广东、江苏、上海、北京等地，工业机器人的拥有量占全国拥有总量的一半以上，这种分布态势和增长趋势符合我国现阶段经济发展状况。我国经济最具活力的地区已经从珠江三角洲地区扩展到长江三角洲地区，而且长江三角洲地区在制造业中所占的比例越来越大。

(3)外商独资企业、中外合资企业和国有企业是工业机器人的主要客户。工业机器人属于技术含量高、价格相对昂贵的制造装备，采用工业机器人较多的企业，一般对产品的质量要求较高、企业在市场上具有更高的影响力。现阶段，工业机器人使用量最多的仍是外商独资或中外合资企业。国有企业也在加大对工业机器人的采购，如汽车行业中的中国第一汽车集团公司、上海汽车集团股份有限公司等，它们的产品在市场上已经具有了相当强的竞争力，它们对工业机器人有着较大的需求。同时，采购工业机器人能够得到国家和政府的支持，因此制造业中的大中型国有企业的工业机器人使用量一直很大，而且在未来相当长的时间内仍将保持这种增长势头。另外，我国的民营企业正逐渐认识到工业机器人的优势，对工业机器人的使用量也在逐步增加，虽然装备的数量与以上企业仍存在较大差距，但是增长的速度惊人，将很快成为工业机器人市场的重要客户。

目前，国际制造业中心正向中国转移，用信息化带动工业化、用高新技术改造传统产业已成为我国工业发展的必由之路。作为先进制造装备之典型代表的工业机器人必将有一个大的产业发展空间，市场前景广阔。但我们也应注意到，国外机器人巨头大量涌入中国，市场竞争日益加剧，所以中国未来机器人产业的发展不会一帆风顺。国家应借鉴日本机器人产业发展的成功做法，制定机器人产业发展战略和相关政策，这是我国机器人产业发展成败之关键。

目前，在工业机器人领域，中国虽然在部分方面达到了世界先进水平，但是总体上依旧落后于国际领先水平，其原因主要有以下几点。

(1)中国在工业机器人领域起步较晚。工业机器人的概念于1954年提出，美国、日本在之后几年就开始进行工业机器人的开发和研究，而中国的研究是到20世纪80年代才刚刚开始起步。不仅如此，在起步时期，由于缺乏资金，中国在工业机器人领域的研发一直进展缓慢，导致水平更加落后。

(2)由于历史原因，中国在工业机器人技术上落后于世界先进水平，生产的工业机器人可靠性较低，先进的工业机器人主要还是依靠从国外进口，成本偏高，大部分企业无法承受这么高的成本。因此，中国的工业机器人销售市场并不发达，没有市场的推动，中国工业机器人的研发必然进展缓慢。

(3)直到今日，中国也没有大规模的工业机器人制造商，产业规模比较小，没有形成产业链，这在国际竞争中会使国产的工业机器人处于劣势地位，制约我国工业机器人的发展。

(4)中国的精加工行业比较薄弱，无法满足生产先进的工业机器人所需要的加工精度，这严重制约了国产工业机器人的发展。

(5)中国工业机器人的研究无统一标准，导致大量重复、低水平的研究，极大地浪费了科研力量。

要缩短我国工业机器人与国外的差距，必须利用自己的优势走产业化的发展道路。因此，我国工业机器人行业在发展的道路上要认识到以下几点。

(1)工业机器人技术是我国工厂自动化发展的必然趋势，国家要对国产工业机器人有更多的政策与经济支持，吸引高新技术人才，加大技术投入与建设。

(2)在国家的科学技术发展计划中，应该继续对智能机器人研究开发与应用给予大力支持，形成产品和自动化制造装备同步协调发展的新局面。

(3)部分国产工业机器人的性能已经与国外相当，企业采购工业机器人时不要盲目进口，应该综合评估，大力弘扬国产工业机器人。

### 1.3.2 工业机器人的应用现状

目前，工业机器人广泛应用于各种工业生产中，现将其应用范围、应用领域及其用途列举如下(表 1-1)。

**表 1-1 工业机器人的应用范围和用途**

| 应用行业 | 应用环节 | 工业机器人作用 |
|---|---|---|
| 金属或材料加工 | 铸造、压铸 | 向金属模腔内插入型芯，从型腔内取出成品 |
| | 锻造 | 为模锻机、修边机上料、取料、去飞边等 |
| | 金属冲压 | 作为专用设备，用于被加工材料的上料、下料 |
| | 研磨、去毛边 | 抓取工件放入研磨装置，驱动研磨装置加工工件 |
| | 其他机械加工 | 安装高刚性抓取工具，以此定位平面刀具，实现平面加工 |
| | 树脂成形 | 成品取出，剪断成品的浇口、插入嵌件，物料搬运等 |
| | 上下料作业 | 完成机床加工件的毛坯运输、供应，工件的装卸等 |
| 焊接 | 点焊 | 安装焊钳，完成点焊作业，通过更换焊钳实现打点功能 |
| | 弧焊 | 安装焊枪，完成弧焊作业，多台机器人可以协同工作 |
| | 激光焊接 | 安装激光照射部分，按照给定的速度和位置，完成焊接 |
| | 钎焊 | 安装钎焊装置，完成印刷电路板上元器件与导线的焊接 |
| | 其他焊接 | 安装并驱动其他焊接装置，如摩擦焊装置，完成焊接 |
| 切割 | 机械切割 | 安装道具，利用刀刃等机械切断装置完成工件的切断作业 |
| | 气割 | 安装割炬，利用燃烧使材料局部融化并将其去除 |
| | 激光切割 | 安装激光照射部分，按照给定的速度和位置，完成切割 |
| | 水力切割 | 安装高压水喷嘴，按照给定的速度和位置，完成切割 |
| | 其他切割 | 安装等离子切割装置，按照给定的速度和位置，完成切割 |
| 安装装配 | 一般装配 | 利用高精度和高刚性装置，完成转配、紧固等作业 |
| | 插装 | 安装通用机械手或抓混用电子元件转配手爪，将芯片、接线端子、电阻电容等元器件插入印刷电路板 |

续表

| 应用行业 | 应用环节 | 工业机器人作用 |
|---|---|---|
| | 表面贴装 | 安装通用机械手或抓混用电子元件转配手爪，将各类芯片贴装到印刷电路板上 |
| | 键合 | 安装专用手指，将芯片贴装到引脚框，或利用 20～50μm 的金丝将芯片电极与引线框的电极连接起来 |
| | 密封 | 安装封口枪，依靠压力将密封材料按数量要求送到指定位置，完成涂布工序 |
| | 胶合 | 安装敷料喷嘴，利用料罐压力将黏合胶送至指定位置，按给定数量涂布在工件上 |
| | 螺栓紧固 | 安装紧固装置，利用真空吸附或磁力吸附握住螺栓，按给定压力和转矩完成螺栓紧固 |
| | 其他装配 | 在转配作业中，完成各种零件的拾取、排列和安放任务 |

### 1.3.3　工业机器人技术发展趋势

对近几年国内外推出的工业机器人进行分析可知，工业机器人技术正向智能化、系统化和模块化的方向发展，其发展趋势主要为：可重构化和结构模块化、控制技术开放化、个人计算机化、系统网络化、伺服驱动技术分散化和数字化、多传感器融合技术实用化、工作环境设计优化、作业柔性化、作业智能化等。其中，工业机器人的系统网络化是工业机器人研究的热点。在机器人研究领域出现了微型机器人、仿人型机器人、微操作系统(如微型飞行器等)、智能机器人等。机器人的应用领域正在向非制造业和服务业方向扩展，尤其在服务、娱乐、医疗等行业。在深海、外太空等人类极限能力以外的应用领域，机器人也正发挥着不可替代的作用，正在蓬勃发展的军用机器人也将越来越多地用于装备部队。

目前，国外机器人自动化生产线成套装备已成为自动化成套装备的主流以及未来自动化生产线的发展方向。国外汽车行业、电子和电器行业、物流与仓储行业(企业级)等已大量使用机器人自动化生产线，从而保证了其产品的质量和生产的高效。典型的机器人设备如大型机器人车体焊装自动化系统技术和成套装备、电子和电器等机器人柔性自动化装配及检测成套技术和装备、机器人整车及发动机装配自动化系统技术和成套装备、AGV(automated guided vehicle，自动导引运输车)物流与仓储自动化成套技术及装备等的使用，大大推动了相关行业的快速发展，提升了制造技术的先进性[2]。

当前，国外将机器人自动化生产线成套装备的共性技术作为重点开发内容，主要体现在以下几个方面。

(1) 大型自动化生产线的设计开发技术。利用 CAX(多元化的计算机辅助技术)及仿真系统等多种高新技术和设计手段，快速设计和开发机器人大型自动化生产线，并进行数字化验证。

(2) 自动化生产线“数字化制造”技术。虚拟制造技术发展很快，国外早期从事仿真软件的开发公司已经推出可进入实用的所谓“数字化工厂”商品化软件。国外企业已利用这类软件建立起自己的产品制造工艺过程信息化平台，再与本企业的资源管理信息化平台和车身产品设计信息平台结合，构成支持本企业产品完整制造过程生命周期的信息化平台。自动化生产线的设计、制造、整定及维护也必须要基于上述信息化平台，开展并行工程，实现信息共享，这是最大限度地压缩自动化生产线投产周期所必需的，也有利于实现生产线的柔性和质量控制的功能。

(3) 大型自动化生产线的控制协调和管理技术。利用计算机和信息技术，实现整条生产线的控制、协调和管理，快速响应市场需求，提高产品竞争力。

(4) 自动化生产线的在线检测及监控技术。利用传感器和机器人技术，实现大型生产线的在线检测，确保产品质量，并且实现产品的主动质量控制。利用网络技术，实现生产线的在线监控，确保生产线安全运行。

(5) 自动化生产线模块化及可重构技术。利用设计的模块化和标准化，能够实现生产线的快速调整及重构。

(6) 生产线快速整定(commissioning time)技术。例如，建立完整的制造过程信息技术，发展机器人等自动化设备的离线编程技术、生产线上的机电设备实现网络控制管理技术、关键工位在线100%产品检测技术、先进的生产线现场安装精度测试技术等。

工业机器人是先进制造技术和自动化装备的典型代表，是人造机器的“终极”形式。它涉及机械、电子、自动控制、计算机、人工智能、传感器、通信与网络等多个学科和领域，是多种高新技术发展成果的综合集成，因此它的发展与众多学科发展密切相关。其发展总体趋势是，从狭义的机器人概念向广义的机器人技术概念转移，从工业机器人产业向解决方案业务的机器人技术产业发展。机器人技术的内涵已变为灵活应用机器人技术的、具有实际动作功能的智能化系统。机器人结构越来越灵巧，控制系统越来越小，其智能也越来越高，并正朝着一体化方向发展。

## 1.4 工业机器人基本类型及关键技术

工业机器人是一种自动的、位置可控的、具有编程功能的多功能操作机，这种操作机具有数个轴，能够借助可编程操作来处理各种材料、零件、工具和专用装置以执行各种任务。本节将介绍工业机器人的基本类型及其关键技术。

### 1.4.1 工业机器人基本类型

一般来说，工业机器人由三大部分、六个子系统组成。三大部分是：机械本体、传感器部分和控制与执行部分。六个子系统分别是机械结构系统、感知协同、机器人-环境交互系统、人机交互系统、控制系统和驱动系统。按照三大部分的区别，工业机器人的分类如下。

按照基本结构，工业机器人可以分为直角坐标式机器人、圆柱坐标式机器人、球坐标式机器人、关节坐标式机器人、平面关节式机器人、柔性臂式机器人和冗余自由度机器人，如图1-2所示。

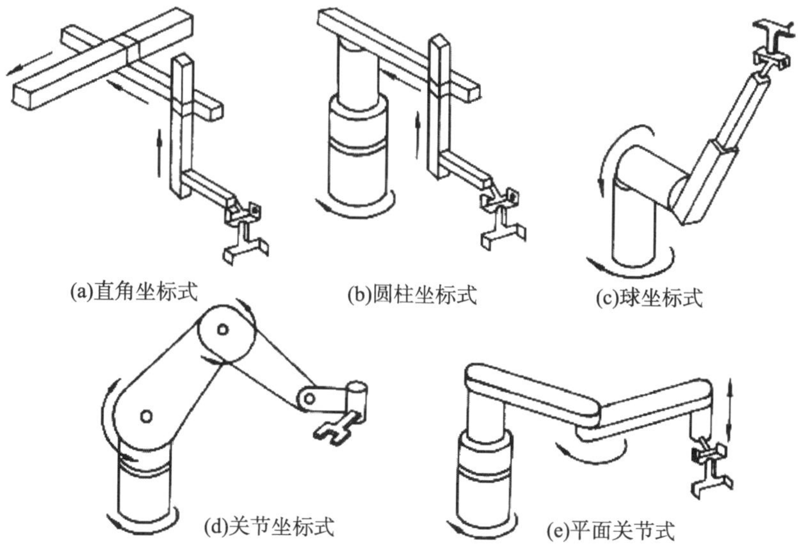


图 1-2　多种基本结构的工业机器人

按照驱动方式，工业机器人可以分为气动驱动机器人、液压驱动机器人、电动驱动机器人和混合驱动机器人。

机器人控制系统是机器人的大脑，是决定机器人功能和性能的主要因素。工业机器人控制技术的主要任务就是控制工业机器人在工作空间中的运动位置、姿态、轨迹、操作顺序及动作的时间等，具有编程简单、人机交互界面友好、在线操作提示和使用方便等特点[3-5]。按照控制方式，工业机器人可以分为人工操作机器人、固定程序机器人、可变程序机器人、重复演示示教机器人、数控机床机器人和智能机器人。

此外，按照用途，工业机器人可以分为材料搬运机器人、检测机器人、焊接机器人、装配机器人和喷涂机器人。

### 1.4.2　工业机器人关键技术

工业机器人的关键技术主要包含四个方面。

(1) 开放性模块化的控制系统体系结构。工业机器人采用分布式 CPU(central processing unit，中央处理器)计算机结构，分为机器人控制器、运动控制器、光电隔离 I/O(input/output，输入/输出)控制板、传感器处理板和编程示教盒等。机器人控制器和编程示教盒通过串口/CAN(controller area network，控制器局域网)总线进行通信。机器人控制器(robot controller，RC)的主计算机完成机器人的运动规划、插补和位置伺服以及主控逻辑、数字 I/O、传感器处理等功能，而编程示教盒完成信息的显示和按键的输入。

(2) 模块化、层次化的控制器软件系统。软件系统建立在基于开源的实时多任务操作系统 Linux 上，采用分层和模块化结构设计，以实现软件系统的开放性。整个控制器软件系统分为三个层次：硬件驱动层、核心层和应用层。三个层次分别面对不同的功能需求，对应不同层次的开发，系统中各个层次内部由若干个功能相对独立的模块组成，这些功能模块相互协作，共同实现该层次所提供的功能。

(3) 机器人的故障诊断与安全维护技术。通过各种信息，对机器人故障进行诊断，并进行相应维护，是保证机器人安全性的关键技术。

(4) 网络化机器人控制器技术。目前，机器人的应用工程由单台机器人工作站向机器人生产线发展，机器人控制器的联网技术变得越来越重要。控制器上具有串口、现场总线及以太网的联网功能，可用于机器人控制器之间和机器人控制器同上位机的通信，便于对机器人生产线进行监控、诊断和管理。

此外，工业机器人的推广和普及对以下三个方面的技术具有非常重要的作用。

(1) 驱动方式的改变。20 世纪 70 年代后期，日本安川电机公司研制开发出第一台全电动的工业机器人，而此前的工业机器人基本上采用液压驱动方式。与采用液压驱动的机器人相比，采用伺服电动机驱动的机器人在响应速度、精度、灵活性等方面都有很大提高，因此也逐步代替了采用液压驱动的机器人，成为工业机器人驱动方式的主流。在此过程中，谐波减速器、RV 减速器等高性能减速机构的发展也功不可没。近年来，交流伺服驱动已经逐渐代替传统的直流伺服驱动方式，直线电动机等新型驱动方式在许多应用领域也有了长足发展。

(2) 信息处理速度的提高。机器人的动作通常是通过机器人各个关节的驱动电动机的运动而实现的。为了使机器人完成各种复杂动作，机器人控制器需要进行大量计算，并在此基础上向机器人的各个关节的驱动电动机发出必要的控制指令。随着信息技术的不断发展，CPU 的计算能力有了很大提高，机器人控制器的性能也有了很大提高，高性能机器人控制器甚至可以同时控制 20 多个关节。机器人控制器性能的提高也进一步促进了工业机器人本身性能的提高，并扩大了工业机器人的应用范围。近年来，随着信息技术和网络技术的发展，已经出现了多台机器人通过网络共享信息，并在此基础上进行协调控制的技术趋势。

(3) 传感器技术的发展。在机器人技术发展初期，工业机器人只具备检测自身位置、角度和速度的内部传感器。近年来，随着信息处理技术和传感器技术的迅速发展，触觉、力觉、视觉等外部传感器已经在工业机器人中得到广泛应用。各种新型传感器的使用不但提高了工业机器人的智能程度，也进一步拓宽了工业机器人的应用范围。

## 1.5 典型的工业机器人

### 1.5.1 移动机器人

移动机器人(图 1-3)由计算机控制，具有移动、自动导航、多传感器控制和网络交互等功能，它可广泛应用于机械、电子、纺织、卷烟、医疗、食品和造纸等行业的柔性搬运、传输等方面，也用于自动化立体仓库、柔性加工系统和柔性装配系统(以移动机器人作为活动装配平台)；同时可在车站、机场和邮局的物品分拣中作为运输工具。在国际物流技术发展的新趋势之中，移动机器人是核心技术和设备，是用现代物流技术配合、支撑、改造、提升传统生产线，实现点对点自动存取的高架箱储、作业和搬运相结合，实现精细化、柔性化、信息化，缩短物流流程，降低物料损耗，减少占地面积，降低建设投资等的高新技术和装备[6, 7]。

图 1-3　移动机器人

## 1.5.2　点焊机器人

点焊机器人(图 1-4)具有性能稳定、工作空间大、运动速度快和负荷能力强等特点，焊接质量明显优于人工焊接，大大提高了点焊作业的生产率。点焊机器人主要用于汽车整车的焊接工作，生产过程由各大汽车主机厂负责完成。国际工业机器人企业凭借与各大汽车企业的长期合作关系，向各大型汽车生产企业提供各类点焊机器人单元产品，并以焊接机器人与整车生产线配套形式进入中国，在该领域占据市场主导地位。随着汽车工业的发展，焊接生产线要求焊钳一体化，质量越来越大，165 kg 点焊机器人是目前汽车焊接中最常用的一种机器人。2008 年 9 月，人工智能与机器人研究所研制完成国内首台 165 kg 级点焊机器人，并成功应用于奇瑞汽车焊接车间。2009 年 9 月，经过性能优化和提升的第二台机器人完成并顺利通过验收，该机器人整体技术指标已经达到国外同类机器人水平。

图 1-4　点焊机器人

### 1.5.3 弧焊机器人

弧焊机器人(图 1-5)主要应用于各类汽车零部件的焊接生产。在该领域，国际大型工业机器人生产企业主要以向成套装备供应商提供单元产品为主，从事弧焊机器人成套装备的生产，根据各类项目的不同需求，自行生产成套装备中的机器人单元产品，也可向大型工业机器人企业采购并组成各类弧焊机器人成套装备。其关键技术包括以下三点。

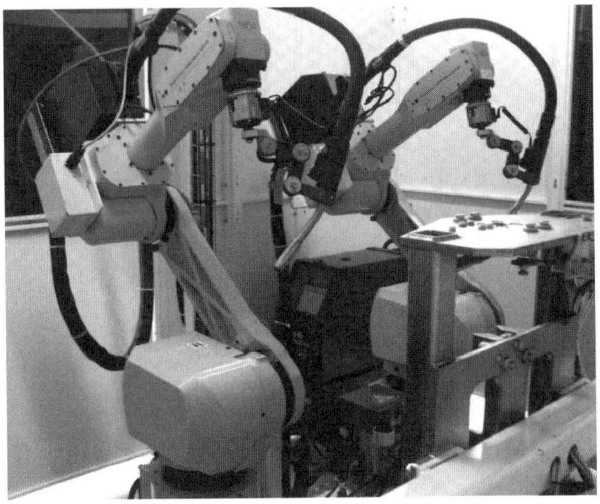

图 1-5 弧焊机器人

(1) 弧焊机器人系统优化集成技术。弧焊机器人采用交流伺服驱动技术以及高精度、高刚性的 RV 减速机和谐波减速器，具有良好的低速稳定性和高速动态响应，并可实现免维护功能。

(2) 协调控制技术。控制多机器人及变位机协调运动，既能保持焊枪和工件的相对姿态以满足焊接工艺的要求，又能避免焊枪和工件的碰撞。

(3) 精确焊缝轨迹跟踪技术。结合激光传感器和视觉传感器离线工作方式的优点，采用激光传感器实现焊接过程中的焊缝跟踪，提升焊接机器人对复杂工件进行焊接的柔性和适应性，结合视觉传感器离线观察获得焊缝跟踪的残余偏差，基于偏差统计获得补偿数据，并进行机器人运动轨迹的修正，在各种工况下都能获得最佳的焊接质量。

### 1.5.4 激光加工机器人

激光加工机器人(图 1-6)是将机器人技术应用于激光加工中，通过高精度工业机器人实现更加柔性的激光加工作业。本系统通过示教盒进行在线操作，也可通过离线方式进行编程。该系统通过对加工工件的自动检测，产生加工件的模型，继而生成加工曲线，也可以利用 CAD 数据直接加工，可用于工件的激光表面处理、打孔、焊接和模具修复等。其关键技术包括以下五点。

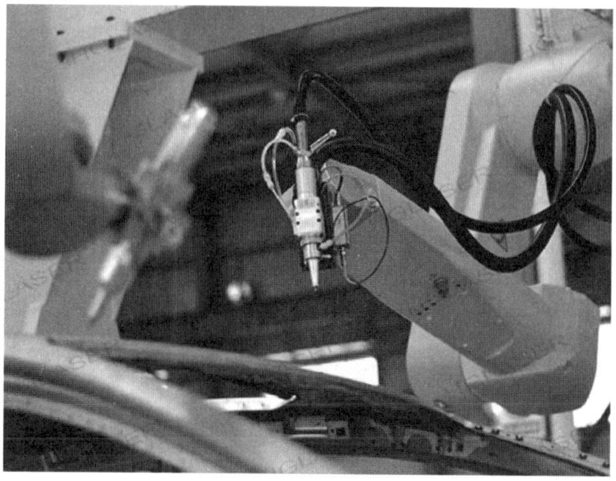

图 1-6　激光加工机器人

(1)激光加工机器人结构优化设计技术。采用大范围框架式本体结构，在增大作业范围的同时，保证机器人精度。

(2)机器人系统的误差补偿技术。针对一体化加工机器人工作空间大、精度高等要求，并结合其结构特点，采取非模型方法与模型方法相结合的混合机器人补偿方法，完成几何参数误差和非几何参数误差的补偿。

(3)高精度机器人检测技术。将三坐标测量技术和机器人技术相结合，实现机器人高精度在线测量。

(4)激光加工机器人专用语言实现技术。根据激光加工及机器人作业特点，完成激光加工机器人专用语言。

(5)网络通信和离线编程技术。具有串口、CAN 等网络通信功能，实现对机器人生产线的监控和管理，并实现上位机对机器人的离线编程控制。

### 1.5.5　真空机器人

真空机器人(图 1-7)是一种在真空环境下工作的机器人，主要应用于半导体工业中，实现晶圆在真空腔室内的传输。真空机械手难进口、受限制、用量大、通用性强，成为制约半导体装备整机的研发进度和整机产品竞争力的关键部件。真空机械手已成为严重制约国内半导体设备整机装备制造的“卡脖子”问题。直驱型真空机器人技术属于原始创新技术，其关键技术包括以下六点。

(1)真空机器人新构型设计技术。通过结构分析和优化设计，避开国际专利，设计新构型满足真空机器人对刚度和伸缩比的要求。

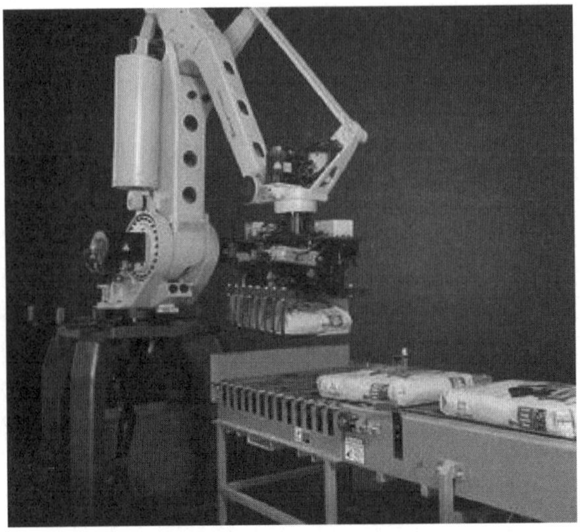

图 1-7 真空机器人

(2)大间隙真空直驱电机技术。涉及大间隙真空直接驱动电机和高洁净直驱电机开展电机理论分析、结构设计、制作工艺、电机材料表面处理、低速大转矩控制和小型多轴驱动器等方面。

(3)真空环境下的多轴精密轴系的设计。采用轴在轴中的设计方法，减小轴之间的不同心以及惯量不对称的问题。

(4)动态轨迹修正技术。通过传感器信息和机器人运动信息的融合，检测出晶圆与手指之间基准位置的偏移，通过动态修正运动轨迹，保证机器人准确地将晶圆从真空腔室中的一个工位传送到另一个工位。

(5)符合 SEMI(Semiconductor Equipment and Materials International，国际半导体设备与材料产业协会)标准的真空机器人语言。根据真空机器人搬运要求、机器人作业特点及 SEMI 标准，完成真空机器人专用语言。

(6)可靠性系统工程技术。在 IC(integrated circuit，集成电路)制造中，设备故障会带来巨大的损失。根据半导体设备对 MCBF(mean cycle between failures，平均无故障时间)的高要求，对各个部件的可靠性进行测试、评价和控制，提高机械手各个部件的可靠性，从而保证机械手满足 IC 制造的高要求。

## 1.5.6 洁净工业机器人

洁净工业机器人(图 1-8)是一种在洁净环境中使用的工业机器人。随着生产技术水平不断提高，其对生产环境的要求也日益苛刻，很多现代工业产品生产都要求在洁净环境下进行，洁净机器人是洁净环境下生产需要的关键设备。其关键技术包括以下四点。

(1)洁净润滑技术。通过采用负压抑尘结构和非挥发性润滑脂，实现环境无颗粒污染，满足洁净要求。

(2) 高速平稳控制技术。通过轨迹优化和提高关节伺服性能，实现洁净搬运的平稳性。

(3) 控制器的小型化技术。洁净室建造和运营成本高，可通过控制器小型化技术，减小洁净机器人的占用空间。

(4) 晶圆检测技术。能够通过机器人的扫描，获得卡匣中晶圆有无缺片、倾斜等信息。

图 1-8　洁净工业机器人

## 思考题与练习题

1. 简述工业机器人的定义。
2. 概述工业机器人的发展历程。
3. 概述工业机器人的关键技术。
4. 简述工业机器人的主要组成部分以及各部分的主要功能。
5. 在实际工业系统中，工业机器人主要有哪几种？

## 参 考 文 献

[1] 蔡自兴. 机器人学 [M]. 北京：清华大学出版社，2009.
[2] 徐国华，谭民. 移动机器人的发展现状及其趋势 [J]. 机器人技术与应用，2001，(3)：7-14.
[3] 陈卫东，席裕庚，顾东雷，等. 一个面向复杂任务的多机器人分布式协调控制系统 [J]. 控制理论及应用，2002，19(4)：505-510.
[4] 孙树栋. 工业机器人技术基础 [M]. 西安：西北工业大学出版社，2006.
[5] 刘极锋. 机器人技术基础 [M]. 北京：高等教育出版社，2006.
[6] 张毅，罗元，等. 移动机器人技术及应用 [M]. 北京：电子工业出版社，2007.
[7] 马明山，朱绍文，何克忠，等. 室外移动机器人定位技术研究 [J]. 电工技术学报，1998，13 (2)：43-46.

# 第 2 章　工业机器人驱动技术

驱动器是工业机器人完成各项功能的基础。驱动器的选择与设计在机器人的开发中至关重要。本章将就常见的工业机器人的驱动方式(如电气驱动、液压驱动和气压驱动等)进行介绍。

## 2.1　步进电动机驱动

步进电动机是一种把开关激励的变化转换成精确的转子位置增量运动的执行机构，它将电脉冲转化为角位移。当步进驱动器接收到一个脉冲信号时，它就驱动步进电动机按设定的方向转动一个固定的角度。可以通过控制脉冲个数来控制角位移量，从而达到准确定位的目的；同时也可以通过控制脉冲频率来控制电动机转动的速度和加速度，从而达到调速的目的。步进电动机具有转矩大、惯性小、响应频率高等优点，因此具有瞬间启动与急速停止的优点。使用步进电动机的控制系统通常不需要反馈就能对位置或速度进行控制[1, 2]。

### 2.1.1　步进电动机驱动控制

#### 1. 步进电动机驱动装置的组成

步进电动机的运行特性与配套使用的驱动电源有密切关系。驱动电源由脉冲分配器和功率放大器组成，如图 2-1 所示[2]。变频信号源是一个脉冲频率能由几赫兹到几十千赫兹连续变化的脉冲信号发生器，常见的有多谐振荡器和单结晶体器构成的弛张振荡器，它们都是通过调节电容和电阻，改变充放电的时间常数，得到各种频率的脉冲信号。

图 2-1　步进电动机驱动框图

驱动电源是将变频信号源送来的脉冲信号和方向信号，按要求的配电方式自动地循环供给电动机各相绕组，以驱动电动机转子正反向旋转。因此，只要控制输入电脉冲的数量和频率，就可以精确控制步进电动机的转角和速度。

步进电动机的各相绕组必须按一定的顺序通电才能正常工作。这种使电动机绕组的通电顺序按一定规律变化的部分称为脉冲分配器，又称为环型脉冲分配器。实现环型分配的方法有三种。第一种是采用计算机软件，利用查表或计算方法来进行脉冲的环型分配，简称软环分。该方法能充分利用计算机软件资源，以降低硬件成本，尤其是对多相电动机的脉冲分配具有更大的优势。第二种是采用小规模集成电路搭接而成的三相六拍环型脉冲分配器。这种方式灵活性很大，可搭接任意通电顺序的环型分配器，同时在工作时不占用计算机的工作时间。第三种是采用专用环型分配器，可以实现三相电动机的各种环型分配，使用方便，接口简单。

从计算机输出或从环型分配器输出的信号脉冲电流一般只有几毫安，不能直接驱动步进电动机，必须采用功率放大器将脉冲电流进行放大，使其增大到几安至十几安，从而驱动步进电动机运转。由于电动机各相绕组都是绕在铁心上的线圈，故电感较大，绕组通电时，电流上升率受到限制，影响电动机绕组电流的大小。绕组断电时，电感中磁场的储能组件将维持绕组中已有的电流不能突变，在绕组断电时会产生反电动势，为使电流尽快衰减，并释放反电动势，必须适当增加续流回路。对功率放大器的要求包括：能提供足够的幅值，前后沿较陡的励磁电流，功耗小、效率高，运行稳定可靠，便于维修，成本低廉[2, 3]。

步进电动机所使用的功率放大电路有电压型和电流型。电压型又有单电压型、双电压型(高低压型)；电流型有恒流驱动、斩波驱动等。

### 2. 步进电动机速度控制

步进电动机控制技术主要包括步进电动机速度控制、步进电动机的加减速控制以及步进电动机的微机控制等[2]。

控制步进电动机的运行速度，实际上就是控制系统发出时钟脉冲的频率或者换相的周期。系统可用两种办法来确定时钟脉冲的周期，一种是软件延时，另一种是用定时器。软件延时是通过调用延时子程序的方法来实现的，占用 CPU 时间。定时器方法是通过设置定时时间常数来实现的。

### 3. 步进电动机的加减速控制

点位控制系统对从起点至终点的运行速度有一定要求。如果要求运行的速度小于系统的极限启动频率，则系统可以按照要求的速度直接启动，运行至终点后可以立即停发脉冲串而令其停止。系统在这样的运行方式下，速度可认为是恒定的。但在一般情况下，系统的极限启动频率是比较低的，而要求的运行速度往往较高。如果系统以要求的速度直接启动，因为该速度超过极限启动频率而不能正常启动，可能发生丢步或不能运行的情况。

系统运行后，如果到达终点时突然停发脉冲串，令其立即停止，则因为系统的惯性，会发生冲过终点的现象，使点位控制发生偏差。因此在点位控制过程中，运行速度都需要有一个加速→恒速→减速→低恒速→停止的过程，如图 2-2 所示。各种系统在工作过程中，都要求加减速过程时间尽量短，而恒速时间尽量长。特别是在要求快速响应的工作中，从起点至终点运行的时间要求最短，这就必须要求加速、减速的过程最短，而恒速时的速度最高。

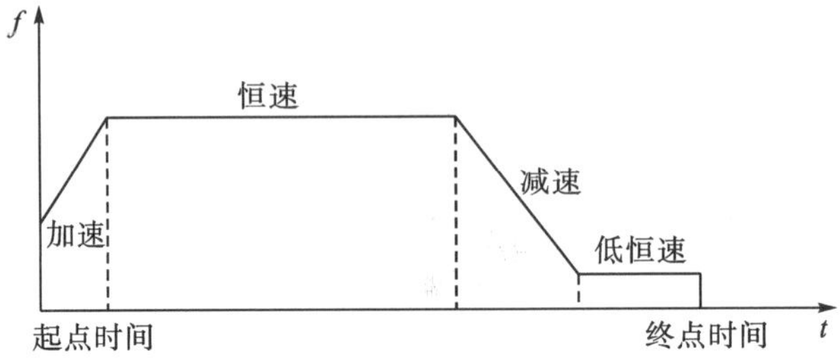


图 2-2 点位控制的加减速过程

加速规律一般可有两种选择：一是按照直线规律加速，二是按指数规律加速。按直线规律加速时，加速度为恒值，因此要求步进电动机产生的转矩为恒值。从电动机本身的矩频特性来看，在转速不是很高的范围内，输出的转矩可基本认为恒定。但实际上，电动机转速升高时，输出转矩将有所下降，如按指数规律升速，加速度是逐渐下降的，这与电动机输出转矩随转速变化的规律类似。用微机对步进电动机进行加减速控制，实际上就是改变输出时钟脉冲的时间间隔。加速时使脉冲串逐渐加密，减速时使脉冲串逐渐稀疏，微机用定时器中断方式来控制电动机变速时，实际上就是不断改变定时的装载值。

### 2.1.2 步进电动机驱动应用

#### 1. 步进电动机应用于机器人的优势

步进电动机具有惯量低、定位精度高、无累积误差、控制简单等特点。步进电动机是低速大转矩设备，具有更高的可靠性、更高的效率、更小的间隙和更低的成本等特点。正是这些特点，使得步进电动机适用于机器人，因为大多数机器人运动的距离短，并且加速度高。步进电动机功率与质量的比值高于直流电动机。大多数机器人的运动通常包括短距离的启动和停止。在低转速高转矩工况，步进电动机是理想的机器人驱动器。

机器人选用步进电动机具有以下优点：①对于同等性能机器人，采用步进电动机更便宜；②步进电动机是无刷电动机，有更长的寿命；③驱动模块有更高的效率及可靠性，而且价格便宜；④具有软件故障安全保护措施和电子驱动器故障安全保护措施。

#### 2. 机器人步进电动机设计应用注意事项

对步进电动机的选型，主要考虑三方面的问题：①步进电动机的步距角要满足进给传动系统脉冲当量的要求；②步进电动机的最大静力矩要满足进给传动系统的空载快速启动力矩要求；③步进电动机的启动矩频特性和工作矩频特性必须满足进给传动系统对启动力矩与启动频率、工作运行力矩与运行频率的要求。

# 2.2　直流伺服电动机驱动

电气伺服系统根据所驱动的电动机类型分为直流伺服系统和交流伺服系统。

## 2.2.1　直流伺服电动机驱动技术

直流伺服电动机启动转矩大、调速广，且不受频率及极对数限制(特别是电枢控制)，机械特性线性度好，从零转速至额定转速具备可提供额定转矩的性能，功率损耗小，具有较高的响应速度、精度和频率等优点，同时还具有优良的控制特性。

直流伺服电动机为了直流供电和调节电动机的转速与方向，需要控制其直流电压的大小和方向。目前，常采用晶体管脉宽调速驱动和晶闸管直流调速驱动两种方式[2]。

直流伺服电动机的结构与普通小型直流电动机相同，不过由于直流伺服电动机的功率不大，也可由永久磁铁制成磁极，省去励磁绕组。其励磁方式几乎只采取他励式。直流伺服电动机的工作原理和普通直流电动机相同。只要在其励磁绕组中有电流通过且产生了磁通，当电枢绕组中通过电流时，这个电枢电流与磁通相互作用而产生转矩，使伺服电动机投入工作。这两个绕组中的一个断电时，电动机立即停转，它不像交流电动机那样有“自转”现象，所以直流伺服电动机是自动控制系统中一种很好的执行元件。

## 2.2.2　直流伺服电动机驱动应用

在机器人技术领域中，直流电动机作为机器人各关节的主要执行机构，得到了广泛应用，电动机及控制系统的设计决定了机器人的运动性能和控制精度。

### 1. 直流伺服电动机应用于机器人的优势

直流伺服电动机具有一系列优点：高转矩/惯量，动态响应快；调速范围宽，低速脉动小；低速转矩大，连续运行稳定及过载能力强；高效节能；体积小，质量轻；多种灵活安装方式；结构简单，维修方便；工艺稳定，产品一致性好；噪声振动小，使用寿命长；较高的防护等级，可按用户要求提供防护等级；高等级绝缘结构，延长了电动机使用寿命，增加了电动机可靠性。与液压、气动等驱动方式相比，直流伺服电动机驱动具有体积小、功耗小和精确度高等优点。

显然，直流伺服电动机很适合机器人的应用环境，可满足控制与动力要求，尤其在功率较小且精度要求高的场合，机器人多采用直流伺服电动机传动。

### 2. 直流伺服电动机的选型

电动机的选型是机电系统设计的核心问题之一，而电动机驱动负载的计算则是电动机选型中关键和重要的一步。因而，电动机选型时需要研究机器人关节负载的计算方法。

在机器人设计中，通过分析关节负载转矩的需求来选出可能的直流电动机型，电动机选型必须满足以下两个条件：有效转矩必须要比所选电动机的连续转矩小；所选电动机的堵转转矩通常要大于所需的峰值转矩。在满足要求的情况下，遵循功耗越小越好的原则，从电动机额定电压低的开始，选取若干不同的规格。通过比较负载特性曲线与电动机理想机械特性曲线，判断所需电动机的工作转速和工作转矩的所有数据点是否都位于理想电动机的机械特性曲线之内，验证所选的机器人各关节电动机能否符合机器人运动性能要求。

## 2.3 交流伺服电动机驱动

### 2.3.1 交流伺服电动机

20 世纪 70 年代后期至 80 年代，随着集成电路、电力电子技术和交流可变速驱动技术的发展，以及微处理器技术、大功率高性能半导体功率器件技术和电动机永磁材料制造工艺的发展及其性能价格比的日益提高，永磁交流伺服驱动技术有了突出的发展，交流伺服驱动技术已经成为工业领域实现自动化的基础技术之一。交流伺服电动机和交流伺服控制系统逐渐成为主导产品。交流伺服系统已成为当代高性能伺服系统的主要发展方向，原来的直流伺服系统面临被淘汰的危机。20 世纪 90 年代以后，世界各国已经商品化了的交流伺服系统采用全数字控制的正弦波电动机伺服驱动。交流伺服驱动装置在传动领域的发展日新月异[2]。

迄今为止，高性能的电动伺服系统大多采用永磁同步型交流伺服电动机，控制驱动器多采用快速、准确定位的全数字位置伺服系统，典型的生产厂家有德国的西门子、美国的科尔摩根和日本的松下及安川等公司。

在控制上，现代交流伺服系统一般都采用磁场矢量控制方式，它使交流伺服驱动系统的性能完全达到了直流伺服驱动系统的性能，这样的交流伺服系统具有下述特点。

(1) 系统在极低速度时仍能平滑地运转，而且具有很快的响应速度。

(2) 在高速区仍然具有较好的转矩特性，即电动机的输出特性“硬度”好。

(3) 可以将电动机的噪声和振动抑制到最低的限度。

(4) 具有很高的转矩/惯量，可实现系统的快速启动和制动。

(5) 通过将高精度的脉冲编码器作为反馈器件，采用数字控制技术，可大大提高系统的位置控制精度。

(6) 驱动单元一般都采用大规模的专用集成电路，系统的结构紧凑、体积小、可靠性高。

正因为如此，在数控机床上，交流伺服系统全面取代直流伺服系统已经成为技术发展的必然趋势。

### 2.3.2　交流伺服驱动系统

交流伺服驱动系统按其采用的驱动电动机的类型可分为两大类：同步电动机和异步电动机[3]。

采用永久磁铁磁场的同步电动机不需要磁化电流控制，只要检测磁铁转子的位置即可。由于它不需要磁化电流控制，故比异步型伺服电动机容易控制，转矩产生机理与直流伺服电动机相同。其中，永磁同步电动机交流伺服系统在技术上已趋于成熟，具备十分优良的低速性能，并可实现弱磁高速控制，拓宽了系统的调速范围，满足高性能伺服驱动的要求。随着永磁材料性能的大幅度提高和价格的降低，其在工业生产自动化领域中的应用将越来越广泛，目前已成为交流伺服系统的主流。

交流异步电动机即感应式伺服电动机。由于感应式异步电动机结构坚固，制造容易，价格低廉，因而具有很好的发展前景，代表了将来伺服技术发展的方向。但由于该系统采用矢量变换控制，相对永磁同步电动机伺服系统来说，控制比较复杂，而且电动机低速运行时还存在着效率低、发热严重等有待克服的技术问题，目前并未得到普遍应用。表 2-1 为交流伺服电动机特性实例。

表 2-1　交流伺服电动机特性

| 特性 | 同步伺服发电机 | 感应式伺服发电机 |
|---|---|---|
| 输出功率/W | 1100 | 1100 |
| 峰值电流/(A/相) | 11.7 | 14.4 |
| 峰值电压/(V/相) | 68.9 | 79.3 |
| 功率因数/% | 99.8 | 78.6 |
| 功率/% | 91.1 | 82.0 |
| 电阻/Ω | 0.284 | 1.035 |
| 感应电压常数/[mV/(r/min)] | 100 | 100 |
| 转动惯量/(kg·m²) | $8.8\times10^{-4}$ | $6.8\times10^{-4}$ |
| 功率变化率/(kW/s) | 12 | 16 |

交流伺服系统按其指令信号与内部的控制形式，可以分为模拟式伺服系统与数字式伺服系统两类。初期的交流伺服系统一般是模拟式伺服系统，而目前使用的交流伺服系统通常都是全数字式交流伺服系统[4]。

数字式交流伺服系统是随着交流伺服控制技术、计算机技术的发展而产生的新颖交流伺服系统，它所用的元器件更少，通常只要一片专用大规模集成电路，这种结构具有以下特点。

(1)通过总线与调度，驱动系统的 CPU 和信号处理器可以共用 RAM。

(2)具有 A/D(analog to digital，模拟/数字)变换控制功能，可将模拟量转换为数字量。

(3)系统同时具有电流环、速度环、位置环控制的功能，以适应不同的控制要求。

(4) 驱动系统 CPU 可与主 CPU 之间进行通信，容易采用总线控制方式。

(5) 可以方便地产生 PWM (pulse width modulation，脉冲宽度调制) 信号，控制电动机调速。

(6) 可以进行位置检测信号处理。

在数字式伺服系统中，还可以采用绝对脉冲编码器作为位置检测器件，在数控系统停电后，仍能记忆机床的实际位置；因此，机床开机时可以不进行手动“回参考点”操作。

除此之外，与模拟式交流伺服系统相比，数字式交流伺服系统具有下述明显的优点。

(1) 系统精度不受电子器件的温度漂移影响，系统不需要采用自动漂移补偿电路，结构简单，精度高。

(2) 系统所用的元器件少，可靠性高，功能上可扩充性好，如可以对系统的非线性、干扰转矩等进行补偿，提高系统的精度。

(3) 维修方便，系统的诊断、监视功能比模拟伺服电机更强。

(4) 对位置、速度、转矩、电流等信息进行了集中管理、控制，可以避免机械共振。

(5) 系统参数的设定与调节可以通过数字量进行，较模拟式伺服的电位器调节更精准、更简单、更容易。

### 2.3.3 交流伺服电动机应用

#### 1. 交流伺服电动机在机器人应用方面的优势

随着相关技术进步和材料成本的降低，交流伺服系统继承了直流伺服系统的优点，克服了其缺点，并取得了比直流伺服系统更优良、稳定的控制性能。高精度的直流伺服系统能满足机器人的控制要求，已成为机器人驱动电动机的首选[2]。

#### 2. 机器人用交流伺服电动机及驱动与控制的特点

机器人用交流伺服电动机属于高精度交流伺服电动机，伺服精度要求高，响应时间比较长。由于机器人控制结构的特殊性，驱动与控制有三个要点：控制器的计算能力高；控制器与伺服系统之间的总线通信速度快；伺服精度高。

机器人采用的伺服系统属专用系统，多轴合一，模块化，有特殊的散热结构和控制方式，对可靠性要求极高。国际机器人巨头都有自己的专属伺服系统配套。专用化的机器人伺服电动机和驱动器，在普通通用伺服电动机和驱动器的基础上，根据机器人的高速、重载、高精度等应用要求，增加驱动器和电动机的瞬时过载能力，增加驱动器的动态响应能力，在驱动中增加相应的自定义算法接口单元，且采用通用的高速通信总线作为通信接口，摒弃原先的模拟量和脉冲方式，进一步提高了控制品质。同时，对于通用型的伺服驱动器，可删除冗余的通信接口和功能模块，简化系统，提高系统可靠性，并进一步降低成本[2]。

#### 3. 交流伺服系统在机器人系统中的发展趋势

(1) 高效率化。尽管这方面的工作早就在进行，但是仍需要继续加强，主要包括电动机本身的高效率化，也包括驱动系统的高效率化、逆变器驱动电路的优化、加减速运动的优化、再生制动和能量反馈以及更好的冷却方式等。

(2) 直接驱动。直接驱动消除了中间传递误差，实现了高速化和高定位精度。

(3) 高速、高精度、高性能化。

(4) 一体化和集成化。电动机、反馈、控制、驱动、通信的纵向一体化成为当前小功率伺服系统的一个发展方向。电动机、驱动和控制的集成使三者从设计、制造到运行、维护都更紧密地融为一体。这种方式面临更大的技术挑战和工程师使用习惯的挑战，在整个伺服市场中是一个很有特色的部分。

(5) 通用化。通用型驱动器配置有大量的参数和丰富的菜单功能，便于用户在不改变硬件配置的条件下，方便地设置成 U/f 控制、无速度传感器开环矢量控制、闭环磁通矢量控制、永磁无刷交流伺服电动机控制及再生单元等五种工作方式，适用于各种场合，可以驱动不同类型的电动机，也可以适用于不同的传感器类型，还可以通过接口与外部的位置、速度或力矩传感器构成高精度全闭环控制系统。

(6) 智能化。现代交流伺服驱动器都具备参数记忆、故障自诊断和分析功能。

(7) 从故障诊断到预测性维护。随着机器安全标准的不断发展，传统的故障诊断和保护技术已经落伍，最新的产品嵌入了预测性维护技术，使得人们可以通过网络及时了解重要技术参数的动态趋势，并采取预防性措施。

(8) 小型化和大型化。无论是永磁无刷伺服电动机还是步进电动机，都积极向更小的尺寸发展，同时也在发展更大功率和尺寸的机种，体现了向两极化发展的倾向。

## 2.4 气动驱动

气动传动与控制技术简称气动，是以压缩空气为工作介质来进行能量与信号的传递，是实现各种生产过程、自动控制的一门技术。它是流体传动与控制学科的一个重要组成部分。传递动力的系统是将压缩气体经由管道和控制阀输送给气动执行元件，把压缩气体的压力能转换为机械能而做功；传递信息的系统是利用气动逻辑元件或射流元件以实现逻辑运算等功能，也称气动控制系统。

### 2.4.1 气动驱动系统

由比例控制阀加上电子控制技术组成的气动比例控制系统，可满足各种各样的控制要求。比例控制系统基本构成如图 2-3 所示。图中的执行元件可以是气缸、气马达、容器和喷嘴等将空气的压力能转化为机械能的元件。比例控制阀作为系统的电与气压转换的接口元件，实现对执行元件供给气压能量的控制。控制器作为人机的接口，起着向比例控制阀发出控制量指令的作用。它可以是单片机、微机及专用控制器等。比例控制阀的精度较高，一般为±0.5FS%～2.5FS%（FS%指占满量程的百分比）。即使不用各种传感器构成负反馈系统，也能得到十分理想的控制效果，但不能抑制被控对象参数变化和外部干扰带来的影响。对于控制精度要求更高的应用场合，必须使用各种传感器构成负反馈，来进一步提高系统的控制精度，如图 2-3 中虚线部分所示。

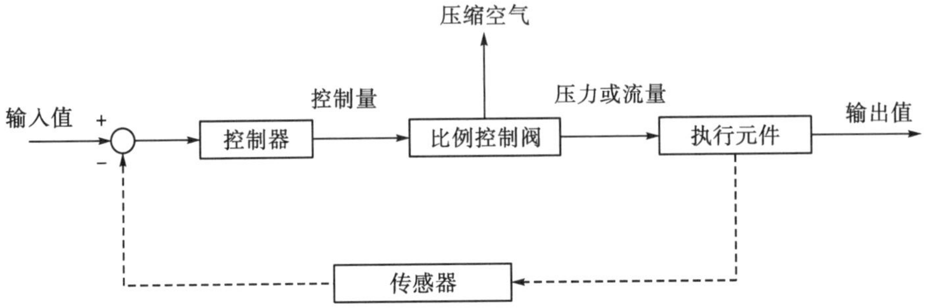


图 2-3 比例控制系统的基本组成

## 2.4.2 比例/伺服控制阀选择

主要根据被控对象的类型和应用场合来选择比例阀的类型。被控对象的类型不同，对控制精度、响应速度、流量等性能指标要求也不同。控制精度和响应速度是一对矛盾，两者不可兼顾。对于已定的控制系统，以最重要的性能指标为依据，来确定比例阀的类型。然后考虑设备的运行环境，如污染、振动、安装空间及安装姿态等方面的要求，最终选择合适类型的比例阀。表 2-2 给出了不同应用场合下比例阀优先选用的类型。

表 2-2 不同应用场合下比例阀优先选用的类型[5]

| 控制领域 | 应用场合 | 比例压力阀 | | | 比例流量阀 |
|---|---|---|---|---|---|
| | | 喷嘴挡板型 | 开关电磁阀型 | 比例电磁铁型 | 比例电磁铁型 |
| 下压控制 | 焊接机 | — | ○ | ◎ | — |
| | 研磨机等 | ◎ | ○ | ○ | |
| 张力控制 | 各种卷绕机 | ◎ | ○ | — | — |
| 喷流控制 | 喷漆机、喷流织机、激光加工机等 | ◎ | ◎ | — | ○ |
| 先导压控制 | 远控主阀、各种流体控制阀等 | ◎ | ○ | — | — |
| 速度、位置控制 | 气缸、气马达 | — | — | ○ | ◎ |

注：◎为优秀；○为良。

气动比例/伺服控制系统的性能虽然依赖执行元件、比例/伺服阀等系统构成要素的性能，但为了更好地发挥系统构成要素的作用，控制器的控制量计算又是至关重要的。控制器通常以输入值与输出值的偏差为基础，通过选择适当的控制算法，可以设计出不受被控对象参数变化和干扰影响，具有较强鲁棒性的控制系统。PID 控制是古典控制理论的中心，它具有简单、实用且易掌握等特点，在气动控制技术中得到了广泛的应用。PID

控制器设计的难点是比例、积分及微分增益系数的确定。获得合适的增益系数需经过大量实验，工作量很大。PID 控制不适用于控制对象参数经常变化、外部有干扰、大滞后系统等场合。在此情况下，一是使用神经网络与 PID 控制并行组成控制器，利用神经网络的学习功能，在线调整增益系数，抑制因参数变化等对系统稳定性造成的影响；二是使用各种现代控制理论，如自适应控制、最优控制、鲁棒控制等来设计控制器，构成具有强鲁棒性的控制系统。

### 2.4.3　气动驱动应用

#### 1. 气动系统在机器人应用方面的优势

(1) 以空气为工作介质，工作介质获得比较容易，用后的空气排到大气中，处理方便，与液压传动相比，不必设置回收油箱和管道。

(2) 与液压传动相比，气压传动动作迅速、反应快，可在较短的时间内达到所需的压力和速度。

(3) 安全可靠，在易燃、易爆场所使用不需要昂贵的防爆设施。压缩空气不会爆炸或者着火，特别是在易燃、易爆、多尘埃、强磁、辐射、振动、冲击等恶劣工作环境中，比液压、电子、电气控制更优越。

(4) 成本低，过载能自动保护，在一定超载运行下也能保证系统安全工作。

(5) 系统组装方便，使用快速接头可以非常简单地进行配管，因此系统的组装、维修以及元件的更换比较简单。同时存储方便，气压具有较高的自保持能力，压缩空气可存储在储气罐内，随时取用。

(6) 通过调节气量可实现无级变速。另外，由于空气的可压缩性，气压驱动系统具有较好的缓冲作用。

总之，气压驱动系统具有速度快、系统结构简单、清洁和维修方便、价格低等特点，适用于机器人。

#### 2. 气动机器人的适用场合

气动机器人适于在中、小负荷的机器人中采用。但难以实现伺服控制，多用于程序控制的机器人中，如在上下料和冲压机器人中应用较多。气动机器人采用压缩空气为动力源，一般从工厂的压缩空气站引到机器作业位置，也可单独建立小型气源系统。

由于气动机器人具有气源使用方便、不污染环境、动作灵活迅速、工作安全可靠、操作维修简便以及适用于在恶劣环境下工作等特点，它在冲压加工、注塑及压铸等有毒或高温条件下作业，机床上下料，仪表及轻工行业中、小型零件的输送和自动装配等作业，食品包装及输送，电子产品输送、自动插接，弹药生产自动化等方面获得广泛应用。

#### 3. 气动机器人技术应用进展

近年来，在研究与人类亲近的机器人和机械系统时，气压驱动的柔软性受到格外的关注。气动机器人研究已经取得了实质性的进展。如何构建柔软机构，积极地发挥气压柔软性是今后气压驱动器应用的一个重要方向。

由“可编程控制器—传感器—气动元件”组成的典型的控制系统仍然是自动化技术的重要方面。发展与电子技术相结合的自适应气动元件，使气动技术从“开关控制”进入高精度的“反馈控制”，节省配线的复合集成系统，不仅可减少配线、配管和元件，而且拆装简单，大大提高了系统的可靠性。

电气可编程控制技术与气动技术相结合，使整个系统自动化程度更高，控制方式更灵活，性能更加可靠；气动机器人、柔性自动生产线的迅速发展，对气动技术提出了更多更高的要求；微电子技术的引入，促进了电气比例伺服技术的发展[5]。

# 2.5 液压驱动

液压控制系统能够根据装备的要求，对位置、速度、加速度等被控制量按一定的精度进行控制，并且能在有外部干扰的情况下稳定、准确地工作，实现既定的工艺目的。

## 2.5.1 液压驱动系统

图 2-4 为液压驱动与控制系统的典型组成，包括输入元件、检测反馈元件、比较元件及转换放大装置、液压执行器和受控对象等部分，各组成部分的作用如表 2-3 所示[2]。

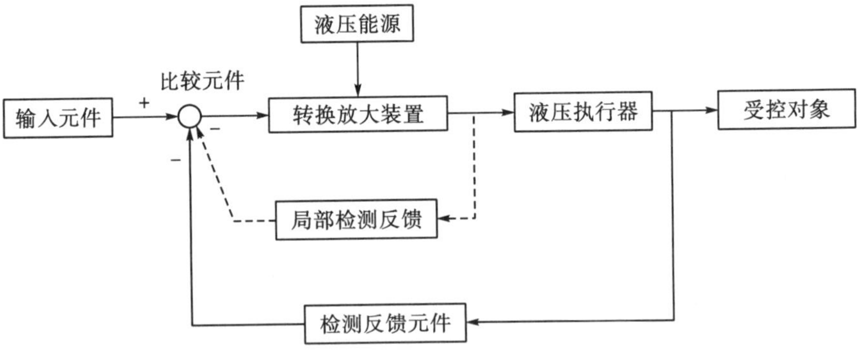


图 2-4 液压驱动与控制系统的典型组成

**表 2-3 液压控制系统的组成部分及其作用**

| 序号 | 名称 | 作用 | 说明 |
| --- | --- | --- | --- |
| 1 | 输入元件（指令元件） | 根据系统动作要求，给出输入信号，加在系统的输入端 | 机械模板、电位器、信号发生器或程序控制器、计算机都是常见的输入元件。输入信号可以手动设定或程序给定 |
| 2 | 检测反馈元件 | 用于检测系统的输出量并转换成反馈信号，加在系统的输入端与输入信号进行比较，从而构成反馈控制 | 各类传感器为常见的反馈检测元件 |

续表

| 序号 | 名称 | 作用 | 说明 |
|---|---|---|---|
| 3 | 比较元件 | 将反馈信号与输入信号进行比较，产生偏差信号，加在放大装置 | 比较元件经常不单独存在，而是与输入元件、反馈检测元件或放大装置一起，同时完成比较、反馈或放大 |
| 4 | 转换放大装置 | 将偏差信号的能量形式进行变换并加以放大，输入执行机构 | 各类液压控制放大器、伺服阀、比例阀、数字阀等都是常见的转换放大装置 |
| 5 | 液压执行器 | 驱动受控对象动作，实现调节任务 | 可以是液压缸、液压马达或者摆动液压马达 |
| 6 | 受控对象（负载） | 和执行器的可动部分相连接并同时运动，在负载运动时所引起的输出量中，可根据需要选择其中某物理量作为系统的控制量 | 受控对象是被控制的主机设备或其中一个机构、装置 |
| 7 | 液压能源 | 为系统提供驱动负载所需的具有压力的液体，是系统的动力源 | 液压泵站或液压源即常见的液压能源 |

### 2.5.2　液压驱动系统分类以及应用

液压驱动与控制系统的类型繁杂，可按不同方式进行分类。液压控制系统按使用的控制组件，可分为伺服控制系统、比例控制系统和数字控制系统三大类，同时也可从以下角度分类[5]。

(1) 位置控制、速度控制及加速度控制和压力控制系统。

(2) 闭环控制系统和开环控制系统。

(3) 阀控系统和泵控系统。

同时，液压系统在工业机器人中有广泛的应用。

#### 1. 液压系统在机器人应用方面的优势

电动驱动系统为机器人领域中最常见的驱动器，但存在输出功率小、减速齿轮等传动部件容易磨损的问题。相对电动驱动系统，传统液压驱动系统具有较高的输出功率、高带宽、快响应以及一定程度的精准性。因此，机器人在大功率的应用场合下一般采用液压驱动。

随着液压技术与控制技术的发展，各种液压控制机器人已得到广泛应用。液压驱动的机器人结构简单、动力强劲、操纵方便、可靠性高。其控制方式多样，如仿形控制、操纵控制、电液控制、无线遥控、智能控制等。在某些应用场合，液压机器人仍有较大的发展空间[2, 5]。

#### 2. 液压技术应用于机器人的国内外发展概况

在国家高技术研究发展计划(863 计划)的支持下，国内的大量高校和公司开展了工业机器人与应用工程的研究与开发，在短短几年内取得了重大进展。先后开发了包含点焊、弧焊、喷漆、装配、搬运、自动导引车在内的全系列机器人产品，并在汽车、摩托车、工程机械、家电等制造业领域得到成功的应用，对我国制造业的发展起到了促进作用。

20 世纪 60 年代，美国首先发展机电液一体化技术，如机器人、数控车床、内燃机电子燃油喷射装置等，而工业机器人在机电液一体化技术方面的开发，甚至比汽车行业还早。近20年来，随着超大规模集成电路、微型电子计算机、电液控制技术的迅速发展，日本和欧美各国都十分重视将其应用于工程机械和物流机械，并开发出适用于各类机械使用的机电液一体化系统。如美国卡特彼勒公司于1973年第一次将电子监控系统(EMS系统)用于工程机械，至今已发展成系列产品，其生产的机械产品中，60%以上均设置了不同功能的监控系统。

### 3. 机器人液压系统的特点[2, 5]

(1) 高压化。液压系统的特点是输出的力矩和功率大，而这依赖于高压系统。随着大型机器人的出现，向高压发展是液压系统发展的一个趋势。

(2) 灵敏化与智能化。根据实际施工的需要，机器人向着多功能化和智能化方向发展，这就使机器人有很强的数据处理能力和精度很高的“感知”能力。使用高速微处理器、敏感元件和传感器不仅能满足多功能与智能化要求，还可以提高整机的动态性能，缩短响应时间，使机器人对急剧变化的负载能快速做出动作反应。

(3) 注重节能增效。液压驱动系统为大功率作业提供了保证，但液压系统有节流损失和容积损失，整体效率不高。因此，新型材料的研制和零部件装配工艺的提高也是提高机器人工作效率的必然选择。

(4) 发挥软件的作用。先进的微处理器、通信介质和传感器必须依附功能强大的软件才能发挥作用。软件是各组成部分进行对话的语言。各种基于汇编语言或高级语言的软件开发平台不断涌现，为开发机器人控制软件程序提供了更多、更好的选择。

(5) 智能化的协同作业。机群的协同作业是智能化的单机、现代化的通信设备、GPS、遥控设备和合理的施工工艺相结合的产物，为电液系统在机器人领域的应用提供了广阔的发展空间。

## 思考题与练习题

1. 简述机器人驱动的主要驱动方式。
2. 简述步进电动机驱动的优势。
3. 简述自流和交流伺服电动机驱动方式各自的优缺点。
4. 简述数字式交流伺服驱动方式的特点。
5. 与模拟式交流伺服系统相比，数字式交流伺服系统的优点有哪些？
6. 液压驱动控制系统如何分类？
7. 液压驱动系统在机器人驱动中的优势是什么？
8. 简述气动驱动中控制系统的基本组成。
9. 交流伺服电动机在机器人应用中的优势是什么？
10. 直流伺服电动机在机器人应用中的优势是什么？
11. 气动元器件的发展前景如何？

12. 直流电动机铭牌上的额定功率指的是什么功率？
13. 步进电动机的转速与负载有关系吗？
14. 思考步进电动机工作原理。
15. 简述交流伺服电动机的发展历程。
16. 列举气动驱动系统在机器人中的典型应用。
17. 列举液压驱动系统在机器人中的典型应用。
18. 列举直流伺服驱动系统在机器人中的典型应用。
19. 列举交流伺服驱动系统在机器人中的典型应用。

## 参考文献

[1]顾绳谷. 电机及拖动基础[M]. 3 版. 北京：机械工业出版社，2004.
[2]黄志坚. 机器人驱动与控制及应用实例[M]. 北京：化学工业出版社，2016.
[3]黄志坚. 气动系统设计要点[M]. 北京：化学工业出版社，2015.
[4]黄志坚. 液压伺服比例控制及 PLC 应用[M]. 北京：化学工业出版社，2014.
[5]孙树栋. 工业机器人技术基础[M]. 西安：西北工业大学出版社，2006.

# 第 3 章　工业机器人中的传感器

## 3.1　传感器技术基础知识

### 3.1.1　传感器的基本概念

眼睛有视觉，耳朵有听觉，鼻子有嗅觉，皮肤有触觉，舌头有味觉，人通过大脑感知外界信息。人通过感知器官接收外界信号，将这些信号传送给大脑，大脑把这些信号进行分析处理后传递给肌体。如果将智能机器和人的大脑进行对比，计算机相当于人的大脑，执行机构相当于人的肌体，传感器相当于人的五官和皮肤，传感器又好比人体感官的延长，所以也有人把传感器称为“电五官”。

从广义的角度来说，可以把传感器定义为：一种能把特定的信息(物理、化学、生物)按一定规律转换成某种可用信号输出的器件和装置。广义传感器一般由信号检出器件和信号处理器件两部分组成。从狭义角度对传感器的定义是：能把外界非电信息转换成电信号输出的器件。

《传感器通用术语》(GB/T7665—2005)对传感器的定义是：能够感受规定的被测量并按照一定规律转换成可用输出信号的器件和装置[1]。

以上定义表明传感器有这样三层含义：它是由敏感元件和转换元件构成的一种检测装置；能按一定规律将被测量信息转换成电信号输出；传感器的输出与输入之间存在确定的关系。按使用场合的不同，传感器又称为变换器、换能器和探测器。

### 3.1.2　传感器的性能指标、命名和代号

依照《传感器图用图形符号》(GB/T 14479—1993)的规定，典型传感器由正方形和三角形组成，正方形表示转换元件，三角形表示敏感元件。图 3-1 所示为典型传感器的专用图形符号。

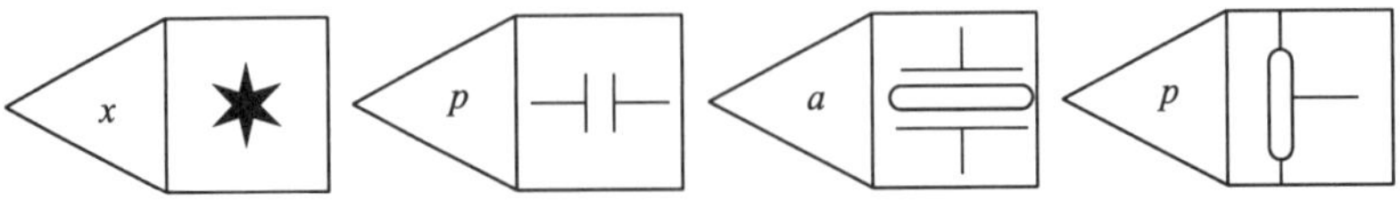


(a)示例　(b)电容式压力传感器　(c)压电式加速度传感器　(d)电位器式压力传感器

图 3-1　典型传感器的专用图形符号

在运用命名法时，应注意使用场合不同，修饰语的排序亦不同。在有关传感器的统计表、图书检索及计算机文字处理等场合，传感器名称应采用正序排列，如“传感器、位移、应变计、100mm”；在技术文件、产品说明书、学术论文、教材、书刊等的陈述句中，传感器名称应采用倒序排列，如“100mm 应变计式位移传感器”。

根据《传感器命名法及代码》(GB/T 7666—2005)规定，一种传感器的代号应包括以下四部分：主称(传感器)、被测量、转换元件、序号；在被测量、转换元件、序号三部分代号之间需有连字符“-”连接。四部分代号表示格式如图 3-2 所示。

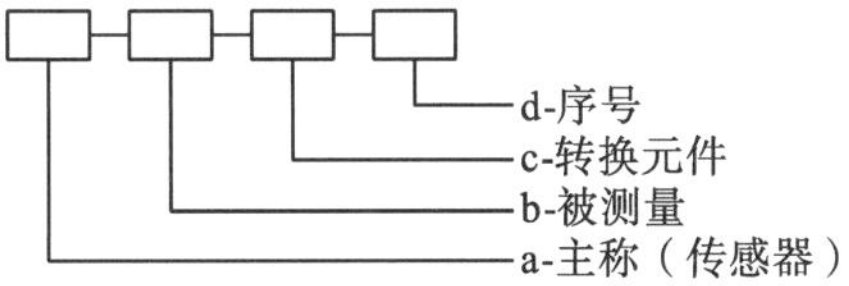


图 3-2　传感器产品代号格式

### 3.1.3　传感器的基本特性

在一个测量控制系统中，传感器位于检测部分的最前端，决定了系统的性能，传感器的一些特性，如灵敏度、分辨力、检出限、稳定性等，都直接影响测量结果。传感器的各种特性是根据输入/输出关系来描述的，对于不同的输入信号，其输出特性也不同。为描述传感器的基本特性，可将传感器看成一个具有输入/输出的二端网络，如图 3-3 所示。传感器通常要变换各种信息量为电量，由于受传感器内部储能元件(电感电容、质量块、弹簧等)的影响，对慢变信号与快变信号反应大不相同。根据传感器输入的慢变信号与快变信号，传感器的基本特性分为静态特性和动态特性。对慢变信号，即输入为静态或变化极缓慢的信号时(如环境温度)，讨论研究传感器的静态特性，即不随时间变化的特性；对快变信号，即输入量随时间较快变化时(如振动、加速度等)，考虑传感器的动态特性，即随时间变化的特性。

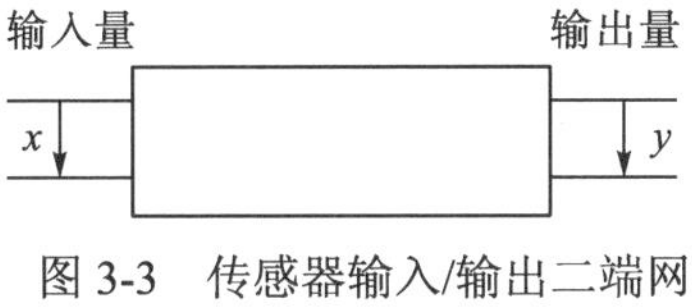


图 3-3　传感器输入/输出二端网络

当输入量是静态或变化缓慢的信号时，输入/输出关系称为静态特性，这时传感器的输入与输出有确定的数值关系，但关系式中与时间变量无关。静态特性可以用函数式表示为

$$y = f(x) \tag{3-1}$$

在静态条件下，若不考虑迟滞和蠕变，式(3-1)的传感器的输出量与输入量的关系可以用一个多项代数方程式表示，称为传感器的静态数学模型，即

$$y = a_0 + a_1 x + a_2 x^2 + a_3 x^3 + \cdots + a_n x^n \tag{3-2}$$

式中，$x$ 为输入量；$y$ 为输出量；$a_0$ 为输入量 $x = 0$ 时的输出值($y$)，即零位输出；$a_1$ 为传感器的理想(线性)灵敏度；$a_2, a_3, \cdots, a_n$ 为非线性项系数。

描述传感器静态特性的主要指标包括线性度、迟滞、重复件、阈值、灵敏度、稳定性、噪声和漂移等，它们是衡量传感器静态特性优劣的重要指标参数。

传感器的动态特性是指输入量随时间变化时输出和输入之间的关系。实际应用中，传感器检测的物理量大多数是时间的函数，当传感器的输入量随时间变化时，讨论传感器的动态特性。为使传感器的输出信号及时准确地反映输入信号的变化，不仅要求传感器有良好的静态特性，更希望它具有良好的动态特性。

传感器的动态特性一般从频域和时域两方面研究。传感器动态特性是指传感器输出对随时间 $t$ 变化的输入量的响应特性，如加速度、振动测量，这时被测量的是时间的函数或是频率 $w$ 的函数，表示为

$$y(t)=f\left[x(t)\right] \tag{3-3}$$

$$y(\mathrm{j}w)=f\left[x(\mathrm{j}w)\right] \tag{3-4}$$

### 3.1.4 传感器基本测量电路

#### 1. 传感器输出信号的特点

在传感技术中，通常把对传感器的输出信号进行加工的电子电路称为传感器测量电路。传感器的输出信号一般具有如下特点。

(1) 传感器输出信号的形式有模拟信号型、数字信号型和开关信号型等。

(2) 传感器输出信号的类型有电压、电流、电阻、电容、电感和频率等，通常是动态的。

(3) 传感器的动态范围大。

(4) 输出的电信号一般都比较弱，如电压信号通常为微伏至毫伏级，电流信号为微安至毫安级。

(5) 传感器内部存在噪声，输出信号会与噪声信号混合在一起。当噪声比较大而输出信号又比较弱时，常会使有用信号淹没在噪声之中。

(6) 传感器输出输入关系曲线大部分是线性的，但有时是非线性的。

(7) 传感器的输出信号易受温度的影响。

#### 2. 传感器测量电路的要求

(1) 在测量电路与传感器的连接上，要考虑阻抗匹配问题、电容和噪声的影响。

(2) 放大器的放大倍数要满足显示器、A/D 变换器或 I/O 接口对输入电压的要求。

(3) 测量电路的选用要满足自动控制系统的精度、动态特性及可靠性要求。

(4) 测量电路中采用的元器件应满足仪器、仪表或自动控制装置使用环境的要求。

(5) 测量电路应考虑温度影响及电磁场的干扰，并采取相应的措施进行补偿修正。

(6) 电路的结构、电源电压和功耗要与自动控制系统整体相协调。

#### 3. 传感器测量电路的类型及组成

(1) 模拟电路其测量电路的基本组成框图如图 3-4 所示。模拟测量电路应根据传感器

的输出信号的类型和后续处理电路的要求，选择相应的电路构成。

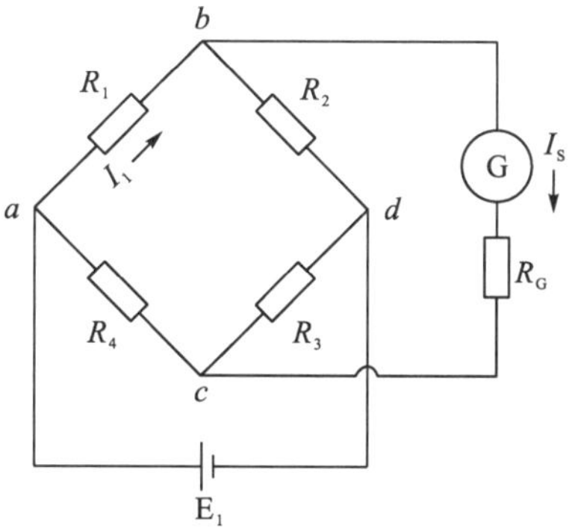


图 3-4　模拟电路其测量电路的基本组成框图

$I_1$、$I_s$. 电流；$R_1$、$R_2$、$R_3$、$R_4$、$R_G$. 电阻；G. 电流表；$E_1$. 电源；a、b、c、d. 导线连接的节点

(2)开关型测量电路。传感器的输出信号为开关信号(如光线的通断信号或电触点通断信号等)时的测量电路称为开关型测量电路，如图 3-5 所示。

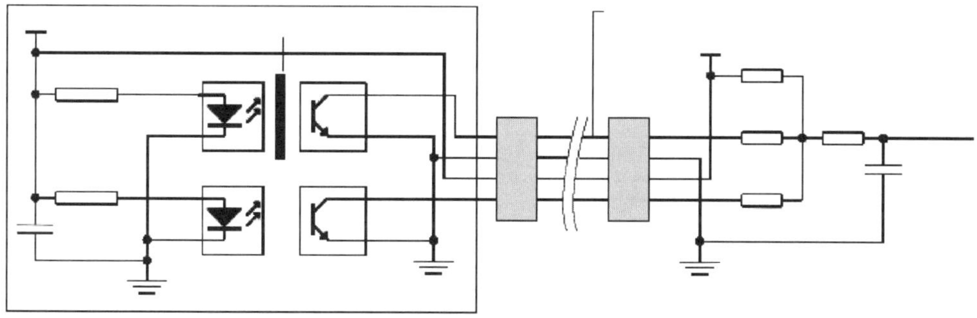

图 3-5　开关型测量电路

根据不同的数字式传感器的信号特点，选择合适的测量电路。光栅、磁栅、感应同步器等数字传感器，输出的是增量码信号，其测量电路的典型组成框图如图 3-6 所示。

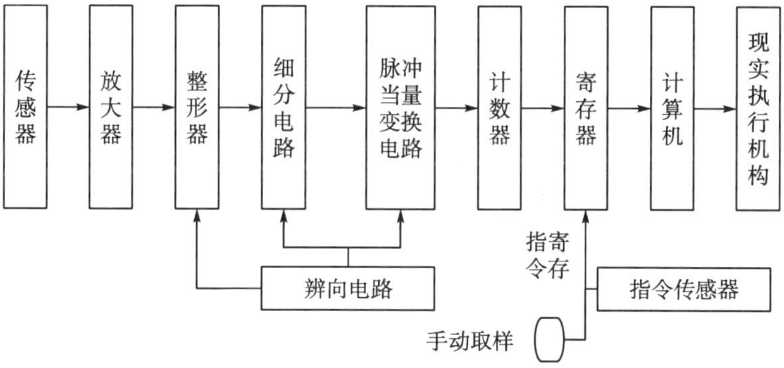


图 3-6　数字式测量电路典型组成框图

# 3.2 典型传感器

## 3.2.1 电阻应变式传感器

电阻应变式传感器是应用最广泛的传感器之一，目前主要用于测量力、力矩、压力、加速度和质量等参数。电阻应变式传感器主要利用金属电阻应变效应或半导体材料的压阻效应制成敏感元件，是测量微小变化的理想传感器。电阻式应变片具有体积小、质量轻、结构简单、灵敏度高、性能稳定、适于动态和静态测量的特点。

导体在受到外界拉力或压力的作用时会产生机械变形，同时机械变形会引起导体阻值的变化，这种导体材料因变形而使其电阻值发生变化的现象称为电阻应变效应。电阻应变片的种类繁多，形式多种多样，但基本结构大体相同。

图 3-7 所示为金属电阻应变片基本结构，金属丝电阻应变片包括五个部分：①基底（绝缘材料）；②敏感栅（高阻金属丝）；③黏合剂（化学试剂）；④盖层（保护层）；⑤引线（金属导线）。

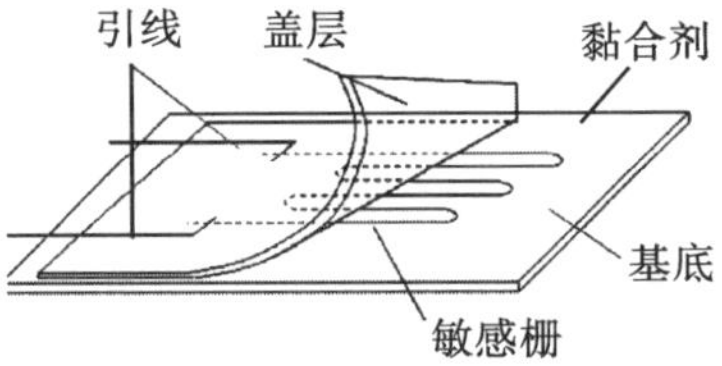


图 3-7 金属电阻应变片基本结构

金属电阻应变片的基本原理是电阻应变效应，即导体产生机械形变时，其电阻值发生变化。由于压力正比于应变，应变又与电阻变化率成正比，即应力正比于电阻的变化。通过弹性元件可将位移、压力、振动等物理量，转换为应力、应变进行测量，这是电阻应变式传感器测量应变的基本原理。

## 3.2.2 电感式传感器

电感式传感器是利用线圈自感和互感的变化以实现非电量电测的一种装置，传感器利用电磁感应定律，将被测非电量转换为电感或互感的变化。它可以用来测量位移、振动、压力、应变、流量等参数。电感式传感器是一种机-电转换装置，特别是在自动控制设备中得到广泛应用。

电感式传感器种类很多，根据原理可分为自感式和互感式两大类，根据结构可分为变磁阻式、变压器式和涡流式三种。电感式传感器与其他传感器相比具有以下特点：结构简单可靠、分辨率高，能测量 0.1μm 甚至更小的机械位移，能感受 0.1″ 的微小角位移，零点漂移少、线性度好、输出功率大，即使不用放大器一般也有 0.1～0.5V/mm 的输出。电感式传感器的缺点是响应时间较长，不宜进行频率较高的动态测量。

变磁阻式传感器结构原理如图 3-8 所示，它是由铁心、线圈、衔铁三部分组成的。在铁心和衔铁之间存有间隙，间隙厚度为 $\delta$。传感器运动部分与衔铁相连，衔铁移动时，间隙厚度 $\delta$ 发生变化，引起磁路的磁阻 $R_m$ 变化，使电感线圈的电感量发生变化。

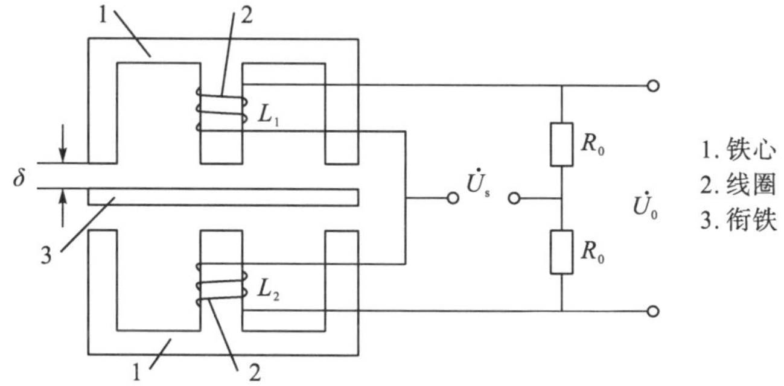


图 3-8　变磁阻式传感器结构原理

$L_1$、$L_2$. 电感；$R_0$. 电阻；$\dot{U}_0$、$\dot{U}_s$. 电压；$\delta$. 间隙厚度

根据电工磁路知识，磁路总磁阻为铁心、衔铁和间隙磁阻之和，故有

$$R_m=\frac{l_1}{\mu_1 S_1}+\frac{l_2}{\mu_2 S_2}+\frac{2\delta}{\mu_0 S_0} \tag{3-5}$$

式中，$\delta$ 为间隙厚度；$\mu_1$、$\mu_2$ 和 $\mu_0$ 分别为铁心、衔铁和空气的导磁率；$l_1$ 和 $l_2$ 分别为磁通经过铁心和衔铁的长度；$S_1$、$S_2$ 和 $S_0$ 分别为铁心、衔铁和空气的截面积。

因为导磁材料的磁导率远大于空气间隙的磁导率，$\mu_1$、$\mu_2$ 比 $\mu_0$ 高上千倍，故式(3-5)可忽略前两项，磁路磁阻可近似表示为

$$R_m \approx \frac{2\delta}{\mu_0 S_0} \tag{3-6}$$

若传感器线圈匝数为 $N$，流入线圈的电流为 $I$，由磁路欧姆定律可得出磁路的磁通为

$$\varphi = IN / R_m \tag{3-7}$$

根据自感的定义式 $L = N\varphi / I$，线圈自感系数 $L$ 可按下式计算：

$$L=\frac{N^2}{R_m}=\frac{N^2\mu_0 S_0}{2\delta} \tag{3-8}$$

自感式传感器的基本公式定义如下：当线圈匝数 $N$ 为常数时，电感 $L$ 仅仅是磁路中磁阻 $R_m$ 的函数，只要改变间隙厚度 $\delta$ 或间隙截面积 $S$ 就可以改变电感 $L$。因此变磁阻式又可分为变间隙厚度式传感器和变间隙截面积传感器。

### 3.2.3　电容式传感器

电容式传感器是一个具有可变参量的电容器，将被测非电量变化称为电容量。多数情

况下，电容式传感器是指以空气为介质的由两个平行金属极板组成的可变电容器，结构如图 3-9 所示，电容传感器的基本原理可以用平板电容器说明：

$$C = \frac{\varepsilon S}{\delta} = \frac{\varepsilon_0 \varepsilon_r}{\delta} S \tag{3-9}$$

式中，$\varepsilon$ 为极板间介质的介电常数；$\varepsilon_r = \varepsilon / \varepsilon_0$ 为相对介电常数，空气相对介电常数 $\varepsilon_r \approx 1$，真空时 $\varepsilon = \varepsilon_0 = 8.85 \times 10^{-12} \mathrm{F \cdot m^{-1}}$；$S$ 为电容两极板的面积；$\delta$ 为两个平行极板间的距离。

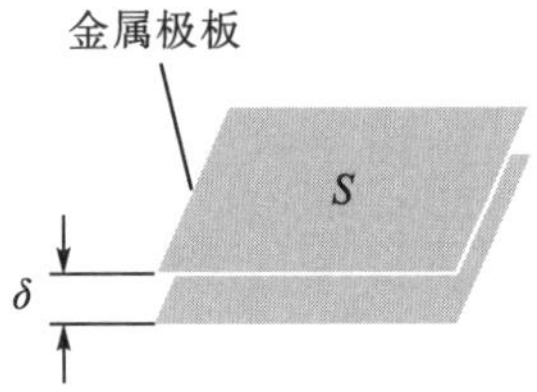


图 3-9 电容式传感器的基本结构

由上述可知，电容式传感器可以通过改变极板的面积($S$)、极板间距离($\delta$)或极板间介质($\varepsilon$)来改变电容器的电容值($C$)。如果固定其中两个参数不变，只改变某一个参数，就可以把该参数的变化转换为电容量的变化，这种传感器是通过检测电容的大小来检测非电量的。实际应用时，电容式传感器可分为以下三种结构形式。

(1)改变极板面积($S$)的电容器称为变面积型电容式传感器，特点是测量范围较大，多用于测线位移、角位移。

(2)改变极板距离($\delta$)的电容器称为变极距型电容式传感器，适合进行小位移测量。

(3)改变极板介质($\varepsilon$)的电容器称为变介质型电容式传感器，普遍用于液面高度测量、介质厚度测量，可制成料位计等。

### 3.2.4 压电式传感器

压电式传感器是一种典型的发电型传感器，其工作原理以电介质的压电效应为基础，在外力作用下，电介质表面产生电荷，从而实现非电量测量。压电式传感器是一种有源传感器，又称为自发电式传感器或电势式传感器。压电式传感器体积小、质量小、结构简单、工作可靠，适用于测量动态力学的物理量，不适用于测量频率太低的物理量，更不能测量静态量。压电式传感器可以对各种动态力、机械冲击和振动进行测量。在声学、医学、力学、导航等方面都得到了广泛的应用。目前，压电式传感器多用于加速度和动态力或振动压力测量。除此之外，由于压电式传感器是一个典型的机-电转换元件，已普遍应用在超声波、水声换能器、拾音器、传声器、滤波器、压电引信、煤气点火具等方面。

对某些电介质(如晶体)，当沿着一定方向施加力时，内部会产生极化现象，如图 3-10 所示，同时在它的两个表面会产生符号相反的电荷，当外力去掉后，又重新恢复为不带电状态，这种现象称为压电效应。当作用力方向改变后，电荷的极性也随之改变。对中心对称的晶体，无论如何施力，正负电荷中心重合，极化强度电矩矢量等于零，不显极性。对非对称的晶体，当没有作用力时，晶体正负电荷中心重合，对外不显极性，但在外力作用改变时，正负电荷中心分离，电矩不再为零，晶体表现出极性。

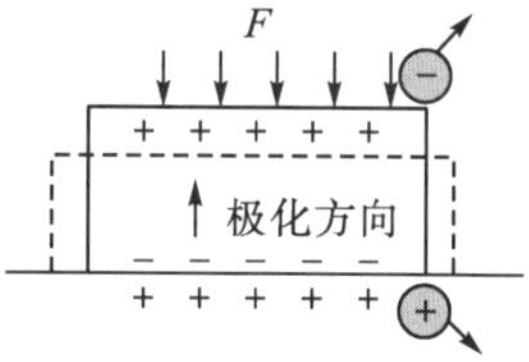


图 3-10　压电效应原理

压电效应是可逆的，当在介质极化的方向施加电场时，电介质会产生形变，这种现象称为逆压电效应，这里是将其电能转化成机械能。压电效应具有相互转换作用，既可以将机械能转化成电能，也可以将电能转化成机械能。

### 3.2.5　磁电式传感器

磁电式传感器有两类：一类是利用电磁感应原理的磁电感应式传感器，将运动速度、位移转换成线圈中的感应电动势输出；另一类是利用某些材料的磁电效应做成的对磁场敏感的传感器，如霍尔元件、磁阻元件、磁敏二极管、磁敏三极管等，这类传感器除了用于测量和感受磁场，还广泛用于位移、振动、速度、转速等多种非电量测量。

磁电感应式传感器原理是导体和磁场发生相对运动时会在导体两端输出感应电动势。根据法拉第电磁感应定律可知，导体在磁场中运动切割磁力线，或者通过闭合线圈的磁通发生变化时，在导体两端或线圈内将产生感应电动势，电动势的大小与穿过线圈的磁通变化率有关。当导体在均匀磁场中，沿垂直磁场方向运动时(图 3-11)，导体内产生的感应电动势为

$$e=-N\frac{\mathrm{d}\varphi}{\mathrm{d}t} \tag{3-10}$$

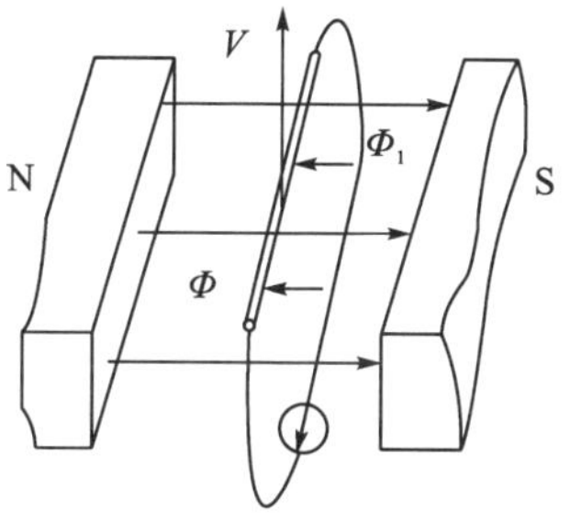


图 3-11　磁电感应式传感器原理

N. 北极；S. 南极；$V$. 电压方向；$\Phi$ 、$\Phi_1$. 磁通量

这就是磁电感应式传感器的基本工作原理。磁电感应式传感器有恒磁通式和变磁通式两种结构形式。

恒磁通式磁电感应传感器的磁路系统产生恒定的磁场，工作间隙中的磁通也恒定不

变，感应电动势是由线圈相对永久磁铁运动时切割磁力线而产生的。运动部件可以是线圈或是磁铁，因此结构上又分为动圈式和动磁式两种。

变磁通式磁电感应传感器的线圈和磁铁都静止不动，感应电动势是由变化的磁通产生的。由导磁材料组件构成的被测体运动时，如转动物体引起磁阻变化，使穿过线圈的磁通量变化，从而在线圈中产生感应电动势，所以这种传感器也称为变磁阻式。根据磁路系统的不同结构，变磁通式磁电感应传感器又可分为开磁路和闭磁路两种。

### 3.2.6 热电式传感器

热电式传感器是一种将温度变化转换为电量变化的传感器，它利用测温敏感元件的电参数随温度变化的特性，通过测量电量变化来检测温度。具体地说，热电式传感器就是将温度变化转化为电量变化并输出的装置，如将温度转化为电阻、电势或磁导等的变化，再通过适当的测量电路就可由这些电参数的变化来表达所测温度的变化。

该传感器的种类很多，按温度传感器工作原理主要可分为以下类型。

(1) 热电偶：利用金属的温差电动势测温，有耐高温、精度高的特点。

(2) 热电阻：利用导体电阻随温度变化测温，结构简单，测量温度比半导体温度传感器高。

(3) 热敏电阻：利用半导体材料随温度变化测温，体积小、灵敏度高、稳定性差。

(4) 集成温度传感器：利用晶体管 PN 结的电流、电压随温度变化测温，有专用集成电路，体积小、响应快、价廉，通常可用于测量 150℃以下温度。

(5) 红外温度传感器：利用物体红外辐射能，先将光转换为热能，再将热能转换为电信号。可以进行非接触式测量，动态误差小，响应时间短。

在各种热电式传感器中，以把温度转换为电势和电阻值的方法最为普遍，其中，将温度转换为电势的热电式传感器称为热电偶，将温度转换为电阻值的热电式传感器称为热电阻，目前这两种传感器在工业中被广泛使用。

热电偶测温原理如图 3-12 所示，两种不同类型的金属导体两端分别接在一起构成闭合回路，当两个节点温度不等，即有温差时（$t > t_0$），导体回路里有电流流动，会产生热电势，这种现象称为热电效应，也称为塞贝克效应。利用这种效应，只要知道一端节点温度，就可以测出另一端节点的温度。固定温度节点 $t_0$ 称为基准点（冷端），恒定在某一标准温度；待测温度节点 $t$ 称为测温点热端，置于被测温度场中。

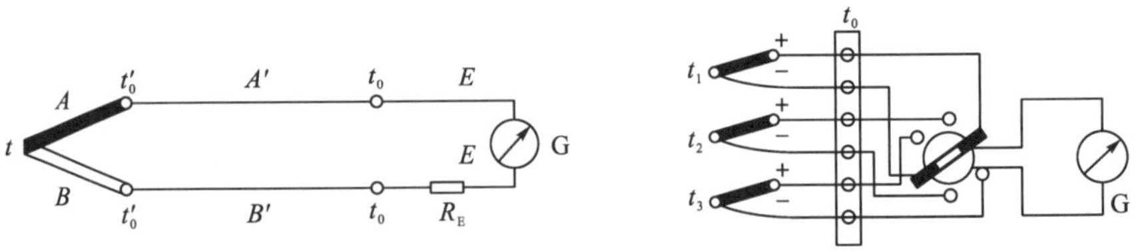


图 3-12 热电偶测温电路示意图

$A'$、$B'$. 热电偶补偿导线；$E$. 电动势；$R_E$.电阻；$A$、$B$. 热电偶测量导线；G. 电流表；

$t_0$. 使用补偿导线后热电偶的冷端温度；$t'_0$. 使用补偿导线前热电偶的冷端温度；$t_1$，$t_2$，$t_3$ 为测点温度热电偶中热电势与两种导体的材料性质和节点温度有关。实际应用时测量基准端开路电压，将基准端装入冰水测电压值，求测点温度。热电偶中热电势主要是由接触电势和温差电势两部分组成的。

### 3.2.7 光电式传感器

光电式传感器是采用光电元件作为检测元件的传感器。它首先把被测量的变化转换成光信号的变化，然后借助光电元件进一步将光信号转换成电信号。光电传感器一般由光源、光学通路和光电元件三部分组成。光电检测方法具有精度高、反应快、非接触等优点，而且可测参数多，传感器的结构简单，形式灵活多样，因此，光电式传感器在检测和控制中应用非常广泛[2]。

光电器件的工作原理是利用各种光电效应。光照射在某些物质上，使该物质吸收光能后电子的能量和电特性发生变化，这种现象称为光电效应。光电效应可分为两大类，即外光电效应和内光电效应，内光电效应又分为光电导效应和光生伏特效应两种。具有检测光信号功能的材料称为光敏材料，利用这种材料做成的器件称为光敏器件。

在光线作用下，物体内的电子逸出物体表面向外发射的现象称为外光电效应。向外发射的电子称为光电子。光子是具有能量的基本粒子，光照射物体时，可以看成具有一定能量的光子束轰击这些物体。每个光子具有的能量可由下式确定：

$$E = h\nu \tag{3-11}$$

式中，$h = 6.626\times10^{-34}\,\mathrm{J\cdot s}$，是普朗克常量；$\nu$ 是光的频率。

根据爱因斯坦假设：一个光子的能量只能给一个电子，要使电子逸出物体表面，需对其做功以克服物体对电子的约束。设电子质量为 $m$，电子逸出物体表面时的速度为 $v_0$，一个光电子逐出物体表面时具有的初始动能为 $mv_0^2/2$。根据能量守恒定律，光子能量与电子的动能有如下关系：

$$E = h\nu = \frac{1}{2}mv_0^2 + A_0 \tag{3-12}$$

式中，$A_0$ 为电子的逸出功。

如果光子的能量大于电子的逸出功 $A_0$，超出的能量部分则表现为电子逸出的动能。电子逸出物体表面时产生光电子发射，并且光的波长越短，频率越高，能量越大。光电子能否逸出物体表面产生光电效应，取决于光子的能量是否大于该物体表面的电子逸出功。

光在半导体中传播时具有衰减现象，即产生光吸收。理想半导体在热力学温度时，价带完全被电子占满，价带的电子不能被激发到更高的能级，电子能级示意图如图 3-13 所示。一定波长的光照射到半导体时，电子吸收足够能量的光子，从价带跃迁到导带，于是就形成了电子-空穴对。

光电式传感器一般情况下由发送器、接收器和检测电路三部分构成。发送器对准目标发射光束，发射的光束一般来源于半导体光源，如发光二极管(LED)、激光二极管及红外发射二极管。光束不间断地发射，或者改变脉冲宽度。接收器由光电二极管、光电三极管、光电池组成。接收器的前面装有光学元件(如透镜和光圈)等，后面是检测电路，它能滤出有效信号和应用该信号。

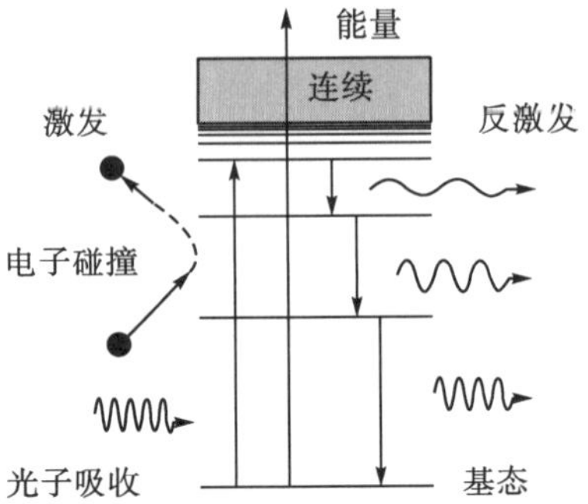


图 3-13 电子能级示意图

### 3.2.8 磁敏传感器

磁敏电阻也是一种纯电阻性的两端元件，与普通电阻不同的是，它的电阻随磁场的变化而变化。磁敏电阻是一种根据几何磁阻效应原理制造的器件。磁敏传感器主要有磁敏电阻、磁敏二极管、磁敏三极管等，霍尔元件也属于磁敏式传感器。

#### 1. 磁阻效应

载流导体置于磁场中，除了产生霍尔效应外，导体中载流子因受洛伦兹力作用发生偏转，而载流子运动方向的偏转使电子流动的路径发生变化，起到增大电阻的作用，磁场越强，载流子偏转越厉害，增大电阻的作用越强。外加磁场使半导体电阻随磁场增加而增大的现象称为磁电阻效应，简称磁阻效应。利用这种效应制成的元件称为磁敏电阻。一般金属中的磁阻效应很弱，而半导体中较明显，用半导体材料制作磁敏电阻更便于集成。下面以半导体材料为例加以说明。

影响半导体电阻改变的原因，首先是载流子在磁场中运动受到洛伦兹力作用，其次是霍尔电场作用，由于霍尔电场作用会抵消电子运动时受到的洛伦兹力作用，磁阻效应被大大减弱，但仍然存在。磁敏电阻的磁阻效应可表示为

$$\rho_B = \rho_0\left(1 + 0.273\mu^2 B^2\right) \tag{3-13}$$

式中，$\rho_0$ 为零磁场电阻率；$\mu$ 为磁导率；$B$ 为磁场强度。

式(3-13)表示磁导率为 $\mu$ 的磁敏电阻，其电阻率 $\rho_B$ 随磁场强度 $B$ 变化的特性。

#### 2. 磁敏电阻结构

磁阻元件的阻值与制作材料的几何形状有关，称为几何磁阻效应。

(1) 长方形样品，如图 3-14(a)所示。由于电子运动的路程较远，霍尔电场对电子的作用力部分或全部抵消了洛伦兹力作用，即抵消磁场作用，电子行进路线基本为直线运动，电阻率变化很小，磁阻效应不明显。

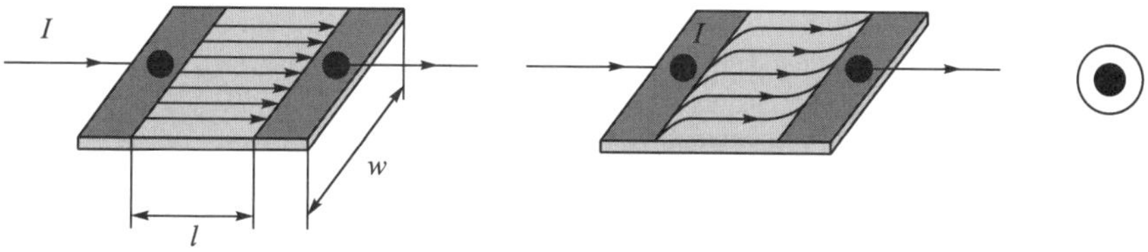


(a)无磁场时的电流模式　(b)外加磁场时的电流模式　(c)圆盘样品

图 3-14　磁敏电阻器的形状和磁阻效应

*l*. 长度；*w*. 宽度

(2) 扁条状长方形样品，如图 3-14(b) 所示。因为是扁条状，其电子运动的路程较短，霍尔电势 $E_H$ 作用很小，洛伦兹力引起的电流磁场作用使电子经过的路径偏转厉害，磁阻效应显著。

(3) 圆盘样品(Corbino 圆盘)，如图 3-14(c) 所示。这种结构与以上两种不同，它将一个电极焊在圆盘中央，另一个电极焊在外圆，无磁场时电流向外围电极辐射，外加磁场时中央流出的电流以螺旋形路径指向外电极，使电子经过的路径增大，电阻增加。这种结构的样品在圆盘中任何地方都不会积累电荷，因此不会产生霍尔电场，磁阻效应明显。

为了消除霍尔电场影响并获得大的磁阻效应，通常将磁敏电阻制成圆形或扁条状长方形，实用价值较大的是扁条状长方形元件，当样品几何尺寸 $L<b$ ($b$ 为常数)时，磁阻效应较明显($L$ 为长方形元件的宽度，$b$ 为其长度)。

### 3.2.9　射线及微波检测传感器

射线传感器的工作方式通常有两种，第一种方式是测量天然或自然的放射射线；第二种方式是利用放射性同位素测量非放射性同位素物质，根据被测物质对辐射线的吸收、反射进行检测。第二种射线传感器主要由放射源和探测器组成。

利用射线进行测量必须有辐射源放射出 α、β、λ 射线。辐射源的种类很多，为降低成本避免经常更换放射源，一般选用半衰期较长的同位素及强度合适的辐射源，原则是在安全条件下尽量提高检测灵敏度，减小统计误差。尽管放射源种类很多，但用于射线测量的同位素源只有 20 多种。

图 3-15 所示为辐射源结构示意图。辐射源密封在铅容器中，为防止灰尘进入，并防止辐射源对人体造成损伤，测量面有耐辐射薄膜(λ 源用铍窗或铝窗)覆盖。辐射源的结构应使射线从测量方向射出，其他方向应尽量减少剂量以减少对人体的危害。其他方向可以用铅进行屏蔽(铅有极强的抗辐射穿透能力)。辐射源的形式很多，λ 辐射源结构一般为丝状、圆柱状、圆盘状，核辐射源一般为圆盘状。

红外传感器主要由红外辐射源和红外探测器两部分组成。有红外辐射的物体就可以视为红外辐射源；红外探测器是指能将红外辐射能转换为电能的器件或装置。红外传感器可用于红外热成像遥感技术、红外搜索(跟踪目标、确定位置、红外制导)、红外辐射测量、通信、测距和红外测温等。

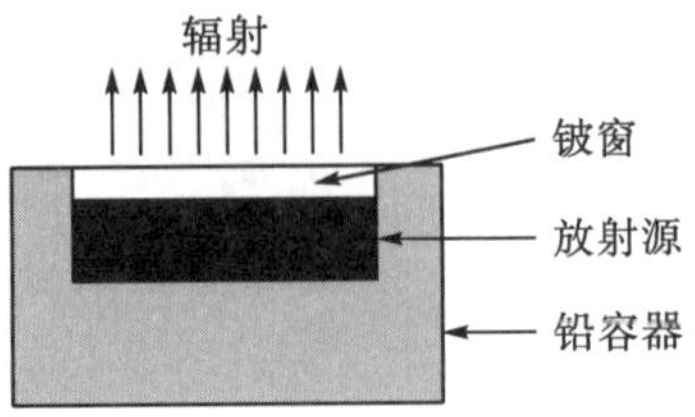


图 3-15　辐射源结构

图 3-16 为电磁波波谱图。红外辐射俗称红外线，是一种不可见光，其光谱位于可见光中红色以外，所以称红外线，波长为 0.75～1000 μm，是介于可见光和微波之间的电磁波。由于红外线比无线电波的波长短，所以红外仪器的空间分辨力比雷达高；另外，红外线比可见光的波长长，因此红外线透过阴霾的能力比可见光强。工程上按红外线在电磁波谱中的位置(波段)分为近红外、中红外、远红外和极远红外。

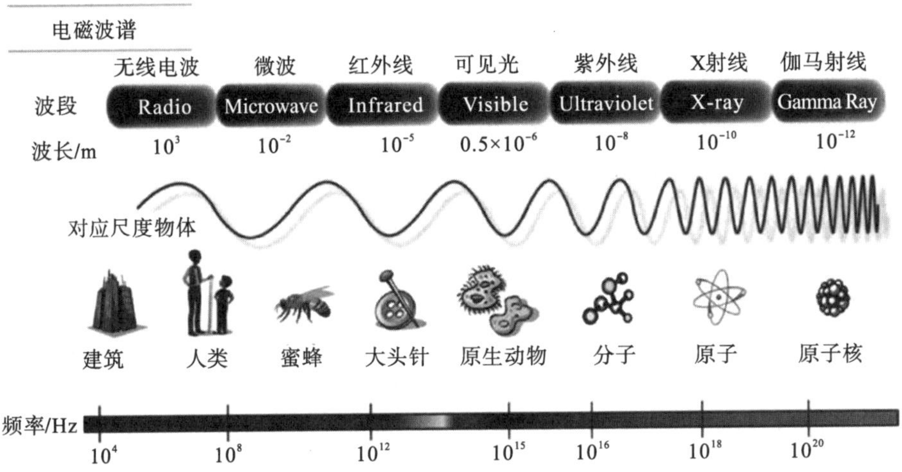


图 3-16　电磁波波谱图

红外线和电磁波一样，以波的形式在空中传播，因为在空气中，氮气、氧气、氢气不吸收红外线，使大气层对不同波长的红外线存在不同吸收带，所以红外线在通过大气层时，2～2.6μm、3～5μm、8～14μm 三个波段通过率最高，统称为“红外窗口”。这三个波段对红外探测技术至关重要，因为红外探测器一般都在这三个波段内工作。

### 3.2.10　光导纤维传感器

光导纤维(optical fiber)简称光纤，是 20 世纪人类的重要发明之一。它与激光器、半导体光电探测器一起构成了新的光电技术。光纤最早用于通信，随着光纤技术的发展，光纤传感器得到进一步发展。目前，发达国家正投入大量人力、物力、财力对光纤传感器进行研制与开发。与其他传感器相比较，光纤传感器具有灵敏度高、响应速度快、动态范围大、防电磁干扰、超高电绝缘、防燃、防爆、体积小、材料资源丰富和成本低等特点，因此应用前景十分广阔。光纤作为传感器件时突出的特点有：不受电磁干扰，防爆性能好，不会漏电打火，可根据需要做成各种形状，可以弯曲，另外还可以用于高温、高压的场合，绝缘性能好、耐腐蚀。

### 1. 光纤结构

光纤结构如图 3-17 所示，主要由三部分组成：中心是纤芯；外层是包层；护套是尼龙塑料。光纤的基本材料多为石英玻璃，并有不同掺杂。光纤的导光能力取决于纤芯和包层的性质，即光纤纤芯的折射率 $N_1$ 和包层折射率 $N_2$， $N_1$ 略大于 $N_2$。

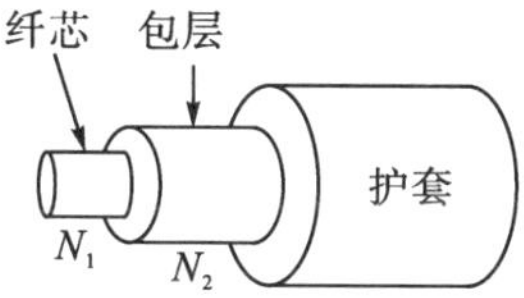


图 3-17　光纤结构

### 2. 光纤的传光原理

光在光纤中是沿直线传播的，光被限制在光纤中，并能随光纤传递到很远的距离。光纤传光原理示意图如图 3-18 所示。

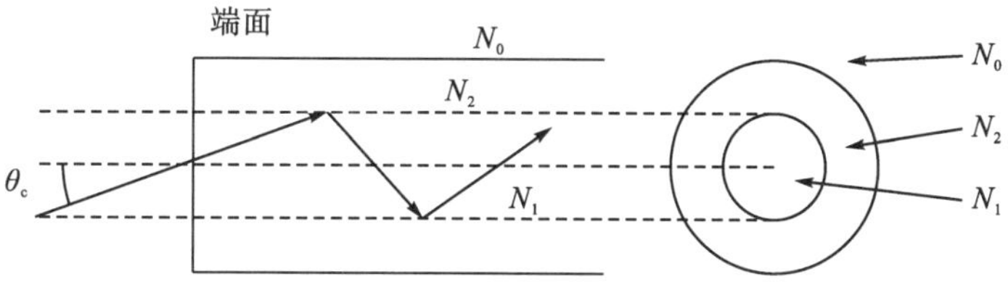


图 3-18　光纤传光原理示意图

$N_0$. 空气折射率；$N_1$. 纤芯折射率；$N_2$. 包层折射率

光纤的传播基于光的全反射原理，当光线以不同角度入射到光纤端面时，在端面发生折射后进入光纤。光进入光纤后入射到纤芯(光密介质)与包层(光疏介质)交界面，一部分透射到包层，一部分反射回纤芯。当入射光线在光纤端面中心的入射角减小到某一角度 $\theta_c$ 时，光线全部被反射。光被全反射时的入射角 $\theta_c$ 称为临界入射角，只要入射角满足 $\theta < \theta_c$，入射光就可以在纤芯和包层界面上反射而向前传播，最后从另一端面射出。

为保证光在光纤端面入射时是全反射，必须满足全反射条件，即入射角 $\theta < \theta_c$。由斯内尔(Snell)折射定律可导出光线从折射率为 $N_0$ 处的介质射入纤芯时，发生全反射的临界入射角为

$$\theta_c = \arcsin\left(\frac{1}{N_0}\sqrt{N_1^2 - N_2^2}\right) \tag{3-14}$$

外介质一般为空气，在空气中（$N_0=1$）时，式(3-14)可表示为

$$\theta_c = \arcsin\left(\sqrt{N_1^2 - N_2^2}\right) \tag{3-15}$$

可见，光纤临界入射角是由光纤本身的折射率（$N_1$、$N_2$）决定的，与光纤的几何尺寸无关。

### 3.2.11 MEMS 传感器

MEMS(micro electric mechanical system)即微电子机械系统，从广义上讲，MEMS 是指集微型传感器、微型执行器以及信号处理和控制电路，甚至接口电路、通信和电源于一体的微型机电系统。图 3-19 是典型的 MEMS 示意图，由传感器、信息处理单元、执行器和通信 / 接口单元等组成。其输入是物理信号，通过传感器转换为电信号，经过信号处理后，由执行器与外界作用。每一个微系统可以采用模拟及数字信号，使用电、光、磁等物理量与其他微系统进行通信[3]。

利用 MEMS 技术制作的传感器称为 MEMS 传感器，也称微传感器。与传统意义上的传感器相比，MEMS 传感器的体积很小，敏感元件的尺寸一般为 0.1～100μm 。

图 3-19 典型的 MEMS 示意图

微传感器可以是单一的敏感元件，这类传感器的一个显著特点就是尺寸小，敏感元件的尺寸从毫米级到微米级，有的甚至达到纳米级。在加工中，主要采用精密加工、微电子技术以及 MEMS 技术，使得传感器的尺寸大大减小。

微传感器也可以是一个集成的传感器，这类传感器将微小的敏感元件、信号处理器、数据处理装置封装在一块芯片上，形成集成的传感器。

### 3.2.12 陀螺传感器

陀螺仪的原理就是：一个旋转物体的旋转轴所指的方向在不受外力影响时，是不会改

变的，可用多种方法读取轴所指示的方向，并自动将数据信号传给控制系统。现代陀螺仪可以精确地确定运动物体的方位，它是在现代航空、航海、航天和国防工业中广泛使用的一种惯性导航仪器。传统的惯性陀螺仪主要部分有机械式的陀螺仪，而机械式的陀螺仪对工艺结构的要求很高[4]。

从力学的观点近似地分析陀螺的运动时，可以把它看成是一个刚体，刚体上有一个方向支点，而陀螺可以绕着这个支点做三个自由度的转动，所以陀螺的运动是属于刚体绕一个定点的转动运动。更确切地说，一个绕对称轴高速旋转的飞轮转子称为陀螺。将陀螺安装在框架装置上，使陀螺的自转轴有角转动的自由度，这种装置称为陀螺仪。

陀螺仪的基本部件有：①陀螺转子常采用同步电机、磁滞电机、三相交流电机等来使陀螺转子绕自转轴高速旋转，其转速近似为常值；②内、外框架或称内、外环，是使陀螺自转轴获得所需角转动自由度的结构；③附件是指力矩马达、信号传感器等。

根据框架的数量、支承的形式以及附件的性质，可将陀螺仪分为以下两种类型。

(1) 二自由度陀螺仪，只有一个框架，使转子自转轴具有一个转动自由度。根据二自由度陀螺仪中所使用的反作用力矩的性质，可以把这种陀螺仪分成三种类型：积分陀螺仪(使用的反作用力矩是阻尼力矩)、速率陀螺仪(使用的反作用力矩是弹性力矩)和无约束陀螺仪(仅有惯性反作用力矩)。

此外，还出现了某些新型陀螺仪，如静电式自由转子陀螺仪、挠性陀螺仪、激光陀螺仪等。

(2) 三自由度陀螺仪，具有内、外两个框架，使转子自转轴具有两个转动自由度。在没有任何力矩装置时，它就是一个自由陀螺仪。

陀螺仪传感器最主要的特性是稳定性和进动性。可以从儿童玩的陀螺中发现，高速旋转的陀螺可以竖直不倒而保持与地面垂直，这就反映出陀螺运动时的稳定性。研究陀螺仪运动特性的理论是绕定点运动刚体动力学的一个分支，它以物体的惯性为基础，研究旋转物体的动力学特性。可以说，陀螺仪传感器是一个简单易用的、基于自由空间移动和手势的定位与控制系统。

### 3.2.13　超声波传感器

超声波是一种频率高于 20000Hz 的声波，由换能晶片在电压的激励下发生振动产生的，它具有频率高、波长短、绕射现象小等特点，特别是方向性好。超声波对液体、固体的穿透力强，尤其是在不透明的固体中，它可穿透几十米的深度。超声波碰到杂质或分界面会形成反射或回波，碰到活动物体能产生多普勒效应。基于超声波特性研制的传感器称为超声波传感器，广泛应用在工业、国防、生物医学等方面。

超声波传感器形式较多，主要由压电晶片、吸收块(阻尼)、保护膜、引线、金属外壳组成，压电晶片两面镀银，为圆形薄片，超声波频率与圆片厚度成反比。阻尼块吸收声能降低机械品质，避免无阻尼时电脉冲停止后晶片继续振荡，结果导致脉冲宽度加长，使分辨力变差。

超声波传感器主要利用压电材料的压电效应，其中，超声波发射器利用逆压电效应制成发射元件，将高频电振动转换为机械振动从而产生超声波；超声波接收器利用正压电效应制成接收元件，将超声波机械振动转换为电信号。

超声波传感器的主要性能指标包括以下四个方面。

(1) 工作频率。工作频率就是压电晶片的共振频率。当加到它两端的交流电压的频率和晶片的共振频率相等时，输出的能量最大，灵敏度也最高。

(2) 工作温度。压电材料的居里点一般比较高，特别是诊断用超声波探头使用功率较小，所以工作温度比较低，可以长时间工作而不失效。医疗用的超声探头的温度比较高，需要单独的制冷设备。

(3) 灵敏度。灵敏度主要取决于制造晶片本身。机电耦合系数大，灵敏度高；反之，灵敏度低。

(4) 指向性。指向性是指超声波传感器探测的范围。

### 3.2.14 码盘式传感器

码盘是测量角位移的数字编码器。它具有分辨能力强、测量精度高和工作可靠等优点，是测量轴转角位置的一种最常用的位移传感器。码盘分为绝对式编码器和增量编码器两种。绝对式编码器能直接给出与角位置相对应的数字码；增量编码器利用计算系统将旋转码盘产生的脉冲增量针对某个基准数进行加减以求得角位移[5]。

增量编码器又称为脉冲盘式编码器。增量编码器一般只有三个码道，它不能直接产生几位编码输出，故其不具有绝对码盘的含义，这是增量编码器与绝对式编码器的不同之处。

增量编码器的圆盘上等角距地开有两道缝隙，内外圈的相邻两缝间距错开半条缝宽；另外在某一径向位置，一般在内外两圈之外，开有一狭缝，表示码盘的零位。在它们的相对两侧面分别安装光源和光电接收元件。当转动码盘时，光线经过透光和不透光的区域，每个码道将一系列光电脉冲由光电元件输出，码道上有多少缝隙，就有多少个脉冲输出。增量编码器的精度和分辨率与绝对式编码器一样，主要取决于码盘本身的精度。

## 3.3 图像传感器原理与应用

### 3.3.1 图像传感器

人的视觉是获取外界信息的主要的感觉行为。据统计，人所获得外界信息的 80%是靠视觉得到的，因此，图像传感器是仿生传感器中最重要的部分。人类视觉的模仿多半是用摄像技术和计算机技术来实现的，故又称为计算机视觉。图像传感器的工作过程可分为视觉检测、视觉图像分析、描绘与识别三个主要步骤，简述如下。

1. 视觉检测

视觉检测主要利用图像信号输入设备，将视觉信息转换成电信号。常用的图像信号输入设备有摄像管和固态图像传感器。摄像管分为光导摄像管(如电视摄像装置的摄像头)和析像管两种。光导摄像管是存储型，析像管是非存储型。

输入视觉检测部件的信息形式有亮度、颜色和距离等，这些信息一般可以通过摄像机获得。亮度信息用 A/D 转换器按 4～10bit 量化，再以矩阵形式构成数字图像，存于计算机内，若采用彩色摄像机可获得各点的颜色信息。此外，还必须处理距离信息。常用于处理距离信息的方法有光投影法和立体视觉法。光投影法是向被测物体投以特殊形状的光束，然后检测反射光，即可获得距离信息。立体视觉法采用两台摄像机测距，实现人的两眼视觉效果，通过比较两台摄像机拍摄的画面，找出物体上任意两点在两画面上的对应点，再根据这些点在两画面中的位置和两台摄像机的几何位置，通过大量的计算，就可确定物体上对应点的空间位置。

2. 视觉图像分析

视觉图像分析是把摄取到的所有信号去掉杂波及无价值像素后，重新把有价值的像素按线段或区域等排列成像素集合。将被测图像划分为各个组成部分的预处理过程即视觉图像分析。分析算法主要有边缘检测、门限化和区域法三种。

3. 描绘与识别

图像信息的描绘是利用求取平面图形的面积、周长、直径、孔数、顶点数、二阶矩，周长平方与总面积之比，以及直线数目、弧的数目、最大惯性矩和最小惯性矩之比等方法，把这些方法中所隐含的图像特征提取出来的过程。因此，描绘的目的是从物体图像中提取特征。从理论上讲，这些特征应该与物体的位置和取向无关，只包含足够的描绘信息。而识别是对描绘过程的物体给予标识，如钳子、螺帽等名称。

### 3.3.2　CCD 成像

CCD(charge coupled device) 是 20 世纪 60 年代末由贝尔实验室发明的，它的中文名字为电荷耦合器，是一种特殊的半导体材料，它由大量独立的光敏元件组成，这些光敏元件通常是按矩阵排列的。CCD 开始作为一种新型的 PC 存储电路，具有许多其他潜在的应用价值，包括信号和图像(硅的光敏性)处理。大部分数码相机使用的感光元件是 CCD。简单地说，光线透过镜头照射到 CCD 上，并被转换成电荷，每个元件上的电荷量取决于其所受到的光照强度(图 3-20)。

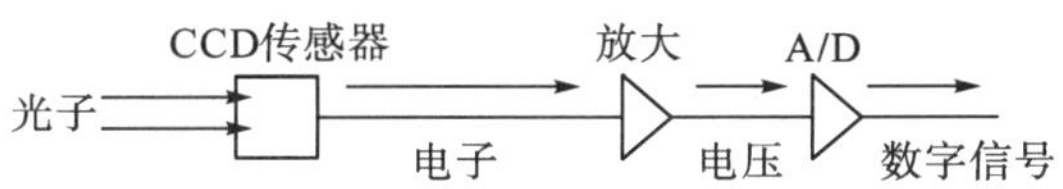


图 3-20　CCD 数字信号生成

CCD 成像是基于物体的光电效应，当光照射在某种光电导材料的 PN 结时，若光能大于禁带宽度，价带中的电子迁到导带产生电子-空穴对，电子-空穴在 PN 结内部电场的作用下，电子向 N 侧迁移，而空穴则向 P 侧迁移，而且光强越大，光电导材料内激发的光电子数目就越多(图 3-21)。

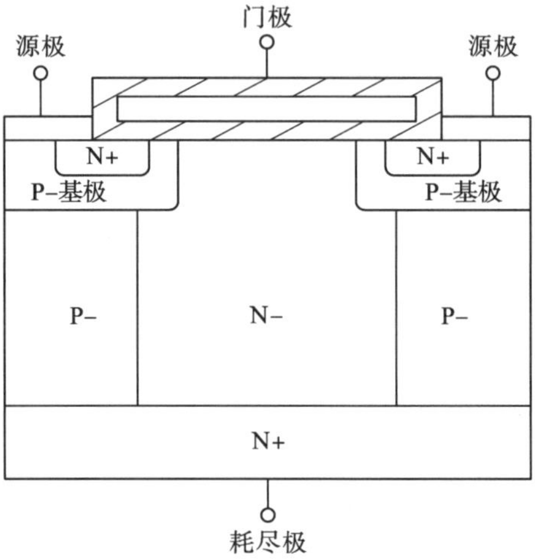


图 3-21 绝缘栅型场效应管

CCD 器件内有许多线形排列的微小 MOS(metal oxide silicon)光电导元件。物体通过 CCD 相机时，众多的 MOS 光电导元件产生光电效应，将物体的反射光线按亮度转变成相应数目的电子。光的强度越大，MOS 元件上产生的电子数目就越多。当光信号变成电子数量信号后，线形排列在 CCD 器件内的每一个 MOS 光电导元件，开始收集移动到 MOS 金属电极(门极)上的电子数量。同样，光强越大，门极上堆积的电子数目越多。

在某一个时钟周期内，CCD 器件将门极上收集到的电子量送到一个读出寄存器，在该寄存器里，CCD 器件根据每一个门极对应的节点位置将电子数量转换为毫伏级电压信号。转换后的毫伏级电压信号经过放大电路放大后，变为对应的 0～10V 电压信号。每个彩色摄像机有三组 CCD 器件，通过三条通道输出代表三基色的 0～10V 模拟信号。然后，将这些信号经过 A/D 转换后(对于彩色摄像机而言，A/D 转换位为 8 位，即 0～255，表示该摄像机能识别 1678 万种颜色；A/D 转换位为 12 位，即 0～4095，表示该摄像机能识别 679 亿种颜色)，送到计算机中进行编码成像处理(图 3-22)。

目前，工业上主要有两种类型的 CCD 光敏元件，分别是线性 CCD 和矩阵式 CCD。线性 CCD 用于高分辨率的静态照相机，它每次只拍摄图像的一条线，这与平板扫描仪扫描照片的方法相同。这种 CCD 精度高，速度慢，无法用来拍摄移动的物体，也无法使用闪光灯。

矩阵式 CCD 的每一个光敏元件代表图像中的一个像素，当快门打开时，整个图像一次同时曝光。通常，矩阵式 CCD 用来处理色彩的方法有两种。

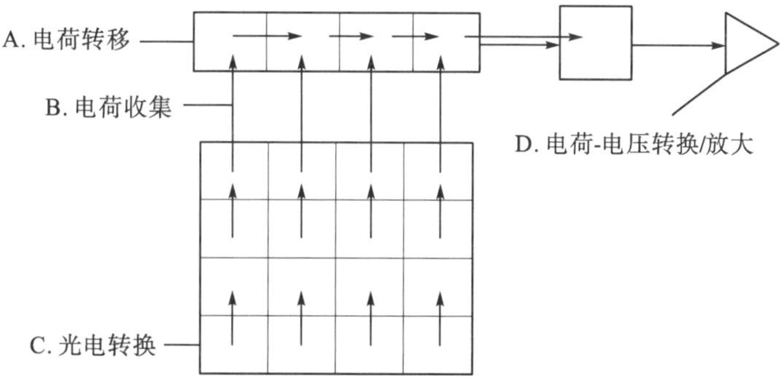


图 3-22 CCD 电子收集与读出

一种是将彩色滤镜嵌在 CCD 矩阵中，相近的像素使用不同颜色的滤镜。典型的有 G-R-G-B 和 C-Y-G-M 两种排列方式。这两种排列方式成像的原理都是一样的。在记录照片的过程中，相机内部的微处理器从每个像素中获得信号，将相邻的四个点合成为一个像素点。该方法允许瞬间曝光，微处理器运算非常快。这就是大多数数码相机 CCD 的成像原理。因为不是同点合成，其中包含着数学计算，所以这种 CCD 最大的缺陷是所产生的图像总是无法达到如刀刻般锐利。

另一种是使用三棱镜，将从镜头射入的光分成三束，每束光都由不同的内置光栅来过滤出某一种三原色，然后使用三块 CCD 分别感光。这些图像再合成出一个高分辨率、色彩精确的图像。例如，300 万像素的相机就是由三块 300 万像素的 CCD 来感光的。也就是可以做到同点合成，因此拍摄的照片清晰度相当高。该方法的主要困难在于其中包含的数据太多。在拍摄下一张照片前，必须将存储在相机的缓冲区内的数据清除并存盘。因此，这类相机对其他部件的要求非常高，其价格自然也非常昂贵。

CCD 的结构分为三层，第一层是微型镜头，第二层是分色滤色片，第三层是感光层（图 3-23）。

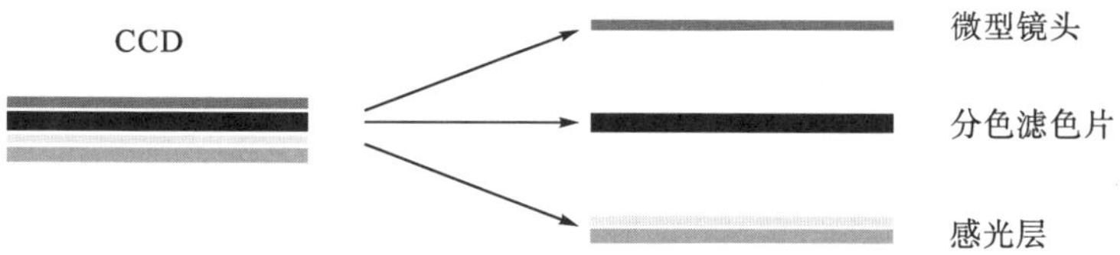


图 3-23 CCD 三层结构

(1) 微型镜头。数码相机成像的关键在于其感光层，为了扩展 CCD 的采光率，必须扩展单一像素的受光面积。但是提高采光率的办法也容易使画质下降。这一层微型镜头就等于在感光层前面加上一副眼镜。因此，感光面积不再由传感器的开口面积决定，而由微型镜头的表面积来决定。

(2) 分色滤色片。CCD 的第二层是分色滤色片，目前有两种分色方式：一种是 RGB 原色分色法，另一种是 CMYK 补色分色法。这两种方法各有优缺点。几乎所有人眼可以识别的颜色，都可以由红、绿和蓝来组成，而 RGB 三个字母分别是 red、green 和 blue，这说明 RGB 原色分色法是由这三个通道的颜色调节而成的。CMYK 补色分色法是由四个通道的颜色配合而成的，它分别是青(C)、洋红(M)、黄(Y)、黑(K)。在印刷业中，CMYK 补色分色法更为适用，但其调节出来的颜色不及 RGB 多。原色 CCD 的优势在于画质锐利，色彩真实，但缺点则是存在噪声。因此，采用原色 CCD 的工业相机，在 ISO 感光度上一般不超过 400。相对而言，补色 CCD 增加了一个 Y 黄色滤色器，在色彩的分辨上比较仔细，但却牺牲了部分影像的分辨率，而在 ISO 上，补色 CCD 可以容忍较高的感光度，一般都可设定在 800 以上。

(3)感光层。感光层主要负责将穿过滤色层的光源转换成电子信号，并将信号传送到影像处理芯片，将影像还原。隔行、逐行只是数据处理方式的不同，隔行技术源于早期电视技术，是先提取奇数行的数据形成图像轮廓，再用偶数行数据补充，因受限于当时的技术，数据处理速度不能满足逐行扫描的要求，所以就采取隔行方式，用于处理连续图像，可以先把画面轮廓送到观众面前。由于不是连续扫描，若成像过程中被摄体移动，就会出现错位。如果数据采集速度慢，逐行扫描的 CCD 拍摄动体也会出现扭曲；反之，如果数据采集速度足够快，隔行扫描也可以满足使用的需求。

### 3.3.3 成像原理

在分析一张图像之前，必须知道图像是如何形成的。图像是一个二维亮度模式。这个亮度模式是在一个光学成像系统中生成的，这个问题有两个部分值得好好研究。首先，需要找到场景中的点和图像上的点的几何对应关系；然后，必须弄清楚是什么决定图像中该点的亮度。

假设：在图像平面前的固定距离上，有一个理想的小孔，并且小孔的周围都是不透光的，因此只有通过小孔的光才能到达像平面。光是沿着直线传播的，因此图像上的每一点都对应一个方向，即从这个点出发并穿过小孔的一条射线。这就是透视投影模型。

将光轴定义为从小孔到像平面的垂线。现在引入笛卡儿直角坐标系，该坐标系的原点 $O$ 为小孔；$z$ 轴为和光轴平行并指向像平面的方向。在这种约定下，相机前面的点的 $z$ 轴为负值。虽然这种约定有一定的缺陷，但这个约定可以方便地建立右手坐标系：$x$ 轴指向右方，$y$ 轴指向上方。

相机前方物体表面上的某一点 $p$ 在像平面上所出现的位置 $p'$ 需要进行计算求取。假设从 $p$ 到原点 $O$ 的射线上没有其他物体。令 $\boldsymbol{r}=(x,y,z)^{\mathrm{T}}$ 表示由 $O$ 指向 $p$ 的向量；令 $\boldsymbol{r}'=\left(x',y',f'\right)^{\mathrm{T}}$ 表示由 $O$ 指向 $p'$ 的向量。

$f'$ 表示小孔和像平面之间的距离，$x'$、$y'$ 是像平面上的点 $p'$ 的坐标。两个向量 $\boldsymbol{r}$ 和 $\boldsymbol{r}'$ 共线。如果连接 $p$ 和 $p'$ 的射线与光轴之间的夹角为 $\alpha$，那么向量 $\boldsymbol{r}$ 的长度为

$$\|\boldsymbol{r}\|=-z\sec\alpha=-(\boldsymbol{r}\cdot\hat{z})\sec\alpha \tag{3-16}$$

式中，“·”表示两个向量的内积，$\hat{z}$ 表示沿着光轴方向的单位向量，其中 $z$ 轴坐标均为负。$\boldsymbol{r}'$ 的长度为

$$\|\boldsymbol{r}'\|=f'\sec\alpha \tag{3-17}$$

因此，可以得到

$$\frac{1}{f'}\boldsymbol{r}' = \frac{1}{\boldsymbol{r}\cdot\hat{z}}\boldsymbol{r} \tag{3-18}$$

也可以将式(3-18)写成对应的分量形式，即

$$x'/f' = x/z \text{ 和 } y'/f' = y/z \tag{3-19}$$

假设已经生成了一张平面物体图像。这个平面物体平行于像平面，并且与像平面之间的距离为 $z=z_0$。那么，可以将放大率 $m$ 定义为：像平面上两点之间的距离与对应的物体平面上两点之间的距离的比值。对于物体平面上的一个小的有向线段 $(\delta x',\delta y',0)^{\mathrm{T}}$，可以得到

$$m = \frac{\sqrt{(\delta x')^2+(\delta y')^2}}{\sqrt{(\delta x)^2+(\delta y)^2}} = \frac{f'}{-z_0} \tag{3-20}$$

式中，$z_0$ 是物体平面和小孔之间的距离。对于物体平面上所有的点，放大率 $m$ 是不变的。

对于一个小的物体，假设其 $z$ 轴方向上的平均距离为 $-z_0$，如果对于物体可见表面上所有的点，其 $z$ 轴方向上的变化范围(相对于 $-z_0$ 来说)很小，那么这个物体将会生成一个被放大 $m$ 倍的像。物体的像所占据的面积与物体所占据的面积的比值为 $m^2$。当然，成像系统前的不同距离的物体，将以不同的放大率成像。场景的深度范围是指场景中可见物体表面所形成的曲面到相机的距离范围。当场景的深度范围相对于曲面到相机的平均距离很小时，可以近似地认为放大率 $m$ 为常数。在这种情况下，投影方程可以被简化为

$$x' = -mx \tag{3-21}$$

$$y' = -my \tag{3-22}$$

式中，放大率可以表示成 $m=f'/(-z_0)$，而曲面上所有点的 $z$ 坐标轴的平均值用 $z_0$ 来表示。通常情况下，放大率 $m$ 被设置为 1 或者-1。于是投影方程可以进一步被简化为

$$x' = x \tag{3-23}$$

$$y' = y \tag{3-24}$$

该模型称为正射投影。在正射投影模型中，光线沿着平行于光轴的方向传播，从而进行成像。如果相对于相机与场景之间的距离来说，场景中各个点到相机的距离变化很小，那么，透视投影和正射投影的差别也很小。

在被成像的场景中，每一个点都对应于一个方向，所有这些方向合在一起，“张成”一个圆锥，这个圆锥的顶角称作成像的视野。显然，连接像平面的边缘和小孔所得到圆锥的形状，和这个圆锥的形状是一样的。普通镜头的视野大概是 $25^\circ \sim 40^\circ$。相对于像平面的尺寸，望远镜的焦距很长，因此视野很狭小；与此相反的是广角镜，焦距很短而视野很宽广。常用的经验法则是：当使用广角镜时，透视效果比较明显；而使用望远镜所得到的图像，却更加接近于正射投影模型的结果。

### 3.3.4　成像亮度

对于成像，一个解答更加困难但更加有趣的问题是：图像中某一点的亮度由什么决定？

亮度是一个非正式术语，亮度可以表达两个不同的概念：图像的亮度和场景的亮度。对于图像，亮度和射入像平面的能流有关，可以用很多不同的方法来度量亮度。辐照强度是指照射到某一个表面上的辐射能在单位面积上的功率，单位为 W/m$^{2[6]}$。

在图 3-24(a)中，$E$ 表示辐照强度，而 $\delta P$ 表示照射到一个面积为 $\delta A$ 的极其微小的曲面"小块"上的"辐照能"的功率。例如，相机中胶片的亮度就是辐照强度的函数。图像中某一点的辐照强度取决于从该像点所对应的物体表面上的点所射过来的能流。在场景中，亮度和从物体表面发射出的能流有关。位于成像系统前的物体表面不同的点，会有不同的亮度，其亮度取决于：①光照情况；②物体表面如何对光进行反射。

本书引入辐射强度（单位面积沿着单位立体角所发射的光的功率）来代替场景亮度（单位为 $W \cdot m^{-2} \cdot sr^{-1}$）。在图 3-24(b)中，$L$ 表示辐射强度，$\delta^2 P$ 是指从一个面积为 $\delta A$ 的极其微小曲面"小块"射入一个极其微小的立体角 $\delta w$ 中的能流大小。从表面上看，辐射强度的定义形式复杂。因为从某一个微小表面发出的光，会射向各个不同的方向，所射出的方向将会形成一个半球，沿着这个半球中的不同方向，光线强度可能不同。因此，只有指定这个半球中某个立体角，讨论辐射强度才有意义。通常情况下，随着对物体的观测方向的不同，辐射强度会发生变化。

$$E = \frac{\delta P}{\delta A} \qquad\qquad L = \frac{\delta^2 P}{\delta A \delta w}$$

(a)辐照强度　　　　　　　(b)辐射强度

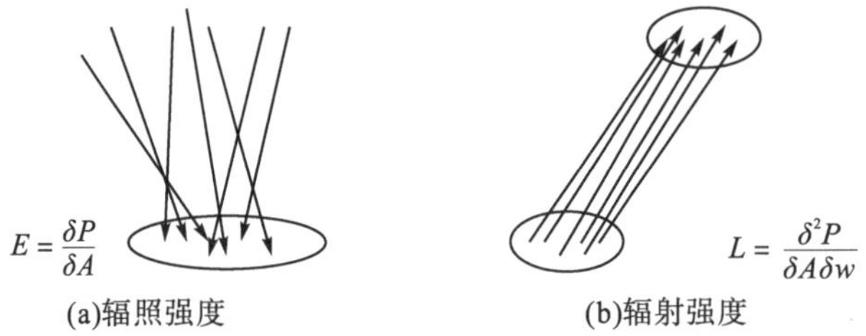

图 3-24　辐照强度和辐射强度

之所以对物体表面的辐射强度感兴趣，是因为图像辐射强度的测量结果与场景辐射强度成正比，比例系数取决于成像系统的参数。要在像平面上得到一定强度的光照，相机的光圈需有一定的尺寸。因此，前面介绍的小孔的直径就不能为零。于是，前面关于投影的简单介绍将不再适用，因为当小孔的直径不为零，场景中一个点所成的像将会是一个小圆斑，而不再是一个点。注意：从物体表面的某一个点"出发"，穿过一个圆形的小孔的所有光线，将形成一个以该点为顶点的圆锥，这个圆锥和像面相交，会形成一个圆斑。

不能将小孔做得太小的重要原因是光的波动性。在小孔的边缘上，光线将发生衍射，因此这些光将在像平面上"散播"。当小孔变得越来越小时，入射光的"散播"范围将变得越来越大，因此入射光中越来越多的能量将会被"散播"到偏离入射光方向的地方。

### 3.3.5　相机标定

如图 3-25 所示，以图像左上角为原点，建立以像素为单位的直角坐标系。像素的横坐标 $u$ 与纵坐标 $v$ 分别是在其图像数组中所在的列数与所在行数（$u$ 对应 $x$，$v$ 对应 $y$）。

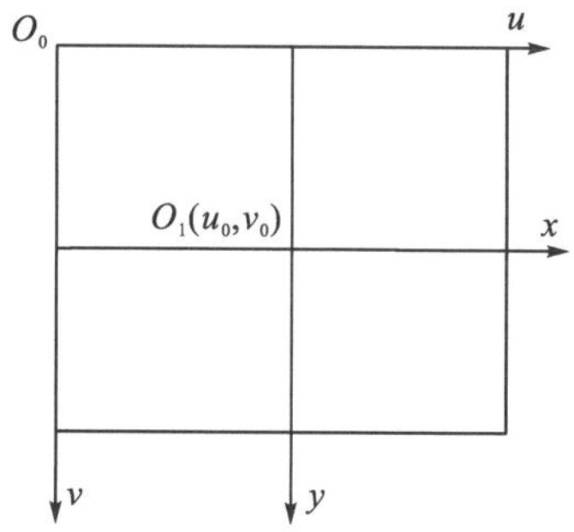


图 3-25　图像坐标系

由于$(u, v)$只代表像素的列数与行数，而像素在图像中的位置并没有用物理单位表示出来，所以还要建立用物理单位(如毫米)表示的图像坐标系 $x$-$y$。将相机光轴与图像平面的交点(一般位于图像平面的中心处，也称为图像的主点)，定义为该坐标系的原点$O_1$，且 $x$ 轴与 $u$ 轴平行，$y$ 轴与 $v$ 轴平行，假设$(u_0, v_0)$代表$O_1$在 $u$-$v$ 坐标系中的坐标，$d_x$与$d_y$分别表示每个像素在横轴 $x$ 和纵轴 $y$ 上的物理尺寸，则图像中的每个像素在 $u$-$v$ 坐标系中的坐标和在 $x$-$y$ 坐标系中的坐标之间都存在如下的关系：

$$u = \frac{x}{d_x} + u_0 \tag{3-25}$$

$$v = \frac{y}{d_y} + v_0 \tag{3-26}$$

上述公式中，假设物理坐标系中的单位为毫米，那么$d_x$的单位为毫米/像素。那么 $x/dx$ 的单位就是像素了，即和 $u$ 的单位一样都是像素。为使用方便，将式(3-26)用齐次坐标与矩阵形式表示为

$$\begin{bmatrix} u \\ v \\ 1 \end{bmatrix} = \begin{bmatrix} \frac{1}{d_x} & 0 & u_0 \\ 0 & \frac{1}{d_y} & v_0 \\ 0 & 0 & 1 \end{bmatrix} \begin{bmatrix} x \\ y \\ 1 \end{bmatrix} \tag{3-27}$$

其逆关系可表示为

$$\begin{bmatrix} x \\ y \\ 1 \end{bmatrix} = \begin{bmatrix} d_x & 0 & -u_0 d_x \\ 0 & d_y & -v_0 d_y \\ 0 & 0 & 1 \end{bmatrix} \begin{bmatrix} u \\ v \\ 1 \end{bmatrix} \tag{3-28}$$

### 1. 相机坐标系

相机成像的几何关系可由图 3-26 表示。其中 $O$ 点为相机光心(投影中心)，$X_c$轴和$Y_C$轴与成像平面坐标系的 $X$ 轴和 $Y$ 轴平行，$Z_c$轴为相机的光轴，和图像平面垂直。光轴与图像平面的交点为图像的主点$O_1$，由点 $O$ 与$X_c$、$Y_c$、$Z_c$轴组成的直角坐标系称为相机坐标系。$OO_1$为相机的焦距。

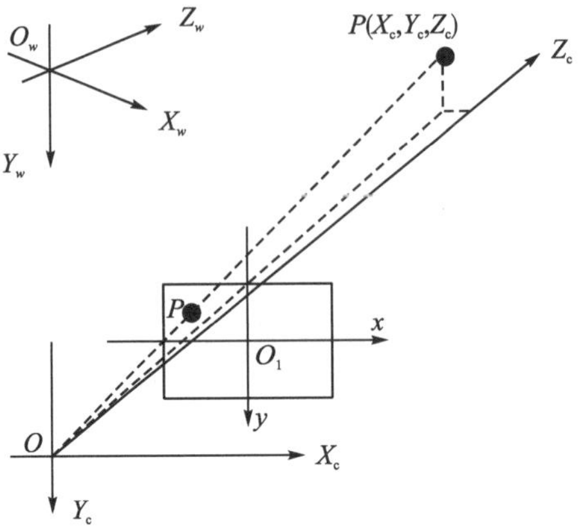


图 3-26 相机坐标系与世界坐标系

## 2. 世界坐标系

世界坐标系是为了描述相机的位置而被引入的，如图 3-26 所示，坐标系 $O_wX_wY_wZ_w$ 即世界坐标系。平移向量 $\boldsymbol{t}$ 和旋转矩阵 $\boldsymbol{R}$ 可以用来表示相机坐标系与世界坐标系的关系。所以，假设空间点 $P$ 在世界坐标系下的齐次坐标是 $\left(X_w,Y_w,Z_w,1\right)^{\mathrm{T}}$，在相机坐标下的齐次坐标是 $\left(X_c,Y_c,Z_c,1\right)^{\mathrm{T}}$，则存在如下的关系：

$$\begin{bmatrix} X_c \\ Y_c \\ Z_c \end{bmatrix} = \begin{bmatrix} \boldsymbol{R} & \boldsymbol{t} \\ \boldsymbol{o} & 1 \end{bmatrix} \begin{bmatrix} X_w \\ Y_w \\ Z_w \\ 1 \end{bmatrix} = \boldsymbol{M}_1 \begin{bmatrix} X_w \\ Y_w \\ Z_w \\ 1 \end{bmatrix} \tag{3-29}$$

式中，$\boldsymbol{R}$ 是 3×3 的正交单位矩阵(也称为旋转矩阵)，$\boldsymbol{t}$ 是三维的平移列向量，矢量 $\boldsymbol{o}=(0,0,0)$，$\boldsymbol{M}_1$ 是 4×4 的矩阵。

## 3. 图像坐标系和相机坐标系之间的关系

如图 3-27 所示，图像平面所在的平面坐标系就是图像坐标系，由投影中心以及 $i$、$j$ 和 $k$ 组成相机坐标系。在实际中，主点不一定在成像仪(图像平面)的中心，为了对光轴可能存在的偏移进行建模，引入两个新的参数：$c_x$ 和 $c_y$ [7]。由于单个像素在低价的成像仪上是矩形而不是正方形，引入两个不同的焦距参数：$f_x$ 和 $f_y$，这里的焦距以像素为单位。

假定物体在相机坐标系中的点 $Q(x,y,z)$，以某些偏移的方式投影为点 $q\left(x_{\text{screen}},y_{\text{screen}}\right)$，坐标关系如下：

$$x_{\text{screen}} = f_x\left(\frac{x}{z}\right)+c_x \tag{3-30}$$

$$y_{\text{screen}} = f_y\left(\frac{y}{z}\right)+c_y \tag{3-31}$$

$f_x$、$f_y$ 和物理焦距 $F$ 之间的关系为：$f_x=FS_x$ 和 $f_y=FS_y$。其中，$S_x$ 表示 $x$ 方向上

的 1mm 长度所代表的像素值，即单位像素/mm，$S_y$ 表示 $y$ 方向上的 1mm 长度所代表的像素值；$f_x$、$f_y$ 是在相机标定中整体计算的[8]。

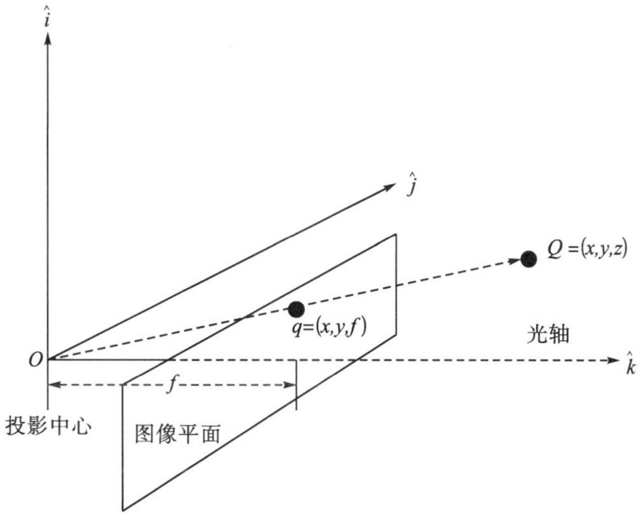


图 3-27　图像平面与相机坐标系

## 4. 相机坐标系与世界坐标系的关系

通常，任何维的旋转可以表示为坐标向量与合适尺寸的方阵的乘积。最终，一个旋转等价于在另一个不同坐标系下对点位置的重新表述，图 3-28 是相机坐标与世界坐标的旋转对应关系。坐标系旋转角度为 $\theta$，等同于目标点绕坐标原点反方向旋转同样的角度 $\theta$。在三维空间中，旋转可以分解为绕各自坐标轴的二维旋转，其中，旋转的轴线的度量保持不变（这就是旋转矩阵为正交矩阵的原因）[9]。如果依次绕 $x$、$y$、$z$ 轴旋转角度为 $\psi$、$\varphi$、$\theta$，那么总的旋转矩阵 $\boldsymbol{R}$ 是三个矩阵 $\boldsymbol{R}_x(\psi)$、$\boldsymbol{R}_y(\varphi)$、$\boldsymbol{R}_z(\theta)$ 的乘积，其中：

$$\boldsymbol{R}_x(\psi)=\begin{bmatrix}1 & 0 & 0\\ 0 & \cos\psi & \sin\psi\\ 0 & -\sin\psi & \cos\psi\end{bmatrix} \tag{3-32}$$

$$\boldsymbol{R}_y(\varphi)=\begin{bmatrix}\cos\varphi & 0 & -\sin\varphi\\ 0 & 1 & 0\\ \sin\varphi & 0 & \cos\varphi\end{bmatrix} \tag{3-33}$$

$$\boldsymbol{R}_z(\theta)=\begin{bmatrix}\cos\theta & \sin\theta & 0\\ -\sin\theta & \cos\theta & 0\\ 0 & 0 & 1\end{bmatrix} \tag{3-34}$$

因此，$\boldsymbol{R}=\boldsymbol{R}_x(\psi)\cdot\boldsymbol{R}_y(\varphi)\cdot\boldsymbol{R}_z(\theta)$。

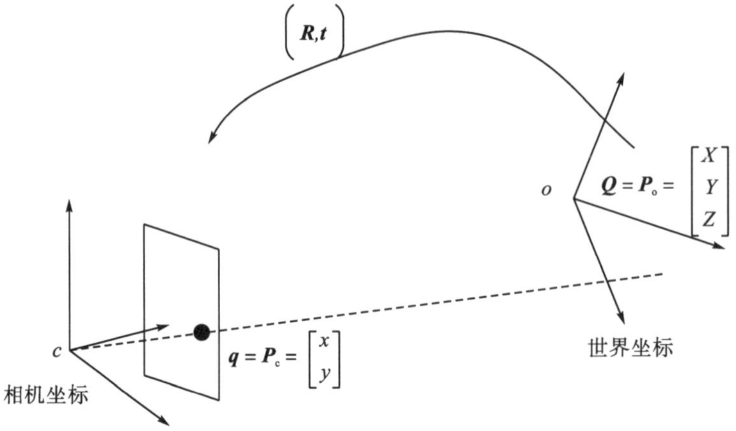


图 3-28　相机坐标系与世界坐标系的关系

平移向量用来表示将一个坐标系的原点移动到另外一个坐标系的原点，或者说平移向量是第一个坐标系原点与第二个坐标系原点的偏移量。因此，从以目标中心为原点的坐标系移动到以相机为中心的原点的另一个坐标系，相应的平移向量为 $\boldsymbol{T}$(目标原点到相机原点的移动)。那么点在世界坐标系中的坐标 $\boldsymbol{P}_o$ 与在相机坐标系中 $\boldsymbol{P}_c$ 有如下关系：

$$\boldsymbol{P}_c=\boldsymbol{R}(\boldsymbol{P}_o-\boldsymbol{T}) \tag{3-35}$$

用 3 个角度$\psi$ 、$\varphi$和$\theta$表示三维旋转，用三个参数$(x,y,z)$表示三维平移，共 6 个参数，对相机而言，参数矩阵有 4 个参数：$f_x$、$f_y$、$c_x$、$c_y$。故对于每一个视场的解需要 10 个参数。已知一个四边形的 4 个点可以提供 8 个方程，故至少需要两个视角才能解出全部几何参数。

5. 单应性

在机器视觉中，平面的单应性被定义为一个平面到另一个平面的投影映射。因此，一个二维平面上的点映射到相机成像仪上的映射就是平面单应性的例子(图 3-29)。如果点$Q$到成像仪上的点$q$的映射使用齐次坐标，这种映射可以用矩阵相乘的方式表示。有以下定义：

$$\tilde{\boldsymbol{Q}}=[X,Y,Z]^{\mathrm{T}} \tag{3-36}$$

$$\tilde{\boldsymbol{q}}=[x,y,z]^{\mathrm{T}} \tag{3-37}$$

则可以将单应性简单地表示为

$$\tilde{\boldsymbol{q}}=s\boldsymbol{H}\tilde{\boldsymbol{Q}} \tag{3-38}$$

这里引入参数$s$，它是任意尺度的比例(目的是使得单应性定义到该尺度比例)。通常根据习惯放在 $\boldsymbol{H}$ 的外面。$\boldsymbol{H}$ 由两部分组成：用于定位观察的物体平面的物理变换和使用相机内参数矩阵的投影。

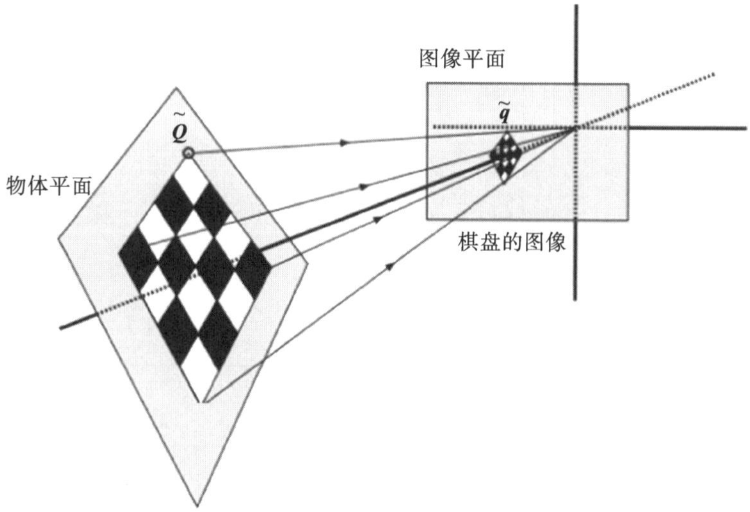


图 3-29　单应性

物理变换部分是与观测到的图像平面相关的部分旋转矩阵 $\boldsymbol{R}$ 和部分平移向量 $\boldsymbol{t}$ 的影响之和，表示如下：

$$\boldsymbol{W}=[\boldsymbol{R}\boldsymbol{t}] \tag{3-39}$$

式中，$\boldsymbol{R}$ 为 3×3 的矩阵，$\boldsymbol{t}$ 表示一个三维的列矢量。相机内参数矩阵用 $\boldsymbol{M}$ 表示，那么重写单应性如下：

$$\tilde{\boldsymbol{q}}=s\boldsymbol{M}\boldsymbol{W}\tilde{\boldsymbol{Q}} \tag{3-40}$$

$$\boldsymbol{M}=\begin{bmatrix} f_x & 0 & c_x \\ 0 & f_y & c_y \\ 0 & 0 & 1 \end{bmatrix} \tag{3-41}$$

式中，$\boldsymbol{H}=s\boldsymbol{M}[r_1,r_2,\boldsymbol{t}]$ 是一个 3×3 的矩阵。故最终的单应性矩阵可表示如下：

$$\tilde{\boldsymbol{q}}=s\boldsymbol{H}\tilde{\boldsymbol{Q}}' \tag{3-42}$$

利用式(3-38)来计算单应性矩阵。它使用同一物体的多个图像来计算每个视场的旋转和平移，同时也计算相机的内参数。由前述可知，旋转和平移总共有 6 个参数，相机内参数为 4 个参数。对于每一个视场有 6 个要求解的新参数和 4 个不变的相机内参数。对于平面物体如棋盘，能够提供 8 个方差，即映射一个正方形到四边形可以用 4 个 $(x,y)$ 来描述。那么对于两个视场，就有 16 个参数，即求解所有的参数，至少需要两个视场。为什么正方形到四边形的四个点的映射可以确定 8 个方程呢？结果是显然的，假设物体平面上的正方形的一个顶点坐标为 $(u,\ v)$，成像仪与该点对应的点坐标为 $(x,y)$，它们之间的关系如下：

$$u=f(x,y) \tag{3-43}$$

$$v=g(x,y) \tag{3-44}$$

显然，把四点的对应坐标代入式(3-43)和式(3-44)可以得到 8 个方程。这里会考虑物体平面上正方形的四个顶点坐标如何确定，其实就可以理解为特征点的个数，对于尺度，由 $s$ 进行控制。对于图像平面上角点的位置，可以通过寻找特征点来定位它们的位置。单

应性矩阵 $\boldsymbol{H}$ 把原图像平面上点集的位置与目标图像平面上(通常是成像仪平面)点集的位置联系起来：

$$\boldsymbol{P}_{\mathrm{dst}}=\boldsymbol{H}\boldsymbol{P}_{\mathrm{src}},\boldsymbol{P}_{\mathrm{src}}=\boldsymbol{H}^{-1}\boldsymbol{P}_{\mathrm{dst}} \tag{3-45}$$

$$\boldsymbol{P}_{\mathrm{dst}}=\begin{bmatrix} x_{\mathrm{dst}} \\ y_{\mathrm{dst}} \\ 1 \end{bmatrix},\boldsymbol{P}_{\mathrm{src}}=\begin{bmatrix} x_{\mathrm{src}} \\ y_{\mathrm{src}} \\ 1 \end{bmatrix} \tag{3-46}$$

定义投影误差(back-projection)为 $\sum_i\left[\left(x_i'-\frac{h_{11}x_i+h_{12}y_i+h_{13}}{h_{31}x_i+h_{32}y_i+h_{33}}\right)^2+\left(y_i'-\frac{h_{21}x_i+h_{22}y_i+h_{23}}{h_{31}x_i+h_{32}y_i+h_{33}}\right)^2\right]$，然而，如果不是所有的点对(原点，终点)都适应这个严格的透视变换，也就是说，有一些异常值，那么这个初始估计值将很差。在这种情况下，可以使用两个鲁棒性算法中的一个。RANSCA 和 LMEDS 这两个方法都尝试使用不同的随机的相对应点对的子集，8 个点集为一个组合，使用这个子集和一个简单的最小二乘算法来估计单应性矩阵，计算得到单应性矩阵的质量(quality/goodness)，然后用最好的子集来产生单应性矩阵的初始化估计和 inliers/outliers 的掩码。

### 6. 相机标定

相机使用前需要进行标定，图 3-30 是标定中常用的标定棋盘。常用的标定方式是使用标定棋盘。相机的内参数有：相机内参数矩阵($f_x$、$f_y$、$c_x$、$c_y$)和畸变系数(三个径向为 $k_1$、$k_2$、$k_3$，两个切向为 $p_1$、$p_2$)。旋转向量是旋转矩阵紧凑的变现形式，旋转向量为 1×3 的行矢量。

$$\theta\leftarrow\mathrm{norm}(\boldsymbol{r})$$

$$\boldsymbol{r}\leftarrow\boldsymbol{r}/\theta$$

$$\boldsymbol{R}=\cos\theta\boldsymbol{I}+(1-\cos\theta)\boldsymbol{r}\boldsymbol{r}^{\mathrm{T}}+\sin\theta\begin{bmatrix} 0 & -r_z & r_y \\ r_z & 0 & -r_x \\ -r_y & r_x & 0 \end{bmatrix} \tag{3-47}$$

式中，$\boldsymbol{r}$ 就是旋转向量，旋转向量的方向是旋转轴，旋转向量的模为围绕旋转轴旋转的角度。通过上面的公式，就可以求解出旋转矩阵 $\boldsymbol{R}$。同样的，已知旋转矩阵，也可以通过下式求解得到旋转向量：

$$\sin\theta\begin{bmatrix} 0 & -r_z & r_y \\ r_z & 0 & -r_x \\ -r_y & r_x & 0 \end{bmatrix}=\frac{\boldsymbol{R}-\boldsymbol{R}^{\mathrm{T}}}{2} \tag{3-48}$$

令 $(x_d,y_d)$ 为图像中 $x$ 轴与 $y$ 轴上测量的像素距离，而 $(x_{\mathrm{p}},y_{\mathrm{p}})$ 是没有畸变的位置。通过计算得到没有畸变的标定结果为

$$\begin{bmatrix} x_{\mathrm{p}} \\ y_{\mathrm{p}} \end{bmatrix}=\left(1+k_1r^2+k_2r^4+k_3r^6\right)\begin{bmatrix} x_d \\ y_d \end{bmatrix}+\begin{bmatrix} 2p_1x_dy_d+p_2\left(r^2+2x_d^2\right) \\ p_1\left(r^2+2y_d^2\right)+2p_2x_dy_d \end{bmatrix}$$

图 3-30　标定使用的标定棋盘

## 3.4　激光测距仪传感器

激光测距不同于激光测长，它的测量距离相对较大，按照测量距离可分为三类：短程激光测距仪，它的测程仅在 5km 以内，适用于各种工程测量；中长程激光测距仪，测程为五至几十公里，适用于大地控制测量和地震预报等；远程激光测距仪，用于测量导弹、人造卫星、月球等空间目标的距离。激光测距是通过测量激光光束在待测距离上往返传播的时间来换算出距离的，其换算公式为

$$d = ct / 2 \tag{3-49}$$

式中，$c$ 是大气中的光速，$t$ 是光波往返所需的时间。

### 1. 脉冲激光测距仪

脉冲激光测距仪由激光器对被测目标发射一个光脉冲，通过测量接收系统接收目标后反射回来的光脉冲的往返时间来算出目标的距离，其计算公式为式(3-49)。

脉冲激光测距仪测程远，精度与激光脉宽有关，普通的纳秒激光测距精度在米的量级。

测距仪对光脉冲的要求如下：光脉冲应具有足够的强度、较好的方向性和较窄的宽度。用于激光测距的激光器主要有红宝石激光器、钕玻璃激光器、二氧化碳激光器和半导体激光器。

采用无线电波段的频率对激光束进行幅度调制并测定调制光往返一次所产生的相位延迟，再根据调制光的波长，换算此相位延迟所代表的距离，即用间接方法测定光往返所需的时间来计算距离 $L$，其计算公式为

$$L = \frac{c}{2f} \cdot \left( n + \frac{\varphi}{2\pi} \right) \tag{3-50}$$

式中，$c$ 为大气中的光速(m/s)；$\varphi$为往返测得的延迟；$n$ 为激光传播的整波数；$L$ 为距离；$f$ 为测量使用的激光的频率。

作为激光测距应用的最重要成果之一，卫星激光测距(satellite laser ranging ，SLR)技术起源于 20 世纪 60 年代，是目前单次测距精度最高的卫星观测技术，其测距精度已达到毫米量级，对卫星的测轨精度可达到 1～3 cm。卫星激光测距技术集光机电于一身，涉及计算机软硬件技术，光学、激光学、大地测量学、机械学、电子学、天文学、自动控制学、电子通信等多种学科。因此，SLR 测距仪系统十分复杂，消耗较大，故障率较高，但它又是目前精度最高的绝对观测技术手段。

卫星激光测距系统按照各部分用途大致分为激光发射、激光接收、信息处理和信息传输。激光发射部分的作用是产生峰值功率高、光束发散角小的脉冲激光，使其经过发射光学系统进一步准直后，射向所测卫星。激光接收部分是接收从被测卫星反射回来的微弱激光脉冲信号，经接收光学系统聚焦后，照在光电探测器的光敏面上，使光信号转变为电信号并经过放大。信息处理部分的主要作用是进行卫星测站预报，跟踪卫星，测量激光脉冲从测距系统到被测卫星往返一次的时间间隔 $t$，并准确显示和记录在计算机硬盘上，再由人工或自动方式形成标准格式。信息传输部分的作用是通过通信网络接收轨道预报参数和其他指令(下传)、上传观测结果所形成的标准格式数据等。

### 2. 脉冲激光测距

激光测距的基本公式为式(3-49)。由于光速极快，对于一个不太大的 $d$ 来说，$t$ 是一个很小的量。由测距公式可知，如何精确测量出时间 $t$ 是测距的关键。由于测量时间 $t$ 的方法不同，产生了两种测距方法：脉冲测距和相位测距。

脉冲测距：从测距仪发射的激光到达目标上的激光功率，对于点目标，目标面积小于激光照亮面积：

$$P_t' = P_t \cdot K_t \cdot A_t \cdot T_\alpha / A_s \tag{3-51}$$

式中，$P_t$ 是激光发射的功率(W)；$T_\alpha$ 为大气单程透过率；$K_t$ 为发射光学系统透过率；$A_t$ 代表目标面积($m^2$)；$A_s$ 是光在目标处照射的面积($m^2$)。

对于扩展目标，由于目标面积大于光斑面积，所以目标有效反射面就是光斑面积［式(3-51)］。激光在目标上产生漫反射，其漫反射系数为 $\rho$。

激光正入射到一个漫反射体，设垂直于漫反射面反射的光强为 $I_N$，若向任何方向漫反射的光强 $I_i$ 满足：

$$I_i = I_N \cos i \tag{3-52}$$

则该漫反射体称作余弦辐射体或朗伯辐射体。设激光发射光轴与目标漫反射面法线重合，且主要反射能量集中在 1rad 以内(约 57°)，则 $\Omega = \pi u^2 = \pi$，则有

$$P_e = P_t' \cdot \rho \cdot T_\alpha / \pi \tag{3-53}$$

测距仪光接收系统能接收到的激光功率 $P_r = P_e \cdot \Omega_r \cdot K_r$，$\Omega_r$ 为目标对光接收系统入瞳的张角，$K_r$ 为接收光学系统透过率。

### 3. 测距公式

光电探测器可接收到的激光功率 $P_r$ 可以表示为

$$P_r = P_t \pi^{-1} \cdot T_\alpha \cdot \rho \cdot A_r \cdot K_r / R^2 \tag{3-54}$$

$$P_r = \left(P_t \cdot K_t \cdot A_t \cdot T_\alpha / A_s\right) \cdot \pi^{-1} \cdot T_\alpha \cdot \rho \cdot A_r \cdot K_r / R^2 \tag{3-55}$$

式中，大气透过率 $T_\alpha = e^{-\alpha}$，大气衰减系数 $\alpha = 2.66 / V$，$V$ 为大气能见距离，单位为 km。则 $T_\alpha^2 = \left(e^{-\alpha}\right)^2 = e^{-2\alpha}$，代入式(3-55)整理得

$$R = \left[P_t \cdot K_t \cdot \rho \cdot \frac{A_t}{A_s} \cdot K_r \cdot A_r \cdot e^{-2\alpha} / \pi \cdot P_r\right]^{1/2} \tag{3-56}$$

以光电探测器所能探得的最小光功率 $P_{min}$ 代替式(3-56)中的探测功率 $P_r$，则可得最大探测距离 $R_{max}$：

$$R_{max}^2 = \left(P_t \cdot K_t \cdot K_r \cdot A_r \cdot e^{-2\alpha} \cdot \frac{A_t}{A_s} \cdot \rho \cdot \frac{1}{\pi P_{min}}\right) \tag{3-57}$$

激光发射能量越大，对测距越有利。

## 思考题与练习题

1. 一个球的图像形状是什么样的？一个圆盘的图像形状是什么样的？我们假设：使用的是透视投影，圆盘所在的平面可以相对像平面发生倾斜。

2. 证明：平面上的一个椭圆的透视投影仍然是一个椭圆。注意：该椭圆所在的平面不一定和像平面平行。证明：空间中一条直线的透视投影是像平面上的一条直线。假设一个多面体的各个表面对光的反射率都相同，并且光照条件是一致的，请描述该多面体所成的像。

3. 假设我们有一张关于某个场景的图像。现在对于相同的场景，假设：场景中所有的物体的反射率都减为原来的一半，而入射光的照射强度变为原来的两倍，我们又得到了一张新的图像。请对这两张图像进行比较。

4. 证明：对于一个正确聚焦的成像系统，透镜到像平面的距离 $f' = (1+m)f$，其中 $f$ 表示焦距，$m$ 表示放大倍数。这个距离 $f'$ 称为主焦距。

证明：像平面和物体之间的距离必须为 $(m+2+1/m)f$，要使得放大倍数 $m=1$，那么，物体和透镜之间的距离应该是多少？

5. 一般情况下，成像系统几乎是关于光轴严格对称的。因此，像平面的扭曲(大致上)是沿着半径方向的。当需要很高的精度时，我们可以通过镜头校正来确定沿着半径方向的扭曲。通常，我们使用多项式 $\Delta r' = k_1 r' + k_3 (r')^3 + k_5 (r')^5 + \cdots$，来对实验数据进行拟合。其中，$r' = \sqrt{x'^2 + y'^2}$，即从图像上的一点 $(x', y')$ 到光轴和像平面的交点之间的距离。请解释：为什么多项式中不包含关于 $r'$ 的偶次幂项。

6. 三维空间中的一条直线被投影成二维像平面上的一条直线。当三维空间中的平行线被投影成二维像平面上的直线后，这些二维直线会在像平面上相交于一点，这个点成为消失点。对于某一组空间中的平行线，其所对应的消失点位于图像中的什么位置？什么时候消失点会位于图像中的无穷远处？对于长方形物体的情况，我们可以通过图像中的线，以及线与线的交点来复原出大量的信息。长方形物体的边可以被分为三组平行线，因此会产生三个消失点。我们将其分为第一个消失点、第二个消失点和第三个消失点，这分别对应于这三个消失点中的两个、一个和零个位于无穷远处的情况。对于每一种情况，长方体物体与像平面之间的位置和朝向关系是什么样的？

7. 计算机视觉中最常使用的数学工具是Gauss分布和Poisson分布的一些性质。证明：Gauss分布 $p(x)=\dfrac{1}{\sqrt{2\pi\sigma}}\mathrm{e}^{-\frac{1}{2}\left(\frac{x-\mu}{\sigma}\right)^2}$ 的均值和方差分别是$\mu$和$\sigma^2$；Poisson分布 $P_n=\mathrm{e}^{-m}\dfrac{m^n}{n!}$ 的均值和方差都为 $m$ 。

8. 多个独立随机变量的加权平均和：$y=\sum_{i=1}^{N}w_i x_i$，其中，$x_i$的均值为$m$，标准差为σ。权重系数$w_i$非负，并且所有权重系数的和为1。求$y$的均值和标准差。对于固定的$N$，求使得$y$的方差取得最小值的系数$w_i$。

9. 对于电视机来说，扫描每一帧需要$1/30\,\mathrm{s}$。其扫描方式是：在某一帧的偶数行全部扫描完以后，再扫描下一帧的奇数行。假设每一帧共有450行，每一行共有500个像素点。请问：模数转换的速率至少要为多少(忽略从这一帧的某一行“跳转”到下一帧的另一行所用的时间间隔)？

10. 证明：只有三种正多边形(即正三角形、正方形、正六边形)可以被用来完美地填充一个平面。

## 参考文献

[1] 吴建平. 传感器原理及应用[M]. 北京：机械工业出版社，2009.

[2] 何友，等. 多传感器信息融合及应用[M]. 北京：电子工业出版社，2000.

[3] 高国富，谢少荣，罗均. 机器人传感器及其应用[M]. 北京：国防工业出版社，2005.

[4] 周真，苑惠娟. 传感器原理与应用[M]. 北京：清华大学出版社，2011.

[5] 王长涛，尚文利，夏兴华，等. 传感器原理与应用[M]. 北京：人民邮电出版社，2012.

[6] 伯特霍尔德·霍恩. 机器视觉[M]. 王亮，蒋欣兰，译. 北京：中国青年出版社，2015.

[7] Fergus R，Perona P，Zisserman A. Object class recognition by unsupervised scale invariant learning[C]. IEEE Conference on Computer Vision and Pattern Recognition，Madison，Wisconsin，2003：264-271.

[8] Se S，Lowe D G，Little J. Global localization using distinctive visual features[C]. International Conference on Intelligent Robots and Systems，IROS 2002，Lausanne，Switzerland，2002：226-231.

[9] Lowe D G. Local feature view clustering for 3D object recognition[C]. IEEE Conference on Computer Vision and Pattern Recognition，Kauai，Hawaii，2001：682-688.

# 第 4 章　工业机器人运动控制

本章主要讨论工业机器人的基本结构、运动学基础以及控制算法设计。其中，基本结构部分主要介绍机器人的各种分类以及主要的技术参数指标；运动学基础部分着重描述运用牛顿-欧拉方程和拉格朗日方程进行数学建模的流程；控制算法设计部分则针对所建立的工业机器人动力学方程，详细介绍各种自动控制器的设计流程。

## 4.1　机器人结构

本节主要介绍工业机器人的基本形式、主要的机械组成以及常见的技术参数指标。

### 4.1.1　工业机器人基本形式

工业机器人主要由主体、驱动系统和控制系统三个基本部分构成。主体即机座和执行机构，包括手部、腕部和臂部，有的机器人还附带不同类型的行走机构。 通常情况下，工业机器人具有 3～6 个运动自由度，腕部一般具有 1～3 个运动自由度。驱动系统主要包括动力装置和传动机构，用于驱动执行机构使其产生相应的动作。控制系统是按照输入的控制算法程序对驱动系统和执行机构发出指令信号，并施行控制，使得机器人按照用户用途执行相应操作。

按照其臂部的运动形式，工业机器人可分为四种类型：直角坐标型(cartesian coordinate)、圆柱坐标型(cylindrical coordinate)、极坐标型(polar coordinate)和多关节型(articulated coordinate)。其中，直角坐标型机器人的臂部可沿三个直角坐标进行上、下、左、右、前、后移动；圆柱坐标型机器人的臂部可作升降、回转和伸缩动作；极坐标型机器人的臂部能进行回转、俯仰和伸缩运动；多关节型机器人的臂部有多个转动关节(图 4-1～图 4-4)。

1. 直角坐标型机器人

典型的直角坐标型机器人结构如图 4-1 所示，它由水平轴($x$ 轴和 $y$ 轴)、垂直轴($z$ 轴)以及驱动电机构成，主要运用于生产中的上下料、切割以及高精度的装配和检测作业等。针对不同的实际运用，也可以方便、快速地组合成不同维数，如各种行程和不同带载能力的壁挂式、悬臂式、龙门式或倒挂式等直角坐标型机器人。直角坐标型机器人简单的结构和相互独立的轴上运动，使其扩展能力强，控制器设计流程简单，且运用面宽、运行速度快、定位精度高、避障性能较好，但同时也限制了其动作范围，灵活性欠佳，空间运用率低。

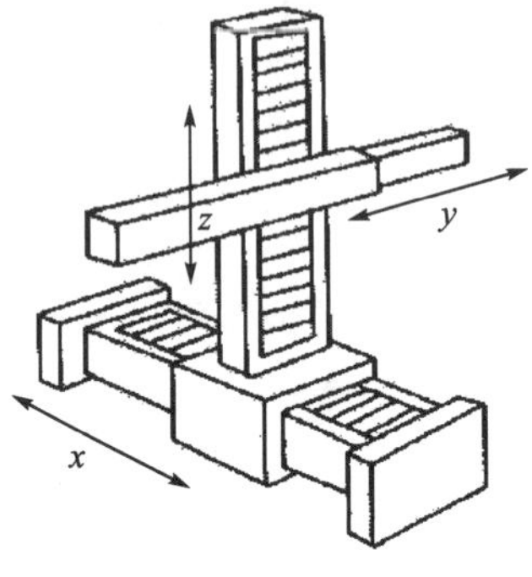


图 4-1　直角坐标型机器人

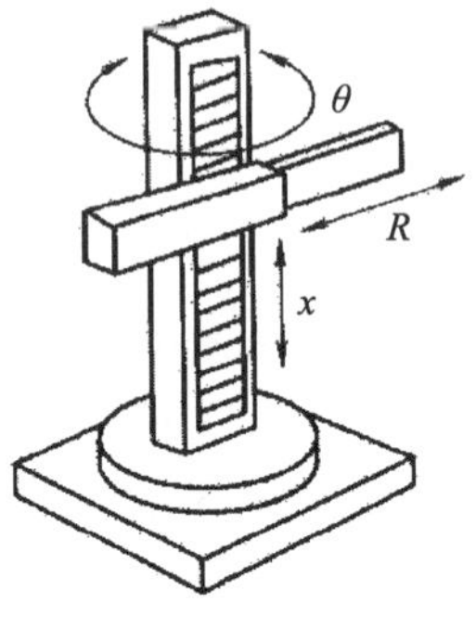


图 4-2　圆柱坐标型机器人

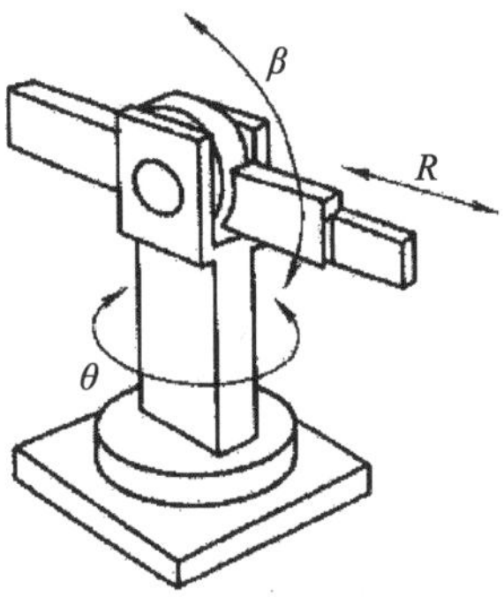


图 4-3　极坐标型机器人

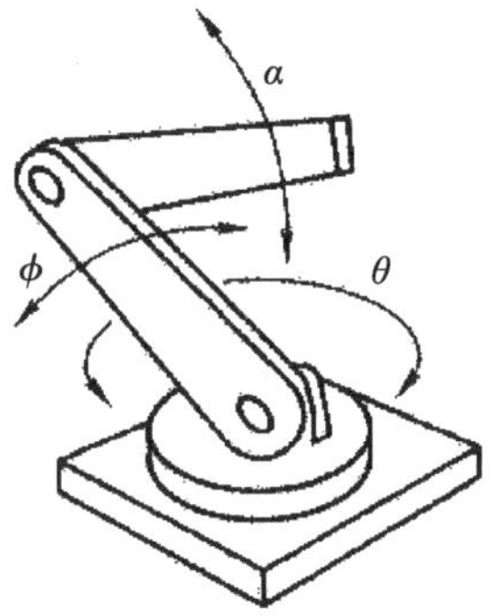


图 4-4　多关节型机器人

## 2. 圆柱坐标型机器人

圆柱坐标型机器人的结构如图 4-2 所示，主要由两个移动关节和一个转动关节构成，末端操作器的位姿由圆柱坐标系$(x,R,\theta)$表示，其中 $R$ 表示手臂的径向长度——伸缩运动，$\theta$表示手臂的角位置——腰部运动，$x$则是垂直方向上手臂的位置——升降运动。圆柱坐标型机器人结构较紧凑，刚性好，控制器设计比较简单，末端操作器可以获得较高的运动速度。主要缺点是空间理论率低以及末端操作器切向位移的控制精度受旋转半径 $R$ 影响大。圆柱坐标型机器人主要用于重物的卸载、搬运等作业。著名的 Versatran 机器人(图 4-5)就是典型的圆柱坐标型机器人。

## 3. 极坐标型机器人

极坐标型机器人又称为球坐标型机器人，其结构如图 4-3 所示，主要由两个转动关节和一个移动关节构成，末端操作器的位姿由极坐标$(\beta,R,\theta)$表示，即由旋转、摆动和平移三个自由度确定，其中 $\beta$ 是手臂在铅垂面内的摆动角，$\theta$是绕手臂支撑底座垂直的转动角。极坐标型机器人运动所形成的轨迹表面是半球面，$R$ 代表球半径。因此，这类机器人具有结构紧凑的优点，所占空间体积都小于直角坐标型和圆柱坐标型机器人。但是其避障性能欠佳，也存在平衡问题，且设计和控制系统比较复杂。著名的 Unimate 机器人(图 4-6)属于极坐标型机器人。

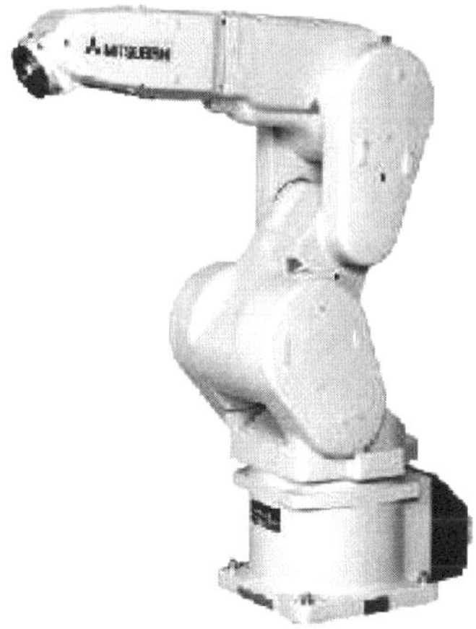

图 4-5　Versatran 机器人

图 4-6　Unimate 机器人

4. 多关节型机器人

多关节型机器人是以其各相邻运动部件之间的相对角位移作为坐标系的，如图 4-4 所示。其坐标系为($\alpha$、$\theta$、$\phi$)，其中，$\alpha$ 是第二手臂相对于第一臂的转角，$\theta$是绕底座垂线的转角，$\phi$是过底座的水平线与第一手臂之间的夹角。这种机器人手臂可以到达球形体积内绝大部分位置，所能到达区域的形状取决于两个臂的长度比例。因此，多关节机器人具有结构紧凑、占地面积少、避障性能好等优点，但是也存在平衡问题，如控制存在耦合，控制器设计比较困难。典型的多关节型机器人有 PUMA 机器人(图 4-7)和 SCARA 机器人(图 4-8)。

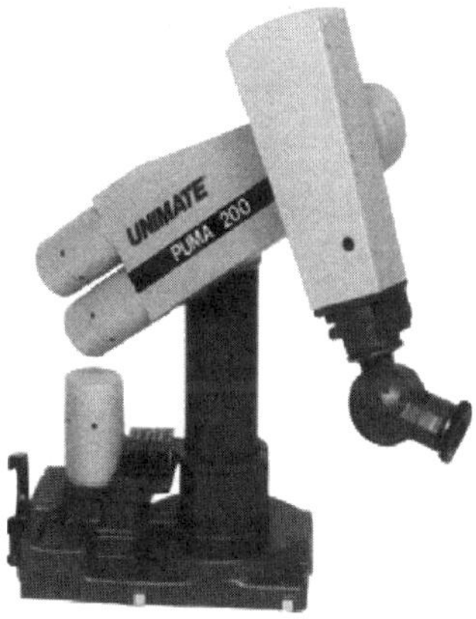


图 4-7　PUMA 机器人

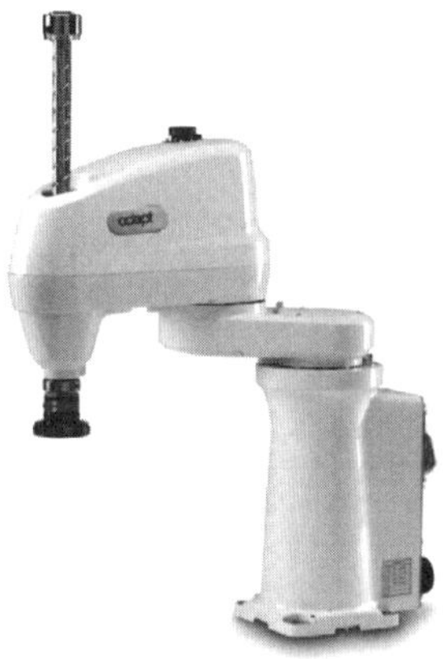

图 4-8　SCARA 机器人

### 4.1.2 工业机器人主要技术参数

工业机器人的技术参数是各工业机器人制造商在产品供货时所提供的技术数据。表 4-1 和表 4-2 为两种工业机器人的主要技术参数。尽管各厂商提供的技术参数不完全一样，工业机器人的结构、用途等有所不同，但工业机器人的主要技术参数一般应有自由度、重复定位精度、最大速度和承载能力等。

表 4-1 PUMA 562 机器人的主要技术参数

| 项目 | 技术参数 |
|---|---|
| 自由度 | 6 |
| 重复定位精度 | ±0.1mm |
| 承载能力 | 4kg |
| 手腕中心最大距离 | 866mm |
| 直线最大速度 | 0.5m/s |
| 功率要求 | 1550W |
| 重量 | 182kg |

表 4-2 BR-210 并联机器人的主要技术参数

| 项目 | 技术参数 |
|---|---|
| 载重能力 | 25kg |
| 轴数 | 33 个 |
| 重复定位精度 | 0.5mm |
| 最大速度 | 6m/s |
| 最大加速度 | $40m/s^2$ |
| 电源电压 | 200～600V |
| 额定功率 | 3500W |

#### 1. 自由度

自由度是指机器人所具有的独立坐标轴运动的数目。机器人的自由度表示机器人动作灵活的尺度，一般是由轴的直线移动、摆动或旋转动作的数量来表示，手部的动作不包括在内。机器人的自由度越多，就越能接近人手的动作机能，通用性就越好；但是自由度越多，结构越复杂，对机器人的整体要求就越高，这是机器人设计中的一个矛盾。

工业机器人的自由度是根据其用途而设计的，可能小于 6 个自由度，也可能大于 6 个自由度。从运动学的观点看，在完成某一特定作业时具有多余自由度的机器人，称为冗余自由度机器人。工业机器人一般多为 4～6 个自由度，7 个以上的自由度是冗余自由度，利用冗余自由度可以增加机器人的灵活性，躲避障碍物，改善动力性能。人的手臂(大臂、小臂、手腕）共有 7 个自由度，所以工作起来很灵巧，手部可回避障碍而从不同方向到达同一个目的点。

### 2. 工作范围

工业机器人的工作范围是指机器人手臂或手部安装点（不包括末端操作器）所能达到的所有空间区域的集合，也可称为工作空间，不包括手部本身所能达到的区域。由于机器人所具有的自由度数目及其组合不同，其工作范围的形状和大小也不尽相同，机器人在执行作业时可能会因为存在手部不能到达的作业死区而不能完成任务。

### 3. 速度

速度是指机器人在工作载荷条件下、匀速运动过程中，机械接口中心或工具中心点在单位时间内所移动的距离或转动的角度。确定机器人手臂的最大行程后，根据循环时间安排每个动作的时间，并确定各动作同时进行或顺序进行，就可确定各动作的运动速度。分配动作时间除考虑工艺动作要求外，还要考虑惯性和行程、驱动和控制方式、定位和精度要求。

为了提高生产效率，要求缩短整个运动循环时间。运动循环包括加速起动、等速运行和减速制动三个过程。过大的加速度和减速度会导致惯性力加大，影响动作的平稳和精度。为了保证定位精度，加速及减速过程往往占用较长时间。

### 4. 承载能力

承载能力是指机器人在工作范围内的任何位姿上所能承受的最大质量。承载能力不仅决定于负载的质量，而且还与机器人运行的速度和加速度及其方向有关。为了安全起见，承载能力这一技术指标是指高速运行时的承载能力。通常，承载能力不仅指负载，而且还包括了机器人末端操作器的质量。

机器人有效的负载除受到驱动器功率的限制外，还受到杆件材料极限应力的限制，因而它又和环境条件（如地心引力）、运动参数（如运动速度、加速度以及方向）有关。

### 5. 精度

工业机器人精度包括定位精度和重复定位精度。定位精度是指机器人手部实际到达位置与目标位置之间的差异。重复定位精度是指机器人重复定位其手部于同一目标位置的能力，可以用标准偏差这个统计量来表示，它是衡量一系列误差值的密集度（即重复度）。

### 6. 分辨率

分辨率指机器人每根轴能够实现的最小移动距离或最小转动角度。精度和分辨率不一定相关。一台设备的运动精度是指所设定的运动位置与该设备执行此命令后能够达到的运动位置之间的差距。分辨率则反映了实际需要的运动位置和命令所能够设定的位置之间的差距。

# 4.2 机器人动力学特性

机器人的动态性能不仅与运动学相对位置有关，还与机器人的结构形式、质量分布、执行机构的位置、传动装置等因素有关。机器人动态性能由动力学方程描述。动力学考虑上述因素，研究机器人运动与关节力(力矩)间的动态关系。描述这种动态关系的微分方程称为机器人动力学方程。机器人动力学要解决两类问题：动力学正问题和逆问题。

(1)动力学正问题：根据关节驱动力矩或力，计算机器人的运动(关节位移、速度和加速度)。

(2)动力学逆问题：已知轨迹对应的关节位移、速度和加速度，求出所需要的关节力矩或力。

不考虑机电控制装置的惯性、摩擦、间隙、饱和等因素时，$n$ 自由度机器人动力方程为 $n$ 个二阶耦合非线性微分方程。方程中包括惯性力/力矩、哥氏力/力矩、离心力/力矩及重力/力矩，是一个耦合的非线性多输入多输出系统。对机器人动力学的研究，所采用的方法很多，有拉格朗日(Lagrange)、牛顿-欧拉(Newton–Euler)、高斯(Gauss)、凯恩(Kane)、旋量对偶数等。

逆问题是为了实时控制的需要，利用动力学模型，实现最优控制，以期达到良好的动态性能和最优指标。在设计中需根据连杆质量、运动学和动力学参数、传动机构特征和负载进行动态仿真，从而决定机器人的结构参数和传动方案，验算设计方案的合理性和可行性，以及结构优化程度。

在离线编程时，为了估计机器人因高速运动引起的动载荷和路径偏差，要进行路径控制仿真和动态模型仿真。这些都需要以机器人动力学模型为基础。

机器人静力学研究机器人静止或者缓慢运动时作用在手臂上的力和力矩问题，特别是当手端与外界环境有接触力时，各关节力矩与接触力的关系。

本节主要介绍动力学正问题。动力学正问题与机器人的仿真有关，机器人动力学正问题研究机器人手臂在关节力矩作用下的动态响应。其主要内容是研究如何建立机器人手臂的动力学方程。建立机器人动力学方程的方法有牛顿-欧拉法和拉格朗日法等。

## 4.2.1 牛顿-欧拉方程

牛顿-欧拉方程的动力学算法是以牛顿方程和欧拉方程为出发点，结合机器人速度和加速度分析而得到的一种动力学算法。建立牛顿-欧拉运动方程一般涉及两个递推过程：正向递推和反向递推。正向递推，即已知机器人各个关节的速度和加速度，由机器人基座开始，向手部杆件逐个递推出机器人每个杆件在自身坐标系中的速度、加速度，从而进一步得到每个杆件质心上的速度和加速度，最后再用牛顿-欧拉方程得到机器人每个杆件质心上的惯性力和惯性力矩；反向递推，即根据正向递推的结果，由机器人末端关节开始向第一个关节反向推导出各关节所承受的力和力矩，最终得到机器人每个关节所需要的驱动力。

建立机器人牛顿-欧拉动力学数学模型的主要方法可以总结为：①确定每个杆件质心的位置和表征其质量分布惯性张量矩阵；②建立直角坐标系，根据机器人各连杆的速度、角速度以及转动惯量，正向递推出每个杆件在自身坐标系中的速度和加速度；③利用牛顿-欧拉方程得到机器人每个杆件上的惯性力和惯性力矩；④反向推导出机器人各关节承受的力和力矩，最终得到机器人每个关节所需要的驱动力，从而确定机器人关节的驱动力和关节位移、速度和加速度的函数关系。

下面以两杆平面机器人(图 4-9)为例，建立其牛顿-欧拉动力学模型。为了便于理解，假设每个杆件的质量都集中于杆件的前尾部，分别为 $m_1$ 和 $m_2$。每个杆件的质量中心矢量为 $\boldsymbol{P}_{c_1}=l_1\hat{\boldsymbol{X}}_1$，$\boldsymbol{P}_{c_2}=l_2\hat{\boldsymbol{X}}_2$。基于点质量假设，每个杆件相对质心的惯性张量为零，即 $I_{c_1}=0$，$I_{c_2}=0$。末端执行器无作用力，则 $f_3=0$，$n_3=0$。基座静止，因此 $\omega_0=0$，$\dot{\omega}_0=0$。地球引力对杆件的影响可表示为 $\dot{\boldsymbol{v}}_o=-g\hat{\boldsymbol{Y}}_0$。基于正向递推，对于杆件 1 可得

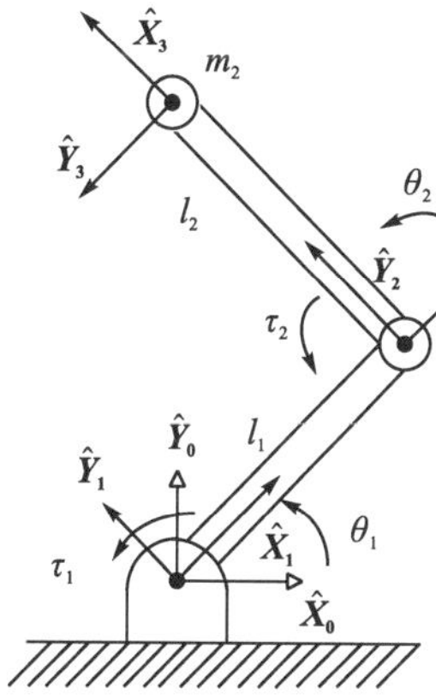


图 4-9　两杆平面机器人

$$\omega_1=\dot{\theta}_1,\quad \hat{\boldsymbol{Z}}_1=\begin{bmatrix}0\\0\\\dot{\theta}_1\end{bmatrix},\quad \dot{\boldsymbol{v}}_0=-g\hat{\boldsymbol{Y}}_0,\quad \dot{\omega}_1=\ddot{\theta}_1,\quad \dot{\hat{\boldsymbol{Z}}}_1=\begin{bmatrix}0\\0\\\ddot{\theta}_1\end{bmatrix}$$

标记：

$$c_1=\cos\theta_1,\quad c_{12}=\cos(\theta_1+\theta_2),\quad c_2=\cos\theta_2$$

$$s_1=\sin\theta_1,\quad s_{12}=\sin(\theta_1+\theta_2),\quad s_2=\sin\theta_2$$

$$\dot{\boldsymbol{v}}_{C_1}=\begin{bmatrix}0\\l_1\ddot{\theta}_1\\0\end{bmatrix}+\begin{bmatrix}-l_1\dot{\theta}_1^2\\0\\0\end{bmatrix}+\begin{bmatrix}gs_1\\gc_1\\0\end{bmatrix}=\begin{bmatrix}-l_1\dot{\theta}_1^2+gs_1\\l_1\ddot{\theta}_1+gc_1\\0\end{bmatrix}$$

$$\boldsymbol{F_1}=m_1\dot{\boldsymbol{v}}_{c_1}=\begin{bmatrix}-m_1l_1\dot{\theta}_1^2+m_1gs_1\\ m_1l_1\ddot{\theta}_1+m_1gc_1\\ 0\end{bmatrix}\boldsymbol{M_1}=\begin{bmatrix}0\\0\\0\end{bmatrix}$$

对于杆件 2 可得

$$\boldsymbol{\omega_2}=\begin{bmatrix}0\\0\\ \dot{\theta}_1+\dot{\theta}_2\end{bmatrix},\quad \dot{\boldsymbol{\omega}}_{\boldsymbol{2}}=\begin{bmatrix}0\\0\\ \ddot{\theta}_1+\ddot{\theta}_2\end{bmatrix}$$

$$\dot{\boldsymbol{v}}_{\boldsymbol{c_2}}=\begin{bmatrix}0\\ l_2\left(\ddot{\theta}_1+\ddot{\theta}_2\right)\\ 0\end{bmatrix}+\begin{bmatrix}-l_2\left(\dot{\theta}_1+\dot{\theta}_2\right)^2\\ 0\\ 0\end{bmatrix}=\begin{bmatrix}l_1\ddot{\theta}_1s_2-l_1\dot{\theta}_1^2c_2+gs_{12}\\ l_1\ddot{\theta}_1c_2+l_1\dot{\theta}_1^2s_2+gc_{12}\\ 0\end{bmatrix}$$

$$\boldsymbol{F_2}=\begin{bmatrix}m_2l_1\ddot{\theta}_1s_2-m_2l_1\dot{\theta}_1^2c_2+m_2gs_{12}-m_2l_2\left(\dot{\theta}_1+\dot{\theta}_2\right)^2\\ m_2l_1\ddot{\theta}_1c_2+m_2l_1\dot{\theta}_1^2s_2+m_2gc_{12}+m_2l_2\left(\ddot{\theta}_1+\ddot{\theta}_2\right)\\ 0\end{bmatrix},\quad \boldsymbol{M_2}=\begin{bmatrix}0\\0\\0\end{bmatrix}$$

基于反向递推，对于杆件 2 可得

$$f_2=F_2,\quad \boldsymbol{M_2}=\begin{bmatrix}0\\0\\ m_2l_1l_2\ddot{\theta}_1c_2+m_2l_1l_2\dot{\theta}_1^2s_2+m_2l_2gc_{12}+m_2l_2^2\left(\ddot{\theta}_1+\ddot{\theta}_2\right)\end{bmatrix}$$

对于杆件 1，有

$$\boldsymbol{f_1}=\begin{bmatrix}c_2&-s_2&0\\ s_2&c_2&0\\ 0&0&1\end{bmatrix}\begin{bmatrix}m_2l_1\ddot{\theta}_1-m_2l_1\dot{\theta}_1^2+m_2gs_{12}-m_2l_2\left(\dot{\theta}_1+\dot{\theta}_2\right)^2\\ m_2l_1\ddot{\theta}_1+m_2l_1\dot{\theta}_1^2+m_2gc_{12}+m_2l_2\left(\ddot{\theta}_1+\ddot{\theta}_2\right)\\ 0\end{bmatrix}+\begin{bmatrix}-m_1l_1\dot{\theta}_1^2+m_1gs_1\\ m_1l_1\ddot{\theta}_1+m_1gc_1\\ 0\end{bmatrix}$$

$$\boldsymbol{M_1}=\begin{bmatrix}0\\0\\ m_2l_1l_2\ddot{\theta}_1c_2+m_2l_1l_2\dot{\theta}_1^2s_2+m_2l_2gc_{12}+m_2l_2^2\left(\ddot{\theta}_1+\ddot{\theta}_2\right)\end{bmatrix}+\begin{bmatrix}0\\0\\ m_1l_1^2\ddot{\theta}_1+m_1l_1gc_1\end{bmatrix}$$
$$+\begin{bmatrix}0\\0\\ m_2l_1^2\ddot{\theta}_1-m_2l_1l_2s_2\left(\dot{\theta}_1+\dot{\theta}_2\right)^2+m_2l_2gs_2c_{12}+m_2l_1l_2c_2\left(\ddot{\theta}_1+\ddot{\theta}_2\right)+m_2l_1gc_2c_{12}\end{bmatrix}$$

取力矩的 $z$ 分量，得到关节力矩为

$$\tau_1=m_2l_1^2\left(\ddot{\theta}_1+\ddot{\theta}_2\right)+m_2l_1l_2c_2\left(2\ddot{\theta}_1+\ddot{\theta}_2\right)+\left(m_1+m_2\right)l_1^2\ddot{\theta}_1-m_2l_1l_2s_2\dot{\theta}_2^2$$
$$-2m_2l_1l_2s_2\dot{\theta}_1\dot{\theta}_2+m_2l_1gc_{12}+\left(m_1+m_2\right)l_1gc_1$$
$$\tau_2=m_2l_1l_2c_2\ddot{\theta}_1+m_2l_1l_2c_2\dot{\theta}_1^2+m_2l_2gs_{12}+m_2l_2^2\left(\ddot{\theta}_1+\ddot{\theta}_2\right)$$

进一步整理可以得到

$$\tau_1=\left[\left(m_1+m_2\right)l_1^2+m_1l_2^2+2m_2l_1l_2\cos\left(\theta_2\right)\right]\ddot{\theta}_1+\left[m_2l_2^2+m_2l_1l_2\cos\left(\theta_2\right)\right]\ddot{\theta}_2$$
$$-2m_2l_1l_2\sin\left(\theta_2\right)\dot{\theta}_1\dot{\theta}_2-m_2l_1l_2\sin\left(\theta_2\right)\dot{\theta}_2^2+m_2gl_2\cos\left(\theta_1+\theta_2\right)+\left(m_1+m_2\right)gl_1\cos\left(\theta_1+\theta_2\right)$$
$$\tau_2=\left(m_1l_2^2\ddot{\theta}_1+m_2l_1l_2\cos\left(\theta_2\right)\right)\ddot{\theta}_1+m_2l_2^2\ddot{\theta}_2+m_2l_1l_2\sin\left(\theta_2\right)\dot{\theta}_1^2+m_2gl_2\cos\left(\theta_1+\theta_2\right)$$

通过定义

$$\boldsymbol{q}=\begin{bmatrix}\theta_1\\ \theta_2\end{bmatrix},\quad \boldsymbol{D}(\boldsymbol{q})=\begin{bmatrix}m_2l_2^2+2m_2l_1l_2c_2+l_1^2\left(m_1+m_2\right) & m_2l_2^2+m_2l_1l_2c_2\\ m_2l_2^2+m_2l_1l_2c_2 & m_2l_2^2\end{bmatrix}$$
$$\boldsymbol{H}(\boldsymbol{q},\dot{\boldsymbol{q}})=\begin{bmatrix}-m_2l_1l_2s_2\dot{\theta}_2^2-2m_2l_1l_2s_2\dot{\theta}_1\dot{\theta}_2\\ m_2l_1l_2s_2\dot{\theta}_1^2\end{bmatrix},\boldsymbol{G}(\boldsymbol{q})=\begin{bmatrix}m_2l_2c_{12}+\left(m_1+m_2\right)gl_1c_1\\ m_2l_2gc_{12}\end{bmatrix}$$

则机器人牛顿-欧拉动力学模型可以用矩阵形式表示为

$$\boldsymbol{F}=\boldsymbol{D}(\boldsymbol{q})\ddot{\boldsymbol{q}}+\boldsymbol{H}(\boldsymbol{q},\dot{\boldsymbol{q}})+\boldsymbol{G}(\boldsymbol{q}) \tag{4-1}$$

式中，$\boldsymbol{D}(\boldsymbol{q})\ddot{\boldsymbol{q}}$ 表示机器人动力学模型中的惯性力项；$\boldsymbol{D}(\boldsymbol{q})$ 表示机器人操作机的质量矩阵，为对称正定矩阵；$\boldsymbol{H}(\boldsymbol{q},\dot{\boldsymbol{q}})$ 表示机器人动力学模型中非线性的耦合力项，包括离心力和哥氏力；$\boldsymbol{G}(\boldsymbol{q})$ 表示机器人动力学模型中的重力项。

### 4.2.2　拉格朗日方程

在研究机器人动力学问题的过程中，拉格朗日方程是出现最早、应用较普遍的一种算法。拉格朗日方程(本书使用的是第二类方程)是分析动力学的重要方程，它是利用广义坐标以功和能来表达的，故不做功的力和约束力将自动消除，可直接导出动力学完整形式的方程式，因此方程推导简单，系统性强。

牛顿-欧拉运动学方程是基于牛顿第二定律和欧拉方程，利用达朗伯原理，将动力学问题变成静力学问题求解，该方法计算快。拉格朗日方程则是基于系统能量的概念，以简单的形式求得非常复杂的系统动力学方程，并具有显式结构，物理意义比较明确。

拉格朗日方程基于能量平衡方程，所以拉格朗日方程相对于牛顿-欧拉方程更适合分析相互约束下的多个连杆运动。

#### 1. 拉格朗日函数及方程

对于任何机械系统，拉格朗日函数 $L(\boldsymbol{q},\dot{\boldsymbol{q}})$ 定义为系统总的动能 $E_k$ 与总的势能 $E_p$ 之差，即

$$L(\boldsymbol{q},\dot{\boldsymbol{q}})=E_k(\boldsymbol{q},\dot{\boldsymbol{q}})-E_p(\boldsymbol{q}) \tag{4-2}$$

式中，$\boldsymbol{q}=\left[q_1,q_2,\cdots,q_n\right]^{\mathrm{T}}$ 表示动能与势能的广义坐标，$\dot{\boldsymbol{q}}=\left[\dot{q}_1,\dot{q}_2,\cdots,\dot{q}_n\right]^{\mathrm{T}}$ 表示相应的广义速度。拉格朗日方程 $\boldsymbol{F}_i\left(i=1,2,\cdots,n\right)$ 的一般形式为

$$\boldsymbol{F}_i=\frac{\mathrm{d}}{\mathrm{d}t}\left(\frac{\partial L}{\partial\dot{\boldsymbol{q}}}\right)-\frac{\partial L}{\partial\boldsymbol{q}} \tag{4-3}$$

式(4-3)又称为拉格朗日-欧拉方程，简称 L-E 方程。$\boldsymbol{\tau}$ 是 $n$ 个关节的驱动力或力矩矢量，式(4-3)可写成

$$\boldsymbol{\tau}=\frac{\mathrm{d}}{\mathrm{d}t}\left(\frac{\partial E_k}{\partial \boldsymbol{q}}\right)+\frac{\partial E_k}{\partial \boldsymbol{q}}-\frac{\partial E_p}{\partial \boldsymbol{q}} \tag{4-4}$$

## 2. 机器人系统动能

在机器人中，连杆是运动部件，连杆 $i$ 的动能 $E_{ki}$ 为连杆质心线速度引起的动能和连杆角速度产生的动能之和，即

$$E_{ki}=\frac{1}{2}m_i\boldsymbol{v}_{ci}^{\mathrm{T}}\boldsymbol{v}_{ci}+\frac{1}{2}m_i\boldsymbol{\omega}_{ci}^{\mathrm{T}}I_i\boldsymbol{\omega}_{ci} \tag{4-5}$$

系统的动能为 $n$ 个连杆的动能之和，即

$$E_k=\sum_{i=1}^{n}E_{ki} \tag{4-6}$$

由于 $\boldsymbol{v}_{ci}$ 和 $\boldsymbol{\omega}_{ci}$ 是关节变量 $\boldsymbol{q}$ 和关节速度 $\dot{\boldsymbol{q}}$ 的函数，因此，从式(4-6)可知，机器人的动能是关节变量和关节速度的标量函数，记为 $E_k(\boldsymbol{q},\dot{\boldsymbol{q}})$，可表示为

$$E_k(\boldsymbol{q},\dot{\boldsymbol{q}})=\frac{1}{2}\dot{\boldsymbol{q}}^{\mathrm{T}}\boldsymbol{D}(\boldsymbol{q})\dot{\boldsymbol{q}} \tag{4-7}$$

式中，$\boldsymbol{D}(\boldsymbol{q})\in\mathbf{R}^{n\times n}$，为机器人惯性矩阵。

## 3. 机器人系统势能

设连杆 $i$ 的势能为 $E_{pi}$，连杆 $i$ 的质心在 $O$ 坐标系中的位置矢量为 $\boldsymbol{E}_{ci}$，重力加速度矢量在坐标系中为 $\boldsymbol{g}$，则

$$E_{ki}=-m_i\boldsymbol{g}^{\mathrm{T}}p_{ci} \tag{4-8}$$

机器人系统的势能为各连杆的势能之和，即

$$E_p=\sum_{i=1}^{n}E_{pi} \tag{4-9}$$

它是 $\boldsymbol{q}$ 的标量函数。系统的拉格朗日方程为

$$\boldsymbol{\tau}=\frac{\mathrm{d}}{\mathrm{d}t}\frac{\partial L}{\partial \dot{\boldsymbol{q}}}-\frac{\partial L}{\partial \boldsymbol{q}} \tag{4-10}$$

式(4-10)又称为拉格朗日-欧拉方程。式中，$\boldsymbol{\tau}$ 是 $n$ 个关节的驱动力或力矩矢量，式(4-10)可写成

$$\boldsymbol{\tau}=\frac{\mathrm{d}}{\mathrm{d}t}\frac{\partial E_k}{\partial \dot{\boldsymbol{q}}}-\frac{\partial E_k}{\partial \boldsymbol{q}}+\frac{\partial E_p}{\partial \boldsymbol{q}} \tag{4-11}$$

下面以平面 RP 机器人(图 4-10)为例求解拉格朗日方程。连杆 1 和连杆 2 的质量分别为 $m_1$ 和 $m_2$，质心的位置由 $l_1$ 和 $l_2$ 所规定，惯量矩阵为

$$\boldsymbol{I}_1=\begin{bmatrix} I_{xx1} & 0 & 0 \\ 0 & I_{yy1} & i \\ 0 & 0 & I_{zz1} \end{bmatrix},\boldsymbol{I}_2=\begin{bmatrix} I_{xx2} & 0 & 0 \\ 0 & I_{yy2} & i \\ 0 & 0 & I_{zz2} \end{bmatrix} \tag{4-12}$$

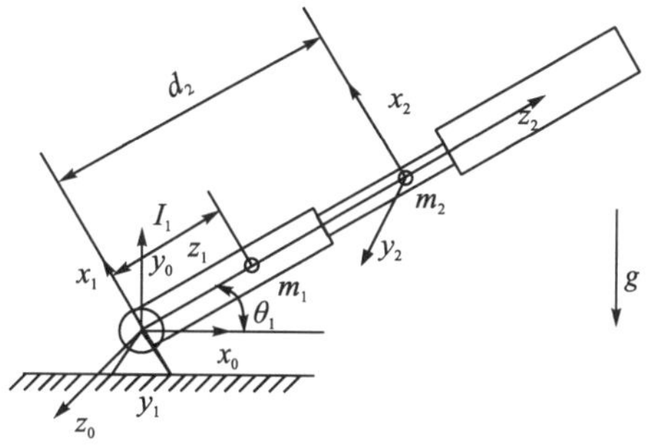


图 4-10　平面 PR 机器人

(1) 取坐标，确定关节变量和驱动力或力矩。建立连杆 *D-H* 坐标系如图 4-10 所示，关节变量为 $\theta_1+\dfrac{\pi}{2}$。为求解方便，此处取关节变量为 $\theta_1$ 和 $d_2$，关节驱动力矩 $\tau_1$ 和驱动力 $f_2$。

(2) 计算系统动能。由式(4-5)，分别得

$$E_{k1}=\frac{1}{2}m_1l_1^2\dot{\theta}_1^2+\frac{1}{2}I_{yy1}\dot{\theta}_1^2 \tag{4-13}$$

$$E_{k2}=\frac{1}{2}m_2\left(d_2^2\dot{\theta}_1^2+\dot{d}_2^2\right)+\frac{1}{2}I_{yy2}\dot{\theta}_1^2 \tag{4-14}$$

总动能为

$$E_k=\frac{1}{2}\left(m_1l_1^2+I_{yy1}+I_{yy2}+m_2d_2^2\right)\dot{\theta}_1^2+\frac{1}{2}m_2\dot{d}_2^2 \tag{4-15}$$

(3) 计算系统势能。因为

$$\boldsymbol{g}=[0,-g,0]^{\mathrm{T}}\qquad \boldsymbol{E}_{c1}=[l_1c_1,l_1s_1,0]^{\mathrm{T}} \tag{4-16}$$

$$E_{p1}=-m_1\,\boldsymbol{g}^{\mathrm{T}}\boldsymbol{E}_{c1}=m_1l_1gs_1 \tag{4-17}$$

$$E_{p2}=-m_2\boldsymbol{g}^{\mathrm{T}}\boldsymbol{E}_{c2}=m_2d_2gs_1 \tag{4-18}$$

则总势能为

$$E_p=\left(m_1l_1+m_2d_2\right)gs_1 \tag{4-19}$$

(4) 求偏导数。

$$\frac{\partial E_k}{\partial \boldsymbol{q}}=\begin{bmatrix}0\\ m_2d_2\dot{\theta}_1^2\end{bmatrix} \tag{4-20}$$

$$\frac{\partial E_k}{\partial \dot{\boldsymbol{q}}}=\begin{bmatrix}\left(m_1l_1^2+I_{yy1}+I_{yy2}+m_2d_2^2\right)\dot{\theta}_1\\ m_2\ddot{d}_2\end{bmatrix}$$

$$\frac{\partial E_p}{\partial \boldsymbol{q}}=\begin{bmatrix}g\left(m_1l_1+m_2d_2\right)c_1\\ m_2gs_1\end{bmatrix}$$

(5) 利用拉格朗日动力学方程，将偏导数代入拉格朗日方程，得到平面 RP 机器人的动力学方程的封闭形式为

$$\boldsymbol{\tau}=\begin{bmatrix}\tau_1\\\tau_2\end{bmatrix}=\begin{bmatrix}\left(m_1l_1^2+I_{yy1}+I_{yy2}+m_2d_2^2\right)\dot{\theta}_1+2m_2d_2\dot{\theta}_1\dot{d}_2+\left(m_1l_1+m_2d_2\right)\boldsymbol{g}c_1\\ m_2\ddot{d}_2-m_2d_2\dot{\theta}_1^2+m_2\boldsymbol{g}s_1\end{bmatrix}$$

### 4.2.3 空间动力学方程

#### 1. 关节空间动力学方程

关节空间动力学方程写成矩阵形式为

$$\boldsymbol{\tau}=\boldsymbol{D}(\boldsymbol{q})\ddot{\boldsymbol{q}}+\boldsymbol{H}(\boldsymbol{q},\dot{\boldsymbol{q}})+\boldsymbol{G}(\boldsymbol{q}) \tag{4-21}$$

$$\boldsymbol{H}(\boldsymbol{q},\dot{\boldsymbol{q}})=\boldsymbol{J}^{\mathrm{T}}(\boldsymbol{q})\boldsymbol{U}_x(\boldsymbol{q},\dot{\boldsymbol{q}})+\boldsymbol{U}_x(\boldsymbol{q},\dot{\boldsymbol{q}})\boldsymbol{v}(\boldsymbol{q})\boldsymbol{\alpha}(\boldsymbol{q},\dot{\boldsymbol{q}}) \tag{4-22}$$

$$\boldsymbol{G}(\boldsymbol{q})=\boldsymbol{J}^{\mathrm{T}}(\boldsymbol{q})\boldsymbol{G}_x(\boldsymbol{q})$$

其中，

$$\boldsymbol{D}(\boldsymbol{q})=\begin{bmatrix}m_1l_1^2+I_{yy1}+I_{yy2}+m_2d_2^2 & 0\\ 0 & m_2\end{bmatrix}$$

$$\boldsymbol{H}(\boldsymbol{q},\dot{\boldsymbol{q}})=\begin{bmatrix}2m_2d_2\dot{\theta}_1\dot{d}_2\\ -m_2d_2\dot{\theta}_1^2\end{bmatrix}$$

$$\boldsymbol{G}(\boldsymbol{q})=\begin{bmatrix}\left(m_1l_1+m_2d_2\right)gc_1\\ m_2gs_1\end{bmatrix}$$

$$\boldsymbol{D}(\boldsymbol{q})=\begin{bmatrix}m_1l_1^2+I_{yy1}+I_{yy2}+m_2d_2^2 & 0\\ 0 & m_2\end{bmatrix}$$

上式为机器人在关节空间中的动力学方程封闭形式的一般结构式。它反映了关节力或力矩与关节变量、速度和加速度之间的函数关系。对于 $n$ 个关节的机器人，$\boldsymbol{D}(\boldsymbol{q})\in\mathbf{R}^{n\times n}$ 是正定对称矩阵，且为 $q$ 的函数，称为机器人惯性矩阵；$\boldsymbol{H}(\boldsymbol{q},\dot{\boldsymbol{q}})\in\mathbf{R}^{n\times1}$ 表示离心力和哥氏力向量；$\boldsymbol{G}(\boldsymbol{q},\dot{\boldsymbol{q}})\in\mathbf{R}^{n\times1}$ 为重力矢量，与机器人的形位 $q$ 有关。

#### 2. 操作空间动力学方程

与关节空间动力学方程相对应，在笛卡儿操作空间中，操作力 $\boldsymbol{F}$ 与末端加速度之间的关系可表示为

$$\boldsymbol{F}=\boldsymbol{M}_x(\boldsymbol{q})\ddot{\boldsymbol{x}}+\boldsymbol{U}_x(\boldsymbol{q},\dot{\boldsymbol{q}})+\boldsymbol{G}_x(\boldsymbol{q}) \tag{4-23}$$

式中，$\boldsymbol{M}_x(\boldsymbol{q})\in\mathbf{R}^{n\times n}$ 是操作空间中的惯性矩阵；$\boldsymbol{U}_x(\boldsymbol{q},\dot{\boldsymbol{q}})\in\mathbf{R}^{n\times1}$ 表示离心力和哥氏力矢量；$\boldsymbol{G}_x(\boldsymbol{q})\in\mathbf{R}^{n\times1}$ 表示重力矢量；$\boldsymbol{F}\in\mathbf{R}^{n\times1}$ 为广义操作力矢量；$\boldsymbol{x}\in\mathbf{R}^{n\times1}$ 为机器人末端位姿向量。广义操作力和关节力之间的关系为

$$\boldsymbol{\tau}=\boldsymbol{J}^{\mathrm{T}}(\boldsymbol{q})\boldsymbol{F} \tag{4-24}$$

操作空间与关节空间之间的速度与加速度的关系为

$$\dot{\boldsymbol{x}}=\boldsymbol{J}(\boldsymbol{q})\dot{\boldsymbol{q}} \tag{4-25}$$

$$\ddot{\boldsymbol{x}}=\boldsymbol{J}(\boldsymbol{\theta})\ddot{\boldsymbol{\theta}}+\dot{\boldsymbol{J}}(\boldsymbol{\theta})\dot{\boldsymbol{\theta}}=\boldsymbol{J}(\boldsymbol{\theta})\ddot{\boldsymbol{\theta}}+\boldsymbol{\alpha}(\boldsymbol{\theta},\dot{\boldsymbol{\theta}}) \tag{4-26}$$

比较关节空间与操作空间动力学方程，可以得到

$$\boldsymbol{D}(\boldsymbol{q})=\boldsymbol{J}^{\mathrm{T}}(\boldsymbol{q})\boldsymbol{M}_x(\boldsymbol{q})\boldsymbol{J}(\boldsymbol{q})$$
$$\boldsymbol{H}(\boldsymbol{q},\dot{\boldsymbol{q}})=\boldsymbol{J}^{\mathrm{T}}(\boldsymbol{q})\boldsymbol{U}_x(\boldsymbol{q},\dot{\boldsymbol{q}})+\boldsymbol{U}_x(\boldsymbol{q},\dot{\boldsymbol{q}})\boldsymbol{v}(\boldsymbol{q})\boldsymbol{\alpha}(\boldsymbol{q},\dot{\boldsymbol{q}})$$
$$\boldsymbol{G}(\boldsymbol{q})=\boldsymbol{J}^{\mathrm{T}}(\boldsymbol{q})\boldsymbol{G}_x(\boldsymbol{q})$$

#### 3. 关节力矩-操作运动方程

机器人动力学实际上是研究其关节输入力矩与其输出的操作运动之间的关系，可表示为

$$\boldsymbol{\tau}=\boldsymbol{J}^{\mathrm{T}}(\boldsymbol{q})\left[\boldsymbol{M}_x(\boldsymbol{q})\ddot{\boldsymbol{x}}+\boldsymbol{U}_x(\boldsymbol{q},\dot{\boldsymbol{q}})+\boldsymbol{G}_x(\boldsymbol{q})\right] \tag{4-27}$$

式(4-27)反映了输入关节力与机器人运动之间的关系。

## 4.3 机器人运动控制

工业机器人系统是一个具有非线性、强耦合的多输入多输出(multiple-input multiple-output，MIMO)时变系统，因此，其控制器的设计具有很强的复杂性。下面主要介绍几种工业机器人的主要控制方案。

### 4.3.1 PI/PID 控制

PI/PID 控制因其概念及结构简单的优点在工业机器人系统甚至大多数实际工业控制系统中仍占据主导地位，而快速、最优地进行参数整定仍是值得探讨的方向。传统的方法是根据经验不断调整 PID 参数，费力费时且效果不够理想。此处，本书将赋予 PI/PID 控制器可以自动调节其参数的能力，不仅能简化 PID 控制器设计流程，还提高了 PID 控制器的性能。

#### 1. 问题描述

考虑具有 $n$ 自由度的工业机器人系统[1]，其动态方程为

$$\boldsymbol{\tau}=\boldsymbol{D}(\boldsymbol{q})\ddot{\boldsymbol{q}}+\boldsymbol{H}(\boldsymbol{q},\dot{\boldsymbol{q}})+\boldsymbol{G}(\boldsymbol{q}) \tag{4-28}$$

式中，$\boldsymbol{q}\in\mathbf{R}^{n\times1}$ 表示广义坐标向量；$\boldsymbol{D}\in\mathbf{R}^{n\times n}$ 表示对称正定的惯性矩阵；$\boldsymbol{H}(\boldsymbol{q},\dot{\boldsymbol{q}})\in\mathbf{R}^{n\times1}$ 表示离心力和哥氏力矢量；$\boldsymbol{G}(\boldsymbol{q})\in\mathbf{R}^{n\times1}$ 表示重力矢量；$\boldsymbol{\tau}\in\mathbf{R}^{n\times1}$ 为输入力矩。其中包含如下属性：$\boldsymbol{D}(\boldsymbol{q})$ 和 $\boldsymbol{D}^{-1}(\boldsymbol{q})$ 都是对称正定矩阵，存在一个正常数 $w$ 满足：$0<w\leqslant\min\left\{\operatorname{eig}\left(\boldsymbol{D}^{-1}\right)\right\}$；$\boldsymbol{H}(\boldsymbol{q},\dot{\boldsymbol{q}})\leqslant k_{\mathrm{H}}\|\boldsymbol{q}\|\|\dot{\boldsymbol{q}}\|$，其中 $k_{\mathrm{H}}$ 为未知的正常数。设定控制目标为：使得式(4-28)输出 $\boldsymbol{y}=\left[q_1,q_2,\cdots,q_n\right]^{\mathrm{T}}$ 渐近跟踪理想轨迹 $\boldsymbol{y}_{\boldsymbol{d}}=\left[y_{d1},y_{d2},\cdots,y_{dn}\right]^{\mathrm{T}}$。

为设计控制器，需要做如下假设。

假设 1：$\boldsymbol{q}$ 和 $\dot{\boldsymbol{q}}$ 已知。理想轨迹 $\boldsymbol{y}_d=\left[y_{d1},y_{d2},\cdots,y_{dn}\right]^{\mathrm{T}}$ 是已知连续的，且具有有界的二次时间导数，即 $\|\ddot{\boldsymbol{y}}_d\|\leqslant y_d, y_d\geqslant 0$ 为有界常数[2]。

假设 2：$\boldsymbol{D}^{-1}(\boldsymbol{q})\left[\boldsymbol{H}(\boldsymbol{q},\dot{\boldsymbol{q}})+\boldsymbol{G}(\boldsymbol{q})\right]$ 满足 $\left\|\boldsymbol{D}^{-1}\boldsymbol{H}+\boldsymbol{D}^{-1}\boldsymbol{G}\right\|\leqslant a_0\varphi_0(\boldsymbol{q},\dot{\boldsymbol{q}})$，其中 $a_0$ 为未知的正常数，$\varphi_0(\boldsymbol{q},\dot{\boldsymbol{q}})$ 为可获取的标量函数，且当 $\boldsymbol{q}$、$\dot{\boldsymbol{q}}$ 有界时，$\varphi_0(\boldsymbol{q},\dot{\boldsymbol{q}})$ 也有界[3]。

假设 1 是控制器设计中经常采用的假设，它使得设计 PID 控制器成为可能，假设 2 是根据机器人特定的系统属性，即

$$\left\|\boldsymbol{D}^{-1}(\boldsymbol{q})\right\|\leqslant l_1\|\boldsymbol{q}\|$$
$$\left\|\boldsymbol{H}(\boldsymbol{q},\dot{\boldsymbol{q}})\right\|\leqslant l_2\|\boldsymbol{q}\|+l_3\|\dot{\boldsymbol{q}}\|$$
$$\left\|\boldsymbol{G}(\boldsymbol{q})\right\|\leqslant l_4\|\boldsymbol{q}\|$$

因此可以将矩阵函数 $\boldsymbol{D}^{-1}(\boldsymbol{q})(\boldsymbol{H}+\boldsymbol{G})$ 的范数通过未知常量和决定系统模型的核心函数的乘积形式进行上界估计，这使得 PID 控制器的设计流程以及参数自整定的结构更为简单。

## 2. 控制器设计与分析

定义跟踪误差为 $\boldsymbol{e}=\boldsymbol{q}-\boldsymbol{y}_d$，可得到二阶的误差动力学方程

$$\ddot{\boldsymbol{e}}=\boldsymbol{D}^{-1}(\boldsymbol{q})\boldsymbol{\tau}-\boldsymbol{D}^{-1}(\boldsymbol{q})\boldsymbol{H}(\boldsymbol{q},\dot{\boldsymbol{q}})-\boldsymbol{D}^{-1}(\boldsymbol{q})\boldsymbol{G}(\boldsymbol{q})p-\ddot{\boldsymbol{y}}_d \tag{4-29}$$

则所设计的控制器形式如下

$$\boldsymbol{u}=-\left(k_{\mathrm{P0}}+\kappa_{\mathrm{P0}}\right)\boldsymbol{e}-\left(k_{\mathrm{I0}}+\kappa_{\mathrm{I0}}\right)\int_0^t\boldsymbol{e}\,\mathrm{d}\tau-\left(k_{\mathrm{D0}}+\kappa_{\mathrm{D0}}\right)\frac{\mathrm{d}\boldsymbol{e}}{\mathrm{d}t} \tag{4-30}$$

式(4-30)中有如下数据需要设计，$k_{\mathrm{P0}}$、$k_{\mathrm{I0}}$ 和 $k_{\mathrm{D0}}$ 是设计常数，而 $\kappa_{\mathrm{P0}}$、$\kappa_{\mathrm{I0}}$ 和 $\kappa_{\mathrm{D0}}$ 能够根据系统的需要进行自动调节。由于设计六组数据是相当烦琐的，因此，可以考虑建立如下关系式：

$$\begin{gathered}k_{\mathrm{P0}}=2\gamma k_{\mathrm{D0}},\quad k_{\mathrm{I0}}=\gamma^2k_{\mathrm{D0}}\\ \kappa_{\mathrm{P0}}=2\gamma\kappa_{\mathrm{D0}},\quad \kappa_{\mathrm{I0}}=\gamma^2\kappa_{\mathrm{D0}}\end{gathered} \tag{4-31}$$

则式(4-30)可表示为

$$\boldsymbol{u}=-\left(k_{\mathrm{D0}}+\kappa_{\mathrm{D0}}\right)\left(2\gamma\boldsymbol{e}+\gamma^2\int_0^t\boldsymbol{e}\,\mathrm{d}\boldsymbol{\tau}+\frac{\mathrm{d}\boldsymbol{e}}{\mathrm{d}t}\right) \tag{4-32}$$

因此，控制器增益减为一组，即 $k_{\mathrm{D0}}$ 和 $\kappa_{\mathrm{D0}}$；式中 $\gamma$ 为任意设计的常数，需满足 $s^2+2\gamma s+\gamma^2$ 是 Hurwitz 矩阵。便于符号表示，定义

$$\boldsymbol{E}(\boldsymbol{e})=2\gamma\boldsymbol{e}+\gamma^2\int_0^t\boldsymbol{e}\,\mathrm{d}\boldsymbol{\tau}+\frac{\mathrm{d}\boldsymbol{e}}{\mathrm{d}t} \tag{4-33}$$

式(4-33)能够确保只要 $\boldsymbol{E}(\boldsymbol{e})$ 有界，则 $\boldsymbol{e}$、$\int_0^t\boldsymbol{e}\,\mathrm{d}\boldsymbol{\tau}$ 和 $\frac{\mathrm{d}\boldsymbol{e}}{\mathrm{d}t}$ 都有界。因此，通过正定广义误差可以实现控制目标。对 $\boldsymbol{E}(\boldsymbol{e})$ 求导可得

$$\begin{aligned}\dot{E}(e)&=\ddot{e}+2\gamma\dot{e}+\gamma^2 e\\&=D^{-1}(q)\tau-D^{-1}(q)H(q,\dot{q})-D^{-1}(q)G(q)-\ddot{y}_d+2\gamma\dot{e}+\gamma^2 e\\&=D^{-1}(q)\tau+F(\cdot)\end{aligned}$$

式中，$F(\cdot)=-D^{-1}(q)H(q,\dot{q})-D^{-1}(q)G(q)-\ddot{y}_d+2\gamma\dot{e}+\gamma^2 e$。根据假设 1 和假设 2，我们可以得到

$$\|F(\cdot)\|\leqslant a_0\varphi_0(q,\dot{q})+Y_d+2\gamma\|\dot{e}\|+\gamma^2\|e\|\leqslant a\varphi(q,\dot{q}) \tag{4-34}$$

式中，$a=\max\{a_0,Y_d,2\gamma,\gamma^2\},\varphi(q,\dot{q})=\varphi_0(q,\dot{q})+\|\dot{e}\|+\|e\|+1$。

这里的 $a$ 表示一个实际存在的未知虚拟参数，并没有实际的物理意义。所设计的控制器式(4-32)并没有包含 $a$，而是通过 $a$ 的估计值 $\hat{a}$ 来进行控制器的设计，从而可以避免对参数 $a$ 的实际值的检测。同时，$\hat{a}$ 包含了实际系统的某些重要特性，PID 参数的自动调节则很巧妙地利用了这一事实。

基于估计值 $\hat{a}$，控制器式(4-32)的参数自调节部分 $\kappa_{D0}$ 设计为

$$\kappa_{D0}=\hat{a}\varphi(q,\dot{q}) \tag{4-35}$$

式中，$\hat{a}$ 的更新方程为

$$\dot{\hat{a}}=-\sigma_0\hat{a}+\sigma_1\varphi^2(q,\dot{q})\|E\|,\ \hat{a}(0)\geqslant 0 \tag{4-36}$$

式中，$\sigma_0$ 和 $\sigma_1$ 为给定的正常数。给定初值 $\hat{a}(0)\geqslant 0$，式(4-36)能够确保 $\hat{a}$ 始终为正，由于 $\varphi(q,\dot{q})\geqslant 0$，所以 $\kappa_{D0}$ 也始终为正。PID 控制器设计框图如图 4-11 所示。

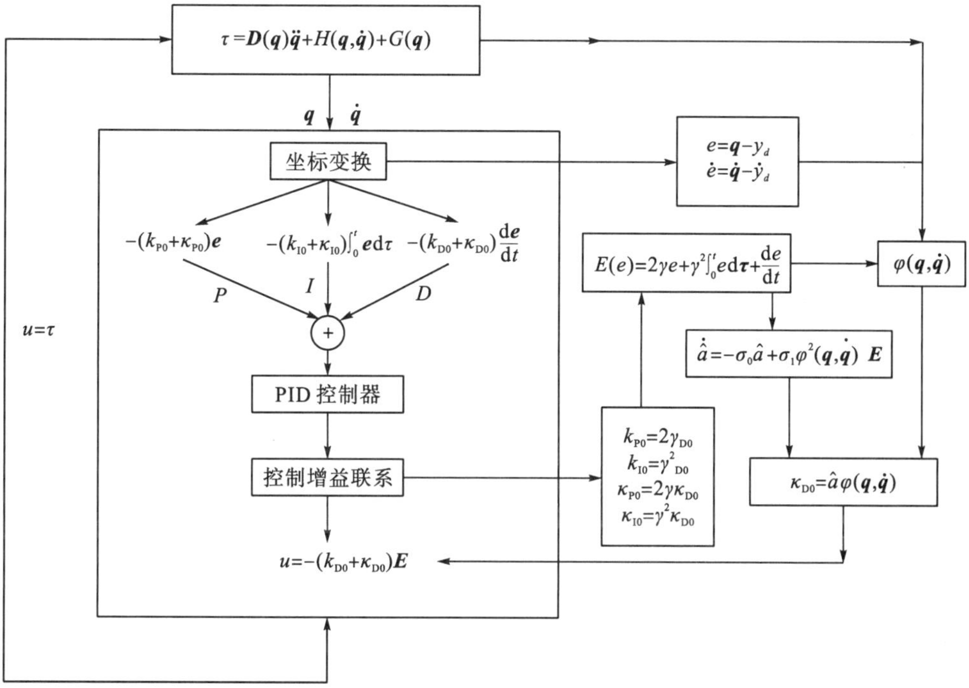


图 4-11　PID 控制设计框图

与传统的PID控制器相比，控制增益可以自我调节，从而使得烦琐的增益选择过程简单化。

**定理**4.1 考虑机器人系统式(4-28)，如果假设1和假设2成立，控制器设计为式(4-30)，PID 控制增益按式(4-31)调节，估计参数 $\hat{a}$ 更新方程为式(4-36)，则控制误差能够渐近趋于零，且所有信号都有界。

证明：选择如下的Lyapunov函数

$$V=\frac{1}{2}\boldsymbol{E}^{\mathrm{T}}\boldsymbol{E}+\frac{1}{2\omega\sigma_1}\left(a-\omega\hat{a}\right)^2 \tag{4-37}$$

定义 $\tilde{a}=a-\omega\hat{a}$ 为参数估计误差，这有别于传统的估计误差方式 $a-\hat{a}$，这种处理极大地简化了控制器的稳定性分析。对 $V$ 求导可得

$$\begin{aligned}\dot{V}&=\boldsymbol{E}^{\mathrm{T}}\dot{\boldsymbol{E}}-\frac{1}{\sigma_1}\tilde{a}\dot{\hat{a}}=\boldsymbol{E}^{\mathrm{T}}\boldsymbol{F}+\boldsymbol{E}^{\mathrm{T}}\boldsymbol{D}^{-1}(\boldsymbol{q})\tau-\frac{1}{\sigma_1}\tilde{a}\dot{\hat{a}}\\&\leqslant a\varphi\|\boldsymbol{E}\|-\left(k_{\mathrm{D0}}+\kappa_{\mathrm{D0}}\right)\boldsymbol{E}^{\mathrm{T}}\boldsymbol{D}^{-1}(\boldsymbol{q})\boldsymbol{E}-\frac{1}{\sigma_1}\tilde{a}\dot{\hat{a}}\end{aligned} \tag{4-38}$$

式(4-38)用到了 $\boldsymbol{u}=\boldsymbol{\tau}=-\left(k_{\mathrm{D0}}+\kappa_{\mathrm{D0}}\right)\boldsymbol{E}$。由于 $\boldsymbol{D}^{-1}(\boldsymbol{q})$ 为对称正定矩阵，则

$$-\boldsymbol{E}^{\mathrm{T}}\boldsymbol{D}^{-1}(\boldsymbol{q})\boldsymbol{E}\leqslant-\omega\|\boldsymbol{E}\|^2 \tag{4-39}$$

由于前面已经给定 $k_{\mathrm{D0}}+\kappa_{\mathrm{D0}}\geqslant 0$，将式(4-39)和 $\kappa_{\mathrm{D0}}=\hat{a}\varphi^2$ 代入式(4-38)，可得

$$\dot{V}\leqslant-k_{\mathrm{D0}}\omega\|\boldsymbol{E}\|^2+a\varphi\|\boldsymbol{E}\|-\hat{a}\omega\varphi^2\|\boldsymbol{E}\|^2-\frac{1}{\sigma_1}\tilde{a}\dot{\hat{a}} \tag{4-40}$$

运用Young’s不等式可得

$$a\varphi\|\boldsymbol{E}\|\leqslant a\varphi^2\|\boldsymbol{E}\|^2+\frac{a}{4} \tag{4-41}$$

将式(4-41)代入式(4-38)，则

$$\dot{V}\leqslant-k_{\mathrm{D0}}\omega\|\boldsymbol{E}\|^2+\left(a-\hat{a}\omega\right)\varphi^2\|\boldsymbol{E}\|^2-\frac{1}{\sigma_1}\tilde{a}\dot{\hat{a}}+\frac{a}{4} \tag{4-42}$$

将式(4-36)代入式(4-42)，则

$$\dot{V}\leqslant-k_{\mathrm{D0}}\omega\|\boldsymbol{E}\|^2+\left(a-\hat{a}\omega\right)\varphi^2\|\boldsymbol{E}\|^2-\tilde{a}\varphi^2\|\boldsymbol{E}\|^2+\frac{\sigma_0}{\sigma_1}\tilde{a}\hat{a}+\frac{a}{4} \tag{4-43}$$

将不等式 $\frac{\sigma_0}{\sigma_1}\tilde{a}\hat{a}\leqslant\frac{\sigma_0}{2\sigma_1\omega}a^2-\frac{\sigma_0}{2\sigma_1\omega}\tilde{a}^2$ 代入式(4-43)，可得

$$\dot{V}\leqslant-k_{\mathrm{D0}}\omega\|\boldsymbol{E}\|^2-\frac{\sigma_0}{2\sigma_1\omega}\tilde{a}^2+\frac{\sigma_0}{2\sigma_1\omega}a^2+\frac{a}{4}\leqslant-\varUpsilon V+\varTheta \tag{4-44}$$

式中，$V$ 和 $\varTheta$ 分别定义为：$\varUpsilon=\min\{2k_{\mathrm{D0}}\omega,\sigma_0\}$，$\varTheta=\frac{\sigma_0}{2\sigma_1\omega}a^2+\frac{a}{4}$。式(4-44)确保 $V$ 在有限时间内收敛到紧凑范围 $\varOmega=\left\{V\,\middle|\,|V|\leqslant\left(\frac{\sigma_0}{2\sigma_1\omega}a^2+\frac{a}{4}+\mu\right)\middle/\min\{2k_{\mathrm{D0}}\omega,\sigma_0\}\right\}$ 内，其中 $\mu$ 为一个小的正常数，同时，我们还可以得

$$V\in\ell_\infty\rightarrow\left\{\begin{array}{l}\boldsymbol{E}\in\ell_\infty\rightarrow\left\{\begin{array}{c}\boldsymbol{e}\in\ell_\infty\overset{y_d\in\ell_\infty,\ e=\boldsymbol{q}-y_d}{\rightarrow}\boldsymbol{q}\in\ell_\infty\\ \dot{\boldsymbol{e}}\in\ell_\infty\overset{\dot{y}_d\in\ell_\infty,\ \dot{e}=\dot{\boldsymbol{q}}-\dot{y}_d}{\rightarrow}\dot{\boldsymbol{q}}\in\ell_\infty\\ \int_0^t\boldsymbol{e}\mathrm{d}\tau\in\ell_\infty\end{array}\right\}\rightarrow\varphi(\boldsymbol{q},\dot{\boldsymbol{q}})\in\ell_\infty\\ \tilde{a}\in\ell_\infty\overset{a\in\ell_\infty,\ \tilde{a}=a-\hat{a}}{\rightarrow}\hat{a}\in\ell_\infty\end{array}\right\}$$

$$\rightarrow\left\{\begin{array}{l}\boldsymbol{u}\in\ell_\infty\overset{\boldsymbol{q}\in\ell_\infty,\ \dot{\boldsymbol{q}}\in\ell_\infty}{\rightarrow}\ddot{\boldsymbol{q}}\in\ell_\infty\overset{\ddot{y}_d\in\ell_\infty}{\rightarrow}\ddot{e}\in\ell_\infty\\ \dot{\hat{a}}\in\ell_\infty\end{array}\right.$$

上述流程图表明，控制环路中所有信号都是有界的。根据公式(4-44)，可以推断出 $\boldsymbol{E}$ 最终收敛到 $\Omega$ 的一个子集 $\left\{\boldsymbol{E}\,|\,\|\boldsymbol{E}\|\leqslant\sqrt{2\left(\dfrac{\sigma_0}{2\sigma_1\omega}a^2+\dfrac{a}{4}+\mu\right)\Big/\min\{2k_{\mathrm{D0}}\omega,\sigma_0\}}\right\}$ 内。从而可以推断出跟踪误差 $\boldsymbol{e}$ 的全局最终一致有界性。

在设计 PID 控制器的时候，虚拟参数 $a$ 和与控制增益相关的特征根 $\omega$ 只是用于稳定性分析，控制器中并没有用到，因此不需要进行分析计算，从而简化了控制器的设计流程，降低了成本。

### 3. 典型 3 关节机器人控制设计

为了验证式(4-32)的有效性，选取一个 3 关节机器人作为仿真对象，该机器人的具体模型及相应的参数设置可参考文献[1]。

仿真中理想跟踪轨迹设置为 $\boldsymbol{y_d}=\left[\sin(0.5\pi t),\sin(0.5\pi t),\sin(0.5\pi t)\right]^{\mathrm{T}}$，系统初始状态设置为 $\boldsymbol{q}(0)=[0.5,0.6,0.7]^{\mathrm{T}}, \dot{\boldsymbol{q}}(0)=[0,0,0]^{\mathrm{T}}, \hat{a}(0)=1$。控制器采用式(4-30)，控制参数设定为：$\sigma_0=0.01$，$\sigma_1=0.1$，$k_{\mathrm{D0}}=30$，$\gamma=12$，$\varphi_0(\boldsymbol{q},\dot{\boldsymbol{q}})$ 可以选定为 $\varphi_0=\|\boldsymbol{q}\|\|\dot{\boldsymbol{q}}\|+\|\boldsymbol{q}\|+\|\dot{\boldsymbol{q}}\|+1$。采用 PID 控制器，机械臂转角跟踪过程如图 4-12 所示，从中可以看到所设计的 PID 控制器确实能够实现高精度的跟踪。同时，控制器信号和参数估计值分别如图 4-13 和图 4-14 所示。

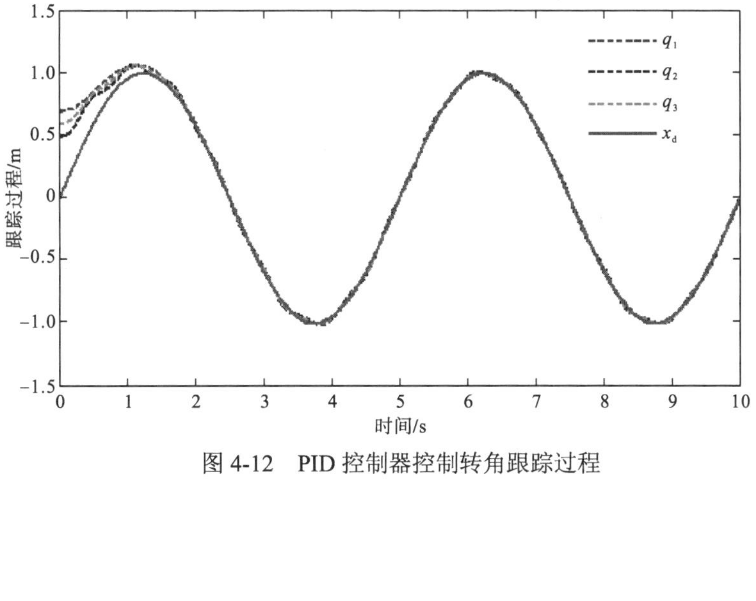


图 4-12　PID 控制器控制转角跟踪过程

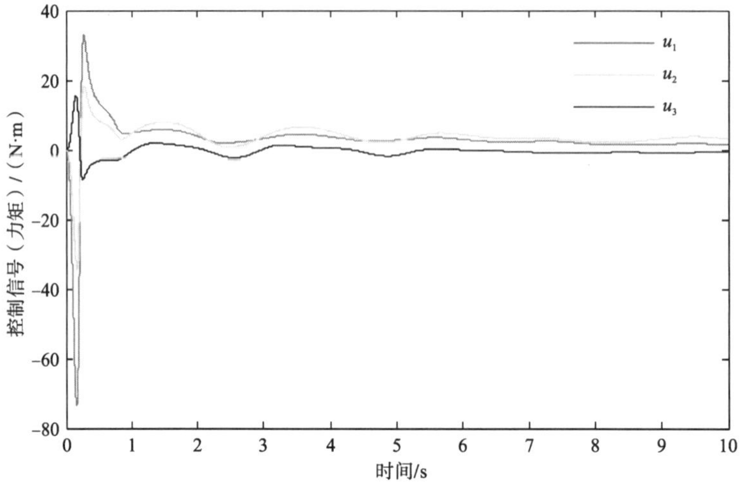


图 4-13　PID 控制器输入信号

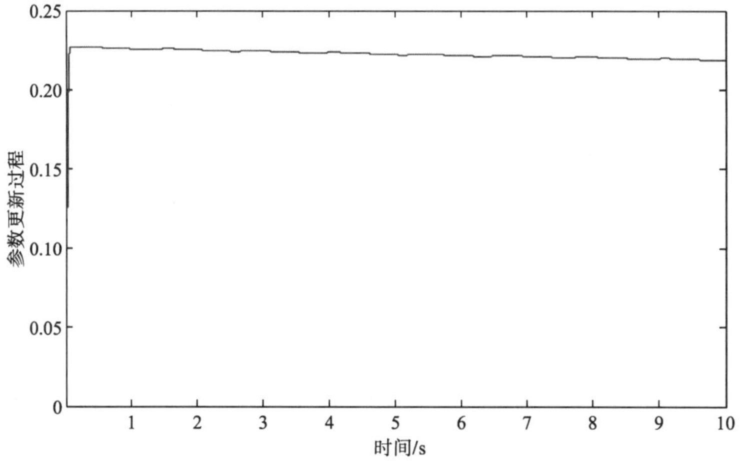


图 4-14　估计参数更新过程

综上所述，PID 控制可以解决工业机器人的控制问题，且不依赖于系统的准确模型，同时，PID 控制器的设计参数有别于传统的分别设计 P、I 和 D 三个参数，采用一种联动方式，只需要设计其中一个，其他两个也自行设定。并且，采用自适应的方式使得 PID 控制器参数根据系统需要自动变化，从而避免了参数设定时反复矫正的烦琐过程。

### 4.3.2　鲁棒自适应容错控制

鲁棒自适应容错控制方面的研究始于 20 世纪 50 年代。鲁棒性是指控制系统在一定(结构、大小)的参数摄动下，维持某些性能的特性。自适应控制的研究对象是具有一定程度不确定性的系统，这里所谓的“不确定性”是指描述被控对象及其环境的模型不是完全确定的，其中包含一些未知因素和随机因素。容错控制系统是为了避免某些元件发生故障而引起其所在的控制系统不稳定而提出的理论。

对于工业机器人这类实际工程系统，长期运行时通常不可避免地会出现子系统故障或执行器故障。大多数情况下，系统故障何时发生难以预知和预测，故障发生后可能导致整体系统结构和性能的缓慢或急剧变化。因此，对于一个发生故障的动态系统，如何维持系统稳定性和一定的安全运行能力成为控制系统设计的重要问题。容错控制(fault tolerant control，FTC)已逐渐被视为应对故障、确保系统维持某些特定安全运行能力的重要技术。目前，大多数 FTC 方法建立在及时准确的故障检测与诊断(fault detection and diagnosis，FDD)基础上[4]，这通常涉及复杂烦琐的设计和大量分析及数值计算过程。

本节首先介绍一种不依赖 FDD 的模型参考自适应容错控制方法，用以解决系统同时存在执行器故障、外界干扰不确定性时的自适应控制问题；然后详细介绍一种鲁棒自适应容错控制，并对这一控制方法的特点进行分析。

1. 问题描述

考虑一类存在执行器故障和外界干扰的机器人系统，其动态方程为

$$\ddot{\boldsymbol{q}}=\boldsymbol{D}^{-1}(\boldsymbol{q})\boldsymbol{u}_a-\boldsymbol{D}^{-1}(\boldsymbol{q})\boldsymbol{H}(\boldsymbol{q},\dot{\boldsymbol{q}})-\boldsymbol{D}^{-1}(\boldsymbol{q})\boldsymbol{G}(\boldsymbol{q})+\boldsymbol{d}(\boldsymbol{q},\dot{\boldsymbol{q}},t) \tag{4-45}$$

式中，$\boldsymbol{G}(\boldsymbol{q})\in\mathbf{R}^{n\times 1}$ 是实际的控制输入，$\boldsymbol{d}(\boldsymbol{q},\dot{\boldsymbol{q}},t)\in\mathbf{R}^{n\times 1}$ 表示外界干扰，其余符号变量如前所述。设定控制目标为：设计一个控制策略，使得 $\boldsymbol{q}$ 渐近跟踪给定的参考信号 $\boldsymbol{y}_d$，且保证闭环系统的所有信号有界。

当执行器发生故障时(如停电、部分失效或者几种故障的组合效应)，系统的实际控制输入 $u_a(t)$ 与所设计控制输入 $u(t)$ 不再一致，它们的关系为

$$\boldsymbol{u}_a(t)=\boldsymbol{\rho}(t)\boldsymbol{u}(t)+\boldsymbol{\varepsilon}(t) \tag{4-46}$$

式中，$\boldsymbol{\rho}=\mathrm{diag}\{\rho_i(t)\}$ 为对角矩阵，其对角元素 $\rho_i(t)\in(0,1],(i=1,2,\cdots,n)$ 是线性时变标量函数，称为第 $i$ 通道执行器“健康”因子。$\boldsymbol{\varepsilon}(t)\in\mathbf{R}^n$ 是向量函数，反映执行器失效时执行器产生的不可控部分，满足 $\|\boldsymbol{\varepsilon}(t)\|\leqslant d_\varepsilon$，其中 $d_\varepsilon$ 为有界非负常数。执行器部分失效只产生正常驱动的一部分，此类情况可能导致诸如液压/气动泄漏、电阻增加或电源电压下降等情况。由于执行器高昂的价格和大尺寸，通常采用物理冗余实现容错目的，但这往往不是最优选择。因此，容错控制被视为补偿执行器故障最有吸引力的选择之一。

为设计出有效的容错控制方案，做以下假设。

假设 1：$\boldsymbol{q}$ 和 $\dot{\boldsymbol{q}}$ 已知。理想轨迹 $\boldsymbol{y}_d=[y_{d1},y_{d2},\cdots,y_{dn}]^{\mathrm{T}}$ 是已知的，且具有有界的二次时间导数，即 $\|\ddot{\boldsymbol{y}}_d\|\leqslant \boldsymbol{y}_d,\boldsymbol{y}_d\geqslant 0$ 为有界常数，同时外部干扰也是有界的，即 $\|\boldsymbol{d}(\cdot)\|\leqslant\bar{d},\bar{d}\geqslant 0$ 为有界未知常数。

假设 2：$\boldsymbol{H}(\boldsymbol{q},\dot{q})+\boldsymbol{G}(\boldsymbol{q})$ 和 $\boldsymbol{D}^{-1}(\boldsymbol{q})$ 分别满足：$\|\boldsymbol{H}(\boldsymbol{q},\dot{\boldsymbol{q}})+\boldsymbol{G}(\boldsymbol{q})\|\leqslant a_0\varphi_0(\boldsymbol{q},\dot{\boldsymbol{q}})$，$\|\boldsymbol{D}^{-1}(\boldsymbol{q})\|\leqslant\bar{D}$。其中 $a_0$ 和 $\bar{D}$ 为未知的正常数，$\varphi_0(\boldsymbol{q},\dot{\boldsymbol{q}})$ 为可得到的标量函数，且当 $\boldsymbol{q}$、$\dot{\boldsymbol{q}}$ 有界时，$\varphi_0(\boldsymbol{q},\dot{\boldsymbol{q}})$ 也有界。

假设 3：矩阵 $\dfrac{\boldsymbol{D}^{-1}\boldsymbol{\rho}+(\boldsymbol{D}^{-1}\boldsymbol{\rho})^{\mathrm{T}}}{2}$ 是对称正定的[5]。

说明：假设 1 和假设 2 的主要作用在前面已经讨论，其中外部干扰的有界性在鲁棒自适应控制器设计中为常见的假设；假设 3 中，$\boldsymbol{D}^{-1}\boldsymbol{\rho}$ 的条件在工业机器人中是可以得到满足的，这个条件能够确保存在一个正常数 $\lambda$ 满足

$$0<\lambda\leqslant\min\left\{\mathrm{eig}\left[\frac{\boldsymbol{D}^{-1}\boldsymbol{\rho}+\left(\boldsymbol{D}^{-1}\boldsymbol{\rho}\right)^{\mathrm{T}}}{2}\right]\right\} \tag{4-47}$$

由于矩阵 $\boldsymbol{D}^{-1}\boldsymbol{\rho}$ 是未知时变的，$\lambda$ 只能是理论上存在，但无法获取。因此在控制器设计过程中，我们只运用了 $\lambda$ 存在的现实。

## 2. 控制器设计与分析

由于机器人系统为二阶非线性函数，定义滤波误差 $\boldsymbol{\varepsilon}$ 为

$$\boldsymbol{\varepsilon}=\dot{\boldsymbol{e}}+l\boldsymbol{e} \tag{4-48}$$

式中，$\boldsymbol{e}=\boldsymbol{q}-\boldsymbol{y}_d$ 为跟踪误差，$l>0$ 为一个正常数，从而 $\boldsymbol{\varepsilon}$ 的有界性能够确保 $\dot{\boldsymbol{e}}$ 和 $\boldsymbol{e}$ 的有界性。对 $\boldsymbol{\varepsilon}$ 求导可以得到

$$\begin{aligned}\dot{\boldsymbol{\varepsilon}}&=\ddot{\boldsymbol{e}}+l\dot{\boldsymbol{e}}=\boldsymbol{D}^{-1}(\boldsymbol{q})\boldsymbol{u}_a-\boldsymbol{D}^{-1}(\boldsymbol{q})\boldsymbol{H}(\boldsymbol{q},\dot{\boldsymbol{q}})-\boldsymbol{D}^{-1}(\boldsymbol{q})\boldsymbol{G}(\boldsymbol{q})+\boldsymbol{d}(\boldsymbol{q},\dot{\boldsymbol{q}},t)-\ddot{\boldsymbol{y}}_d+l\dot{\boldsymbol{e}}\\&=\boldsymbol{D}^{-1}\boldsymbol{\rho}\boldsymbol{u}+\boldsymbol{D}^{-1}(\boldsymbol{q})\boldsymbol{\varepsilon}-\boldsymbol{D}^{-1}(\boldsymbol{q})\boldsymbol{H}(\boldsymbol{q},\dot{\boldsymbol{q}})-\boldsymbol{D}^{-1}(\boldsymbol{q})\boldsymbol{G}(\boldsymbol{q})+\boldsymbol{d}(\boldsymbol{q},\dot{\boldsymbol{q}},t)+\ddot{\boldsymbol{y}}_d+l\dot{\boldsymbol{e}}\\&=\boldsymbol{D}^{-1}\boldsymbol{\rho}\boldsymbol{u}+\boldsymbol{J}(\cdot)\end{aligned}$$

式中，$\boldsymbol{J}(\times)=\boldsymbol{D}^{-1}(\boldsymbol{q})\boldsymbol{\varepsilon}-\boldsymbol{D}^{-1}(\boldsymbol{q})\boldsymbol{H}(\boldsymbol{q},\dot{\boldsymbol{q}})-\boldsymbol{D}^{-1}(\boldsymbol{q})\boldsymbol{G}(\boldsymbol{q})+\boldsymbol{d}(\boldsymbol{q},\dot{\boldsymbol{q}},t)-\ddot{\boldsymbol{y}}_d+l\dot{\boldsymbol{e}}$。根据假设 1 和假设 2，$\boldsymbol{J}(\cdot)$ 能够限制为

$$\begin{aligned}\|\boldsymbol{J}(\cdot)\|&\leqslant\|\boldsymbol{D}^{-1}\|\|\boldsymbol{\varepsilon}\|-\|\boldsymbol{D}^{-1}\|\|\boldsymbol{H}(\boldsymbol{q},\dot{\boldsymbol{q}})+\boldsymbol{G}(\boldsymbol{q})\|+\|\boldsymbol{d}(\cdot)\|+\|\ddot{\boldsymbol{y}}_d\|+l\|\dot{\boldsymbol{e}}\|\\&\leqslant\bar{D}d_\varepsilon+a_0\bar{D}\varphi_0(\cdot)+\bar{d}+\bar{y}+l\|\dot{\boldsymbol{e}}\|\leqslant a\varphi(\cdot)\end{aligned}$$

其中，

$$a=\max\left\{\bar{D}d_e,a_0\bar{D},\bar{d},\bar{y},l\right\} \tag{4-49}$$

$$\varphi(\cdot)=\varphi_0(\cdot)+\|\dot{\boldsymbol{e}}\|+3 \tag{4-50}$$

所设计的控制器为

$$\begin{cases}\boldsymbol{u}=-k\boldsymbol{\varepsilon}-\dfrac{\hat{a}\left(\varphi(\cdot)\right)^2\boldsymbol{\varepsilon}}{\|\boldsymbol{\varepsilon}\|\varphi(\cdot)+\vartheta}\\[2ex]\dot{\hat{a}}=-\sigma_0\hat{a}+\sigma_1\dfrac{\left(\|\boldsymbol{\varepsilon}\|\varphi(\cdot)\right)^2}{\|\boldsymbol{\varepsilon}\|\varphi(\cdot)+\vartheta},\hat{a}(0)\geqslant 0\end{cases} \tag{4-51}$$

式中，$k>0$、$\vartheta>0$、$\sigma_0>0$ 和 $\sigma_1>0$ 为控制器设计参数。

**定理** 4.2 考虑受外部干扰的机器人系统，在假设 1、假设 2 和假设 3 的条件下，控制器由式(4-51)决定，对于任意给定的初始条件，使得跟踪误差 $\boldsymbol{e}$ 渐近趋近于零，且保证闭环系统的所有信号有界。

证明：选择 Lyapunov 函数 $V=\dfrac{1}{2}\boldsymbol{\varepsilon}^{\mathrm{T}}\boldsymbol{\varepsilon}+\dfrac{1}{2\lambda\sigma_1}(a-\lambda\hat{a})^2$，从而有

$$\begin{aligned}\dot{V}&=\boldsymbol{\varepsilon}^{\mathrm{T}}\dot{\varepsilon}-\frac{1}{\sigma_1}\tilde{a}\dot{\hat{a}}=\boldsymbol{\varepsilon}^{\mathrm{T}}\boldsymbol{J}(\cdot)+\boldsymbol{\varepsilon}^{\mathrm{T}}\boldsymbol{D}^{-1}\boldsymbol{\rho}\tau-\frac{1}{\sigma_1}\tilde{a}\dot{\hat{a}}\\&\leqslant a\varphi(\cdot)\|\boldsymbol{\varepsilon}\|-k\boldsymbol{\varepsilon}^{\mathrm{T}}\boldsymbol{D}^{-1}\boldsymbol{\rho\varepsilon}-\frac{\hat{a}(\varphi(\cdot))^2\boldsymbol{\varepsilon}^{\mathrm{T}}\boldsymbol{D}^{-1}\boldsymbol{\rho\varepsilon}}{\|\boldsymbol{\varepsilon}\|\varphi(\cdot)+\vartheta}-\frac{1}{\sigma_1}\tilde{a}\dot{\hat{a}}\end{aligned}\tag{4-52}$$

由于 $\boldsymbol{D}^{-1}\boldsymbol{\rho}=\dfrac{\boldsymbol{D}^{-1}\boldsymbol{\rho}+\left(\boldsymbol{D}^{-1}\boldsymbol{\rho}\right)^{\mathrm{T}}}{2}+\dfrac{\boldsymbol{D}^{-1}\boldsymbol{\rho}-\left(\boldsymbol{D}^{-1}\boldsymbol{\rho}\right)^{\mathrm{T}}}{2}$，而且 $\dfrac{\boldsymbol{D}^{-1}\boldsymbol{\rho}-\left(\boldsymbol{D}^{-1}\boldsymbol{\rho}\right)^{\mathrm{T}}}{2}$ 为斜对称矩阵。则有

$$\begin{aligned}-\boldsymbol{\varepsilon}^{\mathrm{T}}\boldsymbol{D}^{-1}\boldsymbol{\rho\varepsilon}&=-\boldsymbol{\varepsilon}^{\mathrm{T}}\frac{\boldsymbol{D}^{-1}\boldsymbol{\rho}+\left(\boldsymbol{D}^{-1}\boldsymbol{\rho}\right)^{\mathrm{T}}}{\mathbf{2}}\boldsymbol{\varepsilon}-\boldsymbol{\varepsilon}^{\mathrm{T}}\frac{\boldsymbol{D}^{-1}\boldsymbol{\rho}-\left(\boldsymbol{D}^{-1}\boldsymbol{\rho}\right)^{\mathrm{T}}}{\mathbf{2}}\boldsymbol{\varepsilon}\\&=-\boldsymbol{\varepsilon}^{\mathrm{T}}\frac{\boldsymbol{D}^{-1}\boldsymbol{\rho}+\left(\boldsymbol{D}^{-1}\boldsymbol{\rho}\right)^{\mathrm{T}}}{\mathbf{2}}\boldsymbol{\varepsilon}\leqslant-\lambda\|\boldsymbol{\varepsilon}\|^2\end{aligned}$$

将上式代入式(4-52)中，可得

$$\begin{aligned}\dot{V}&\leqslant-k\lambda\|\boldsymbol{\varepsilon}\|^2+a\varphi(\cdot)\|\boldsymbol{\varepsilon}\|-\frac{\lambda\hat{a}\left(\|\boldsymbol{\varepsilon}\|\varphi(\cdot)\right)^2}{\|\boldsymbol{\varepsilon}\|\varphi(\cdot)+\vartheta}-\frac{1}{\sigma_1}\tilde{a}\dot{\hat{a}}\\&=-k\lambda\|\boldsymbol{\varepsilon}\|^2+(a-\lambda\hat{a})\frac{\left(\|\boldsymbol{\varepsilon}\|\varphi(\cdot)\right)^2}{\|\boldsymbol{\varepsilon}\|\varphi(\cdot)+\vartheta}-\frac{1}{\sigma_1}\tilde{a}\dot{\hat{a}}+\frac{a\varphi(\cdot)\|\boldsymbol{\varepsilon}\|\vartheta}{\|\boldsymbol{\varepsilon}\|\varphi(\cdot)+\vartheta}\end{aligned}$$

将 $\dot{\hat{a}}=-\sigma_0\hat{a}+\sigma_1\dfrac{\left(\|\boldsymbol{\varepsilon}\|\varphi(\cdot)\right)^2}{\|\boldsymbol{\varepsilon}\|\varphi(\cdot)+\vartheta}$ 代入上式，可得

$$\dot{V}\leqslant-k\lambda\|\boldsymbol{\varepsilon}\|^2+\frac{\sigma_0}{\sigma_1}\tilde{a}\hat{a}+\frac{a\vartheta\varphi(\cdot)\|\boldsymbol{\varepsilon}\|}{\|\boldsymbol{\varepsilon}\|\varphi(\cdot)+\vartheta}\tag{4-53}$$

由于 $\dfrac{\sigma_0}{\sigma_1}\tilde{a}\hat{a}\leqslant\dfrac{\sigma_0}{2\sigma_1\lambda}a^2-\dfrac{\sigma_0}{2\sigma_1\lambda}\tilde{a}^2$ 以及 $\dfrac{a\vartheta\varphi(\cdot)\|\boldsymbol{\varepsilon}\|}{\|\boldsymbol{\varepsilon}\|\varphi(\cdot)+\vartheta}\leqslant a\vartheta$，式(4-53)可以简化为

$$\dot{V}\leqslant-k\lambda\|\boldsymbol{\varepsilon}\|^2-\frac{\sigma_0}{2\sigma_1\lambda}\tilde{a}^2+\frac{\sigma_0}{2\sigma_1\lambda}a^2+a\vartheta\leqslant-\varUpsilon V+\varTheta\tag{4-54}$$

式中，$V$ 和 $\varTheta$ 分别定义为：$\varUpsilon=\min\{2k\lambda,\sigma_0\}$，$\varTheta=\dfrac{\sigma_0}{2\sigma_1\lambda}a^2+a\vartheta$。式(4-54)确保 $V$ 在有限时间内收敛到紧集范围 $\varOmega=\left\{V\,|\,|V|\leqslant\dfrac{\dfrac{\sigma_0}{2\sigma_1\lambda}a^2+a\vartheta+\mu}{\min\{2k\lambda,\sigma_0\}}\right\}$ 内，$\mu$ 为一个小的正常数。通过 Lyapunov 稳定性可知，所设计的鲁棒自适应容错控制器能够保证系统状态的渐近跟踪，且闭环系统内的所有信号都有界。

### 3. 典型 3 关节机器人控制设计

为了验证式(4-51)的有效性，选取一个 3 关节机器人作为仿真对象，该机器人的具体模型及相应的参数设置可参考本章参考文献[1]。

仿真中理想跟踪轨迹设置为 $\boldsymbol{y}_d=\left[\sin(t),2+\mathrm{e}^{-t},\sin(0.5\pi t)\right]^{\mathrm{T}}$，外部干扰项设置为

$\boldsymbol{d}(\boldsymbol{q},\dot{\boldsymbol{q}},t)=\left[\sin(q_1),\cos(q_2),\sin(q_1q_3)\right]^{\mathrm{T}}$ 。系统初始状态设置为 $\boldsymbol{q}(0)=[0,0,0]^{\mathrm{T}}$ ，$\dot{\boldsymbol{q}}(0)=[0,0,0]^{\mathrm{T}}$ ，$\hat{a}(0)=1$。仿真开始时系统正常运行，运行到某些位置时刻，执行器发生故障，故障率如图 4-15 所示，执行器不可控部分选定为 $\boldsymbol{\varepsilon}(t)=\left[0.2\cos(t),0.2\sin(t),0\right]^{\mathrm{T}}$。控制器采用式(4-51)，控制参数设定为 $\sigma_0=0.005$ ，$\sigma_1=0.1$ ，$k=50$ ，$\vartheta=0.1$ ，$\varphi_0(\boldsymbol{q},\dot{\boldsymbol{q}})$ 可以选定为 $\varphi_0(\boldsymbol{q},\dot{\boldsymbol{q}})=\|\boldsymbol{q}\|\|\dot{\boldsymbol{q}}\|+\|\boldsymbol{q}\|+\|\dot{\boldsymbol{q}}\|+1$。机械臂转角跟踪过程以及跟踪误差如图 4-16 所示，从中可以看到所设计的 PID 控制器确实能够实现高精度的跟踪。同时，控制器信号和参数估计值分别如图 4-17 和图 4-18 所示。

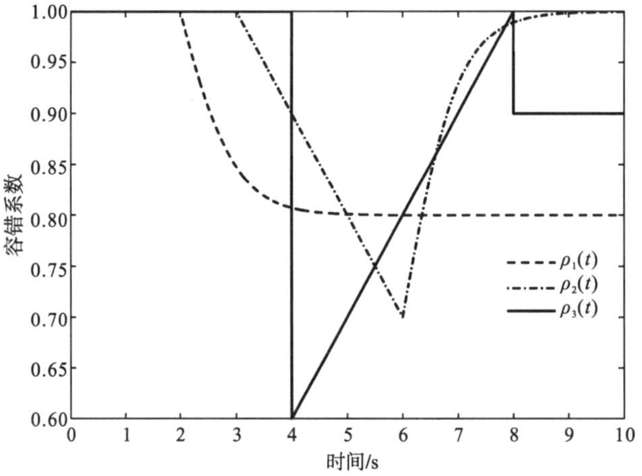


图 4-15　执行器故障率

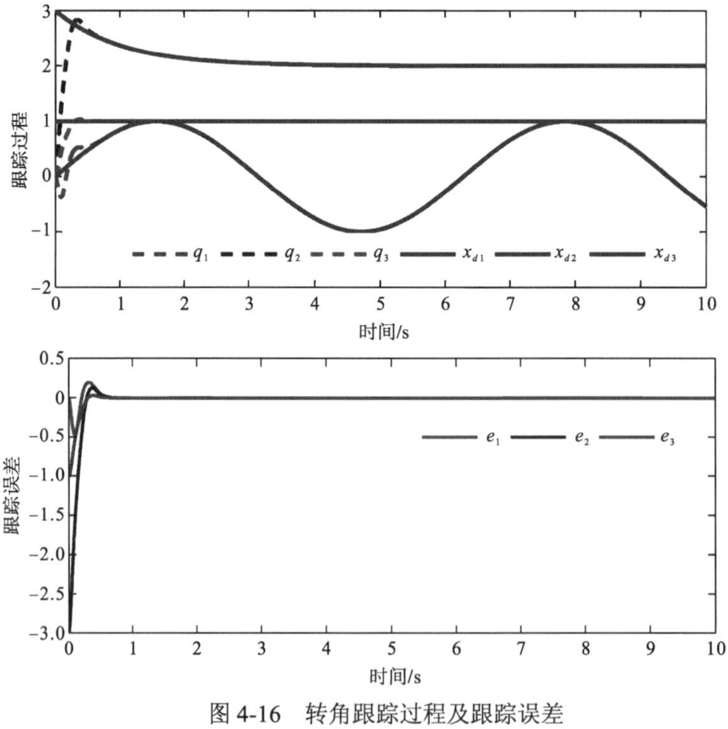


图 4-16　转角跟踪过程及跟踪误差

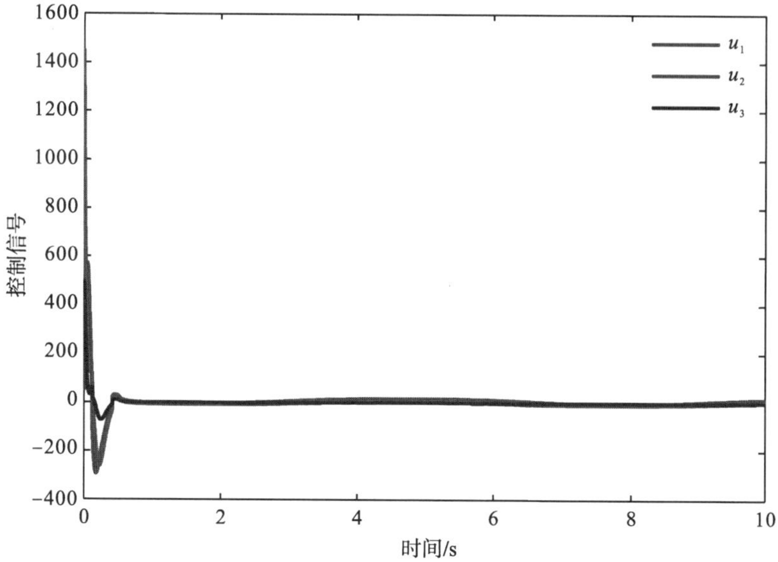


图 4-17　控制输入信号

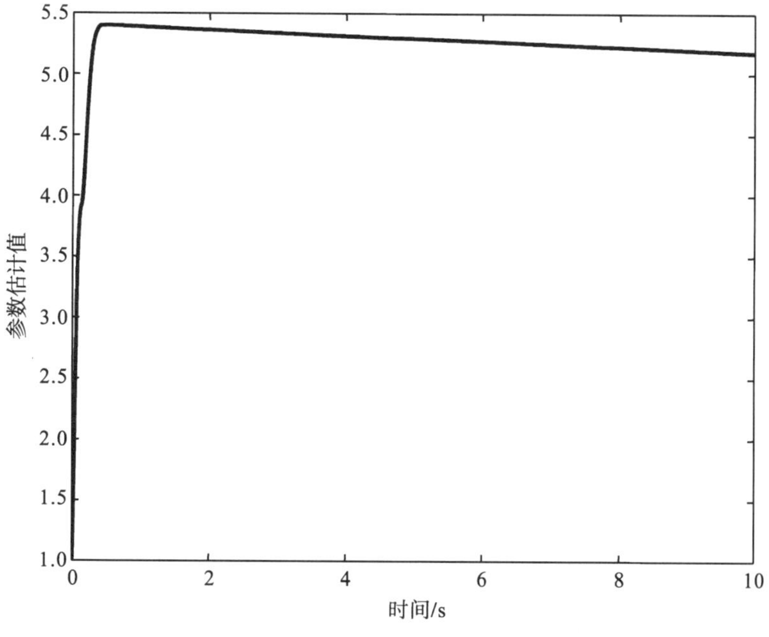


图 4-18　估计参数 $\hat{a}$ 更新过程

综上所述，自适应容错控制方法能够解决模型不确定性、外界干扰和执行器故障的非线性系统控制问题，其算法不依赖于故障信息，不需要故障的准确信息，如故障尺寸和故障发生的时间。因此，这种方法具有设计简单、实用性强的优点。同时，其具有自动补偿建模不确定性、避免外界干扰及解决执行器故障的能力，且一旦系统运行就不需要设计者的介入。这对于执行器故障和载荷不平衡情况下的工业机器人控制具有一定的参考价值。

### 4.3.3 具有输入非线性的神经网络控制

神经网络在控制系统中的应用提高了整个系统的信息系统处理能力和自适应能力，提高了系统的智能水平。此外，神经网络具有逼近任意连续有界非线性函数的能力，对于具有非线性和不确定性的机器人系统，无疑是一种解决其控制问题的有效途径[6, 7]。

同时，机器人执行器在长期的使用过程中，由于机械磨损等，经常会出现非线性特性，常见的有死区特性和饱和特性。这些非线性特性，如果不加以考虑，不仅会使机器人的性能大幅降低，还会造成安全隐患。因此，在针对机器人设计控制器时，有必要考虑执行器的非线性特性，从而保证机器人能够有效工作。

1. 问题描述

考虑一类存在执行器故障和外界干扰的机器人系统，其动态方程为

$$\ddot{\boldsymbol{q}}=\boldsymbol{D}^{-1}(\boldsymbol{q})\boldsymbol{u}_a-\boldsymbol{D}^{-1}(\boldsymbol{q})\boldsymbol{H}(\boldsymbol{q},\dot{\boldsymbol{q}})-\boldsymbol{D}^{-1}(\boldsymbol{q})\boldsymbol{G}(\boldsymbol{q}) \tag{4-55}$$

式中，$\boldsymbol{u}_a\in\mathbf{R}^{n\times 1}$ 是实际的控制输入，其余符号变量如前所述。设定控制目标为：设计一个控制策略，即使在执行器遭受非线性(饱和和死区)特性时，使得 $\boldsymbol{q}$ 渐近跟踪给定的参考信号 $y_d$，且保证闭环系统的所有信号有界。

当执行器呈现死区或者饱和特性时，系统的实际控制输入 $u_a(t)$ 与所设计控制输入 $u(t)$ 不再保持一致，而是具有如下关系[8]。

饱和特性(图 4-19)：

$$u_a(t)=\begin{cases}\overline{u}, & u(t)>\overline{u}\\ u(t), & \underline{u}\leqslant u(t)\leqslant\overline{u}\\ \underline{u}, & u(t)<\underline{u}\end{cases} \tag{4-56}$$

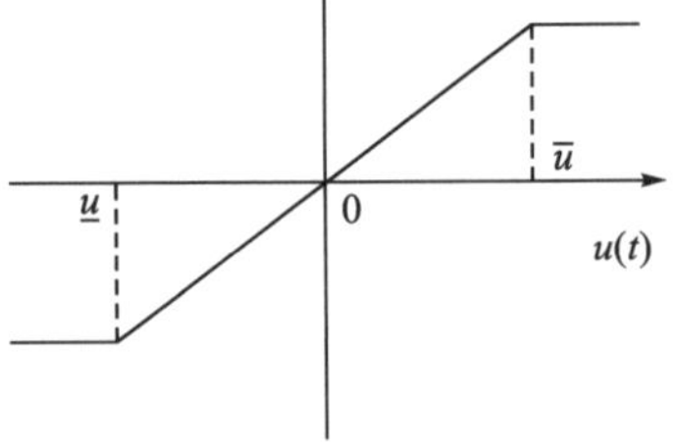


图 4-19 饱和特性

死区特性(图 4-20)：

$$u_a(t)=\begin{cases}\mu_1\left(u(t)-u_{\max}\right), & u(t)>u_{\max}\\ 0, & u_{\min}\leqslant u(t)\leqslant u_{\max}\\ \mu_2\left(u(t)+u_{\min}\right), & u(t)<u_{\min}\end{cases} \tag{4-57}$$

式中，$\overline{u}>0,u_{\max}>0,\underline{u}<0,u_{\min}<0$ 是未知断点，$u(t)$ 为设计的控制器，$\mu_1(t)$ 和 $\mu_2(t)$ 为描述死区的未知非线性函数。当 $\overline{u}=\underline{u}$ 时，饱和特性可以表示为 $u_a(t)=\mathrm{sat}(u(t))$。考虑在实际情况下，断点是一个慢时变的过程，因此可假设 $\overline{u}$、$u_{\max}$、$\underline{u}$ 和 $u_{\min}$ 为常数。

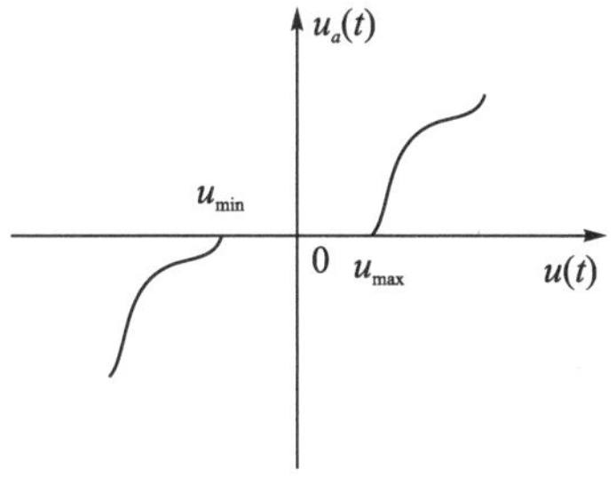


图 4-20　死区特性

当机器人驱动器同时具有饱和特性和死区特性时，驱动器的输入输出关系为

$$u_a(t)=\begin{cases}\overline{u}, & u(t)>\overline{u}\\ v_1(u(t)-u_{\max}), & u(t)>u_{\max}\\ 0, & u_{\min}\leqslant u(t)\leqslant u_{\max}\\ v_2(u(t)+u_{\min}), & u(t)<u_{\min}\\ \underline{u}, & u(t)<\underline{u}\end{cases} \tag{4-58}$$

式中，$\overline{u}>u_{\max}>0$，$\underline{u}>u_{\min}<0$，$v_1(t)$ 和 $v_2(t)$ 为连续的非线性函数。通过式(4-58)可以得到实际的控制输入 $u_a(t)$，且保持在 $(\underline{u},\overline{u})$ 范围内(图 4-21)。

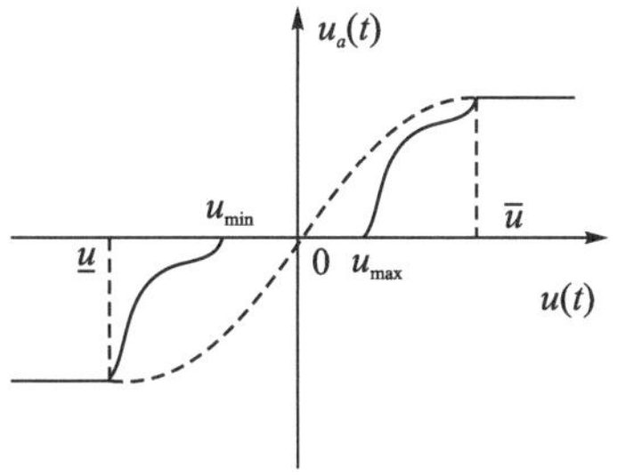


图 4-21　具体饱和特性和死区特性的执行器输入输出关系

通常根据实际的工况环境进行控制器设计时，只会考虑比较典型的非线性特性，而不会集中考虑几种，从而降低了控制的设计要求。为了解决这个问题，需要借助以下近似方程

$$u_a(t)=\Gamma(u(t))+\epsilon(u(t)) \tag{4-59}$$

式中，$\Gamma(u(t))$ 定义为如下光滑函数：

$$\Gamma\left(u(t)\right)=\frac{\overline{u}\mathrm{e}^{\iota u_a}+\underline{u}\mathrm{e}^{-\iota u_a}}{\mathrm{e}^{\iota u_a}+\mathrm{e}^{-\iota u_a}} \tag{4-60}$$

式中，$\iota>0$ 为设计参数；$\epsilon\left(u(t)\right)$ 为近似误差且满足

$$\left|\epsilon\left(u(t)\right)\right|=\left|u_a(t)-\Gamma\left(u(t)\right)\right|\leqslant\overline{\epsilon} \tag{4-61}$$

式中，$\overline{\epsilon}\geqslant 0$ 为未知有界常数。应当注意的是，选取不同的参数 $\iota,\Gamma(\cdot)$ 对 $u_a(t)$ 的近似效果不同。通过引入近似函数 $\Gamma(\cdot)$，可以将执行连续的非线性特性近似为光滑的非线性特性，从而为控制器设计提供理论支撑。

由于机器人系统为多输入多输出系统，当每个执行器表现出饱和特性和死区特性时，则有

$$u_{ai}(t)=\Gamma_i\left(u_i(t)\right)+\epsilon_i\left(u_i(t)\right) \tag{4-62}$$

因为 $\Gamma_i\left(u_i(t)\right)$ 为光滑函数，则通过中值定理可得

$$\Gamma_i\left(u_i(t)\right)=\Gamma_i(0)+\Gamma_i(\zeta_i)u_i(t) \tag{4-63}$$

式中，$\zeta_i\in\left(0,u_i(t)\right)$ 为未知时变参数，$\Gamma_i(0)=0.5(\overline{u}_i+\underline{u}_i)$ 为常值。基于式(4-62)和式(4-63)，通过定义跟踪误差 $\boldsymbol{e}=\boldsymbol{q}-\boldsymbol{y_d}$ 和滤波误差 $\boldsymbol{\varepsilon}=\dot{\boldsymbol{e}}+l\boldsymbol{e}(l>0)$，根据本章前述的推导可直接得

$$\begin{aligned}\dot{\boldsymbol{\varepsilon}}&=\boldsymbol{D}^{-1}(\boldsymbol{q})\boldsymbol{u_a}-\boldsymbol{D}^{-1}(\boldsymbol{q})\boldsymbol{H}(\boldsymbol{q},\dot{\boldsymbol{q}})-\boldsymbol{D}^{-1}(\boldsymbol{q})\boldsymbol{G}(\boldsymbol{q})+\boldsymbol{d}(\boldsymbol{q},\dot{\boldsymbol{q}},t)-\ddot{\boldsymbol{y}}_{\boldsymbol{d}}+\boldsymbol{l}\\&=\boldsymbol{D}^{-1}\boldsymbol{\Gamma}(\boldsymbol{\zeta})\boldsymbol{u}+\boldsymbol{J}(\cdot)\end{aligned}$$

其中，$\boldsymbol{\Gamma}(\zeta)=\mathrm{diag}\left\{\Gamma_i(\zeta_i)\right\}$ 为未知对角矩阵，$\boldsymbol{\Gamma}(0)=\left[\Gamma_1(0),\Gamma_2(0),\cdots,\Gamma_n(0)\right]^{\mathrm{T}}$ 为常值矩阵，$\boldsymbol{J}(\cdot)=\boldsymbol{D}^{-1}(\boldsymbol{q})\varepsilon-\boldsymbol{D}^{-1}(\boldsymbol{q})\boldsymbol{H}(\boldsymbol{q},\dot{\boldsymbol{q}})-\boldsymbol{D}^{-1}(\boldsymbol{q})\boldsymbol{G}(\boldsymbol{q})+\boldsymbol{d}(\boldsymbol{q},\dot{\boldsymbol{q}},t)-\ddot{\boldsymbol{y}}_d+\boldsymbol{l}\dot{\boldsymbol{e}}$ 为非线性向量。

针对执行器具有非线性特性的情况，为设计出有效方案，做以下假设。

假设 1：$\boldsymbol{q}$ 和 $\dot{\boldsymbol{q}}$ 已知。理想轨迹 $\boldsymbol{y_d}=\left[y_{d1},y_{d2},\cdots,y_{dn}\right]^{\mathrm{T}}$ 是已知的，且具有有界的二次时间导数，即 $\|\ddot{\boldsymbol{y}}_{\boldsymbol{d}}\|\leqslant\boldsymbol{y}_d,\boldsymbol{y}_d\geqslant 0$ 为有界常数，同时外部干扰也是有界的，即 $\|\boldsymbol{d}(\cdot)\|\leqslant\overline{d},\overline{d}\geqslant 0$ 为有界未知常数。

假设 2：矩阵 $\dfrac{\boldsymbol{D}^{-1}\boldsymbol{\Gamma}+\left(\boldsymbol{D}^{-1}\boldsymbol{\Gamma}\right)^{\mathrm{T}}}{2}$ 是对称正定的。

说明：假设 1 的主要作用在前面的内容中已经讨论；假设 2 能够确保存在一个未知的正常数 $\lambda$ 满足

$$0<\lambda\leqslant\min\left\{\mathrm{eig}\left\{\frac{\boldsymbol{D}^{-1}\boldsymbol{\Gamma}+\left(\boldsymbol{D}^{-1}\boldsymbol{\Gamma}\right)^{\mathrm{T}}}{2}\right\}\right\} \tag{4-64}$$

由于矩阵 $\boldsymbol{D}^{-1}\boldsymbol{\Gamma}$ 是未知时变的，$\lambda$ 只能是理论上存在，但很难获取。因此在控制器设计和稳定性分析中只能运用 λ 存在的现实。

基于假设 1 和假设 2，本章将用神经网络处理未知非线性集中项 $J(\cdot)$，即有

$$\boldsymbol{J}(\cdot)=\boldsymbol{W}^{*\mathrm{T}}\phi(z)+\varsigma(z) \tag{4-65}$$

式中，$\boldsymbol{z}=\left[\boldsymbol{q}^{\mathrm{T}},\boldsymbol{y}_d^{\mathrm{T}},\dot{\boldsymbol{y}}_d^{\mathrm{T}}\right]^{\mathrm{T}}\in\mathbf{R}^{3n}$ 为神经网络输入，$\boldsymbol{W}^*\in\mathbf{R}^{n\times m}$ 为神经网络的未知理想权值矩阵，

$\phi(\cdot)\in\mathbf{R}^{m\times1}$ 为神经元函数，$\varsigma(\cdot)\in\mathbf{R}^{m\times1}$ 为近似误差。根据神经网络近似理论，神经网络输入 $z$ 因保持在一个紧集范围内，即存在集合 $\boldsymbol{z}\in\boldsymbol{Z}\subset\mathbf{R}^{3n}$，且 $\boldsymbol{W}^*$ 和 $\varsigma(\cdot)$ 应满足

$$\left\|\varsigma(\cdot)\right\|\leqslant\bar{\varsigma} \tag{4-66}$$

$$\boldsymbol{W}^*=\arg\min_{W\in\mathbf{R}^{n\times m}}\sup\left\{\left\|\boldsymbol{W}^{\mathrm{T}}\phi(\cdot)-\boldsymbol{J}(\cdot)\right\|\right\} \tag{4-67}$$

神经元函数 $\phi(\cdot)$ 可选取高斯函数，即有

$$\phi_i(z)=\exp\left(-\frac{\left(\boldsymbol{z}-\boldsymbol{o}_i\right)^{\mathrm{T}}\left(\boldsymbol{z}-\boldsymbol{o}_i\right)}{\pi_i}\right) \tag{4-68}$$

式中，$\boldsymbol{o}_i=\left[o_{i,1},o_{i,2},\cdots,o_{i,3n}\right]$ 代表神经元中心，$\pi_i$ 代表神经元的宽度。基于式(4-65)，可以得到

$$J(\cdot)=\left\|\boldsymbol{W}^{*\mathrm{T}}\phi(z)+\varsigma(z)\right\|\leqslant a\varphi(\cdot) \tag{4-69}$$

其中

$$a=\max\left\{\left\|\boldsymbol{W}^*\right\|,\left\|\varsigma(z)\right\|\right\} \tag{4-70}$$

$$\varphi(\cdot)=\left\|\phi(z)\right\|+1 \tag{4-71}$$

### 2. 控制器设计与分析

基于假设 1 和假设 2，所设计的神经网络控制器为

$$\begin{cases}\boldsymbol{u}=-k\boldsymbol{\varepsilon}-\dfrac{\hat{a}\left(\varphi(\cdot)\right)^2\boldsymbol{\varepsilon}}{\left\|\boldsymbol{\varepsilon}\right\|\varphi(\cdot)+\vartheta}\\ \dot{\hat{a}}=-\sigma_0\hat{a}+\sigma_1\dfrac{\left(\left\|\boldsymbol{\varepsilon}\right\|\varphi(\cdot)\right)^2}{\left\|\boldsymbol{\varepsilon}\right\|\varphi(\cdot\leqslant)+\vartheta},\hat{a}(0)\geqslant0\end{cases} \tag{4-72}$$

式中，$k>0$、$\vartheta>0$、$\sigma_0>0$ 和 $\sigma_1>0$ 为控制器设计参数。

**定理 4.3**　考虑受外部干扰的机器人系统，在假设 1 和假设 2 的条件下，控制器由式(4-72)决定，对于给定的有界初始条件，使得跟踪误差 $e$ 渐近收敛到一个有界的范围内，且保证闭环系统的所有信号有界。

本节分别介绍了针对工业机器人的 PI/PID 控制策略，鲁棒自适应容错控制方法以及考虑输入非线性的神经网络控制方法。需要指明的是，PI/PID、鲁棒自适应方法以及神经网络控制方法之间并没有排他性，三者可以互相结合进行控制器设计，能够保存各自的优点。有兴趣的读者可以试着去设计基于神经网络的 PI/PID 控制器或者用 PI/PID 控制器去解决容错问题、输入非线性问题等。

## 思考题与练习题

1. 工业机器人可以分为哪几种基本形式，各有什么优缺点？
2. 什么是自由度？它和机器人的性能有何联系？

3. 机器人的工作时间安排需要综合考虑哪些因素？

4. 运动循环一般包括哪几个过程？

5. 工业机器人的机械结构可以分为哪几个主要部分？

6. 什么是精度？什么是分辨率？它们之间有何联系？

7. 建立机器人动力学方程的方法有哪些？有何区别？

8. 请用牛顿-欧拉方程建立平面 PR 机器人(图 4-10)的动力学方程。

9. 请用拉格朗日法建立两杆平面机器人(图 4-9)的动力学方程。

10. 简析 PI/PID 控制方法的优缺点。

11. 请对单输入单输出(SISO)非线性系统 $\dot{x}=f(x)+g(x)u$ 设计 PID 控制器，其中 $f(x)$ 和 $g(x)$ 是未知标量函数，且 $g(x)>0$。

12. 主动容错和被动容错有何区别？

13. 请用 Lyapunov 方法证明定理 4.3 的有效性，并分析跟踪误差的有关因素。

14. 3 关节机器人(参数设置请见参考文献[1])的三个执行器都具有如下非线性特性

$$u_a(t)=\begin{cases}3, & u(t)>3\\ u(t)-0.5, & u(t)>0.5\\ 0, & -0.35\leqslant u(t)\leqslant 0.5\\ u(t)+0.35, & u(t)<-0.35\\ -3.5, & u(t)<-3.5\end{cases}$$

理想跟踪轨迹设置为 $\boldsymbol{y}_d=\left[\sin(t),2+\mathrm{e}^{-t},\sin(0.5\pi t)\right]^{\mathrm{T}}$，系统初始状态设置为 $\boldsymbol{q}(0)=[0,0,0]^{\mathrm{T}}$，$\dot{\boldsymbol{q}}(0)=[0,0,0]^{\mathrm{T}}$，$\hat{a}(0)=1$，请在 MATLAB 软件中对神经网络控制器式(4-72)进行仿真验证。

## 参考文献


[1] Xin X，Kaneda M. Swing-up control for a 3-DOF gymnastic robot with passive first joint：Design and analysis [J]. IEEE Transactions on Robotics，2007，23(6)：1277-1285.

[2] Chen G，Song Y D. Fault-tolerant output synchronisation control of multi-vehicle systems [J]. IET Control Theory and Applications，2014，8(8)：574-584.

[3] Song Y D，Huang X C，Wen C Y. Tracking control for a class of unknown nonsquare MIMO nonaffine systems：A deep-rooted information based robust adaptive approach [J]. IEEE Transactions on Automatic Control，2016，6(10)：3227-3233.

[4] Kabore P，Wang H. Design of fault diagnosis filters and fault-tolerant control for a class of nonlinear systems [J]. IEEE Transactions on Automatic Control，2001，46(11)：1805-1810.

[5] Song Y D，Huang X C，Wen C Y. Robust adaptive fault-tolerant PID Control of MIMO nonlinear systems with unknown control direction[J]. IEEE Transactions on Industrial Electronics，2017，64(6)：4876-4884.

[6] Song Y D，Huang X C，Jia Z J. Dealing with the issues crucially related to the functionality and reliability of NN-associated control for nonlinear uncertain systems[J]. IEEE Transactions on Neural Networks and Learning Systems，2016，99(1)：1-12.

[7] He W，Chen Y，Yin Z. Adaptive neural network control of an uncertain robot with full-state constraints [J]. IEEE Transactions on Cybernetics，2016，46(3)：620-629.

[8] Song Y D，Guo J，Huang X C. Smooth neuroadaptive PI tracking control of nonlinear systems with unknown and nonsmooth actuation characteristics[J]. IEEE Transactions on Neural Networks and Learning Systems，2016，28(9)：2183-2195.

# 第5章　工业机器人协同控制

随着传感器、通信、控制理论、人工智能等相关领域应用的不断拓展，机器人的应用水平正快速地提高，同时机器人的研究也将面临更大的挑战，需要完成的任务也日益艰巨。20 世纪 70 年代初期，有关多智能体系统的协调和通信交互问题成为一大热点。20 世纪 80 年代末，关于多机器人协调作业的研究刚刚起步，20 世纪 90 年代开始飞速发展，同时带动了对一些相关领域研究的探索。本章主要针对生活和工业中遇到的多机器人系统分布式控制设计进行研究。首先，介绍多机器人系统在现代社会中的应用背景及其存在的意义和发展趋势；其次，介绍多机器人系统分布式控制的研究现状，然后以轮式机器人协同一致性控制和编队-合围控制问题为例来阐述多机器人系统分布式控制的设计方法。

## 5.1　多机器人协同基本概念

### 5.1.1　多机器人协同的应用

随着机器人技术的发展及生产实践的需求，人们对机器人的需求不再限于单个机器人，研究人员对由多个机器人组成的系统越来越感兴趣。多机器人系统的研究已经成为机器人研究的一个重要方面，因为多机器人系统具有许多单机器人系统所没有的优点，如空间上的分布性、功能上的分布性、执行任务时的并行化、较强的容错能力以及更低的经济成本等。对于一些动态性强并且十分复杂的任务，单个机器人的开发比多机器人系统更为复杂昂贵，特别是对于有些工作，单个机器人无法完成。随着机器人生产线的出现及柔性机器人加工工厂的需要，多机器人系统进行自主作业变得更为实用和经济。关于多机器人系统协同控制的研究有重要的现实意义。目前，多机器人系统已被广泛应用于人类现代生活的各个方面：

(1) 危险环境。多机器人能够在人类无法工作的地方代替人类完成复杂的工作，如火山附近、丛林野外、深水海底等高危环境。

(2) 航天领域。探测机器人可用于行星探险，寻找新型资源，搬运稀有矿物，分析宇宙变化等。

(3) 民用及娱乐。机器人足球比赛可用于观赏[图 5-1(a)]，机器人玩具如 R2-D2 可用于娱乐。

(4) 协助军事行动。由大量的机器人组成一定队形执行巡逻、侦察、排雷、追踪等任务，如图 5-1(b) 所示，可以大大缩减士兵人数、减少人员伤亡。

(5)灾后救援。在地震、火灾之后，多个机器人可以寻找幸存者，并且能够更快速、更准确地进入被困区域。

(6)工农业生产。使用多机器人提高工业产品的质量，减少重复的农业体力劳动，在工农业发展中，高效、稳定的机器人将发挥越来越大的作用。图 5-1(c)所示为在电力生产中推广使用的巡检机器人。

(a) 机器人足球比赛

(b) 军用作战机器人

(c) 电力巡检机器人

图 5-1　多机器人协同的应用场景

### 5.1.2　多机器人协同控制结构

针对多机器人系统，传统的集中式控制结构(如图 5-2 所示)已经不再适用。由图 5-2 可以看出，传统的集中式控制结构需要有一个中心控制器(centralized control)需要有一个中心控制器(中央调控器)负责接收每一个传感器传递过来的信息，并将执行信息传达给每一个执行器，即整个控制系统的每个子系统都需要知道系统的整体信息，这将使计算量大幅度增加，系统发生故障的概率变大，并且一旦集中式控制器出现故障，将会使整个系统瘫痪，因此很难满足多个复杂机器人系统实现协调、稳定、高效运行的要求，促使人们寻求新的方法和方案对多机器人系统进行控制。

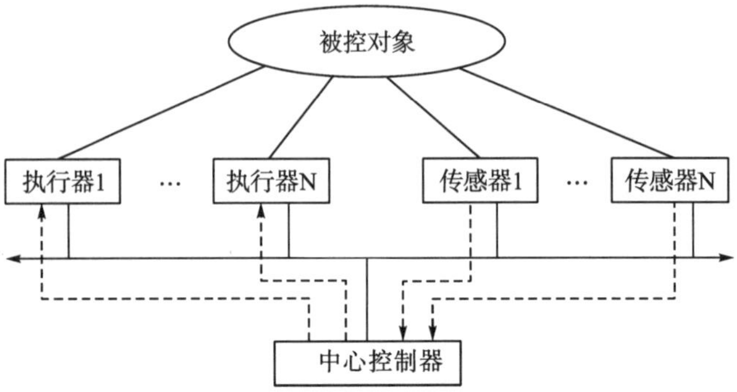


图 5-2 传统的集中式控制系统结构图

相较于集中式控制，分布式协同控制是指网络化系统中多个系统通过局部信息交换相互协同合作，根据目标要求改变自身状态，从而完成整体复杂任务。网络化多机器人系统是由多个机器人组成的系统，其中多个机器人之间存在局部网络通信。分布式控制系统的结构如图 5-3 所示。

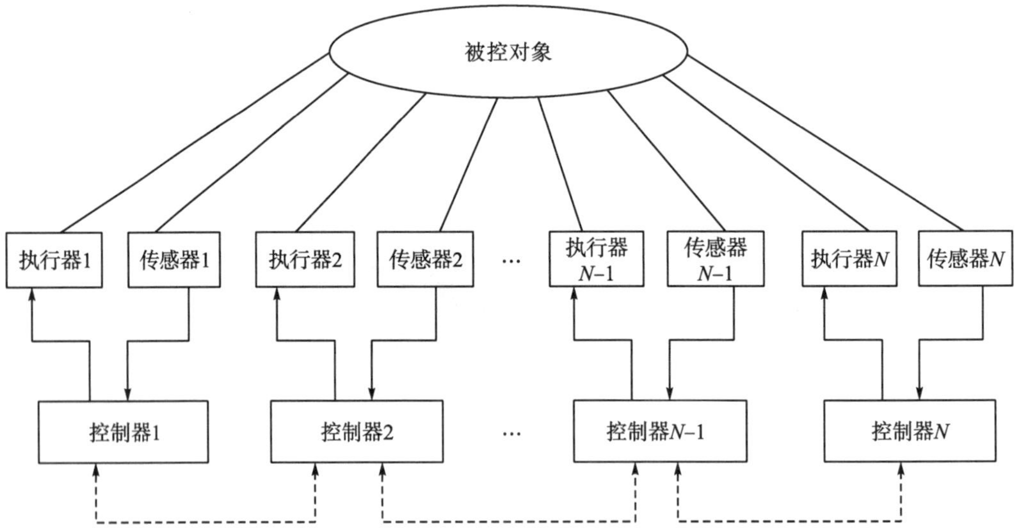


图 5-3 分布式控制系统结构图

网络化多机器人分布式系统的一个最大优势就是通过各个机器人之间的相互协作，将整个复杂任务由大变小，由复杂变简单，完成单个机器人无法胜任的任务，实现相对复杂的目标，从而使得多机器人系统的优势得到充分的发挥。除此之外，多机器人系统还具有如下显著优点[1]：

(1) 有效降低成本。多机器人系统可取代传统的人工操作系统，因此可以有效降低生产成本，且安全性也大幅度提高。

(2) 提高容错能力。多机器人系统中某一个机器人出现故障，不会影响整个系统的运行。

(3) 增强灵活性。多机器人系统可以通过改变多个机器人之间的局部网络通信结构，完成不同的任务，相较于单个机器人具有更高的灵活性。

综上所述，不同于传统的集中式控制方法，分布式协同控制方法旨在只有局部通信而没有中央调控条件下，各子系统通过局部耦合协调合作来达到整体共同目标，具有所用信息量少、协作性好、灵活性高和可扩展性强等诸多优点，因此可以规避传统的集中式控制的一系列不足，因此是网络化多机器人系统控制的理想选择。

### 5.1.3　多机器人协同的问题描述

根据上述描述，多机器人协同可以分为三种场景：

(1) 机器人为固定基座结构，安装操作手臂，如焊接机器人和装配机器人。在应用中，需要对多台机器人的工作进行同步，达到手臂动作的一致。

(2) 机器人为任意移动平台，未安装操作手臂，如移动机器人。在应用中，需要对机器人的位置进行协同，形成一定的队形或编队。

(3) 机器人为任意移动平台，安装操作手臂或平台，如军用作战机器人。在应用中，需要多台机器人协同完成排雷、进攻、侦察等任务。此时，上层手臂或平台的动作与底层移动平台的运动互相影响，在控制时必须考虑这些因素，与地面摩擦作用等合并视为未知扰动。此时的控制目标是，不仅多台机器人的位置需形成一定的编队队形，而且其各自的动作也要达到一致或同步。

此外，在多机器人的协同控制中，每个机器人能够获得的信息是有限的，而且由于通信能力的限制，它们往往只能与邻居交换信息，因此在协同控制下，需要特别解决这种以局部信息实现全局协同的难题。

我们注意到，针对以上介绍的多机器人协同的几种场景与条件限制，可以采用多智能体系统对多机器人系统进行建模，每个机器人可以看作一个智能体。因此，场景(1)中多机器人的同步问题，可以看成多智能体系统中的协同一致性控制问题；而场景(2)和场景(3)中多机器人的编队和协同问题，可以看成多智能体系统中的编队以及合围控制问题。

下面，我们将具体介绍如何利用多智能体系统分布式控制方法实现多机器人协同。

## 5.2　预 备 知 识

本节主要介绍分布式协同控制理论所用到的一些概念和相关定理，为后续内容奠定理论基础。下面分别介绍代数图论的有关知识和矩阵理论的相关内容，以及系统渐近稳定性和有限时间稳定性的相关定义、定理及性质。

### 5.2.1 图论基本概念

本章主要研究具有局部网络通信的多机器人系统的协调分布式控制行为，其中多机器人系统中各个机器人之间的网络通信关系可以由代数图论中有(无)向图中的节点以及有向边的关系完美地诠释出来。多机器人系统中各个机器人可视为一个个节点，各机器人之间的信息交互路径可由一条条有方向性的边表示，整个多机器人系统之间的网络通信关系可以映射为一张具有节点和边的图。本节主要介绍代数图论的相关内容，其主要内容来自参考文献[2]。图由若干顶点和连接两顶点的边构成，记为 $G=(V,E,A)$，其中 $\boldsymbol{V}=\{v_1,v_2,\cdots,v_N\}$ 表示节点集合，而 $\boldsymbol{E}\in(\boldsymbol{V}\times\boldsymbol{V})$ 是连接两顶点的边组成的集合，$\boldsymbol{A}=\left[a_{ij}\right]\in\mathbf{R}^{N\times N}$ 表示边权值的邻接矩阵。若连接两顶点之间的边是有向的，则图 $G$ 是有向图；否则，图 $G$ 是无向图。无向图是有向图的一种特例。有向边 $\varepsilon_{ij}=(v_i,v_j)$ 代表智能体 $j$ 可以获得智能体 $i$ 的信息，但智能体 $i$ 不一定可以获得智能体 $j$ 的信息，其中，$v_j$ 是母顶点，$v_i$ 是子顶点。如果 $\left(v_j,v_i\right)\in\boldsymbol{E}$，则称顶点 $j$ 是顶点 $i$ 的一个邻居，$N_i=\left\{v_j\in V\middle|\left(v_j,v_i\right)\in E\right\}$ 表示智能体 $i$ 的邻居集合。有向图的路径是由边 $(v_{i_1},v_{i_2}),(v_{i_2},v_{i_3}),\cdots$ 组成的有向序列，其中 $v_{i_k}\in\boldsymbol{V}$。对于邻接矩阵 $\boldsymbol{A}=\left[a_{ij}\right]\in\mathbf{R}^{N\times N}$，其中 $a_{ij}$ 表示边 $(v_j,v_i)$ 的权值，若 $(v_j,v_i)\in\boldsymbol{E}$，$a_{ij}>0$；否则，$a_{ij}=0$。本书假设单个顶点与自身没有连通性，即认为 $a_{ii}=0$。对于无向图，有 $a_{ij}=a_{ji}$，所以无向图的邻接矩阵 $\boldsymbol{A}$ 是实对称矩阵。对于任意一个顶点 $i$，其权值入度和权值出度分别定义为 $d_{\text{in}}(v_i)=\sum_{j=1}^{N}a_{ij}$ 和 $d_{\text{out}}(v_i)=\sum_{j=1}^{N}a_{ij}$。在有向图中，如果从节点 $v_i$ 到节点 $v_j$ 存在一条有向路径，即 $\left\{(v_i,v_k),(v_k,v_l),\cdots,(v_m,v_j)\right\}$，则称节点 $v_j$ 与节点 $v_i$ 连通。如果有向图内任意两个顶点之间都有路径连接，则称该有向图是强连通(strongly connected)图，如图 5-4(b)所示。而对于无向图，如果任意两个顶点之间都存在一条无向路径相连，则称该无向图是连通(connected)的，如图 5-4(a)所示。如果有向图中任意一个顶点的入度和出度相等，则称该有向图为平衡(balanced)图；所有无向图均是平衡图。如果图 $G$ 中除了一个顶点(称为根(root)节点)，其余每个顶点均有且仅有一个母顶点，并且如果对于除根顶点外的任意一个顶点，都存在一条有向路径从根顶点到该顶点，则称图 $G$ 为一个有向树(directed tree)。如果有向树含有图内所有节点，则构成了该图的一个有向生成树(directed spanning tree)，即图内的所有节点都可以通过有向路径从根节点得到信息，如图 5-4(c)所示。一个图内可以存在多条生成树，例如，图 5-4(b)所示的强连通图内每个节点都可以作为根节点，并且存在至少一条有向生成树。

基于以上不同类型图的介绍可以看出，有向连通图相较于无向连通图是比较弱的连通类型，可以大大降低实际系统中对传感器网络以及通信条件的要求，也更能符合实际多机器人系统中的网络通信连接关系，因此本书也主要致力于在有向通信拓扑条件下研究多机器人系统的分布式协同控制问题。

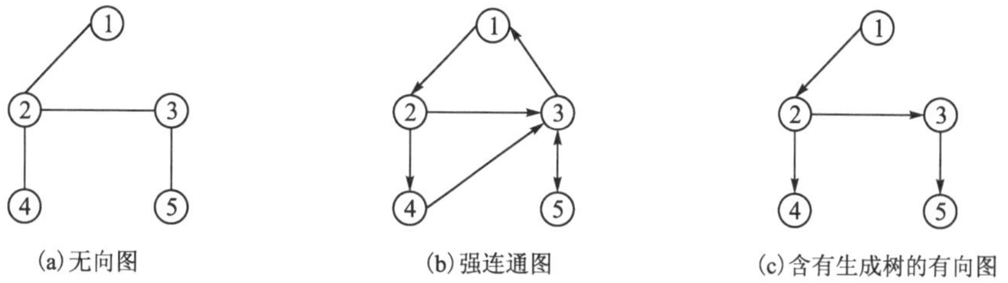


图 5-4　不同网络拓扑图

## 5.2.2　图论矩阵分析

**定义 5.1**[2]　有向图 $G$ 的拉普拉斯(Laplace)矩阵定义为 $\boldsymbol{L}=\boldsymbol{D}-\boldsymbol{A}$，其中 $\boldsymbol{D}=\text{diag}\{d_1,d_2,\cdots,d_N\}\in\mathbf{R}^{N\times N}$ 是权值入度矩阵，$\boldsymbol{A}$ 为邻接矩阵。

对于无向图，由于其邻接矩阵 $\boldsymbol{A}$ 对称，所以 $\boldsymbol{L}$ 也是对称的，直接称为拉普拉斯矩阵。但对于有向图，$\boldsymbol{L}$ 不一定是对称的，往往称为非对称拉普拉斯矩阵或有向拉普拉斯矩阵。

**定义 5.2**[3]　对于矩阵 $\boldsymbol{A}=\left[a_{ij}\right]\in\mathbf{R}^{N\times N}$，如果对任意 $i\neq j$，都有 $a_{ij}<0$，且其所有特征值均具有非负(正)实部，则称为奇异(非奇异)矩阵。

**引理 5.1**[4]　设 $\boldsymbol{L}\in\mathbf{R}^{N\times N}$ 是有向图(无向图) $G$ 的非对称拉普拉斯矩阵，则对于有向图(无向图) $G$，其对应的 $\boldsymbol{L}$ 至少有一个零特征值，并且其他非零特征值都具有正实部(是正实数)。$\boldsymbol{L}$ 仅有一个零特征值，且其他非零特征值都具有正实部(是正实数)，当且仅当图 $G$ 有一个有向生成树(是连通的)。另外，$\boldsymbol{L}1_N=0_N$，并且存在一个非负向量 $\boldsymbol{P}\in\mathbf{R}^N$ 使得 $\boldsymbol{P}^{\mathrm{T}}\boldsymbol{L}=0_{l\times N}$，其中 $\boldsymbol{P}^{\mathrm{T}}1_N=1$。

**引理 5.2**[2]　若图 $G$ 是无向图，则 $x^{\mathrm{T}}\boldsymbol{L}x=\dfrac{1}{2}\sum_{i=1}^{N}\sum_{j=1}^{N}a_{ij}\left(x_i-x_j\right)^2$ 成立。若图 $G$ 是无向连通图，则有 $\boldsymbol{L}x=0_N$ 或者 $x^{\mathrm{T}}\boldsymbol{L}x=0$，当且仅当 $x_i=x_j$（$i,j=1,2,\cdots,N$）。

**引理 5.3**[2]　设 $\boldsymbol{x}=\left[x_1^{\mathrm{T}},x_2^{\mathrm{T}},\cdots,x_N^{\mathrm{T}}\right]^{\mathrm{T}}$，其中 $x_i\in\mathbf{R}^M$，$\boldsymbol{L}\in\mathbf{R}^{N\times N}$ 是有向图 $G$ 的非对称拉普拉斯矩阵，则以下五个条件是相互等价的：

①有向图 $G$ 含有一个有向生成树；

② $\text{rank}\left(\boldsymbol{L}\right)=N-1$；

③ $\boldsymbol{L}$ 有且仅有一个 0 特征值，其几何重数和代数重数均为 1，且该特征值所对应的右特征向量为 $l_N$，其他非零特征值均具有负实部；

④ $\left(\boldsymbol{L}\otimes\boldsymbol{I}_M\right)x=0_{NM}$，当且仅当 $x_1=x_2=\cdots=x_N$；

⑤闭环系统 $\dot{x}=-\left(\boldsymbol{L}\otimes\boldsymbol{I}_M\right)x$ 达到渐近一致。特别对于任意初值 $x_i(0)$，$x_i(t)$ 渐近收敛到 $\sum_{i=1}^{N}p_ix_i(0)$，其中 $\boldsymbol{p}=\left[p_1,p_2,\cdots,p_N\right]^{\mathrm{T}}\in\mathbf{R}^N$ 是 $\boldsymbol{L}$ 的 0 特征值所对应的左特征向量，满足 $\sum_{i=1}^{N}p_i=1$（$p_i\geqslant 0$，$i=1,2,\cdots,N$）。

对于包含一个领导者和多个跟随者的多智能体系统，其中领导者是发布命令者，只发布信息但并不接收来自跟随者的信息，而只有部分跟随者可以接收来自领导者的信息，并且每个跟随者与其他跟随者协同合作，最后达到一致性跟踪，设领导者$v_0$和跟随者$v_i$之间的权重连接为$b_i$，若跟随者$v_i$和领导者$v_0$之间存在一条有向路径，则$b_i>0$，否则$b_i=0$。

**引理 5.4**[5] 设$\boldsymbol{B}=\mathrm{diag}\{b_1,b_2,\cdots,b_N\}$，设$\boldsymbol{L}\in\mathbf{R}^{N\times N}$是有向图$G$的非对称拉普拉斯矩阵。如果$G$含有一个有向生成树，则$\boldsymbol{L}+\boldsymbol{B}$是非奇异矩阵，且其所有特征值都有正实部。

对于包含多个领导者和多个跟随者的多智能体系统，若智能体至少存在一个邻居，则称该智能体是跟随者，否则该智能体是领导者[6]。假设该多智能体系统中存在$N$个跟随者和$M$个领导者。用含有$N+M$个顶点的有向图$G$表示该多智能体系统，其中每个顶点代表一个智能体。如果在有向图$G$中，每个跟随者至少和一个领导者之间存在一条有向路径，则有向图$G$含有一个联合生成树。在此种情况下，有向图$G$的拉普拉斯矩阵可以写为

$$\boldsymbol{L}=\begin{bmatrix}\boldsymbol{L}_1 & \boldsymbol{L}_2\\ 0 & 0\end{bmatrix} \tag{5-1}$$

式中，$\boldsymbol{L}_1\in\mathbf{R}^{N\times N}$，$\boldsymbol{L}_2\in\mathbf{R}^{N\times M}$。

**引理 5.5**[7] 若有向图$G$含有一个联合生成树，则$\boldsymbol{L}_1$是非奇异矩阵，并且所有$\boldsymbol{L}_1$特征值的实部均大于零。进一步，矩阵$-\boldsymbol{L}_1^{-1}\boldsymbol{L}_2$中所有元素都是非负的，且其每一行元素的和均为 1。

### 5.2.3 矩阵理论

**定义 5.3**[8] 对于$\boldsymbol{A}\in\mathbf{R}^{N\times N}$，如果其所有特征值均在左半开平面，则称$\boldsymbol{A}$是 Hurwitz 矩阵。

**定义 5.4**[9] 设$\boldsymbol{A}=\left[a_{ij}\right]\in\mathbf{R}^{m\times n}$，$\boldsymbol{B}=\left[b_{ij}\right]\in\mathbf{R}^{p\times q}$，则$\boldsymbol{A}$与$\boldsymbol{B}$的 Kronecker 积，也称直积，定义为

$$\boldsymbol{A}\otimes\boldsymbol{B}=\begin{bmatrix}a_{11}\boldsymbol{B} & a_{12}\boldsymbol{B} & \cdots & a_{1n}\boldsymbol{B}\\ a_{21}\boldsymbol{B} & a_{22}\boldsymbol{B} & \cdots & a_{2n}\boldsymbol{B}\\ \vdots & \vdots & & \vdots\\ a_{m1}\boldsymbol{B} & a_{m2}\boldsymbol{B} & \cdots & a_{mn}\boldsymbol{B}\end{bmatrix}\in\mathbf{R}^{mp\times nq} \tag{5-2}$$

**引理 5.6**[10, 11] Kronecker 积具有以下性质：

①$k(\boldsymbol{A}\otimes\boldsymbol{B})=(k\boldsymbol{A})\otimes\boldsymbol{B}=\boldsymbol{A}\otimes(k\boldsymbol{B})$；

②$\boldsymbol{A}\otimes(\boldsymbol{B}+\boldsymbol{C})=\boldsymbol{A}\otimes\boldsymbol{B}+\boldsymbol{A}\otimes\boldsymbol{C}$，$(\boldsymbol{B}+\boldsymbol{C})\otimes\boldsymbol{A}=\boldsymbol{B}\otimes\boldsymbol{A}+\boldsymbol{C}\otimes\boldsymbol{A}$；

③$(\boldsymbol{A}+\boldsymbol{B})\otimes(\boldsymbol{C}+\boldsymbol{D})=\boldsymbol{A}\otimes\boldsymbol{C}+\boldsymbol{A}\otimes\boldsymbol{D}+\boldsymbol{B}\otimes\boldsymbol{C}+\boldsymbol{B}\otimes\boldsymbol{D}$；

④$(\boldsymbol{A}\otimes\boldsymbol{B})\otimes\boldsymbol{C}=\boldsymbol{A}\otimes(\boldsymbol{B}\otimes\boldsymbol{C})=\boldsymbol{A}\otimes\boldsymbol{B}\otimes\boldsymbol{C}$；

⑤$(\boldsymbol{A}\otimes\boldsymbol{B})^{\mathrm{T}}=\boldsymbol{A}^{\mathrm{T}}\otimes\boldsymbol{B}^{\mathrm{T}}$；

⑥若矩阵$\boldsymbol{A}$、$\boldsymbol{B}$、$\boldsymbol{C}$和$\boldsymbol{D}$是维数合适的矩阵，则$(\boldsymbol{A}\otimes\boldsymbol{B})(\boldsymbol{C}\otimes\boldsymbol{D})=\boldsymbol{AC}\otimes\boldsymbol{BD}$。

### 5.2.4 有限时间稳定性理论

在系统有限时间控制研究中，有限时间稳定性理论起着主导作用，下面给出系统有限

时间稳定的定义以及系统有限时间稳定的条件。

**定义 5.5**[12]　考虑自治动力学系统：

$$\dot{x} = \boldsymbol{f}(\boldsymbol{x}) \qquad \boldsymbol{f}(\boldsymbol{0}) = \boldsymbol{0} \qquad x(\boldsymbol{0}) = x_0 \tag{5-3}$$

式中，$x \in \mathbf{R}^n$，$\boldsymbol{f}: \boldsymbol{D} \to \mathbf{R}^n$ 在 $x = 0$ 的一个开邻域 $\boldsymbol{D}$ 上连续。如果存在一个 $x = 0$ 的开邻域 $\boldsymbol{U} \subseteq \boldsymbol{D}$ 和一个函数 $T_x : \boldsymbol{U} / \{0\} \to (0, \infty)$，使得 $\forall x_0 \in \boldsymbol{U}$，系统的解 $\boldsymbol{s}_t(0, x_0)$ 有定义，并且对所有的 $t \in [0, T_x(x_0)]$，$\boldsymbol{s}_t(0, x_0) \in U / \{0\}$ 成立，以及 $\lim_{t \to T_x(x_0)} s_t(0, x_0) = 0$。则称 $T_x(x_0)$ 为稳定时间。如果系统的零解 Lyapunov 稳定并且有限时间收敛，则称其是有限时间稳定的。若 $U = D = \mathbf{R}^n$，则称该零解是整体有限时间稳定的。

**引理 5.7**[12]　假设存在一个连续函数 $V(x): \boldsymbol{D} \to \mathrm{R}$，满足条件：

①$\boldsymbol{V}(x)$ 是正定的；

②$\dot{\boldsymbol{V}}(x)$ 在 $\boldsymbol{D} / \{0\}$ 上连续且负定；

③存在实常数 $c > 0$ 和 $\alpha \in (0,1)$ 以及邻域 $\boldsymbol{U} \subset \boldsymbol{D}$，使得在 $\boldsymbol{U} / \{0\}$ 上，

$$\dot{V}(\boldsymbol{x}) \leqslant -cV(\boldsymbol{x})^{\alpha} \tag{5-4}$$

成立。则系统的平衡点是有限时间稳定平衡点，并且有限收敛时间满足

$$T(x_0) \leqslant \frac{1}{c(1-\alpha)} V(\boldsymbol{x}_0)^{1-\alpha} \tag{5-5}$$

**引理 5.8**[13]　假设存在一个连续函数 $V(x): \boldsymbol{D} \to \mathbf{R}$，满足条件：

①$\boldsymbol{V}(x)$ 是正定的；

②$\dot{\boldsymbol{V}}(x)$ 在 $\boldsymbol{D} / \{0\}$ 上连续且负定；

③存在实常数 $c > 0$，$0 < \alpha < 1$，$0 < \theta_0 < 1$，$0 < d < \infty$ 以及邻域 $\boldsymbol{U} \subset \boldsymbol{D}$，使得在 $\boldsymbol{U} / \{0\}$ 上，有下式成立：

$$\dot{V}(x) \leqslant -cV(x)^{\alpha} + d \tag{5-6}$$

则系统在有限时间内达到稳定，并且有限收敛时间满足

$$T(x_0) \leqslant \frac{V(x_0)^{1-\alpha}}{c\theta_0(1-\alpha)} \tag{5-7}$$

并且当 $t \geqslant T(x_0)$ 时，系统的状态轨迹收敛到一个紧集集合 $\Omega$ 内，其中

$$\Omega = \left\{ \boldsymbol{x} \middle| V(\boldsymbol{x}) \leqslant \left( \frac{d}{c(1-\theta_0)} \right)^{\frac{1}{\alpha}} \right\} \tag{5-8}$$

## 5.3　多机器人系统基本协同控制问题

Olfati-Saber 等[4]于 2004 年建立了研究协同控制问题的基本框架，协同一致性问题和协同编队控制问题是多机器人系统协同控制中两类最基本的问题。下面我们将分别针对此两类基本协同控制问题进行介绍。

### 5.3.1 多机器人系统协同一致性控制

协同一致性问题是多机器人协同控制中的一类基本问题。协同一致性问题，即通过设计各个机器人局部之间的作用方式，使得各机器人之前通过局部信息交换而不断调整自己的行为，从而所有机器人的状态随着时间推移达到某个一致值。例如，用一组机器人排成特定队形完成某个区域的地面扫雷工作，突然其中某个机器人的零件失灵导致其不能正常运行，其他几个机器人意识到这一突发状况，首先对这种情况达成共识(即一致性)，然后才能做出决定，调整队形，继续完成扫雷任务。所以，协同一致性问题是多机器人系统协同合作控制问题中的一类基本问题，十分有必要对其进行研究。目前，主要采用矩阵法、图论、Lyapunov 方法对协同一致性控制问题进行稳定性分析。

下面以单积分系统为例，对一致性协议进行分析。考虑如下动态系统：

$$\dot{x}_i(t)=u_i(t) \qquad (i=1,2,\cdots,n) \tag{5-9}$$

式中，$x_i(t)\in\mathbf{R}^m$ 是第 $i$ 个动态系统的的状态信息(状态信息用来表示智能体进行协调控制所需要的信息，可以是速度、位置、角度、决策量等信息)，$u_i(t), i=1,2,\cdots,n\in\mathbf{R}$ 是第 $i$ 个动态系统的的状态输入。

#### 1. 基于连续时间的一致性协议

Olfati-Saber 等[4]提出了一种基于连续时间的分布式一致性协议，协议如下：

$$\mu_i(t)=-\sum_{j=1}^{n}a_{ij}\left(x_i(t)-x_j(t)\right) \tag{5-10}$$

式中，$a_{ij}$ 是系统邻接矩阵 $\boldsymbol{A_G}\in n\times n$ 的第 $(i,j)$ 项元素。该协议只需通过邻域信息传递就可达到整个系统趋于一致。该协议可以用矩阵的形式表示：

$$\dot{\boldsymbol{x}}=-[\boldsymbol{L_n}\otimes\boldsymbol{I_m}]\boldsymbol{x} \tag{5-11}$$

式中，$\boldsymbol{x}=[x_1,x_2,\cdots,x_n]^{\mathrm{T}}$，$\boldsymbol{L_n}\in\mathbf{R}^{n\times n}$ 为系统的拉普拉斯矩阵，符号 $\otimes$ 为 Kronecker 积。在上述算法下，一阶动态系统动态达到一致的充分必要条件是当 $t\to\infty$ 时，$\left\|x_i(t)-x_j(t)\right\|\to 0,\quad i,j=1,2,\cdots,n$。

若系统拓扑结构为无向图，则系统逐渐收敛到所有动态系统初始值的平均值，即 $\lim\limits_{t\to\infty}x_i(t)=\dfrac{1}{n}\sum x_i(0)$。这种协议称为平均一致性协议，该协议在传感器网络信息融合等领域有广泛的应用。

#### 2. 基于切换拓扑一致性协议

在实际应用当中，系统的网络拓扑结构时常发生变化，通常将这种时变的拓扑结构称为切换拓扑结构。造成网络拓扑动态变化的原因有很多，如在机器人编队控制过程中，机器人位置发生了变化；在移动机器人进行通信过程中，由于网络的故障造成信息传递丢失。通常来说，基于切换拓扑结构的一致性协议能够很好地应对拓扑结构动态变化的要求，使最后状态趋于一致。

$\varpi$ 表示所有可能的切换拓扑结构，$\sigma:[0,+\infty)\to\varpi$ 表示切换信号，$N_i(\sigma(t))$ 表示第 $i$ 个动态系统在时刻 $t$ 的邻居。则切换拓扑的一致性协议可表示为

$$u_i(t)=-\sum_{j\in N_i(\sigma(t))}a_{ij}(x_i(t)-x_j(t))\qquad(i=1,2,\cdots,n)\tag{5-12}$$

该协议也可以用矩阵的形式表示：

$$\dot{\boldsymbol{x}}=-[\boldsymbol{L}_{\sigma(t)}\otimes\boldsymbol{I}_m]\boldsymbol{x}\tag{5-13}$$

### 3. 带时滞一致性协议

在动态系统之间进行信息传递交换的过程当中，经常会存在信息传递延时所带来的时滞问题。目前，带时滞的一致性协议主要分为三类：①对称时滞一致性协议，动态系统本身接收和发送信息都有固定时滞；②非对称时滞一致性协议，动态系统本身接收信息有固定时滞，发送信息没有时滞；③时变时滞一致性协议，时滞是随时间动态变化的，不是固定的常数。

对称时滞一致性协议为

$$u_i(t)=-\sum_{j\in N_i(t)}a_{ij}(x_i(t-\tau)-x_j(t-\tau))\qquad(i=1,2,\cdots,n)\tag{5-14}$$

非对称时滞一致性协议为

$$u_i(t)=-\sum_{j\in N_i(t)}a_{ij}(x_i(t)-x_j(t-\tau))\qquad(i=1,2,\cdots,n)\tag{5-15}$$

时变时滞一致性协议为

$$u_i(t)=-\sum_{j\in N_i(t)}a_{ij}(x_i(t-\tau_{ij}(t))-x_j(t-\tau_{ij}(t)))\qquad(i=1,2,\cdots,n)\tag{5-16}$$

式中，$\tau_{ij}(t)$ 为时变时滞，且 $\tau_{ij}(t)=\tau_{ji}(t)$。

## 5.3.2　多机器人系统协同编队控制

多机器人系统的编队控制问题是指多机器人系统中的每个机器人通过局部相互协同作用(信息传递、合作、竞争)，向指定的目标运动，在运动过程中保持预先给定的几何队形，并且各机器人之间要保持一定的距离，避免发生碰撞，在运动过程中能安全绕开障碍物。多机器人系统的编队控制问题与机器人系统的群集控制问题的区别在于，编队控制问题要求系统中所有的机器人在整个运行过程中保持给定的编队队形，而群集控制问题则没有此要求。多机器人系统的编队控制问题有广泛的应用前景。例如，用一组智能机器人编成合理的队形，代替士兵在极度恶劣的环境中执行人员搜求救援、侦查和排雷等工作。

考虑由 $n$ 个机器人组成的动态系统，每个机器人动态方程为

$$\begin{aligned}&\dot{x}_i=v_i\\&\dot{v}_i=u_i\qquad(i=1,2,\cdots,n)\end{aligned}\tag{5-17}$$

式中，$x_i\in\mathbf{R}^m$ 为位置状态，$v_i\in\mathbf{R}^m$ 为速度状态，$u_i\in\mathbf{R}^m$ 为系统的控制输入。

控制目标为：使该组机器人在运动过程中形成预先给定的编队队形(给定的编队队形由各个机器人的相对位置表示)，并保持系统稳定。假设第 $i$ 个机器人和第 $j$ 个之间期望的距离为 $r_{ij}$ 。

设计每个机器人的控制输入为

$$u_i = -\sum_{j=1}^{n} a_{ij}[(x_i - x_j) - r_{ij} + (v_i - v_j)] \qquad (i=1,2,\cdots,n) \tag{5-18}$$

式中，$a_{ij}$ 是系统邻接矩阵 $\boldsymbol{A}_G \in \mathbf{R}^{n\times n}$ 的第 $i$ 行第 $j$ 列元素。采用梯度算法极小化如下目标即可得各智能体之间期望的距离，即期望的队形为

$$J_i = \sum_{j=1}^{n} a_{ij} \| \boldsymbol{x}_i - \boldsymbol{x}_j - \boldsymbol{r}_{ij} \|^2 \tag{5-19}$$

在以上研究成果的基础上，大量学者以不同思路和方法对多机器人系统的协同问题进行了研究，下面将分专题介绍针对多机器人系统协同控制的一些先进理论。

## 5.4 多机器人系统有限时间一致性控制

在多机器人系统分布式协同控制中，高稳定性、高精度、高速度收敛是系统稳定运行的基础保证，因此收敛速度和精度也是评价一致性算法的重要指标。而在实际应用当中，特别是某些控制精度较高的系统，往往对收敛时间要求比较苛刻，会要求所有机器人状态在有限时间内达到一致或以给定精度达到一致。常规的渐近稳定结果或一致最终有界稳定结果已不能满足实际需求，因此多机器人系统有限时间一致性控制问题就显得尤为重要。所谓多机器人系统有限时间一致性，是指系统中各个机器人在合适的控制算法(控制协议/控制律)下，能够在有限的时间内达到某个共同的状态。相较于渐近稳定和一致最终有界稳定控制，有限时间稳定控制除了可以保证系统能够获得更快的收敛速度和收敛精度，还可以保证在系统外部有干扰时有更好的抗干扰能力和更强的鲁棒性[12, 13]。因此有限时间稳定性控制有着明显的优点，研究有限时间一致性是很有实际意义的。

### 5.4.1 问题描述

考虑 $n$ 个工业机器人系统：

$$\boldsymbol{M}_k\ddot{\boldsymbol{q}}_k + \boldsymbol{C}_k\left(\boldsymbol{q}_k,\dot{\boldsymbol{q}}_k\right)\dot{\boldsymbol{q}}_k + \boldsymbol{D}_k(\boldsymbol{q}_k)\dot{\boldsymbol{q}}_k = \boldsymbol{\tau}_k \tag{5-20}$$

式中，$\boldsymbol{q}_k \in \mathbf{R}^s$ 是第 $k$ 个系统的位移，$\boldsymbol{\tau}_k \in \mathbf{R}^s$ 是控制输入，$\boldsymbol{M}_k \in \mathbf{R}^{s\times s}$ 是机器人的惯性矩阵，$\boldsymbol{C}_k\left(\boldsymbol{q}_k,\dot{\boldsymbol{q}}_k\right)$ 是离心力和哥氏力矩阵，$\boldsymbol{D}_k\left(\boldsymbol{q}_k\right)$ 是摩擦力项。记 $\boldsymbol{v}_k = \dot{\boldsymbol{q}}_k$，$(k=1,2,\cdots,n)$，其中 $\boldsymbol{v}_k$ 是第 $k$ 个系统的速度，则系统可改写为

$$\begin{aligned} &\dot{\boldsymbol{q}}_k = \boldsymbol{v}_k \\ &\boldsymbol{M}_k\dot{\boldsymbol{v}}_k + \boldsymbol{C}_k(\boldsymbol{q}_k,\boldsymbol{v}_k)\boldsymbol{v}_k + \boldsymbol{D}_k(\boldsymbol{q}_k)\boldsymbol{v}_k = \boldsymbol{\tau}_k \end{aligned} \tag{5-21}$$

为了控制器的设计，我们需要如下假设。

**假设** 5.1　假设机器人系统中所有机器人之间的通信拓扑结构由有向图$\mathcal{G}$表示。图$\mathcal{G}$是有向并且强连通的。

**假设** 5.2　$\boldsymbol{M}_k=\mathrm{diag}\{m_{k1},m_{k2},\cdots,m_{ks}\}\in\mathbf{R}^{s\times s}$，其中$m_{ki}(i=1,2,\cdots,s)$是未知正常数。$\boldsymbol{C}_k(\boldsymbol{q}_k,\boldsymbol{v}_k)\boldsymbol{v}_k+\boldsymbol{D}_k(\boldsymbol{q}_k)\boldsymbol{v}_k=\boldsymbol{\beta}_k{}^{\mathrm{T}}\boldsymbol{f}_k(\boldsymbol{q}_k,\boldsymbol{v}_k)$，其中$\boldsymbol{\beta}_k\in\mathbf{R}^{m\times s}$是未知常参数矩阵，$\boldsymbol{\phi}_k(\cdot)\in\mathbf{R}^m$是已知基函数向量。并且$\left\|\boldsymbol{\phi}_k(\cdot)\right\|\leqslant P\left(\left\|\boldsymbol{v}_k\right\|_1\right)$，其中$P(\cdot)$是一个多项式，满足$P(0)=0$，并且假设$\boldsymbol{\beta}_k$在一个已知紧集内。

本书中，我们在更一般的有向拓扑条件下研究该系统的有限时间一致性控制问题。注意到虽然$\boldsymbol{M}_k$是未知的，但我们仍然可以给出$\boldsymbol{M}_k$上界的鲁棒估计值，即存在某已知常数$\bar{g}>0$使得$m_{ki}\leqslant\bar{g}<\infty$成立。

**定义** 5.6　考虑多机器人系统(5-20)。如果存在某个有限时间 T*，使得对于由任何初始状态出发的系统状态$q_1(t),\cdots q_N(t)$，成立$\lim\limits_{t\to T^*}q_i(t)=q_j(t)\ \left(i,j\in\{1,\cdots N\}\right)$，且当$t\geqslant T^*$时，成立$q_1(t)=q_2(t)=\cdots=q_N(t)$，则称系统(5-20)在有限时间$T^*$内达到了一致。

### 5.4.2　相关定义和引理

**定义** 5.7[14]　设$\hat{\chi}$是一个未知参数$\chi$的估计，其中$\chi$位于一个已知半径$r_{\mathrm{D}}$的闭球体上。则利普希茨连续映像算法$\mathrm{Proj}(\varrho,\hat{\chi})$定义为

$$\mathrm{Proj}(\varrho,\hat{\chi})=\begin{cases}\varrho,\ \text{若}\ \hbar(\hat{\chi})\leqslant 0\\ \varrho,\ \text{若}\ \hbar(\hat{\chi})\geqslant 0\ ,\ \dfrac{\partial\hbar(\hat{\chi})}{\partial\hat{\chi}}\varrho\leqslant 0\\ \varrho-\hbar(\hat{\chi})\varrho,\ \text{若}\ \hbar(\hat{\chi})>0\ ,\ \dfrac{\partial\hbar(\hat{\chi})}{\partial\hat{\chi}}\varrho>0\end{cases}\tag{5-22}$$

式中，$\hbar(\hat{\chi})=\dfrac{\hat{\chi}^2-r_{\mathrm{D}}^2}{\varepsilon^2+2\varepsilon r_{\mathrm{D}}}$，$\varepsilon$是一个任意小的正常数。

**引理** 5.9[15]　对于$x_i\in\mathbf{R}\left(i=1,2,\cdots,N\right)$，$0<h\leqslant 1$，成立有

$$\left(\sum_{i=1}^N|x_i|\right)^h\leqslant\sum_{i=1}^N|x_i|^h\leqslant N^{1-h}\left(\sum_{i=1}^N|x_i|\right)^h\tag{5-23}$$

**引理** 5.10[16]　如果$h=h_2/h_1\geqslant 1$，其中$h_1$、$h_2>0$是奇整数，则有$|x-y|^h\leqslant 2^{h-1}\left|x^h-y^h\right|$。相反，如果$0<h=h_1/h_2\leqslant 1$，则$\left|x^h-y^h\right|\leqslant 2^{1-h}|x-y|^h$。

**引理** 5.11[16]　对于$x$、$y\in\mathbf{R}$，如果$c$、$d>0$，则有

$$|x|^c|y|^d\leqslant c/(c+d)|x|^{c+d}+d/(c+d)|y|^{c+d}\tag{5-24}$$

下面定义第$k$个机器人的邻居误差如下：

$$e_{ki}=\sum_{j\in\mathcal{N}_k}a_{kj}(q_{ki}-q_{ji})\quad(i=1,2,\cdots,s)\tag{5-25}$$

式中，$\mathcal{N}_k$是第$k$个机器人的邻居集合。令$\boldsymbol{q}=[\boldsymbol{q}_1^{\mathrm{T}},\boldsymbol{q}_2^{\mathrm{T}},\cdots,\boldsymbol{q}_s^{\mathrm{T}}]^{\mathrm{T}}$，$\boldsymbol{E}=[\boldsymbol{e}_1^{\mathrm{T}},\boldsymbol{e}_2^{\mathrm{T}},\cdots,\boldsymbol{e}_s^{\mathrm{T}}]^{\mathrm{T}}$，其中，

$\boldsymbol{e}_i=[e_{1i},e_{2i},\cdots,e_{Ni}]^{\mathrm{T}}$ （$i=1,2,\cdots,s$），则

$$\boldsymbol{E}=(I_s\otimes\boldsymbol{L})\boldsymbol{q} \tag{5-26}$$

成立。值得注意的是，相对于无向连通拓扑图中拉普拉斯矩阵具有对称、半正定、有且仅有一个零特征值的性质，有向拓扑图所对应的拉普拉斯矩阵 $\boldsymbol{L}$ 不具有对称的性质。这为构造 Lyapunov 函数带来困难，从而对于基于 Lyapunov 理论的控制器设计过程以及理论分析过程带来挑战。为了解决这一难题，本节基于拉普拉斯矩阵 $\boldsymbol{L}$ 零特征值的左特征向量 $\boldsymbol{p}=[p_1,p_2,\cdots,p_N]^{\mathrm{T}}$，构造出一个新的对称矩阵 $\boldsymbol{Q}$：

$$\boldsymbol{Q}=\frac{1}{2}\left[\mathrm{diag}(\boldsymbol{p})\boldsymbol{L}+\boldsymbol{L}^{\mathrm{T}}\mathrm{diag}(\boldsymbol{p})\right] \tag{5-27}$$

式中，$\mathrm{diag}(\boldsymbol{p})=\mathrm{diag}\{p_1,p_2,\cdots,p_n\}\in\mathbf{R}^{N\times N}>0$，并结合代数图理论、向量空间理论以及矩阵理论，推导得出该矩阵的一个重要性质，通过三个引理给出了该性质的严格理论证明。

**引理 5.12** 设有向图 $G$ 是强连通的，则式(5-27)中定义的矩阵 $\boldsymbol{Q}$ 是对应某个无向连通图的拉普拉斯矩阵。特别地，$\boldsymbol{Q}$ 是对称、半正定矩阵，并且有且仅有一个零特征值，其余非零特征值都是正实数。

证明：由文献[17]可知，具有此形式的矩阵 $\boldsymbol{Q}$ 是对称半正定的。下面进一步证明 $Q$ 是对应某个无向连通图的拉普拉斯矩阵，由此得出 $\boldsymbol{Q}$ 有且仅有一个零特征值。

由 $\boldsymbol{p}^{\mathrm{T}}\boldsymbol{L}=0_{1\times N}$ 得出 $\sum\limits_{j=1}^{N}a_{ij}p_i=\sum\limits_{j=1}^{N}a_{ji}p_j$ （$i,j=1,2,\cdots,N$），则进一步有

$$\begin{aligned}\boldsymbol{Q}&=\frac{1}{2}\boldsymbol{PL}+\boldsymbol{L}^{\mathrm{T}}\boldsymbol{P}\\&=\frac{1}{2}\begin{bmatrix}\sum\limits_{j=1}^{N}(a_{1j}p_1+a_{j1}p_j) & \cdots & -a_{1N}p_1-a_{N1}p_N\\ -a_{21}p_2-a_{12}p_1 & \cdots & -a_{2N}p_2-a_{N2}p_N\\ \vdots & & \vdots\\ -a_{N1}p_N-a_{1N}p_1 & \cdots & \sum\limits_{j=1}^{N}(a_{Nj}p_N+a_{jN}p_j)\end{bmatrix}\end{aligned} \tag{5-28}$$

令 $z_{ij}=a_{ij}p_i+a_{ji}p_j$（$i,j=1,2,\cdots,N$），$\boldsymbol{Z}=[z_{ij}]$。由于 $p_i>0$，可以得出 $z_{ij}>0\Leftrightarrow a_{ij}>0$ 或 $a_{ji}>0$；$z_{ii}=0\Leftrightarrow a_{ii}=0$。$z_{ij}=z_{ji}$（$i,j=1,2,\cdots,N$），所以 $\boldsymbol{Z}$ 是对称的。注意到 $\boldsymbol{A}=[a_{ij}]$ 是强连通图 $G$ 的加权邻接矩阵，由图理论中邻接矩阵的定义可知，这样定义的 $\boldsymbol{Z}$ 是相应某个无向连通图的加权邻接矩阵。定义 $b_i=\sum_{j=1}^{N}z_{ij}$ 以及 $\boldsymbol{B}=\mathrm{diag}(b_1,b_2,\cdots,b_N)\in\mathbf{R}^{N\times N}$。由式(5-28)可以看出 $\boldsymbol{Q}=\frac{1}{2}(\boldsymbol{B}-\boldsymbol{Z})$，从而由拉普拉斯矩阵定义得出，$\boldsymbol{Q}$ 是相应某个无向连通图的拉普拉斯矩阵。进而可以得出，$\boldsymbol{Q}$ 是对称半正定的，有且仅有一个零特征值，并且其他非零特征值都是正实数。

证明完毕。

**引理 5.13**[18] 对于强连通图 $\mathcal{G}$ 下式(5-28)中定义的矩阵 $\boldsymbol{Q}$，$\forall\boldsymbol{X}\neq0$，

$$\boldsymbol{X}^{\mathrm{T}}\boldsymbol{QX}=0 \tag{5-29}$$

当且仅当

$$\boldsymbol{X}=c\boldsymbol{1}_N \tag{5-30}$$

式中，$c\neq 0$ 为常数。更进一步，$\min\limits_{X\neq c1_N}\dfrac{\boldsymbol{X}^{\mathrm T}\boldsymbol{Q}\boldsymbol{X}}{\boldsymbol{X}^{\mathrm T}\boldsymbol{X}}$ 存在并且成立

$$0<\min_{X\neq c1_N}\frac{\boldsymbol{X}^{\mathrm T}\boldsymbol{Q}\boldsymbol{X}}{\boldsymbol{X}^{\mathrm T}\boldsymbol{X}}\leqslant\sum_{i=2}^{N}\lambda_i(\boldsymbol{Q}) \tag{5-31}$$

证明：由引理 5.12 可知，$\boldsymbol{Q}$ 是相应于某个无向连通图的拉普拉斯矩阵，由此得出存在一个正交矩阵 $\boldsymbol{R}=(r_1,r_2,\cdots,r_N)$ 使得 $\boldsymbol{Q}=\boldsymbol{R\Lambda R}^{\mathrm T}$ 成立。令 $y=\boldsymbol{R}^{\mathrm T}\boldsymbol{X}$ 。则有

$$\begin{aligned}\boldsymbol{X}^{\mathrm T}\boldsymbol{Q}\boldsymbol{X}&=\boldsymbol{X}^{\mathrm T}\boldsymbol{R\Lambda R}^{\mathrm T}\boldsymbol{X}=\boldsymbol{Y}^{\mathrm T}\boldsymbol{\Lambda}\boldsymbol{Y}=\sum_{i=1}^{N}\lambda_i(\boldsymbol{Q})y_i^2\\&=0\cdot y_1^2+\lambda_2(\boldsymbol{Q})y_2^2+\cdots+\lambda_N(\boldsymbol{Q})y_N^2\end{aligned} \tag{5-32}$$

由式(5-32)可以得出，对 $\forall X\neq 0$ (i.e.， $\forall Y\neq 0$)，有

$$\boldsymbol{X}^{\mathrm T}\boldsymbol{Q}\boldsymbol{X}=\boldsymbol{Y}^{\mathrm T}\boldsymbol{\Lambda}\boldsymbol{Y}=0 \tag{5-33}$$

当且仅当

$$\begin{cases}y_1\neq 0\\ y_i=0\quad(i=2,3,\cdots,N)\end{cases} \tag{5-34}$$

由于 $\boldsymbol{r}_1,\boldsymbol{r}_2,\cdots,\boldsymbol{r}_N$ 是矩阵 $\boldsymbol{Q}$ 的 $N$ 个不同特征值所分别对应的 $N$ 个特征向量，故 $\boldsymbol{R}^N=\mathrm{span}\{\boldsymbol{r}_1,\boldsymbol{r}_2,\cdots,\boldsymbol{r}_N\}$ ，并且对所有的 $i\neq j$ ($i,j=1,2,\cdots,N$) 有 $r_i\perp r_j$ 成立。综上所述，存在某些常数 $a_i$ ($i=1,2,\cdots,N$)，使得

$$\boldsymbol{X}=a_1\boldsymbol{r}_1+a_2\boldsymbol{r}_2+\cdots+a_N\boldsymbol{r}_N \tag{5-35}$$

成立，并且

$$\boldsymbol{y}_i=\boldsymbol{r}_i^{\mathrm T}\boldsymbol{X}=\boldsymbol{r}_i^{\mathrm T}(a_1\boldsymbol{r}_1+a_2\boldsymbol{r}_2+\cdots+a_N\boldsymbol{r}_N)=a_i\boldsymbol{r}_i^{\mathrm T}\boldsymbol{r}_i \tag{5-36}$$

从而式(5-34)中的条件等价于

$$\begin{cases}a_1\boldsymbol{r}_1^{\mathrm T}\boldsymbol{r}_1\neq 0\\ a_i\boldsymbol{r}_i^{\mathrm T}\boldsymbol{r}_i=0\qquad(i=2,3,\cdots,N)\end{cases}\Leftrightarrow\begin{cases}a_1\neq 0\\ a_i=0\qquad(i=2,3,\cdots,N)\end{cases} \tag{5-37}$$

故

$$\boldsymbol{X}=a_1\boldsymbol{r}_1 \tag{5-38}$$

由于 $1_N$ 是 $\boldsymbol{Q}$ 的零特征值，$\lambda_1(\boldsymbol{Q})$ 为所对应的特征向量，因此 $\boldsymbol{r}_1=k1_N$ ，其中 $k$ 为非零常数。故

$$\boldsymbol{X}=a_1k1_N=c1_N \tag{5-39}$$

式中，$c=a_1k$ 。注意到

$$\begin{aligned}\min_{X\neq c1_N}\frac{\boldsymbol{X}^{\mathrm T}\boldsymbol{Q}\boldsymbol{X}}{\boldsymbol{X}^{\mathrm T}\boldsymbol{X}}&=\min_{X\neq c1_N,\boldsymbol{X}^{\mathrm T}\boldsymbol{X}=1}\boldsymbol{X}^{\mathrm T}\boldsymbol{Q}\boldsymbol{X}=\min_{X\neq c1_N,\boldsymbol{Y}^{\mathrm T}\boldsymbol{Y}=1}\boldsymbol{Y}^{\mathrm T}\boldsymbol{\Lambda}\boldsymbol{Y}\\&=\min_{X\neq c1_N,\boldsymbol{Y}^{\mathrm T}\boldsymbol{Y}=1}\sum_{i=1}^{N}\lambda_i(\boldsymbol{Q})y_i^2\leqslant\sum_{i=2}^{N}\lambda_i(\boldsymbol{Q})\end{aligned} \tag{5-40}$$

由于 $\boldsymbol{X}\neq c1_N$ ，则 $\boldsymbol{X}^{\mathrm T}\boldsymbol{Q}\boldsymbol{X}\neq 0$ ，同时由于 $\boldsymbol{Q}$ 是半正定矩阵，故

$$0<\min_{X\neq c1_N}\frac{\boldsymbol{X}^{\mathrm{T}}\boldsymbol{Q}\boldsymbol{X}}{\boldsymbol{X}^{\mathrm{T}}\boldsymbol{X}}\leqslant\sum_{i=2}^{N}\lambda_i(\boldsymbol{M}) \tag{5-41}$$

证明完毕。

**引理 5.14** 令 $\aleph=\{\boldsymbol{E}^h\in\boldsymbol{R}^{Nl}:(\boldsymbol{E}^h)^{\mathrm{T}}\boldsymbol{E}^h=1\}$，则存在 $k_m=\min\limits_{E^h\in\aleph}(\boldsymbol{E}^h)^{\mathrm{T}}(\boldsymbol{I}_l\otimes\boldsymbol{Q})\boldsymbol{E}^h$，使得

$$\frac{(\boldsymbol{E}^h)^{\mathrm{T}}(\boldsymbol{I}_s\otimes\boldsymbol{Q})\boldsymbol{E}^h}{(\boldsymbol{E}^h)^{\mathrm{T}}\boldsymbol{E}^h}\geqslant k_m>0 \tag{5-42}$$

成立。

证明：由于 $\boldsymbol{p}^{\mathrm{T}}\boldsymbol{L}=0_{1\times N}$，故可得 $\boldsymbol{I}_N^{\mathrm{T}}\boldsymbol{e}_i=\boldsymbol{I}_N^{\mathrm{T}}\mathrm{diag}(\boldsymbol{p})\boldsymbol{\mathcal{L}}\boldsymbol{x}=0$（$i=1,2,\cdots,s$），即 $e_{1i}+e_{2i}+\cdots+e_{Ni}=0$，这意味着对于 $e_i\neq 0$，以及对于所有的 $k=1,2,\cdots,N$，$\mathrm{sgn}(e_{ki})=1$ 或 $\mathrm{sgn}(e_{ki})=-1$ 是不可能成立的。故 $e_i\neq c\boldsymbol{1}_N$，其中 $c$ 为非零常数。注意到对所有的 $k=1,2,\cdots,N$，$\mathrm{sgn}(e_{ki})=\mathrm{sgn}(e_{ki}^h)$，则 $e_i^h\neq c\boldsymbol{1}_N$。故由引理 5.5 可得，$(e_i^h)^{\mathrm{T}}\boldsymbol{Q}e_i^h>0$。由于 $\aleph$ 是一个有界闭集，$(\boldsymbol{E}^h)^{\mathrm{T}}(\boldsymbol{I}_s\otimes\boldsymbol{Q})\boldsymbol{E}^h$ 对于 $\boldsymbol{E}^h$ 是连续的，并且对于任意 $\boldsymbol{E}^h\in\aleph$，均有 $(\boldsymbol{E}^h)^{\mathrm{T}}(\boldsymbol{I}_s\otimes\boldsymbol{Q})\boldsymbol{E}^h>0$。故可以得出结论，存在常数 $k_m=\min\limits_{E^h\in\aleph}(\boldsymbol{E}^h)^{\mathrm{T}}(\boldsymbol{I}_s\otimes\boldsymbol{Q})\boldsymbol{E}^h$，使得

$$\frac{(\boldsymbol{E}^h)^{\mathrm{T}}(\boldsymbol{I}_s\otimes\boldsymbol{Q})\boldsymbol{E}^h}{(\boldsymbol{E}^h)^{\mathrm{T}}\boldsymbol{E}^h}\geqslant k_m>0 \tag{5-43}$$

证明完毕。

### 5.4.3 主要结果

由于 $\boldsymbol{\mathcal{L}}$ 是有向强连通图 $\mathcal{G}$ 的拉普拉斯矩阵，则 $\boldsymbol{E}=(\boldsymbol{I}_s\otimes\boldsymbol{\mathcal{L}})q=0_{Ns}$，当且仅当 $q_{1i}=q_{2i}=\cdots=q_{Ni}\ (i=1,2,\cdots,s)$。所以本节中有限时间一致性目标达到当且仅当在有限时间内 $\boldsymbol{E}\to 0_{Ns}$。

为了设计有限时间一致性协议，我们引入局部虚拟误差如下：

$$\delta_{ki}=v_{ki}^{1/h}-v_{ki}^{*1/h},\quad (k=1,2,\cdots,N,\ i=1,2,\cdots,s) \tag{5-44}$$

式中，$h=\dfrac{2l-1}{2l+1}$，$l\in\mathbf{Z}^+$，$v_{ki}^*$ 是相对于 $v_{ki}$ 的虚拟控制，其定义如下：

$$v_{ki}^*=-c_2e_{ki}^h \tag{5-45}$$

式中，$c_2>0$ 是设计参数，由设计者选取。

本节主要的设计思想就是设计分布式控制器，使得局部邻居位移误差 $e_{ki}$ 和局部虚拟误差 $\delta_{ki}$ 在有限时间收敛到零，从而达到有限时间一致性目标。基于此设计思想，提出如下分布式一致性控制协议：

$$\boldsymbol{u}_k=-c_1\boldsymbol{\delta}_k^{2h-1}-\hat{\boldsymbol{\beta}}_k^{\mathrm{T}}\boldsymbol{\phi}_k\qquad(k=1,2,\cdots,N) \tag{5-46}$$

式中，估计参数 $\hat{\boldsymbol{\beta}}_k$ 的自适应律为

$$\dot{\hat{\boldsymbol{\beta}}}_k(j,i)=\mathrm{Proj}((\boldsymbol{\Gamma}_k\phi_k\boldsymbol{\delta}_k^{\mathrm{T}})(j,i),\hat{\beta}_k(j,i))\qquad(k=1,2,\cdots,N) \tag{5-47}$$

式中，$i=1,2,\cdots,s$，$j=1,2,\cdots,m$，$\boldsymbol{\delta}_k^{2h-1}=[\delta_{k1}^{2h-1},\delta_{k2}^{2h-1},\cdots,\delta_{ks}^{2h-1}]^{\mathrm{T}}$，$\bullet(j,i)$ 代表 $\bullet$ 的第 $j$ 行第 $i$

列元素，$c_1>0$ 为设计参数，$\boldsymbol{\Gamma}_k=\mathrm{diag}\{\gamma_{k1},\gamma_{k2},\cdots,\gamma_{km}\}\in\mathbf{R}^{m\times m}>0$ 是设计参数矩阵，$\hat{\boldsymbol{\beta}}_k$ 为未知常参数 $\boldsymbol{\beta}_k$ 的估计值，$\boldsymbol{\phi}_k(\cdot)$ 是可计算的已知数量函数向量。该控制器包含两部分：$-c_1\boldsymbol{\delta}_k^{2h-1}$，确保有限时间收敛；$\hat{\boldsymbol{\beta}}_k^{\mathrm{T}}\boldsymbol{\phi}_k$，对非线性不确定因素进行有效补偿。

本节的主要结果阐述如下。

**定理 5.1**　在假设 5.1 所设有向强连通拓扑条件下，分布式一致性协议式(5-46)和式(5-47)可以保证二阶非线性机器人模型在有限时间内达到一致。有限时间 $T^*$ 满足

$$T^*=T_1^*+T_2^* \tag{5-48}$$

其中，

$$T_1^*\leqslant(V(\mathbf{0})-\zeta)/d_\zeta \tag{5-49}$$

$$T_2^*\leqslant\frac{V_2(0)^{\frac{1-h}{1+h}}k_v^{\frac{2h}{1+h}}(1+h)}{(1-\rho_2)\rho_1k_d(1-h)} \tag{5-50}$$

式中，$0<\rho_1\leqslant1$，$0<\rho_2<1$。

证明：整个证明过程分为四步。

第一步：注意到对于有向通信拓扑，其拉普拉斯矩阵 $\boldsymbol{\mathcal{L}}$ 不满足对称性，这为构造 Lyapunov 候选函数带来困难。为了解决这个难题，特引入一个主对角矩阵 $\boldsymbol{P}=\mathrm{diag}\{\boldsymbol{p}\}$，其中 $\boldsymbol{p}=[p_1,p_2,\cdots,p_N]^{\mathrm{T}}$ 是 $\boldsymbol{\mathcal{L}}$ 零特征值对应的左特征向量，在如下 Lyapunov 函数中，

$$V_1=\frac{1}{(1+h)k_m}\left(E^{\frac{1+h}{2}}\right)^{\mathrm{T}}(\boldsymbol{I}_s\otimes\boldsymbol{P})E^{\frac{1+h}{2}} \tag{5-51}$$

式中，$k_m>0$ 是一个常数，由式(5-42)给出。通过对 $V_1$ 求导得出

$$\dot{V}_1=\frac{1}{k_m}(\boldsymbol{E}^h)^{\mathrm{T}}(\boldsymbol{I}_s\otimes\boldsymbol{P})\dot{\boldsymbol{E}}=\frac{1}{k_m}(\boldsymbol{E}^h)^{\mathrm{T}}(\boldsymbol{I}_s\otimes(\boldsymbol{P}\boldsymbol{\mathcal{L}}_1))v \tag{5-52}$$

式中，$v=\dot{x}$。通过将虚拟控制 $v^*=-c_2\boldsymbol{E}^h$ 代入式(5-52)，得到

$$\begin{aligned}\dot{V}_1&=-\frac{c_2}{k_m}\left(\boldsymbol{E}^h\right)^{\mathrm{T}}\left(\boldsymbol{I}_s\otimes(\boldsymbol{P}\boldsymbol{\mathcal{L}})\right)\boldsymbol{E}^h+\frac{1}{k_m}\left(\boldsymbol{E}^h\right)^{\mathrm{T}}\left(\boldsymbol{I}_s\otimes(\boldsymbol{P}\boldsymbol{\mathcal{L}})\right)\left(v-v^*\right)\\&=-\frac{c_2}{k_m}\left(\boldsymbol{E}^h\right)^{\mathrm{T}}\left[\boldsymbol{I}_s\otimes\left(\frac{1}{2}\left(\boldsymbol{P}\boldsymbol{\mathcal{L}}+\boldsymbol{\mathcal{L}}^{\mathrm{T}}\boldsymbol{P}\right)\right)\right]\boldsymbol{E}^h+\frac{1}{k_m}\left(\boldsymbol{E}^h\right)^{\mathrm{T}}\left(\boldsymbol{I}_s\otimes(\boldsymbol{P}\boldsymbol{\mathcal{L}})\right)\left(v-v^*\right)\\&=-\frac{c_2}{k_m}\left(\boldsymbol{E}^h\right)^{\mathrm{T}}[\boldsymbol{I}_s\otimes\boldsymbol{Q}]\boldsymbol{E}^h+\frac{1}{k_m}\left(\boldsymbol{E}^h\right)^{\mathrm{T}}\left(\boldsymbol{I}_s\otimes(\boldsymbol{P}\boldsymbol{\mathcal{L}})\right)\left(v-v^*\right)\end{aligned} \tag{5-53}$$

由引理 5.14 可得存在某个常数 $k_{\mathrm{m}}>0$ 使得

$$\left(\boldsymbol{E}^h\right)^{\mathrm{T}}(\boldsymbol{I}_s\otimes\boldsymbol{Q})\boldsymbol{E}^h\geqslant k_m\left(\boldsymbol{E}^h\right)^{\mathrm{T}}\boldsymbol{E}^h \tag{5-54}$$

将式(5-54)代入式(5-53)得

$$\begin{aligned}\dot{V}_1&\leqslant-c_2\left(\boldsymbol{E}^h\right)^{\mathrm{T}}\boldsymbol{E}^h+\frac{1}{k_m}\left(\boldsymbol{E}^h\right)^{\mathrm{T}}\left(\boldsymbol{I}_s\otimes(\boldsymbol{P}\boldsymbol{\mathcal{L}})\right)\left(v-v^*\right)\\&=-c_2\sum_{i=1}^{s}\sum_{k=1}^{N}(e_{ki})^{2h}+\frac{1}{k_m}\sum_{i=1}^{s}\left[\left(v_{ki}-v_{ki}^*\right)\sum_{j=1}^{N}\ell_{jk}(e_{ji})^h\right]\end{aligned} \tag{5-55}$$

式中，$\ell_{jk}$ 是 $(\boldsymbol{P\mathcal{L}})^{\mathrm{T}}$ 的第 $j$ 行第 $k$ 列元素。

由引理 5.11 可得 $|v_{ki}-v_{ki}^*|\leqslant 2^{1-h}|\delta_{ki}|^h$，并且 $\left(\sum_{i=1}^{N}x_i\right)^2\leqslant N\sum_{i=1}^{N}x_i^2$，故式(5-55)右边第二项为

$$\begin{aligned}
&\frac{1}{k_m}\sum_{i=1}^{s}\left[\sum_{k=1}^{N}(v_{ki}-v_{ki}^*)\sum_{j=1}^{N}\ell_{jk}(e_{ji})^h\right]\\
&\leqslant\frac{1}{k_m}\sum_{i=1}^{s}\left[\sum_{k=1}^{N}2^{1-h}|\delta_{ki}|^h\sum_{j=1}^{N}|\ell_{jk}||e_{ji}|^h\right]\\
&\leqslant 2^{1-h}\ell_{\max}\frac{1}{k_m}\sum_{i=1}^{s}\left[\sum_{k=1}^{N}|\delta_{ki}|^h\sum_{j=1}^{N}|e_{ji}|^h\right]\\
&\leqslant 2^{1-h}\ell_{\max}\frac{1}{k_m}\sum_{i=1}^{s}\frac{1}{2}\left[\left(\sum_{k=1}^{N}|\delta_{ki}|^h\right)^2+\left(\sum_{j=1}^{N}|e_{ji}|^h\right)^2\right]\\
&\leqslant 2^{-h}\ell_{\max}\frac{1}{k_m}\sum_{i=1}^{s}\left[N\sum_{k=1}^{N}|\delta_{ki}|^{2h}+N\sum_{k=1}^{N}|e_{ki}|^{2h}\right]
\end{aligned}\tag{5-56}$$

其中，$\ell_{\max}=\max_{j,k\in\{1,2,\cdots,N\}}|\ell_{jk}|$。将式(5-55)代入式(5-56)得

$$\dot{V}_1\leqslant -c_2\sum_{i=1}^{s}\sum_{k=1}^{N}(e_{ki})^{2h}+2^{-h}k_m^{-1}N\ell_{\max}\sum_{i=1}^{s}\sum_{k=1}^{N}\left[(\delta_{ki})^{2h}+(e_{ki})^{2h}\right]\tag{5-57}$$

第二步：令 $\overline{g}=\max_{k\in\{1,2,\cdots,N\}}\{g_{ki}\}$。构造一个 Lyapunov 函数如下

$$V_2=V_1+\frac{1}{2^{1-h}\overline{g}}\sum_{i=1}^{s}\sum_{k=1}^{N}g_{ki}\int_{v_{ki}^*}^{v_{ki}}\left(\varsigma^{\frac{1}{h}}-(v_{ki}^*)^{\frac{1}{h}}\right)\mathrm{d}\varsigma\tag{5-58}$$

该函数是半正定并且是连续可微的。注意到式(5-58)中含有分数阶积分，对 $V_2$ 求导可得

$$\begin{aligned}
\dot{V}_2&=\dot{V}_1+\frac{1}{2^{1-h}\overline{g}}\sum_{i=1}^{s}\sum_{k=1}^{N}\left[g_{ki}((v_{ki})^{\frac{1}{h}}-(v_{ki}^*)^{\frac{1}{h}})\dot{v}_{ki}+g_{ki}(v_{ki}-v_{ki}^*)\frac{\mathrm{d}\left(-(v_{ki}^*)^{\frac{1}{h}}\right)}{\mathrm{d}t}\right]\\
&=\dot{V}_1+\frac{1}{2^{1-h}\overline{g}_{\mathcal{A}}}\sum_{i=1}^{s}\sum_{k=1}^{N}\left[g_{ki}\delta_{ki}\dot{v}_{ki}+g_{ki}\left(v_{ki}-v_{ki}^*\right)c_2^{1/h}\sum_{j\in\mathcal{N}_k}a_{kj}\left(v_{ki}-v_{ji}\right)\right]\\
&\leqslant\dot{V}_1+\frac{1}{2^{1-h}\overline{g}}\sum_{i=1}^{s}\sum_{k=1}^{N}g_{ki}\delta_{ki}\dot{v}_{ki}+\sum_{i=1}^{s}\sum_{k=1}^{N}|\delta_{ki}|^h c_2^{1/h}r\sum_{j\in\mathcal{N}_k}\left(|v_{ki}|+|v_{ji}|\right)
\end{aligned}\tag{5-59}$$

式中，$r=\max_{\forall k,j\in\{1,2,\cdots,N\}}\{a_{kj}\}$。

下面检测式(5-59)右边第二项。定义 $\boldsymbol{\delta}_k=[\delta_{k1},\delta_{k2},\cdots,\delta_{ks}]^{\mathrm{T}}$。应用由式(5-46)所定义的控制协议，则有

$$\begin{aligned}\sum_{i=1}^{s}\sum_{k=1}^{N}g_{ki}\delta_{ki}\dot{v}_{ki}&=\sum_{k=1}^{N}\boldsymbol{\delta}_k^{\mathrm{T}}g_k\dot{v}_k=\sum_{k=1}^{N}\boldsymbol{\delta}_k^{\mathrm{T}}\left(u_k+F_k\right)\\&=\sum_{k=1}^{N}\boldsymbol{\delta}_k^{\mathrm{T}}\left(-c_1\delta_k^{2h-1}-\hat{\boldsymbol{\beta}}_k^{\mathrm{T}}\phi_k+\boldsymbol{\beta}_k^{\mathrm{T}}\phi_k\right)\\&=-c_1\sum_{i=1}^{s}\sum_{k=1}^{N}\delta_{ki}^{2h}+\sum_{k=1}^{N}\boldsymbol{\delta}_k^{\mathrm{T}}\left(\beta_k-\hat{\beta}_k\right)^{\mathrm{T}}\phi_k\end{aligned}\tag{5-60}$$

注意到对所有的 $k,j\in\{1,2,\cdots,N\}$，由引理5.10和引理5.11可得

$$\begin{aligned}c_2^{1/h}r\,|\,\delta_{ki}\,|^h|\,v_{ji}\,|&\leqslant c_2^{1/h}r\left(|\,\delta_{ki}\,|^h|\,v_{ji}-v_{ji}^*\,|+|\,\delta_{ki}\,|^h|\,v_{ji}^*\,|\right)\\&\leqslant c_2^{1/h}r\left(2^{1-h}\,|\,\delta_{ki}\,|^h|\,\delta_{ji}\,|^h+c_2\,|\,\delta_{ki}\,|^h|\,e_{ji}\,|^h\right)\\&\leqslant 2^{-h}c_2^{1/h}r\left(|\,\delta_{ki}\,|^{2h}+|\,\delta_{ji}\,|^{2h}\right)+c_2^{2(1+1/h)}r^2\,|\,\delta_{ki}\,|^{2h}+\frac{1}{4}|\,e_{ji}\,|^{2h}\end{aligned}\tag{5-61}$$

故式(5-59)右边的最后一项可以写为

$$\begin{aligned}&\sum_{i=1}^{s}\sum_{k=1}^{N}|\,\delta_{ki}\,|^h\,c_2^{1/h}r\sum_{j\in\mathcal{N}_k}\left(|\,v_{ki}\,|+|\,v_{ji}\,|\right)\\&\leqslant\sum_{i=1}^{s}\sum_{k=1}^{N}\sum_{j\in\mathcal{N}_k}\Big[2^{1-h}c_2^{1/h}r\,|\,\delta_{ki}\,|^{2h}+c_2^{2(1+1/h)}r^2\,|\,\delta_{ki}\,|^{2h}\\&+\frac{1}{4}|\,e_{ki}\,|^{2h}+2^{-h}c_2^{1/h}r\left(|\,\delta_{ki}\,|^{2h}+|\,\delta_{ji}\,|^{2h}\right)+c_2^{2(1+1/h)}r^2\,|\,\delta_{ki}\,|^{2h}+\frac{1}{4}|\,e_{ji}\,|^{2h}\Big]\\&\leqslant\sum_{i=1}^{s}\sum_{k=1}^{N}\left[\left(2^{2-h}c_2^{1/h}r+2c_2^{2(1+1/h)}r^2\right)\bar{n}\delta_{ki}^{2h}+\frac{\bar{n}}{2}e_{ki}^{2h}\right]\\&=k_{10}\sum_{i=1}^{s}\sum_{k=1}^{N}\delta_{ki}^{2h}+k_{20}\sum_{i=1}^{s}\sum_{k=1}^{N}e_{ki}^{2h}\end{aligned}\tag{5-62}$$

式中，$\bar{n}$ 表示在所有的智能体邻居集合中所包含元素个数最多的数目，$k_{10}=(2^{2-h}c_2^{1/h}r+2c_2^{2(1+1/h)}r^2)\bar{n}$，$k_{20}=\bar{n}/2$。

将式(5-57)、式(5-60)和式(5-62)代入式(5-59)中得

$$\dot{V}_2\leqslant-k_1\sum_{i=1}^{s}\sum_{k=1}^{N}\delta_{ki}^{2h}-k_2\sum_{i=1}^{s}\sum_{k=1}^{N}e_{ki}^{2h}+\sum_{k=1}^{N}\frac{1}{2^{1-h}\bar{g}}\delta_k^{\mathrm{T}}\left(\beta_k-\hat{\beta}_k\right)^{\mathrm{T}}\phi_k\tag{5-63}$$

其中

$$k_1=-2^{-h}k_m^{-1}N\ell_{\max}+\frac{c_1}{2^{1-h}\bar{g}}-k_{10},\quad k_2=c_2-2^{-h}k_m^{-1}N\ell_{\max}-k_{20}\tag{5-64}$$

第三步：选取 Lyapunov 候选函数为

$$V=V_2+\sum\nolimits_{k=1}^{N}\frac{\mathrm{tr}\{\tilde{\beta}_k^{\mathrm{T}}\boldsymbol{\Gamma}_k^{-1}\tilde{\beta}_k\}}{2^{2-h}\bar{g}}\tag{5-65}$$

式中，$\tilde{\beta}_k=\beta_k-\hat{\beta}_k$（$k=1,2,\cdots,N$）。对 $V$ 求导，并应用式(5-47)中给出的对估计参数 $\hat{\beta}_k$（$k=1,2,\cdots,N$）的自适应律，得出

$$\dot{V}=\dot{V}_2+\sum_{k=1}^{N}\frac{\mathrm{tr}\left\{\tilde{\boldsymbol{\beta}}_k^{\mathrm{T}}\boldsymbol{\Gamma}_k^{-1}\left(-\dot{\hat{\beta}}_k\right)\right\}}{2^{1-h}\bar{g}}\leqslant-k_1\sum_{i=1}^{s}\sum_{k=1}^{N}\delta_{ki}^{2h}-k_2\sum_{i=1}^{s}\sum_{k=1}^{N}e_{ki}^{2h}\tag{5-66}$$

由此进一步得出 $\dot{V}\leqslant 0$，故得 $V(t)\leqslant V(0)<\infty$。并且，对于所有的 $k=1,2,\cdots,N$，有下式成立：

$$\|\tilde{\boldsymbol{\beta}}_k\|_\infty\leqslant\sqrt{\mathrm{tr}\{\tilde{\boldsymbol{\beta}}_k^{\mathrm{T}}\tilde{\boldsymbol{\beta}}_k\}}\leqslant 2^{2-h}\overline{g}\overline{\gamma}V(t)\leqslant 2^{2-h}\overline{g}\overline{\gamma}V(0) \tag{5-67}$$

式中，$\overline{\gamma}=\max_{k\in\{1,2,\cdots,N\}}\{\gamma_{k1},\gamma_{k2},\cdots,\gamma_{km}\}$，（$\boldsymbol{\Gamma}_k=\mathrm{diag}\{\gamma_{k1},\gamma_{k2},\cdots,\gamma_{km}\}$）。

第四步：这一步主要证明若一开始所有智能体的初始状态在一个紧集外，则存在某一个有限时间 $T_1^*>0$，使得所有智能体的状态在该有限时间内进入该整体吸引集。一旦所有智能体的状态进入该吸引集，则证明存在另一个有限时间 $T_2^*>0$，使得在该有限时间 $T_2^*$ 之后，$V_2\equiv 0$。即若所有智能体初始状态不在紧集内，则所有智能体的状态将在有限时间 $T_1^*+T_2^*$ 内收敛到零。另外，若一开始所有智能体的初始状态均在一个紧集内，则在 $T_2^*$ 之后，$V_2\equiv 0$。即若所有智能体初始状态在一个紧集内，则所有智能体状态将在有限时间 $T_2^*$ 之内收敛到零。

通过观察式(5-66)，可以推断得出如果所有智能体初始状态在紧集 $\Theta$ 之外，其中 $\Theta$ 定义为

$$\Theta=\left\{(x,v):|\delta_{ki}|<\zeta_1,|e_{ki}|<\zeta_2\right\} \tag{5-68}$$

式中，$\zeta_1=\left(\dfrac{1}{2^{2-h}s}\right)^{1/h}$，$\zeta_2=\left(\dfrac{1}{2c_2 s}\right)^{1/h}$，则存在一个正常数 $d_\zeta$ 满足 $d_\zeta\geqslant\min\left\{k_1 sN\zeta_1^{2h},\right.$ $\left.k_2 sN\zeta_2^{2h}\right\}$，使得

$$\dot{V}<-d_\zeta \tag{5-69}$$

令 $\zeta$ 为紧集 $\Theta$ 的边界值，即 $\zeta=\min_{(x,v)\in\Theta}\{V(t)\}$。故从式(5-69)中可以推出，存在一个有限时间 $T_1^*$，满足

$$T_1^*\leqslant(V(0)-\zeta)/d_\zeta \tag{5-70}$$

使得所有智能体的状态在有限时间 $T_1^*$ 内进入紧集 $\Theta$ 内。由于在该紧集内 $\dot{V}_2<0$（将于后面给出该证明），则所有智能体状态一旦进入该紧集，$\delta_{ki}$ 和 $e_{ki}$ 将一直保持在该紧集之内不再出来。

下面证明在紧集 $\Theta$ 内，$\dot{V}_2<0$。首先观察式(5-63)右边第三项。注意到 $|v_{ki}|\leqslant(|v_{ki}-v_{ki}^*|)+|v_{ki}^*|\leqslant 2^{1-h}|\delta_{ki}|^h+c_2|e_{ki}|^h$，故在紧集 $\Theta$ 内成立 $|v_{ki}|\leqslant 2^{1-h}\zeta_1^h+c_2\zeta_2^h\leqslant 1/s$，由此可得 $\|v_k\|_1\leqslant 1$。假设多项式 $P(\cdot)$ 形如 $P(x)=\eta_1 x+\eta_2 x^2+\cdots+\eta_{n_p}x^{n_p}$，其中 $n_p\geqslant 2$ 为整数，$\eta_j$（$j=1,2,\cdots,n_p$）为正常数。令 $\overline{\eta}=\max\{\eta_1,\eta_2,\cdots,\eta_{n_p}\}$。则有 $\|\phi_k(\cdot)\|_1\leqslant P(\|v_k\|_1)\leqslant n_p\overline{\eta}\|v_k\|_1$ 成立，即 $\sum_{j=1}^{m}\leqslant\left|\phi_{kj}\right|n_p\overline{\eta}\sum_{j=1}^{s}\left|v_{kj}\right|$。由此不等式以及式(5-67)可得

$$\sum_{k=1}^{N}\frac{\delta_k^{\mathrm{T}}\tilde{\beta}_k^{\mathrm{T}}\phi_k}{2^{1-h}\overline{g}}\leqslant\sum_{k=1}^{N}\frac{\|\tilde{\beta}_k\|_\infty}{2^{1-h}\overline{g}}\sum_{i=1}^{s}|\delta_{ki}|\left(\sum_{j=1}^{m}|\phi_{kj}|\right)\leqslant 2\overline{\gamma}V(0)n_p\overline{\eta}\sum_{k=1}^{N}\sum_{i=1}^{s}|\delta_{ki}|\left(\sum_{j=1}^{s}|v_{kj}|\right) \tag{5-71}$$

类似证明式(5-61)的过程，可以得出

$$\begin{aligned}|\delta_{ki}||v_{kj}| &\leqslant 2^{1-h}|\delta_{ki}||\delta_{kj}|^h + c_2|\delta_{ki}||e_{kj}|^h \\ &\leqslant \frac{2^{1-h}}{1+h}\left(|\delta_{ki}|^{1+h} + h|\delta_{kj}|^{1+h}\right) + \frac{1}{1+h}\left(c_2^{1+h}|\delta_{ki}|^{1+h} + h|e_{kj}|^{1+h}\right)\end{aligned} \tag{5-72}$$

将式(5-72)代入式(5-71)，则有

$$\begin{aligned}\sum_{k=1}^{N}\frac{\delta_k^{\mathrm{T}}\tilde{\beta}_k^{\mathrm{T}}\phi_k}{2^{1-h}\overline{g}} &\leqslant 2\overline{\gamma}V(0)n_p\overline{\eta}\sum_{k=1}^{N}\sum_{i=1}^{s}|\delta_{ki}|\left(\sum_{j=1}^{s}|v_{kj}|\right) \\ &\leqslant 2\overline{\gamma}V(0)n_p\overline{\eta}\sum_{k=1}^{N}\sum_{i=1}^{s}\left[\frac{2^{1-h}}{1+h}\left(\sum_{j=1}^{s}|\delta_{ki}|^{1+h} + h\sum_{j=1}^{s}|\delta_{kj}|^{1+h}\right)\right. \\ &\quad\left. + \frac{1}{1+h}\left(\sum_{j=1}^{s}c_2^{1+h}|\delta_{ki}|^{1+h} + h\sum_{j=1}^{s}|e_{kj}|^{1+h}\right)\right] \\ &\leqslant k_3\sum_{k=1}^{N}\sum_{i=1}^{s}\delta_{ki}^{1+h} + k_4\sum_{k=1}^{N}\sum_{i=1}^{s}e_{ki}^{1+h}\end{aligned} \tag{5-73}$$

其中，

$$k_3 = 2\overline{\gamma}V(0)n_p\overline{\eta}\left(2^{1-h}s + \frac{c_2^{1+h}s}{1+h}\right),\quad k_4 = 2\overline{\gamma}V(0)n_p\overline{\eta}\frac{sh}{1+h} \tag{5-74}$$

由式(5-63)和式(5-64)可知：

$$\begin{aligned}\dot{V}_2 &\leqslant -\frac{k_1}{2}\sum_{i=1}^{s}\sum_{k=1}^{N}\delta_{ki}^{2h} - \frac{k_2}{2}\sum_{i=1}^{s}\sum_{k=1}^{N}e_{ki}^{2h} \\ &\quad + \sum_{i=1}^{s}\sum_{k=1}^{N}\left(k_3\delta_{ki}^{1+h} - \frac{k_1}{2}\delta_{ki}^{2h}\right) + \sum_{i=1}^{s}\sum_{k=1}^{N}\left(k_4 e_{ki}^{1+h} - \frac{k_2}{2}e_{ki}^{2h}\right)\end{aligned} \tag{5-75}$$

注意到通过选择合适设计参数 $c_1$ 和 $c_2$，可以使得 $k_1 > 2k_3$，$k_2 > 2k_4$，以及 $\zeta_2 \leqslant 1$，故由式(5-75)可得

$$\dot{V}_2 \leqslant -\frac{k_1}{2}\sum_{i=1}^{s}\sum_{k=1}^{N}\delta_{ki}^{2h} - \frac{k_2}{2}\sum_{i=1}^{s}\sum_{k=1}^{N}e_{ki}^{2h}\frac{k_2}{2} \tag{5-76}$$

值得提出的是，可以选择设计参数 $c_1$ 和 $c_2$，使其分别满足 $c_1 > 2^{1-h}\overline{g}\big(2^{-h}k_m^{-1}N\ell_{\max} + 2^{2-h}c_2^{1/h}r_A\overline{n}_A\big) + 2c_2^{2(1+1/h)}r^2\overline{n} + 4\overline{\gamma}V(0)n_p\overline{\eta}\left(2^{1-h}s + \frac{c_2^{1+h}s}{1+h}\right)$ 和 $c_2 > \max\left\{1/2s, 2^{-h}k_m^{-1}N\ell_{\max} + \frac{\overline{n}}{2} + 4\overline{\gamma}V\ (0)n_p\overline{\eta}\frac{sh}{1+h}\right\}$，从而使得 $k_1 > 2k_3 > 0$，$k_2 > 2k_4 > 0$ 以及 $\zeta_2 \leqslant 1$ 成立。

下面将证明存在常数 $c > 0$ 和 $0 < \alpha < 1$，使得关系式 $\dot{V}_2 + cV_2^{\alpha} \leqslant 0$ 成立。注意到

$$\begin{aligned}V_2 &= V_1 + \frac{1}{2^{1-h}\overline{g}}\sum_{i=1}^{s}\sum_{k=1}^{N}g_{ki}\int_{v_{ki}^*}^{v_{ki}}\left(\varsigma^{\frac{1}{h}} - \left(v_{ki}^*\right)^{\frac{1}{h}}\right)\mathrm{d}\varsigma \\ &\leqslant \frac{\lambda_{\max}(P)}{(1+h)k_m}\sum_{i=1}^{s}\sum_{k=1}^{N}e_{ki}^{1+h} + \frac{1}{2^{1-h}}\sum_{i=1}^{s}\sum_{k=1}^{N}|v_{ki} - v_{ki}^*||\delta_{ki}| \\ &\leqslant \frac{\lambda_{\max}(P)}{(1+h)k_m}\sum_{i=1}^{s}\sum_{k=1}^{N}e_{ki}^{1+h} + \sum_{i=1}^{s}\sum_{k=1}^{N}\delta_{ki}^{1+h} \\ &\leqslant k_v\sum_{i=1}^{s}\sum_{k=1}^{N}e_{ki}^{1+h} + k_v\sum_{i=1}^{s}\sum_{k=1}^{N}\delta_{ki}^{1+h}\end{aligned} \tag{5-77}$$

式中，$k_v = \max\left\{\dfrac{\lambda_{\max}(P)}{(1+h)k_m}, 1\right\}$。根据引理 5.9，则由式(5-77)可得

$$V_2^{\frac{2h}{1+h}} \leqslant k_v^{\frac{2h}{1+h}}\left(\sum_{i=1}^{s}\sum_{k=1}^{N} e_{ki}^{2h} + \sum_{i=1}^{s}\sum_{k=1}^{N}\delta_{ki}^{2h}\right) \tag{5-78}$$

令 $k_d = \min\{k_1/2, k_2/2\}$ 以及 $\tilde{c} = \rho_1 k_d / k_v^{\frac{2h}{1+h}}$，其中 $0 < \rho_1 \leqslant 1$。则由式(5-76)和式(5-78)可以得出

$$\dot{V}_2(t) + \tilde{c}V_2^{\frac{2h}{1+h}}(t) \leqslant 0 \tag{5-79}$$

故由引理 5.7 得存在一个有限时间 $T^*$，满足式(5-78)使得当 $t \geqslant T^*$ 时，$V_2 \equiv 0$。并且 $T_2^*$ 满足

$$T_2^* \leqslant \frac{V_2(0)^{\frac{1-h}{1+h}} k_v^{\frac{2h}{1+h}}(1+h)}{(1-\rho_2)\rho_1 k_d (1-h)} \tag{5-80}$$

式中，$0 < \rho_2 < 1$。由式(5-78)所定义的 $V_2(t)$ 可以看出，$E = 0$，从而在假设 5.1 的条件下可得 $x_1 = x_2 = \cdots = x_N$，这意味着机器人系统在有限时间 $T^*$ 达到一致。

证明完毕。

**注 5.2** 注意到本节中所提出的有限时间一致性控制协议式(5-46)和式(5-47)中包含设计参数 $c_1$ 和 $c_2$，这两个设计参数需要被选择以确保 $k_1 > 2k_3 > 0$ 和 $k_2 > 2k_4 > 0$。在定理 5.1 中，式(5-76)已经给出如何选择参数 $c_1$ 和 $c_2$ 以使得 $k_1 > 2k_3 > 0$ 和 $k_2 > 2k_4 > 0$ 成立，不过该选择条件是充分但非必要的。事实上，通过对式(5-62)的证明可以看出，如果灵活应用 Young' s 不等式，则可以得到相应不同的 $k_{10}$ 和 $k_{20}$ 的表达式。换句话说，$k_{10}$ 和 $k_{20}$ 的表达式并不是唯一的。注意到式(5-64)中 $k_1$ 和 $k_2$ 的表达式依赖于 $k_{10}$ 和 $k_{20}$，故上面所得到的如何选取设计参数 $c_1$ 和 $c_2$ 的条件(该条件依赖于 $k_{10}$ 和 $k_{20}$)可以相应是不同的。也就是说该条件只是针对选取设计参数 $c_1$ 和 $c_2$ 的充分条件，但非必要条件。

**注 5.3** 文献[16]研究了二阶非线性多智能体系统在无向拓扑条件下的有限时间一致性问题。本书解决了此系统在有向通信拓扑条件下的有限时间一致性控制问题，解决途径主要是通过引入对称矩阵 $\boldsymbol{Q}$，并通过几个引理(引理 5.4～引理 5.6)证明得出该对称矩阵的一个重要性质，从而使得加幂积分有限时间控制方法可以应用于有向拓扑条件中。

### 5.4.4 仿真实验与结果分析

本节考虑如下仿真实例来验证所设计有限时间一致性协议的有效性与可行性。实验中仿真环境为 64 位系统，CPU 为 Intel Core T6600 2.20GHz，系统内存为 4GB，仿真软件为 MATLAB R2012a。

考虑一组由 6 个具有非线性动态的机器人模型系统。其动态模型表示为

$$\boldsymbol{M} = \begin{bmatrix} m_1 & 0 \\ 0 & m_2 \end{bmatrix},\quad \boldsymbol{C} = \begin{bmatrix} \cos(q_1) & r_1\dot{q}_2 \\ r_2\dot{q}_2 & \sin(q_2) \end{bmatrix},\quad \boldsymbol{D} = \begin{bmatrix} d_1 & 0 \\ 0 & d_2 \end{bmatrix} \tag{5-81}$$

在仿真中，物理参数分别取为：$m_1 = m_2 = 5$，$r_1 = r_2 = 2$，$d_1 = d_2 = 3$。

该机器人系统 6 个机器人之间的网络拓扑关系如图 5-5 所示。其中每条边的权重取 0.1。

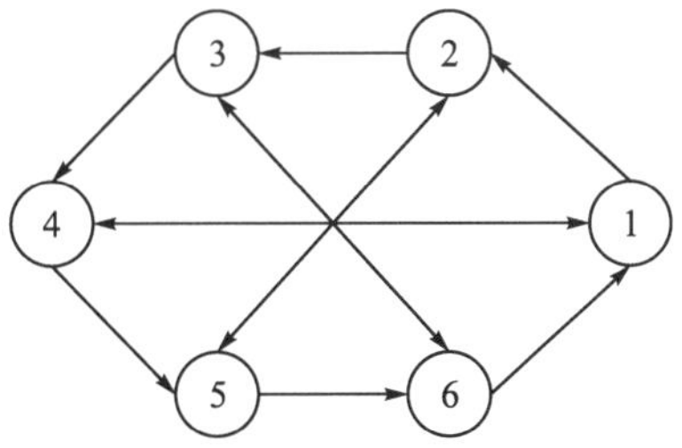


图 5-5　6 个机器人之间的有向通信关系

仿真目标为通过应用所设计的有限时间一致性控制协议[式(5-46)和式(5-47)]，验证机器人系统(5-1)中 6 个机器人是否在有限时间内达到一致。仿真中 6 个机器人的初始位置和初始速度分别设为 $\boldsymbol{x}_k(0) \in [-2,2]$，$\boldsymbol{y}_k(0) \in [-1,1]$，$\boldsymbol{v}_k(0) = (0,0)$，其中，$k = 1,2,\cdots,6$。设计参数选取为 $s = 2$，$c_1 = 20$，$c_2 = 5$。另外，估计参数 $\hat{\boldsymbol{\beta}}_k$ 的初始值选取为 $\hat{\boldsymbol{\beta}}_k(0) = \boldsymbol{0}_{3\times 3}$，$k = 1,2,\cdots,6$。

图 5-6 和图 5-7 分别描绘了所有 6 个机器人从初始状态到最终状态在 $x$ 维方向以及 $y$ 维方向的运动轨迹。图 5-8 和图 5-9 分别描述了 6 个机器人在 $x$ 维方向以及 $y$ 维方向的局部位移误差。从图 5-6 和图 5-7 可以看出，6 个机器人在 $x$ 维和 $y$ 维方向的状态均在有限时间内(不到 2.5s)达到一致性，而图 5-8 和图 5-9 的局部误差收敛图也同时验证了这一点。

为了更好地验证本节中所设计有限时间控制器的控制效果，我们比较了两种控制器，即有限时间控制器和非有限时间控制器(对应所设计算法 $h = 1$ 的情形)的误差收敛效果，如图 5-10 和图 5-11 所示。可以看出，在本节所设计有限时间控制算法下的误差收敛效果，包括收敛速度和收敛精度，都明显优于非有限时间控制算法下的误差收敛效果。

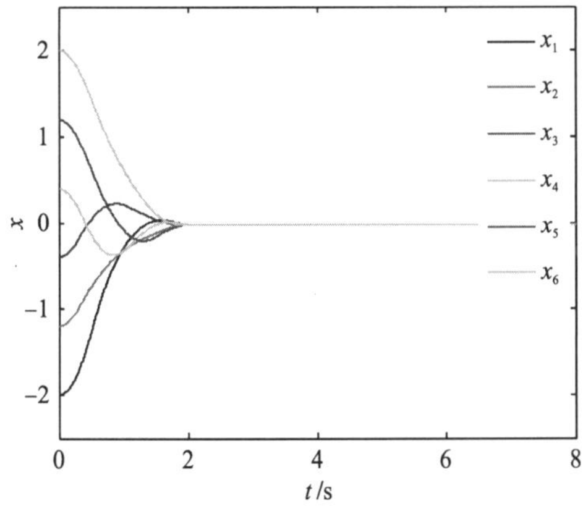


图 5-6　6 个机器人在 $x$ 方向的轨迹图

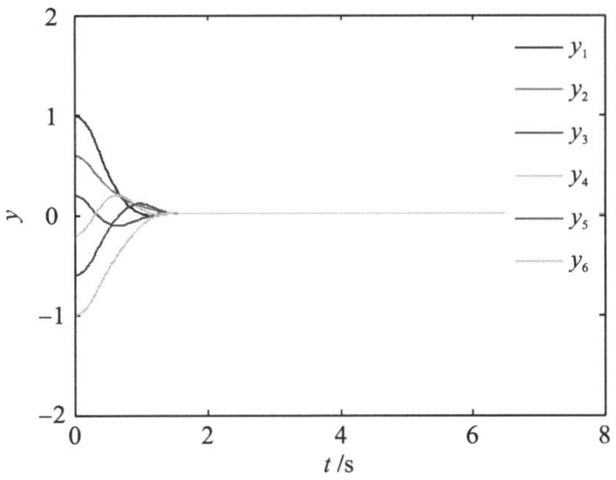


图 5-7　6 个机器人在 $y$ 方向的轨迹图

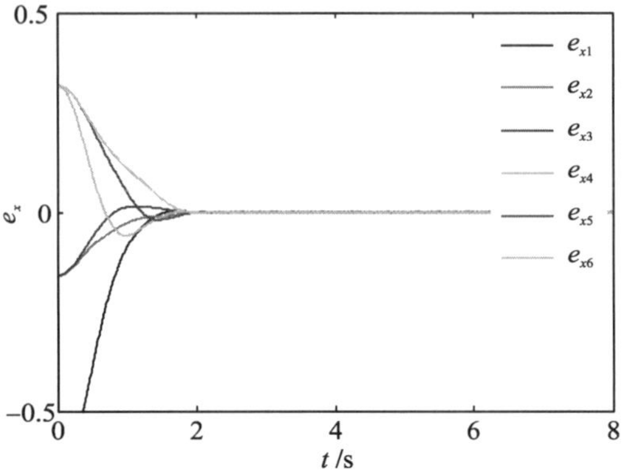


图 5-8　6 个机器人在 $x$ 方向的局部误差图

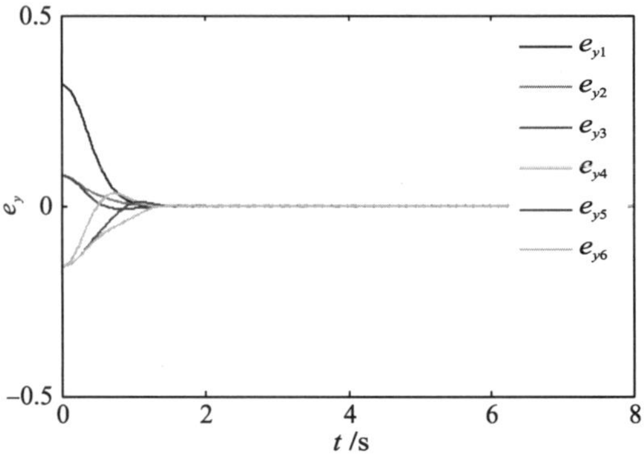


图 5-9　6 个机器人在 $y$ 方向的局部误差图

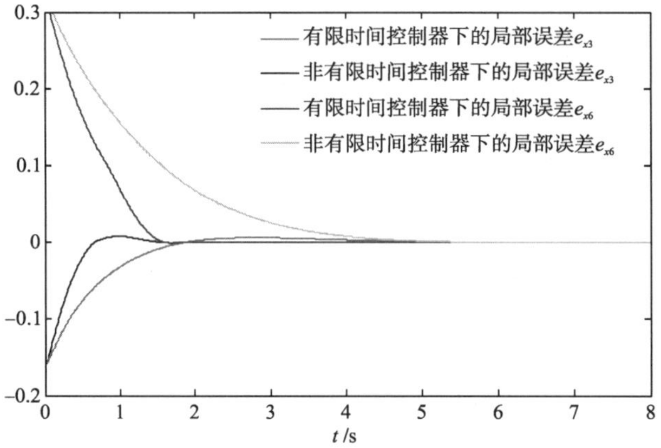


图 5-10　两种不同控制器下在 $x$ 方向的局部误差比较图

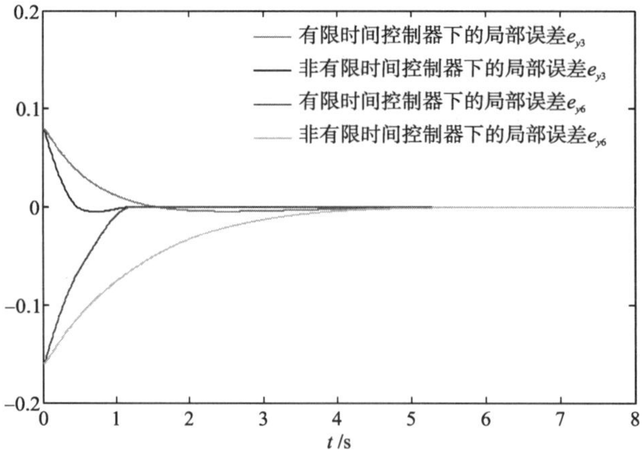


图 5-11　两种不同控制器下在 $y$ 方向的局部误差比较图

综上所述，所有的仿真效果都很好地验证了前面所得的理论结果。

# 5.5　多机器人系统有限时间编队-合围控制

本节主要基于 5.4 节提出的针对含有未知常数控制增益以及可线性参数化分解非线性因素的二阶机器人系统的有限时间一致性控制方法，解决了有向拓扑条件下该系统的有限时间编队-合围控制问题。相对于一致性问题，编队-合围问题更具有挑战性。有限时间编队-合围问题是指在含有多个领导者和多个跟随者的多智能体系统中，多个领导者通过和其他领导者协同合作，在有限时间内形成给定编队队形，同时多个跟随者通过接收来自领导者的部分信息并和跟随者之间协同合作，在有限时间进入领导者编队所形成的凸包区域内。多机器人系统的编队-合围控制问题在实际中有很多的应用。例如，对于一组要到达某个指定目标区域的机器人，配备有必要的传感器来检测障碍的领导机器人，必须在有限时间内到达给定的编队位置，同时跟随机器人需要保护在领导者形成的安全区域之内，以避开危险障碍物。

## 5.5.1　问题描述

对于编队-合围问题，如果一个智能体的邻居只有领导者，则称该智能体为领导者，如果一个智能体在该多智能体系统中有至少一个邻居，则称该智能体为跟随者[19]。考虑由具有二阶非线性动态的 $N$ 个多智能体构成的多智能体系统，其中包含 $M$ 个领导者和 $(N-M)$ 个跟随者。设 $\boldsymbol{A}=\{1,2,\cdots,M\}$，$\boldsymbol{B}=\{M+1,M+2,\cdots,N\}$，分别为领导者和跟随者的指标集合。

**定义 5.10**　考虑机器人系统式(5-20)。如果对于任意初始状态，都存在某个有限时间 $T^*$，使得对于所有 $t\geqslant T^*$ 和 $j,k\in\boldsymbol{A}$，

$$(\boldsymbol{q}_k(t)-\boldsymbol{q}_j(t))-(\boldsymbol{\varpi}_k-\boldsymbol{\varpi}_j)=0_s \tag{5-82}$$

式中，$\boldsymbol{\varpi}=[\varpi_1^{\mathrm{T}},\varpi_2^{\mathrm{T}},\cdots,\varpi_M^{\mathrm{T}}]^{\mathrm{T}}$（$\boldsymbol{\varpi}_k=[\varpi_{k1},\varpi_{k2},\cdots,\varpi_{ks}]^{\mathrm{T}}$，$k\in\boldsymbol{A}$）代表针对领导者的给定编队队形结构，同时存在一组非负常数 $\sigma_j$ $(j\in\mathcal{A})$ 满足 $\sum_{j=1}^{M}\sigma_j=1$，从而对于所有的 $t\geqslant T^*$ 以及所有的 $i\in\boldsymbol{B}$，成立

$$\boldsymbol{q}_i(t)-\sum_{j=1}^{M}\sigma_j\boldsymbol{q}_j(t)=\boldsymbol{0}_s \tag{5-83}$$

则称系统式(5-20)在有限时间 $T^*$ 内实现了编队合围。式(5-82)和式(5-83)意味着领导者和其邻居领导者可相互协作，从而在有限时间内形成指定编队，同时跟随者通过与邻居相互协作，以在有限时间内进入领导者的编队所形成的凸包区域内，从而领导者对其形成合围。

本节的控制目标为：分别针对领导者和跟随者建立分布式自适应控制算法，以使得二阶非线性机器人系统中的领导者在有限时间内形成编队，同时跟随者在有限时间内进入领导者构成的凸包区域，即实现合围。

**假设 5.3**　机器人系统中领导者之间的通信拓扑关系是有向强连通的，跟随者之间的

通信拓扑是有向的，并且对于每一个跟随者，至少存在一个领导者对其有一条有向路径。

假设 $N$ 个智能体之间的通信拓扑关系用有向图$\mathcal{G}$来表示。在假设 5.3 下，有向图$\mathcal{G}$的拉普拉斯矩阵 $\mathcal{L}$ 可以表示为

$$\mathcal{L}=\begin{bmatrix}\mathcal{L}_1 & 0\\ \mathcal{L}_2 & \mathcal{L}_3\end{bmatrix} \tag{5-84}$$

式中，$\mathcal{L}_1\in\mathbf{R}^{M\times M}$ 是领导者之间的相互作用拓扑图 $\mathcal{G}_A$ 所对应的拉普拉斯矩阵，$\mathcal{L}_2\in\mathbf{R}^{(N-M)\times M}$，$\mathcal{L}_3\in\mathbf{R}^{(N-M)\times(N-M)}$。由文献[20]可知，在假设 5.1 下 $\mathcal{L}_3$ 的所有特征值都具有正实部。另外，矩阵 $-\mathcal{L}_3^{-1}\mathcal{L}_2$ 的所有元素都是非负的，并且 $-\mathcal{L}_3^{-1}\mathcal{L}_2$ 的每一行的和都等于1。由文献[21]可知，存在一个矩阵 $\boldsymbol{\xi}=\mathrm{diag}\{\xi_1,\xi_2,\cdots,\xi_{N-M}\}$（$\xi_k>0$）使得 $(\xi\mathcal{L}_3+\mathcal{L}_3^{\mathrm{T}}\xi)$ 是正定矩阵。

## 5.5.2 主要结果

本节中首先为每个领导者设计有限时间控制器，使得所有领导者通过协同合作在有限时间内达到给定编队，并利用 Lyapunov 稳定性分析方法给出严格理论证明，然后为每个跟随者设计有限时间控制器，使得所有跟随者与其邻居（包括领导者和跟随者）协同合作在有限时间进入领导者形成的凸包区域内，同样给出严格理论证明。

为了针对领导者设计有限时间控制器，引入局部误差如下：

$$e_{ki}=\sum_{j\in\mathcal{N}_k}a_{kj}(q_{ki}-\varpi_{ki}-q_{ji}+\varpi_{ji})\quad (k\in\boldsymbol{A},\quad i=1,2,\cdots,s) \tag{5-85}$$

式中，$\mathcal{N}_k$ 是第 $k$ 个领导者，$\varpi_{ki}$ 代表给定的编队结构使得 $q_{ki}-q_{ji}=\varpi_{ki}-\varpi_{ji}$（$k,j\in\boldsymbol{A}$）。令 $\boldsymbol{q}_A=[q_{A1}^{\mathrm{T}},q_{A2}^{\mathrm{T}},\cdots,q_{As}^{\mathrm{T}}]^{\mathrm{T}}$，$\boldsymbol{\varpi}=[\varpi_1^{\mathrm{T}},\varpi_2^{\mathrm{T}},\cdots,\varpi_s^{\mathrm{T}}]^{\mathrm{T}}$ 以及 $\boldsymbol{E}_A=[e_{A1}^{\mathrm{T}},e_{A2}^{\mathrm{T}},\cdots,e_{As}^{\mathrm{T}}]^{\mathrm{T}}$，其中 $\boldsymbol{q}_{Ai}=[q_{1i},q_{2i},\cdots,q_{Mi}]^{\mathrm{T}}$，$\boldsymbol{\varpi}_i=[\varpi_{1i},\varpi_{2i},\cdots,\varpi_{Mi}]^{\mathrm{T}}$ 以及 $\boldsymbol{e}_{Ai}=[e_{1i},e_{2i},\cdots,e_{Mi}]^{\mathrm{T}}$（$i=1,2,\cdots,s$），则下式成立

$$\boldsymbol{E}_A=(\boldsymbol{I}_s\otimes\mathcal{L}_1)(\boldsymbol{q}_A-\boldsymbol{\varpi}) \tag{5-86}$$

由于 $\mathcal{L}_1$ 是有向强连通图 $\mathcal{G}_A$ 所对应的拉普拉斯矩阵，故可知 $\boldsymbol{E}_A=(\boldsymbol{I}_s\otimes\mathcal{L}_1)(q_A-\varpi)=0_{Ms}$，当且仅当 $q_{1i}-\varpi_{1i}=\cdots=q_{Mi}-\varpi_{Mi}$（$i=1,2,\cdots,s$）。故本节中有限时间编队目标实现当且仅当在有限时间内 $\boldsymbol{E}_A\to\boldsymbol{0}_{Ms}$。

基于上述目标，提出如下分布式控制协议：

$$\boldsymbol{u}_k=-c_3\boldsymbol{\delta}_k^{2h-1}-\hat{\boldsymbol{\beta}}_k^{\mathrm{T}}\boldsymbol{\phi}_k\quad(k\in\boldsymbol{A}) \tag{5-87}$$

式中，$\boldsymbol{\delta}_k$ 为局部虚拟误差向量，其定义如下：

$$\delta_{ki}=v_{ki}^{1/h}-v_{ki}^{*1/h},\quad v_{ki}^{*}=-c_4e_{ki}^{h}\quad(k\in\boldsymbol{A},\ i=1,2,\cdots,s) \tag{5-88}$$

式中，$h=\dfrac{2l-1}{2l+1}$，$l\in\mathbf{Z}^{+}$，$c_4>0$ 是自由设计参数，估计参数 $\hat{\beta}_k$ 的自适应律为

$$\dot{\hat{\boldsymbol{\beta}}}_k(j,i)=\mathrm{Proj}((\boldsymbol{\Gamma}_k\boldsymbol{\phi}_k\boldsymbol{\delta}_k^{\mathrm{T}})(j,i),\hat{\boldsymbol{\beta}}_k(j,i))\quad(k\in\boldsymbol{A}) \tag{5-89}$$

式中，$i=1,2,\cdots,s$；$j=1,2,\cdots,m$，$\delta_k^{2h-1}=[\delta_{k1}^{2h-1},\delta_{k2}^{2h-1},\cdots,\delta_{ks}^{2h-1}]^{\mathrm{T}}$，$\bullet(j,i)$ 代表 $\bullet$ 的第 $j$ 行第 $i$ 列元素，$c_3>0$ 为设计参数，$\boldsymbol{\Gamma}_k=\mathrm{diag}\{\gamma_{k1},\gamma_{k2},\cdots,\gamma_{km}\}\in\mathbf{R}^{m\times m}>0$ 是设计参数矩阵，$\hat{\boldsymbol{\beta}}_k$ 为未知常参数 $\boldsymbol{\beta}_k$ 的估计值，$\boldsymbol{\phi}_k(\cdot)$ 是可计算的已知函数向量。该控制器包含两部分：$-c_3\boldsymbol{\delta}_k^{2h-1}$，

确保有限时间编队形成；$\hat{\boldsymbol{\beta}}_k^{\mathrm{T}}\boldsymbol{\phi}_k$，对非线性不确定因素进行有效补偿。

本节的有限时间编队结果阐述如下。

**定理 5.2** 在假设 5.3 所设拓扑条件下，分布式一致性协议式(5-87)～式(5-89)可以保证二阶非线性机器人系统中的所有领导者在有限时间内达到给定编队。有限时间 $T_A^*$ 满足

$$T_A^* = T_{A1}^* + T_{A2}^* \tag{5-90}$$

$$T_{A1}^* \leqslant (V_A(0) - \zeta_A) / d_{A\zeta} \tag{5-91}$$

$$T_{A2}^* \leqslant \frac{V_{A2}(0)^{\frac{1-h}{1+h}} k_{Av}^{\frac{2h}{1+h}}(1+h)}{(1-\rho_2)\rho_1 k_{Ad}(1-h)} \tag{5-92}$$

式中，$0 < \rho_1 \leqslant 1$，$0 < \rho_2 < 1$。

证明：注意到对领导者的邻居误差 $\boldsymbol{E}_A = (\boldsymbol{I}_s \otimes \boldsymbol{\mathcal{L}}_1)(\boldsymbol{q}_A - \boldsymbol{\varpi})$，求导得 $\dot{\boldsymbol{E}}_A = (\boldsymbol{I}_s \otimes \boldsymbol{\mathcal{L}}_1)\boldsymbol{v}_A$。故采用类似定理 5.1 中的证明过程，很容易得到针对领导者的有限时间编队结果。

证明完毕。

由于在领导者未形成编队之前，领导者的状态是动态变化的，并且不能保证其状态有界性，这对有限时间合围控制器设计以及稳定性分析带来困难和挑战。下面着重介绍对跟随者的有限时间合围控制设计和稳定性分析。

首先针对第 $k$（$k \in \boldsymbol{B}$）个跟随者给出其邻居误差定义

$$e_{ki} = \sum_{j \in \mathcal{N}_k} a_{kj}(q_{ki} - q_{ji}) \quad (k \in \boldsymbol{B}) \tag{5-93}$$

对 $i = 1,2,\cdots,s$，令

$$\boldsymbol{q}_{Bi} = [q_{M+1,i}, q_{M+2,i}, \cdots, q_{Ni}]^{\mathrm{T}} \in \mathbf{R}^{N-M}, \quad \boldsymbol{e}_{Bi} = \left[e_{M+1,i}, e_{M+2,i}, \cdots, e_{Ni}\right]^{\mathrm{T}} \in \mathbf{R}^{N-M},$$

$$\boldsymbol{q}_B = \left[\boldsymbol{q}_{B1}^{\mathrm{T}}, \boldsymbol{q}_{B2}^{\mathrm{T}}, \cdots, \boldsymbol{q}_{Bs}^{\mathrm{T}}\right]^{\mathrm{T}} \in \mathbf{R}^{(N-M)s}, \quad \boldsymbol{E}_B = [\boldsymbol{e}_{B1}^{\mathrm{T}}, \boldsymbol{e}_{B2}^{\mathrm{T}}, \cdots, \boldsymbol{e}_{Bs}^{\mathrm{T}}]^{\mathrm{T}} \in \mathbf{R}^{(N-M)s}$$

则有如下关系式成立，

$$\begin{aligned} \boldsymbol{E}_B &= (\boldsymbol{I}_s \otimes \boldsymbol{\mathcal{L}}_2)\boldsymbol{q}_A + (\boldsymbol{I}_s \otimes \boldsymbol{\mathcal{L}}_3)\boldsymbol{q}_B \\ &= (\boldsymbol{I}_s \otimes \boldsymbol{\mathcal{L}}_3)\left[\boldsymbol{q}_B - (-\boldsymbol{I}_s \otimes (\boldsymbol{\mathcal{L}}_3^{-1}\boldsymbol{\mathcal{L}}_2))\boldsymbol{q}_A\right] \end{aligned} \tag{5-94}$$

由式(5-94)可以看出，跟随者进入领导者所形成的凸区域内当且仅当 $E_B \to 0$。由文献[21]可知矩阵 $-\boldsymbol{\mathcal{L}}_3^{-1}\boldsymbol{\mathcal{L}}_2$ 的每一个元素都是非负的，并且每一行元素的和为1。

定义第 $k$（$k \in \boldsymbol{B}$）个跟随者的虚拟误差为 $\delta_{ki} = v_{ki}^{1/h} - v_{ki}^{*1/h}$（$i = 1,2,\cdots,s$），其中 $v_{ki}^* = -c_6 e_{ki}^h$，$c_6 > 0$ 为自由设计参数。

由跟随者的局部误差 $e_{ki}$ 的定义以及局部虚拟误差 $\delta_{ki}$ 的定义，可知在假设 5.3 条件下，若在有限时间内 $e_{ki} \to 0$ 和 $\delta_{ki} \to 0$，则实现了有限时间合围控制目标。所以设计有限时间合围控制器如下：

$$\boldsymbol{u}_k = -c_5 \boldsymbol{\delta}_k^{2h-1} - \hat{\boldsymbol{\beta}}_k^{\mathrm{T}}\boldsymbol{\phi}_k \quad (k \in \boldsymbol{B}) \tag{5-95}$$

其中 $\hat{\boldsymbol{\beta}}_k$ 的自适应律为

$$\dot{\hat{\boldsymbol{\beta}}}_k(j,i) = \mathrm{Proj}((\boldsymbol{\Sigma}_k \boldsymbol{\phi}_k \boldsymbol{\delta}_k^{\mathrm{T}})(j,i), \hat{\boldsymbol{\beta}}_k(j,i)) \quad (k \in \boldsymbol{B}) \tag{5-96}$$

式中，$j = 1,2,\cdots,m$，$i = 1,2,\cdots,s$，其中 $c_5 > 0$ 是自由设计参数，$\Sigma_k = \mathrm{diag}\{\sigma_{k1}, \sigma_{k2}, \cdots, \sigma_{km}\}$

$\in \mathbf{R}^{m\times m}>0$ 是设计参数矩阵，$\beta_k$ 和 $\phi_k(\cdot)$ 和定理 5.1 中定义相同。注意到在所设计控制器中，负分数阶反馈项 $-c_5\delta_k^{2h-1}$ 起到合围误差在有限时间内达到收敛的作用，自适应项 $\hat{\beta}_k^{\mathrm{T}}\phi_k$ 可以补偿系统中的非线性不确定因素。

**定理 5.3** 在假设 5.3 所设拓扑条件下，分布式一致性协议式(5-95)和式(5-96)可以保证二阶非线性机器人中的所有跟随者在有限时间内进入领导者所形成凸区域内，实现合围。有限时间 $T_B^*$ 满足

$$T_B^* = T_B^* + T_{B1}^* + T_{B2}^* \tag{5-97}$$

其中 $T_B^*$ 由式(5-90)给出，

$$T_{B1}^* \leqslant (V_B(0)-\zeta_B)/d_{B\zeta} \tag{5-98}$$

$$T_{B2}^* \leqslant \frac{V_{B2}(0)^{\frac{1-h}{1+h}}k_{Bv}^{\frac{2h}{1+h}}(1+h)}{(1-\rho_2)\rho_1 k_{Bd}(1-h)} \tag{5-99}$$

式中，$0<\rho_1\leqslant 1$，$0<\rho_2<1$。

证明：注意到在领导者未形成给定编队之前，领导者是动态变化的，并且其控制输入信号对于跟随者来说是未知不可测的。为了使得跟随者进入领导者形成的凸区域内，首先证明当 $t\in[0,T_A^*)$ 时跟随者的状态保持在领导者状态的附近有界，然后证明跟随者在有限时间 $T^*$（$T^*>T_A^*$）内达到合围。整个证明分为两种情况：$t\in\left[0,T_A^*\right)$ 和 $t\geqslant T_A^*$。

情况 1：$t\in\left[0,T_A^*\right)$。

由文献[22]可知，存在矩阵 $\boldsymbol{\xi}=\mathrm{diag}\{\xi_1,\xi_2,\cdots,\xi_{N-M}\}$（$\xi_k>0$）使得 $(\boldsymbol{\xi}\boldsymbol{\mathcal{L}}_3+\boldsymbol{\mathcal{L}}_3^{\mathrm{T}}\boldsymbol{\xi})/2$ 为正定矩阵。令 $\lambda_m$ 代表 $(\boldsymbol{\xi}\boldsymbol{\mathcal{L}}_3+\boldsymbol{\mathcal{L}}_3^{\mathrm{T}}\boldsymbol{\xi})/2$ 的最小特征值。构造第一部分 Lyapunov 候选函数如下：

$$V_{B1}=\frac{1}{(1+h)\lambda_m}(\boldsymbol{E}_B^{\frac{1+h}{2}})^{\mathrm{T}}(\boldsymbol{I}_s\otimes\boldsymbol{\xi})\boldsymbol{E}_B^{\frac{1+h}{2}} \tag{5-100}$$

并对其求导得

$$\begin{aligned}\dot{V}_{B1}&=\frac{1}{\lambda_m}(\boldsymbol{E}_B^h)^{\mathrm{T}}(\boldsymbol{I}_s\otimes\boldsymbol{\xi})(\boldsymbol{I}_s\otimes\boldsymbol{\mathcal{L}}_3)\left[\boldsymbol{v}_B-\left(-I_s\otimes(\boldsymbol{\mathcal{L}}_3^{-1}\boldsymbol{\mathcal{L}}_2)\right)\boldsymbol{v}_A\right]\\&=\frac{1}{\lambda_m}(\boldsymbol{E}_B^h)^{\mathrm{T}}\left(\boldsymbol{I}_s\otimes(\boldsymbol{\xi}\boldsymbol{\mathcal{L}}_3)\right)\boldsymbol{v}_B+\frac{1}{\lambda_m}(\boldsymbol{E}_B^h)^{\mathrm{T}}\left(\boldsymbol{I}_s\otimes(\xi\boldsymbol{\mathcal{L}}_2)\right)\boldsymbol{v}_A\\&\leqslant\frac{1}{\lambda_m}(\boldsymbol{E}_B^h)^{T}(\boldsymbol{I}_s\otimes(\boldsymbol{\xi}\boldsymbol{\mathcal{L}}_3))\boldsymbol{v}_B+\frac{1}{2\lambda_m}(\boldsymbol{E}_B^h)^{\mathrm{T}}\boldsymbol{E}_B^h\\&\quad+\frac{1}{2\lambda_m}\left[\left(\boldsymbol{I}_s\otimes(\boldsymbol{\xi}\boldsymbol{\mathcal{L}}_2)\right)\boldsymbol{v}_A\right]^{\mathrm{T}}\left[\left(\boldsymbol{I}_s\otimes(\boldsymbol{\xi}\boldsymbol{\mathcal{L}}_2)\right)\boldsymbol{v}_A\right]\end{aligned} \tag{5-101}$$

式中，$\boldsymbol{v}_B=\dot{\boldsymbol{x}}_B$。

下面检测不等式(5-101)右边第一项。由于 $\boldsymbol{v}_B^*=-c_6\boldsymbol{E}_B^h$，且 $\boldsymbol{v}_B=\dot{\boldsymbol{x}}_B$，则

$$\begin{aligned}&\frac{1}{\lambda_m}(\boldsymbol{E}_{\mathrm{B}}^h)^{\mathrm{T}}\left(I_s\otimes(\boldsymbol{\xi}\boldsymbol{\mathcal{L}}_3)\right)\boldsymbol{v}_{\mathrm{B}}\\&=-\frac{c_6}{\lambda_m}(\boldsymbol{E}_{\mathrm{B}}^h)^{\mathrm{T}}\left(I_s\otimes(\boldsymbol{\xi}\boldsymbol{\mathcal{L}}_3)\right)\boldsymbol{E}_{\mathrm{B}}^h+\frac{1}{\lambda_m}(\boldsymbol{E}_{\mathrm{B}}^h)^{\mathrm{T}}\left(\boldsymbol{I}_s\otimes(\boldsymbol{\xi}\boldsymbol{\mathcal{L}}_3)\right)(\boldsymbol{v}_B-\boldsymbol{v}_B^*)\end{aligned}$$

$$
\begin{aligned}
&\leqslant -c_6(\boldsymbol{E}_{\boldsymbol{B}}^h)^{\mathrm{T}}\boldsymbol{E}_{\boldsymbol{B}}^h+\frac{1}{\lambda_m}(\boldsymbol{E}_{\boldsymbol{B}}^h)^{\mathrm{T}}\left(\boldsymbol{I}_s\otimes(\boldsymbol{\xi}\mathcal{L}_3)\right)(\boldsymbol{v}_{\boldsymbol{B}}-\boldsymbol{v}_{\boldsymbol{B}}^*)\\
&=-c_6\sum_{i=1}^{s}\sum_{k=M+1}^{N}e_{ki}^{2h}+\frac{1}{\lambda_m}\sum_{i=1}^{s}\left[\sum_{k=M+1}^{N}(v_{ki}-v_{ki}^*)\sum_{j=M+1}^{N}l_{jk}e_{ji}^h\right]
\end{aligned}\tag{5-102}
$$

式中，$l_{jk}$ 是 $(\boldsymbol{\xi}\mathcal{L}_3)^{\mathrm{T}}$ 的第 $j$ 行第 $k$ 列元素，式(5-102)中用到了性质 $(\boldsymbol{E}_{\boldsymbol{B}}^h)^{\mathrm{T}}(I_s\otimes(\boldsymbol{\xi}\mathcal{L}_3))\boldsymbol{E}_{\boldsymbol{B}}^h\geqslant\lambda_m(\boldsymbol{E}_{\boldsymbol{B}}^h)^{\mathrm{T}}\boldsymbol{E}_{\boldsymbol{B}}^h$，其中 $\lambda_m>0$ 为常数。

通过类似定理 5.1 中对式(5-56)和式(5-57)的证明过程，可以得出

$$
\begin{aligned}
&\frac{1}{\lambda_m}(\boldsymbol{E}_{\boldsymbol{B}}^h)^{\mathrm{T}}\left(\boldsymbol{I}_s\otimes(\boldsymbol{\xi}\boldsymbol{L}_3)\right)v_{\boldsymbol{B}}\\
&\leqslant -c_6\sum_{i=1}^{s}\sum_{k=M+1}^{N}e_{ki}^{2h}+2^{-h}\lambda_m^{-1}(N-M)l_{\max}\sum_{i=1}^{s}\sum_{k=M+1}^{N}\left(\delta_{ki}^{2h}+e_{ki}^{2h}\right)
\end{aligned}\tag{5-103}
$$

式中，$l_{\max}=\max_{j,k\in\boldsymbol{B}}|l_{jk}|$。

令 $\overline{g}_{\boldsymbol{B}}=\max_{k\in\boldsymbol{B}}\{m_{ki}\}$，分别构造第二和第三部分 Lyapunov 候选函数如下：

$$
V_{\boldsymbol{B}2}=\frac{1}{2^{1-h}\overline{g}_{\boldsymbol{B}}}\sum_{i=1}^{s}\sum_{k=M+1}^{N}m_{ki}\int_{v_{ki}^*}^{v_{ki}}\left[\varsigma^{\frac{1}{h}}-(v_{ki}^*)^{\frac{1}{h}}\right]\mathrm{d}\varsigma \tag{5-104}
$$

$$
V_{\boldsymbol{B}3}=\sum_{k=M+1}^{N}\frac{\operatorname{tr}\{\tilde{\beta}_k^{\mathrm{T}}\Sigma_k^{-1}\tilde{\beta}_k\}}{2^{2-h}\overline{g}_{\boldsymbol{B}}} \tag{5-105}
$$

应用式(5-95)给出的控制协议 $u_k$（$k\in\boldsymbol{B}$）和式(5-96)对 $\hat{\beta}_k$ 的自适应律，采用类似证明式(5-59)～式(5-66)的步骤，易得

$$
\frac{1}{\lambda_m}(\boldsymbol{E}_{\boldsymbol{B}}^h)^{\mathrm{T}}(\boldsymbol{I}_s\otimes(\boldsymbol{\xi}\mathcal{L}_3))v_{\boldsymbol{B}}+\dot{V}_{\boldsymbol{B}2}+\dot{V}_{\boldsymbol{B}3}\leqslant -k_9\sum_{i=1}^{s}\sum_{k=M+1}^{N}\delta_{ki}^{2h}-k_{10}\sum_{i=1}^{s}\sum_{k=M+1}^{N}e_{ki}^{2h} \tag{5-106}
$$

其中，

$$
\begin{aligned}
&k_9=-2^{-h}\lambda_m^{-1}(N-M)l_{\max}+\frac{c_5}{2^{1-h}\overline{g}_{\boldsymbol{B}}}-\left(2^{2-h}c_6^{1/h}r_{\boldsymbol{B}}+2c_6^{2(1+1/h)}r_{\boldsymbol{B}}^2\right)\overline{n}_{\boldsymbol{B}}\\
&k_{10}=c_6-2^{-h}\lambda_m^{-1}(N-M)l_{\max}-\frac{\overline{n}_{\boldsymbol{B}}}{2}
\end{aligned}\tag{5-107}
$$

式中，$r_{\boldsymbol{B}}=\max_{\forall k,j\in\boldsymbol{B}}\{a_{kj}\}$，$\overline{n}_{\boldsymbol{B}}$ 表示所有 $k\in\boldsymbol{B}$ 的邻居集 $\mathcal{N}_k$ 中所包含元素个数最大的数目，可以选择参数 $c_5$ 和 $c_6$，使得 $k_9>0$ 和 $k_{10}>0$。

下面估计式(5-101)右边第二项。注意到

$$
V_{\boldsymbol{B}1}\geqslant\frac{\lambda_{\min}(\boldsymbol{\xi})}{(1+h)\lambda_m}\left(E_{\boldsymbol{B}}^{\frac{1+h}{2}}\right)^{\mathrm{T}}E_{\boldsymbol{B}}^{\frac{1+h}{2}}=\frac{\lambda_{\min}(\boldsymbol{\xi})}{(1+h)\lambda_m}\sum_{i=1}^{s}\sum_{k=M+1}^{N}e_{ki}^{1+h} \tag{5-108}
$$

则有

$$
\begin{aligned}
&\frac{1}{2\lambda_m}\left(\boldsymbol{E}_{\boldsymbol{B}}^h\right)^{\mathrm{T}}\boldsymbol{E}_{\boldsymbol{B}}^h=\frac{1}{2\lambda_m}\sum_{i=1}^{s}\sum_{k=M+1}^{N}\left(e_{ki}^{1+h}\right)^{\frac{2h}{1+h}}\\
&\leqslant\frac{\left[s(N-M)\right]^{1-\frac{2h}{1+h}}}{2\lambda_m}\left(\sum_{i=1}^{s}\sum_{k=M+1}^{N}e_{ki}^{1+h}\right)^{\frac{2h}{1+h}}\leqslant k_{\boldsymbol{B}}V_{\boldsymbol{B}1}^{\frac{2h}{1+h}}
\end{aligned}\tag{5-109}
$$

式中，$k_B=\frac{1}{2}\left[\frac{s(N-M)}{\lambda_m}\right]^{\frac{1-h}{1+h}}\left[\frac{1+h}{\lambda_{\min}(\xi)}\right]^{\frac{2h}{1+h}}$。

下面检测式(5-101)右边第三项。用$\chi_{j,k}$表示矩阵$(\xi\mathcal{L}_2)$的第$j$行第$k$列元素，则

$$\begin{aligned}\left[\left(I_s\otimes(\xi\mathcal{L}_2)\right)v_A\right]^{\mathrm T}\left[\left(I_s\otimes(\xi\mathcal{L}_2)\right)v_A\right]&=\sum_{i=1}^{s}\left[\sum_{j=1}^{N}\left(\sum_{k=1}^{M}\chi_{jk}v_{ki}\right)^2\right]\\&\leqslant\chi_{\max}\sum_{i=1}^{s}\left[\sum_{j=M+1}^{N}\left(\sum_{k=1}^{M}|v_{ki}|\right)^2\right]=(N-M)\chi_{\max}\sum_{i=1}^{s}\left(\sum_{k=1}^{M}|v_{ki}|\right)^2\end{aligned}\tag{5-110}$$

式中，$\chi_{\max}=\max_{j,k\in A\cup B}\left\{|\chi_{jk}|\right\}$。

为了证明式(5-110)中$\sum_{i=1}^{s}\left(\sum_{k=1}^{M}|v_{ki}|\right)^2$的有界性，利用编队控制中类似式(5-101)的关系式可知$\dot V_{A2}(t)\leqslant-\tilde c_A V_{A2}(t)^{\frac{2h}{1+h}}$，故有$V_{A2}(t)\leqslant V_{A2}(0)$。令$c_A=\tilde c_A V_{A2}(0)^{\frac{2h}{1+h}-1}$，则$\dot V_{A2}(t)\leqslant -c_A V_{A2}(t)$，故进一步得

$$V_{A2}(t)\leqslant V_{A2}(t_0)\mathrm e^{-c_A t}\tag{5-111}$$

由引理 5.2 得

$$\left|\varsigma^{\frac{1}{h}}-(v_{ki}^*)^{\frac{1}{h}}\right|\geqslant\left(2^{h-1}\left|\varsigma-v_{ki}^*\right|\right)^{\frac{1}{h}}\tag{5-112}$$

又由式(5-58)和式(5-112)知，若$v_{ki}\geqslant v_{ki}^*$，有

$$\frac{1}{2^{1-h}\underline{g}_A}\sum_{i=1}^{s}\sum_{k=1}^{M}g_{ki}\int_{v_{ki}^*}^{v_{ki}}\left(\varsigma^{\frac{1}{h}}-\left(v_{ki}^*\right)^{\frac{1}{h}}\right)\mathrm d\varsigma\geqslant\frac{hg_A}{2^{1/h-h}\underline{g}_A(1+h)}\sum_{i=1}^{s}\sum_{k=1}^{M}(v_{ki}-v_{ki}^*)^{1+1/h}\tag{5-113}$$

成立，其中$\underline{g}_A=\min_{k,i\in A}\{m_{ki}\}$。若$v_{ki}<v_{ki}^*$，类似仍可得到式(5-113)成立。令$k_0=\left(\frac{hg_A}{2^{1/h-h}\underline{g}_A(1+h)}\right)^{-1}$，则合并式(5-111)和式(5-113)可得

$$\sum_{i=1}^{s}\sum_{k=1}^{M}(v_{ki}-v_{ki}^*)^{1+1/h}\leqslant k_0V_{A2}(t_0)\mathrm e^{-c_At}\tag{5-114}$$

通过应用引理 5.1 两次，则由式(5-114)得到

$$\begin{aligned}\sum_{i=1}^{s}\sum_{k=1}^{M}|v_{ki}-v_{ki}^*|&=\sum_{i=1}^{s}\sum_{k=1}^{M}\left(|v_{ki}-v_{ki}^*|^{\frac{1+h}{h}}\right)^{\frac{h}{1+h}}\\&\leqslant(sM)^{1-\frac{h}{1+h}}\left(\sum_{i=1}^{s}\sum_{k=1}^{M}|v_{ki}-v_{ki}^*|^{\frac{1+h}{h}}\right)^{\frac{h}{1+h}}\leqslant\mu_1\mathrm e^{-k_{\mu1}t}\end{aligned}\tag{5-115}$$

式中，$\mu_1=(sM)^{1-\frac{h}{1+h}}\left[k_0V_{A2}(0)\right]^{\frac{h}{1+h}}$，$k_{\mu1}=\frac{h}{1+h}c_A$。另外，根据引理 5.1 可得

$$\sum_{i=1}^{s}\sum_{k=1}^{M}|v_{ki}^*|=\sum_{i=1}^{s}\sum_{k=1}^{M}|c_2e_{ki}^h|=c_2\sum_{i=1}^{s}\sum_{k=1}^{M}|e_{ki}^{1+h}|^{\frac{h}{1+h}}\leqslant c_2(sM)^{\frac{1}{1+h}}\left(\sum_{i=1}^{s}\sum_{k=1}^{M}|e_{ki}^{1+h}|\right)^{\frac{h}{1+h}}\tag{5-116}$$

由$V_{A1}$的定义可知，

$$\begin{aligned}\sum_{i=1}^{s}\sum_{k=1}^{M}e_{ki}^{1+h}&=\left(E_A^{\frac{1+h}{2}}\right)^{\mathrm{T}}E_A^{\frac{1+h}{2}}\leqslant(1+h)k_m p_m^{-1}V_{A1}\\&\leqslant(1+h)k_m p_m^{-1}V_{A2}\leqslant(1+h)k_m p_m^{-1}V_{A2}(t_0)\mathrm{e}^{-c_A t}\end{aligned}\tag{5-117}$$

式中，$p_m=\min\{p_1,p_2,\cdots,p_m\}$。由式(5-116)和式(5-117)得

$$\sum_{i=1}^{s}\sum_{k=1}^{M}|v_{ki}^{*}|\leqslant\mu_2\mathrm{e}^{-k_{\mu2}t}\tag{5-118}$$

式中，$\mu_2=c_2(sM)^{\frac{1}{1+h}}[(1+h)k_m p_m^{-1}V_{A2}(0)]^{\frac{h}{1+h}}$，$k_{\mu2}=\dfrac{h}{1+h}c_{\boldsymbol{A}}$。由式(5-115)和式(5-118)，可得

$$\begin{aligned}\sum_{i=1}^{s}\left(\sum_{k=1}^{M}|v_{ki}|\right)^2&\leqslant\left(\sum_{i=1}^{s}\sum_{k=1}^{M}|v_{ki}|\right)^2\leqslant\left(\sum_{i=1}^{s}\sum_{k=1}^{M}|v_{ki}-v_{ki}^{*}|+\sum_{i=1}^{s}\sum_{k=1}^{M}|v_{ki}^{*}|\right)^2\\&\leqslant\left(\mu_1\mathrm{e}^{-k_{\mu1}t}+\mu_2\mathrm{e}^{-k_{\mu2}t}\right)^2\leqslant(\mu_1+\mu_2)^2\end{aligned}\tag{5-119}$$

将式(5-110)代入式(5-119)中，则可得

$$\frac{1}{2\lambda_m}\left[\left(\boldsymbol{I}_s\otimes(\boldsymbol{\xi}\boldsymbol{\mathcal{L}}_2)\right)\boldsymbol{v}_{\boldsymbol{A}}\right]^{\mathrm{T}}\left[\left(\boldsymbol{I}_s\otimes(\boldsymbol{\xi}\boldsymbol{\mathcal{L}}_2)\right)\boldsymbol{v}_{\boldsymbol{A}}\right]<\boldsymbol{\zeta}\tag{5-120}$$

成立，式中，$\zeta=\dfrac{N-M}{2\lambda_m}\chi_{\max}(\mu_1+\mu_2)^2$。

构造 Lyapunov 候选函数为$V_{\boldsymbol{B}}=V_{\boldsymbol{B}1}+V_{\boldsymbol{B}2}+V_{\boldsymbol{B}3}$。由式(5-101)、式(5-106)、式(5-109)和式(5-120)可知，如果$V_{\boldsymbol{B}1}\geqslant1$，则

$$\dot{V}_{\boldsymbol{B}}\leqslant k_{\boldsymbol{B}}V_{\boldsymbol{B}1}^{\frac{2h}{1+h}}+\boldsymbol{\zeta}\leqslant k_{\boldsymbol{B}}V_{\boldsymbol{B}}+\boldsymbol{\zeta}\tag{5-121}$$

由该式可以推断得出，若$t\in\left[0,T_{\boldsymbol{A}}^{*}\right)$，则

$$V_{\boldsymbol{B}}(t)\leqslant(V_{\boldsymbol{B}}(0)+k_{\boldsymbol{B}}^{-1}\boldsymbol{\zeta})\mathrm{e}^{k_{\boldsymbol{B}}t}-k_{\boldsymbol{B}}^{-1}\boldsymbol{\zeta}\leqslant(V_{\boldsymbol{B}}(0)+k_{\boldsymbol{B}}^{-1}\zeta)\mathrm{e}^{k_{\boldsymbol{B}}T_{\boldsymbol{A}}^{*}}-k_{\boldsymbol{B}}^{-1}\boldsymbol{\zeta}\tag{5-122}$$

否则，则$V_{\boldsymbol{B}1}<1$，这两点意味着$V_{\boldsymbol{B}1}(t)$当$t\in[0,T_{\boldsymbol{A}}^{*})$时是有界的。故对所有$k\in\boldsymbol{B}$有

$$|e_{ki}|\leqslant\left[\frac{(1+h)\lambda_m}{\lambda_{\min}(\boldsymbol{\xi})}V_{\boldsymbol{B}1}\right]^{\frac{1}{1+h}}\tag{5-123}$$

故由对每个跟随者邻居误差$e_{ki}$的定义可知，在$[0,T_{\boldsymbol{A}}^{*})$内，每一个跟随者的状态都保持在领导者附近有界。

情况 2：$t\geqslant T_{\boldsymbol{A}}^{*}$。

注意当$t\geqslant T_{\boldsymbol{A}}^{*}$时，所有的领导者已经形成了给定编队，即$E_{\boldsymbol{A}}=0$，更进一步有当$t\geqslant T_{\boldsymbol{A}}^{*}$时$v_{\boldsymbol{A}}=0$成立，因此$V_{\boldsymbol{B}1}(t)$的导数变为

$$\begin{aligned}\dot{V}_{\boldsymbol{B}1}&=\frac{1}{\lambda_m}\left(E_{\boldsymbol{B}}^{h}\right)^{\mathrm{T}}(\boldsymbol{I}_s\otimes\boldsymbol{\xi})(\boldsymbol{I}_s\otimes\boldsymbol{L}_3)\left[\boldsymbol{v}_{\boldsymbol{B}}-\left(-\boldsymbol{I}_s\otimes(\boldsymbol{L}_3^{-1}\boldsymbol{L}_2)\right)\boldsymbol{v}_{\boldsymbol{A}}\right]\\&=\frac{1}{\lambda_m}\left(\boldsymbol{E}_{\boldsymbol{B}}^{h}\right)^{\mathrm{T}}\left(\boldsymbol{I}_s\otimes(\boldsymbol{\xi}\boldsymbol{L}_3)\right)\boldsymbol{v}_{\boldsymbol{B}}\end{aligned}\tag{5-124}$$

则由式(5-96)和式(5-124)得

$$\dot{V}_B \leqslant -k_9\sum_{i=1}^{s}\sum_{k=M+1}^{N}\delta_{ki}^{2h} - k_{10}\sum_{i=1}^{s}\sum_{k=M+1}^{N}e_{ki}^{2h} \tag{5-125}$$

式中，$k_9$ 和 $k_{10}$ 由式(5-107)给出，故可推断出 $\dot{V}_A \leqslant 0$，则进一步得出 $V_B(t) \leqslant V_B(0) < \infty$ 成立。同时，对于所有的 $k \in \boldsymbol{B}$ 成立

$$\|\tilde{\beta}_k\|_\infty \leqslant 2^{2-h}\overline{g}_B\overline{\sigma}V_B(t) \leqslant 2^{2-h}\overline{g}_B\overline{\sigma}V_B(0) \tag{5-126}$$

式中，$\overline{\sigma} = \max_{k\in \boldsymbol{B}}\{\sigma_{k1},\sigma_{k2},\cdots,\sigma_{km}\}$（$\Sigma_k = \mathrm{diag}\{\sigma_{k1},\sigma_{k2},\cdots,\sigma_{km}\}$）。定义一个集合

$$\Theta_B = \{(x_B, v_B): |\delta_{ki}| < \zeta_{B1}, |e_{ki}| < \zeta_{B2}\} \tag{5-127}$$

式中，可以选取 $\zeta_{B1}$ 和 $\zeta_{B2}$ 使得 $\zeta_{B1} = \left(\dfrac{1}{2^{2-h}s}\right)^{1/h}$ 和 $\zeta_{B2} = \left(\dfrac{1}{2c_6 s}\right)^{1/h}$ 成立。通过采用相似于证明式(5-69)和式(5-70)的步骤，可以推理得出存在一个有限时间 $T_{B1}^*$ 满足

$$T_{B1}^* \leqslant (\boldsymbol{V}_B(0) - \boldsymbol{\zeta}_B)/d_{B\zeta} \tag{5-128}$$

式中，$\zeta_B = \min_{(x_B,v_B)\in\Theta_B}\{V_B(t)\}$，$d_{B\zeta}$ 满足 $d_{B\zeta} \geqslant \min\{k_3 s(N-M)\zeta_{B2}^{2h}, k_4 s(N-M)\zeta_{B1}^{2h}\}$，从而在 $t = T_A^* + T_{B1}^*$ 之前，所有跟随者的状态进入集合 $\boldsymbol{\Theta}_B$。而一旦进入该紧集集合，$\delta_{ki}$ 和 $e_{ki}$（$k \in \boldsymbol{B}$，$i = 1,2,\cdots,s$）将一直保持在该集合内。

通过类似证明式(5-71)～式(5-80)的过程可以得出，存在一个有限时间 $T_B^* > 0$ 使得当 $t \geqslant T_B^*$ 时，$\overline{V}_{B2} = V_{B1} + V_{B2} = 0$ 成立，其中，

$$T_B^* = T_A^* + T_{B1}^* + T_{B2}^* \tag{5-129}$$

$$T_{B2}^* \leqslant \frac{\overline{V}_{B2}(0)^{\frac{1-h}{1+h}} k_{Bv}^{\frac{2h}{1+h}}(1+h)}{(1-\rho_2)\rho_1 k_{Bd}(1-h)} \tag{5-130}$$

式中，$k_{Bv} = \max\left\{\dfrac{\lambda_{\max}(\boldsymbol{\xi})}{(1+h)\lambda_{\mathrm{m}}}, 1\right\}$，$k_{Bd} = \min\{k_9/2, k_{10}/2\}$。由 $V_{B1}(t)$ 的定义进一步得到，当 $t \geqslant T_B^*$ 时，$E_B = 0$。故机器人系统中所有的跟随者在有限时间 $T_B^*$ 内实现合围目标。

**定理 5.4** 考虑满足假设 5.3 的多机器人系统(5-20)。在分布式控制协议(5-87～5-89)以及(5-95～5-96)的作用下，系统(5-20)中的领导机器人和跟随机器人在有限时间 $T_B^*$ 内实现了编队-合围目标。

证明：此结果可直接由定理 5.2 以及定理 5.3 中所得结果中得出。

**注 5.4** 相较于文献[17]中针对二阶非线性多智能体系统所研究的有限时间一致性控制问题，本节中所研究的有限时间编队-合围控制问题更为复杂，同时应用范围也更广泛。本节中研究的有限时间编队-合围问题指在有向网络通信条件下，多个领导者之间通过局部相互协同合作在有限时间达到给定编队，同时每个跟随者同其邻居通过局部协同合作在有限时间内进入领导者所形成的凸包区域内。文献[20]研究了二阶拉格朗日系统的有限时间姿态合围控制，但是其所研究多智能体系统中不同跟随者之间的网络通信关系是双向的，并且领导者之间不存在通信以及协同合作关系，并且所设计的控制协议中，用到了每个跟随者的邻居的信息，这从严格意义上讲不完全属于分布式控制。

### 5.5.3　仿真实验与结果分析

本节考虑如下仿真实例来验证所设计有限时间编队-合围控制协议的有效性与可行性。实验中仿真环境为 64 位系统，CPU 为 Intel Core T6600 2.20GHz，系统内存为 4GB，仿真软件为 MATLAB R2012a。

考虑一组由 14 个具有非线性动态的机器人构成的多机器人系统，其中包括 6 个领导者 8 个跟随者。其动态模型为

$$\boldsymbol{M}=\begin{bmatrix} m_1 & 0 \\ 0 & m_2 \end{bmatrix} \quad \boldsymbol{C}=\begin{bmatrix} \cos(q_1) & r_1\dot{q}_2 \\ r_2\dot{q}_2 & \sin(q_2) \end{bmatrix} \quad \boldsymbol{D}=\begin{bmatrix} d_1 & 0 \\ 0 & d_2 \end{bmatrix} \tag{5-131}$$

在仿真中，物理参数分别取为

$$m_1=m_2=5 \qquad r_1=r_2=2 \qquad d_1=d_2=3$$

在仿真中，物理参数分别取为该机器人系统中 14 个机器人之间的网络拓扑关系如图 5-12 所示。其中每条边的权重取为 0.1。

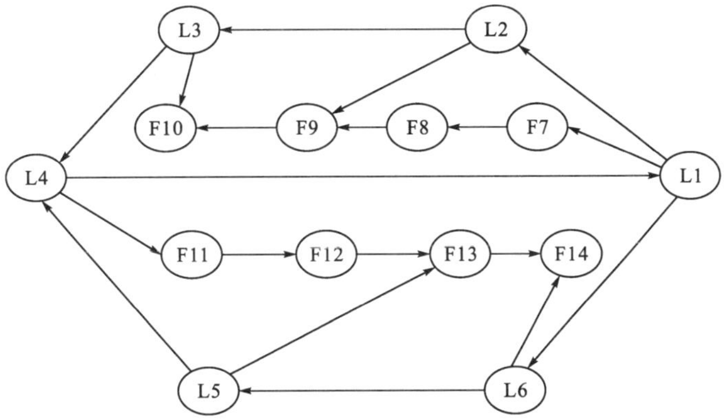


图 5-12　6 个领导者机器人和 8 个跟随者机器人之间的有向通讯拓扑关系

仿真目标为：通过应用所设计的有限时间编队控制协议式(5-66)～式(5-68)，验证机器人系统中 6 个机器人领导者是否在有限时间内形成指定的平行六边形编队队形，其中编队结构定义为 $\boldsymbol{\varpi}_k=[3\sin(k\pi/3),3\cos(k\pi/3),-3\sin(k\pi/3)]^{\mathrm{T}}$，$k\in\boldsymbol{A}$；通过应用所设计的有限时间合围控制协议式(5-74)和式(5-75)，验证机器人系统中 8 个跟随者是否在有限时间内进入领导者形成的凸包区域内。

仿真中 14 个机器人的初始位置和初始速度分别设为 $x_k(0)\in[-5,5]$，$y_k(0)\in[5,-5]$，$z_k(0)\in[-5,5]$（$k\in\boldsymbol{A}$），$x_k(0)\in[-6,6]$，$y_k(0)\in[6,-6]$，$z_k(0)\in[-6,6]$（$k\in\boldsymbol{B}$），$v_k(0)=(0,0,0)$，$k=1,2,\cdots,14$。设计参数选取为 $s=2$，$c_3=20000$，$c_4=5$，$c_5=20000$，$c_6=5$。另外，估计参数 $\hat{\beta}_k$ 的初始值选取为 $\hat{\beta}_k(0)=0_{3\times3}$，$k=1,2,\cdots,14$。

仿真结果分别由图 5-13、图 5-14 和图 5-15 给出。图 5-13 用在不同时刻机器人的位置

图形快照描绘出了 14 个机器人所形成编队-合围的过程，其中领导机器人的状态轨迹用空心圆圈表示，跟随机器人的状态轨迹用五角星表示，由领导机器人的位置状态所围成的凸包区域用虚线拼接而成。由图 5-13 可以看出，6 个领导机器人在有限时间内形成给定的平行六边形编队队形，而 8 个跟随机器人在有限时间进入领导机器人所形成的凸包区域内。图 5-14 和图 5-15 分别给出了 6 个领导机器人和 8 个跟随机器人的局部邻居误差轨迹。

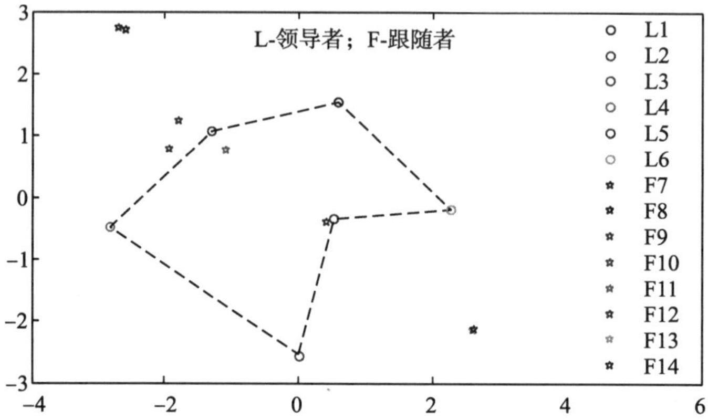


(a) $t=1\text{s}$

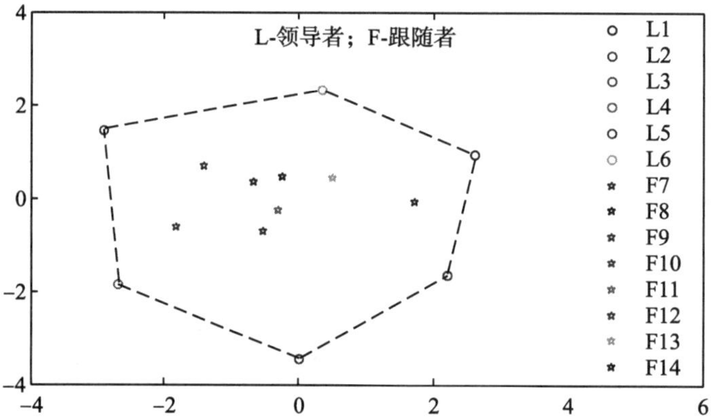


(b) $t=2\text{s}$

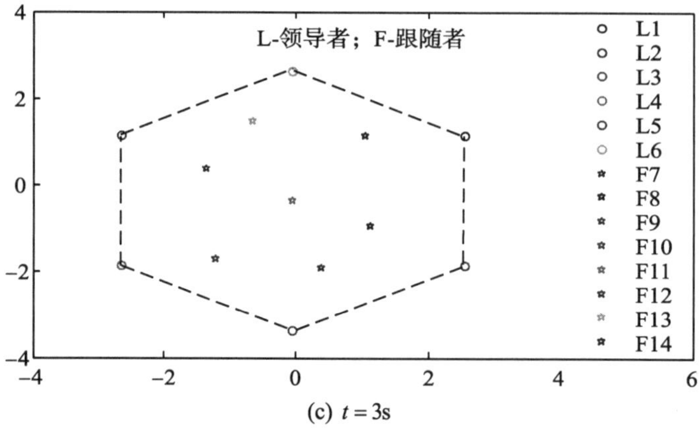


(c) $t=3\text{s}$

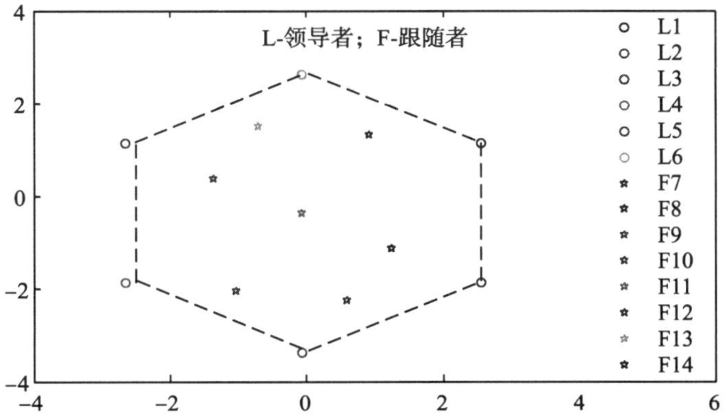


(d) $t=4$s

图 5-13　14 个机器人在不同时间点的轨迹快照图

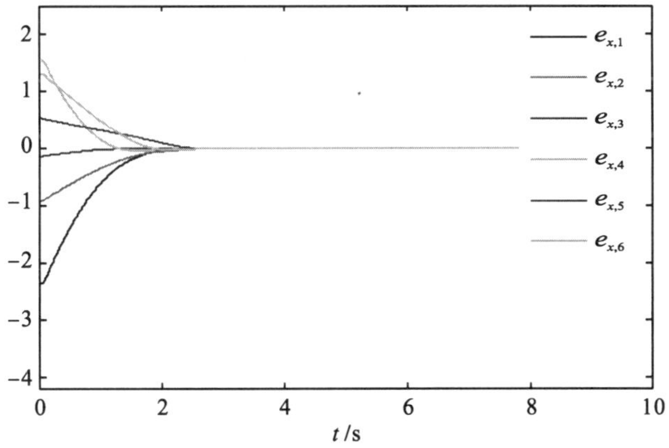


图 5-14　6 个领导者机器人在 $x$ 方向的局部误差图

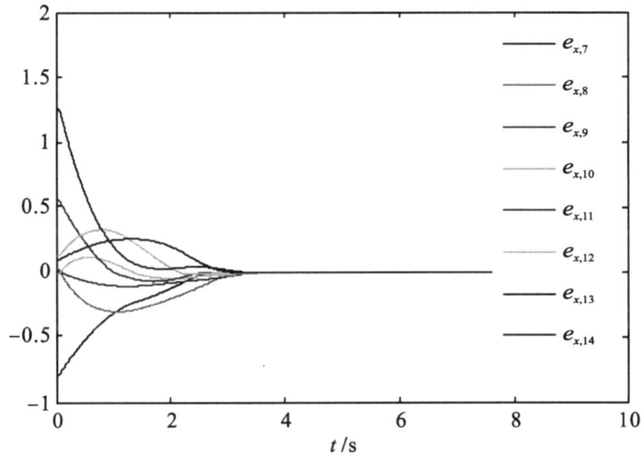


图 5-15　8 个跟随机器人在 $x$ 方向的局部误差图

本章主要介绍了多机器人系统分布式控制的相关内容，由多机器人系统协同控制中基本的协同一致性问题和编队问题，逐步拓展到多机器人系统协同控制中的有限时间一致性控制和编队控制问题，并通过严格的理论分析和仿真实验验证了所设计控制算法的有效性和可行性。对着多机器人系统的的多样化以及复杂化，网络化多机器人系统的分布式协同控制方式是必然的发展趋势。而实际多机器人系统控制中可能面临更复杂的问题，如系统的通信延迟、丢包以及外界未知干扰影响等。在这些多种未知因素影响下的网络化机器人系统的稳定性控制问题越来越受到人们的重视，也将成为我们后续的研究内容之一。

## 思考题与练习题

1. 一致性分析在分布式网络控制中的作用有哪些？

2. 线性系统和非线性的分布式控制有什么不同？

3. 有向网络和无向网络结构的不同点有哪些？

4. 比例控制是常规的分布式控制策略，比例积分控制是否可应用于双积分动力系统的分布式控制？请通过理论和仿真验证。

5. 实际系统中通信网络会收到干扰发生时滞，时滞对整个双积分动力分布式系统的稳定性是否会有影响？对不同的网络结构和控制算法，可以接受多大的时滞？请通过理论和仿真验证。

## 参考文献

[1]王寅秋. 非线性多智能体系统一致性分布式控制[D]. 北京：北京理工大学博士学位论文，2015.

[2] Ren W，Cao Y C. Distributed Coordination of Multiagent Networks：Emergent Problems，Models，and Issues [M]. London：Springer-Verlag，2010.

[3] Qu Z H. Cooperative Control of Dynamical Systems Applications to Autonomous Vehicles[M]. London：Springer-Verlag，2008.

[4] Olfati-Saber R，Murry R M. Consensus problems in networks of agents with switching topology and time-delays[J]. IEEE Transactions on Automatic Control，2004，49(9)：1520-1533.

[5] Zhang H W，Lewis F L，Qu Z H. Lyapunov，adaptive，optimal design techniques for cooperative systems on directed communication graphs[J]. IEEE Transactions on Industrial Electronics，2012，59(7)：3026-3041.

[6] Wang Y J, Song Y D, Ren W. Distributed adaptive finite time approach for formation-containment control of networked nonlinear systems under directed topology[J]. IEEE Transactions on Neural Networks and Learning Systems, 2018, 29(7), 3164-3175.

[7] Meng Z Y，Ren W，You Z. Distributed finite-time attitude containment control for multiple rigid bodies [J]. Automatica，2010，46(12)：2092-2099.

[8] Khalil H K. Nonlinear Systems [M]. New Jersey：Prentice Hall，2002.

[9] Brewer J. Kronecker products and matrix calculus in system theory[J]. IEEE Transactions on Circuits and Systems，1978，25(9)：772-781.

[10] Horn R A，Johnson C R. Topics in Matrix Analysis [M]. Cambridge：University Press，1991.

[11] Yu W，Chen G，Cao M，et al. Second-order consensus for multiagent systems with directed topologies and nonlinear dynamics [J]. IEEE Transactions on Systems，Man，Cybernetics-Part B：Cybernetics，2010，40 (3)：881-891.

[12] Hong Y G，Huang J，Xu Y S. On an output feedback finite-time stabilization problem [J]. IEEE Transactions on Automatic Control，2001，46(2)：305-309.

[13] Zhu Z，Xia Y，Fu M. Attitude stabilization of rigid spacecraft with finite-time convergence [J]. International Journal of Robust and Nonlinear Control，21(6)：686-702.

[14] Pomet J B，Praly L. Adaptive nonlinear regulation：Etimation from the Lyapunov equation [J]. IEEE Transactions on Automatic Control，1992，37(6)：729-740.

[15] Hardy G，Littlewood J，Polya G. Inequalities [M]. Cambridge：Cambridge University Press，1952.

[16] Qian C，Lin W. Non-Lipschitz continuous stabilizer for nonlinear systems with uncontrollable unstable linearization [J]. System and Control Letters，2001，42 (3)：185-200.

[17] Li S，Du H，Lin X. Finite-time consensus algorithm for multi-agent systems with double-integrator dynamics [J]. Automatica，2011，47(8)：1706-1712.

[18] Wang Y J，Song Y D，Krstic M，et al. Fault-tolerant finite time consensus for multiple uncertain nonlinear mechanical systems under single-way directed communication interactions and actuation failures[J]. Automatica，2016，63：374-383.

[19] Wang Y J，Song Y D，Krstic M. Collectively rotating formation and containment deployment of multi-agent systems：A polar coordinate based finite time approach[J]. IEEE Transactions on Cybernetics，2017，47(8)：2161-2172.

[20] Meng Z Y，Ren W，You Z. Distributed finite-time attitude containment control for multiple rigid bodies[J]. Automatica，2010，46(12)：2092-2099.

[21] Wang X，Hong Y，Ji H. Adaptive multi-agent containment control with multiple parametric uncertain leaders[J]. Automatica，2014，50：2366-2372.

[22] Berman A，Plemmon R. Nonngative Matrices in the Mathematical Sciences[M]. New York：Academic Press，1979.

# 第6章　柔性关节工业机器人及控制

随着航空、航天、汽车、电子以及生命科学领域的迅速发展，尤其是机器人装备领域的飞速发展，人们对机器人核心部件——机器人驱动关节(由高性能交流伺服电机、控制器和高精密减速器组成)的高精度、高可靠、低能耗、可重构、智能化等性能提出了更加苛刻的要求。实际应用中，由于摩擦、形变等原因，驱动关节具有很强的非线性特征，即表现出柔性。因此，在工业机器人的设计中，必须考虑柔性关节的特性，并对其进行针对性的控制。本章将介绍常见的柔性驱动关节，对其进行建模，并设计相应的控制方法。

## 6.1　柔性驱动关节的类型

### 6.1.1　谐波齿轮传动

谐波齿轮传动突破了机械原理所研究的齿轮机构都是由刚性体所组成的范围，而是依靠柔性齿轮所产生的可控的周期性弹性变形来实现变速的机械装置，错齿是其变速产生的原因[1-3]。与一般机械传动的运动转换原理相区别，谐波齿轮传动不是依靠斜面原理或杠杆原理来传递运动的，而是通过挠性构件的可控弹性变形(即变形原理)来实现运动传递。与传统的齿轮传动相比，谐波齿轮传动具有运动精度高、回差小、传动比大、功率密度高、能在密封空间和辐射介质的工况下正常工作等优点，因此得到很多国家的重视，美国、日本等在谐波传动的原理、设计、制造等方面的研究处于世界领先水平。随后，德国、法国、瑞士等国家开始对谐波传动的基础理论进行系统研究。美国国家航空管理局路易斯研究中心、空间技术实验室、USM公司等都从事过这方面的研究工作；苏联从20世纪60年代初开始大力开展这方面的研制工作，如苏联机械研究所、全苏联减速器研究所、基耶夫减速器厂等。他们对该领域进行了系统、深入的基础理论和试验研究，在谐波传动的类型、结构、应用等方面有较大发展。日本从20世纪70年代开始从美国引进技术，目前不仅能大批生产各种类型的谐波齿轮传动装置，还完成了通用谐波齿轮传动装置的标准化、系列化工作。

上海纺织科学研究院于1961年将谐波齿轮传动技术引入我国。此后，我国在引进的基础上研究发展该项技术，1983年成立了谐波传动研究室，随后“谐波减速器标准系列产品”在北京通过鉴定，1993年制定《谐波传动减速器》(GB/T 14118—1993)国家标准；同时，在理论研究、试制和应用方面取得了较大的成绩，成为掌握该项技术的国家之一。到目前为止，我国已有北京谐波传动技术研究所、北京中技克美谐波传动股份有限公司(图6-1为其生产的谐波传动机构)、燕山大学、郑州机械研究所有限公司、北方航空精密机械研究所等几十家单位从事这方面的研究和相关产品的生产，为我国谐波传动技术的研究和推广应用(图6-1)打下了坚实的基础。

经过 50 多年不断的努力、发展，谐波驱动机构已在机器人上得到了广泛应用，如工业机器人、服务机器人等领域(首钢莫托曼机器人有限公司的 SDA20 双臂机器人[4]的谐波驱动关节)。日本本田公司仿人机器人 ASIMO 的手臂与腿部至少使用了 24 套谐波驱动装置，如图 6-2 所示。

图 6-1　谐波传动机构

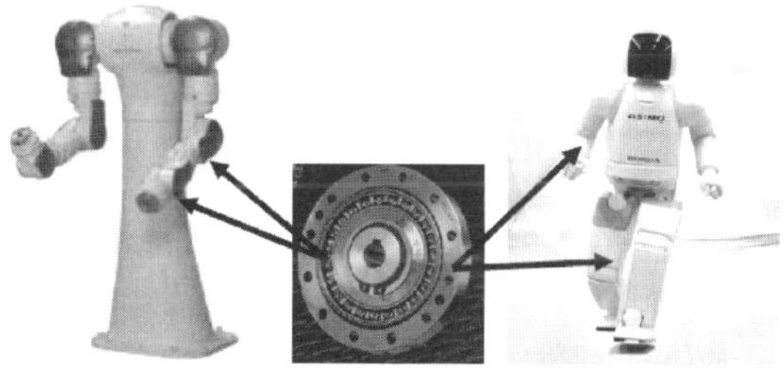

图 6-2　SDA20 双臂机器人和 ASIMO 上的谐波减速器

在航空、航天领域，如美国送上月球的移动式机器人，全身各关节均采用电机直接驱动谐波减速器的结构，其中 1 个手臂就用了 30 个谐波传动装置，NASA(National Aeronautics and Space Administration，美国航空航天局)发射的火星机器人[5](图 6-3)则使用了 19 套谐波传动装置。

图 6-3　NASA 火星机器人

首钢莫托曼机器人有限公司的 HP20 机器人[6]及德国宇航中心第三代灵巧手应用了谐波驱动机构，如图 6-4 所示。

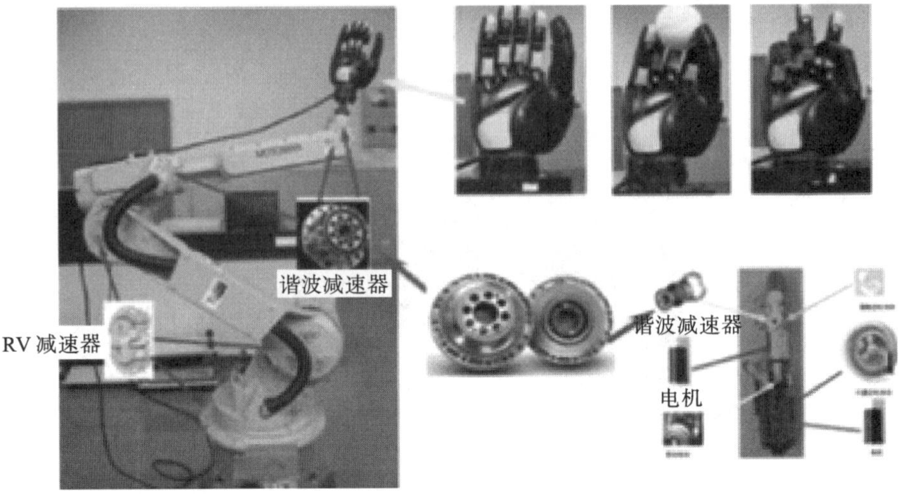


图 6-4　HP20 机器人及灵巧手上的电机和谐波减速器

谐波传动通常不具有自锁特性，不能实现零侧隙传动。其主要缺点还包括：当传动比小于 50 或大于 300 时，其传动效率较低；由于采用柔轮变形的形式传动，轴向尺寸较大且当柔轮的扭转固有频率与伺服控制系统的工作频率重叠时可能出现共振现象，导致系统不能正常运行。而且，谐波传动中的柔轮每旋转一周均要经历两次椭圆变形，且变形量要大于两轮的齿顶高之和，容易引起材料的疲劳破坏，空耗功率消耗较大；另外，柔轮是薄壁结构，因此存在一定的不稳定性，在工作一段时间后，出现塑性变形，同时，也正是可控变形柔轮的存在，使问题的研究变得更为复杂。

美国和苏联是谐波齿轮传动技术的先驱，也是对该项技术研究最透彻、应用最早的国家，日本、德国等机械强国紧追其后，我国目前也已成为掌握该项技术的国家之一。经过几十年的发展，尽管专家学者已经对这一先进技术的啮合原理、齿形齿廓、传动精度、柔轮疲劳强度、结构优化设计、加工工艺性等多个方面进行了大量研究，但某些问题仍然研究得不够彻底，并且仍有大量工作(如改进结构设计、降低成本、提高柔轮寿命等)有待展开。

### 6.1.2　摆线针轮行星传动机构

摆线针轮行星传动机构[7-9]得到德国、日本、美国等的重视，这些国家在摆线针轮行星传动机构的原理、设计、制造等方面的研究处于世界领先水平。20 世纪 30 年代，德国发明的摆线针轮行星传动机构是在 K-H-V 型行星轮系的基础上发展起来的一种先进的传动装置，随后由日本购买专利并进行改进，直到解决了摆线轮修形难题后才逐渐进入实际工程应用。由于其具有传动比范围大、承载能力高、结构紧凑、刚度高、可靠性好等特点而得到广泛应用。

目前，摆线针轮行星传动机构的生产主要由日本住友、帝人等公司占据。住友公司不断应用新的研究成果，如图 6-5 所示，使产品更新换代，其产品发展的趋势是更高的运动精度、更大的传递功率和更广的传动范围。

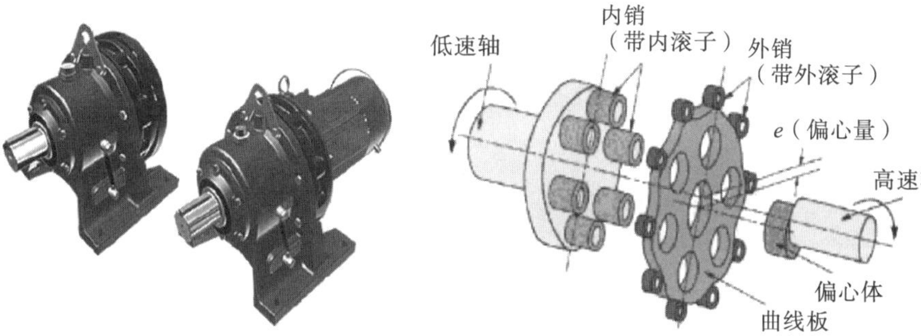


图 6-5　日本住友重工的摆线驱动机构

20 世纪末，摆线传动作为一种比较理想的传动形式应用在工业自动化机器人回转装置中，如日本住友研制开发的机器人用 RV 系列、FA 系列和 FT 系列产品均采用了此传动结构形式，如图 6-6 所示。由于应用了最新的设计理念，这些产品外形美观大方、内部结构合理、传递功率有所增加。

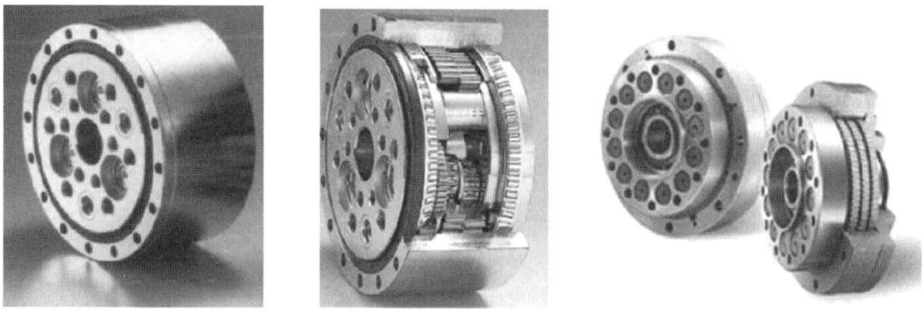

图 6-6　日本住友的 FA、FT 摆线驱动机构

近年来，日本帝人公司推出了一种由第一级普通渐开线直齿轮(斜齿轮)减速部分和第二级摆线针轮减速部分组合而成的两级行星传动机构的新型摆线针轮减速器，如图 6-7 和图 6-8 所示。

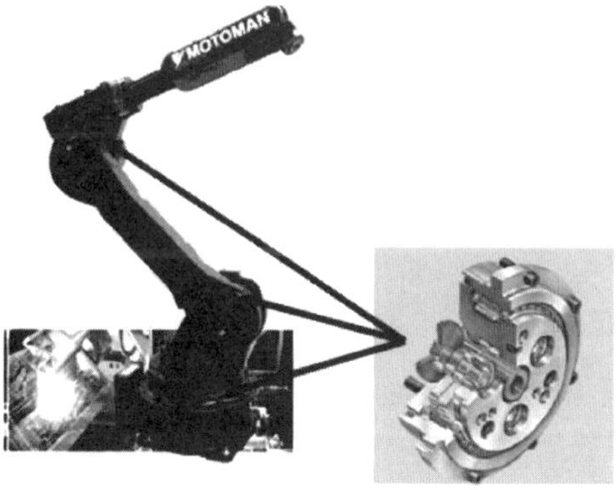


图 6-7　安川机器人上的帝人 RV 摆线驱动机构

图 6-8　日本帝人 RV 减速器

美国 Mectrol 公司研究并投产了采用 2K-H 型传动机构的 Dojen 摆线减速器，其独特的消隙机构可以实现零间隙，如图 6-9 所示。摆线针轮传动机构存在结构复杂、加工难度大、轴承寿命低等缺点。

图 6-9　美国 Mectrol 公司的 Dojen 摆线驱动机构

### 6.1.3　少齿差行星齿轮传动机构

瑞士史陶比尔的机器人驱动机构集成度很高[10]，如图 6-10 所示，其大中心孔的关节伺服电机的转子同时是传动机构的输入端，实现了零侧隙传动。这种集成度很高的机器人驱动机构排除了关节运动时外面绕线造成的转角受限的可能性，其关节理论转动角度可以达到无限大。这是未来小负载机器人驱动机构的发展趋势，即机器人驱动机构将朝着高集成度、高功率密度、高可靠性方向前进。

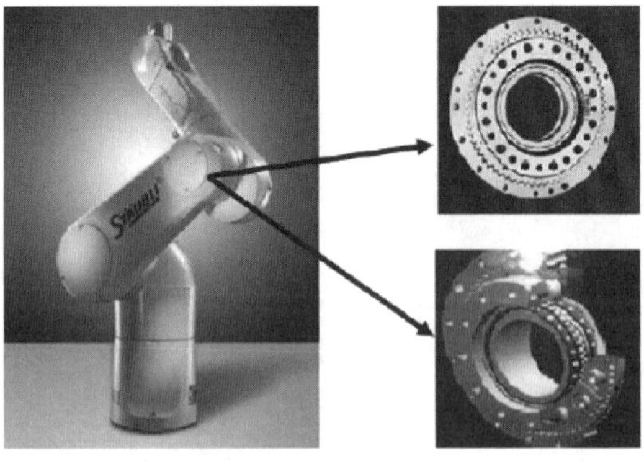

图 6-10　瑞士史陶比尔的机器人的驱动机构

## 6.2　柔性关节建模

在实际应用中，机械伺服系统均不可避免地会受到摩擦和间隙等非线性因素的影响。其中，摩擦是一种非常复杂的非线性现象，产生于存在有相对运动或有相对运动趋势的两个接触界面之间。摩擦非线性影响主要表现为低速和速度过零时伺服系统分别产生“爬行”和波形失真现象，稳态输出有较大静差或极限环振荡等。与摩擦行为相同，间隙也是一种非线性环节，普遍存在于机械传动装置的整个传动链的各个运动构件之间。间隙非线性的存在不仅会使伺服系统稳态输出的静差增大，还会促使伺服系统产生超调及相位滞后，严重时也会有极限环振荡现象发生。摩擦和间隙等非线性因素的存在，严重制约了伺服系统控制性能的提高，已成为等高精度位置跟踪伺服系统发展的瓶颈。因此，必须采取措施来消除或减小摩擦和间隙等非线性因素所带来的影响，提高伺服系统的跟踪性能。

为解决因摩擦和间隙非线性影响而导致伺服系统定位及跟踪精度不高的问题，国内外学者对摩擦和间隙非线性补偿技术进行了广泛而深入的研究。对于摩擦补偿技术的研究，已经有近百年的历史。但过去该技术的研究进展不是很大，这主要是由当时的摩擦学理论、控制理论等相关知识水平导致的。近年来，随着摩擦补偿技术研究的深入，先后出现了多种摩擦模型，大致分为两类：一类是静态摩擦模型，主要有经典模型、Stribeck 模型[11]和 Karnopp 模型[12]等；另一类是动态摩擦模型，主要有 Dahl 模型[13]、Bliman-Sorine 模型[14]和 LuGre 模型[15]等。与静态模型相比，动态模型因其连续特性好、能更为真实地描述摩擦行为，已经广泛地被应用到了摩擦补偿技术之中。摩擦补偿技术经过这么多年的发展，其补偿方法有很多，大致可分为三大类型。第一种类型是基于模型的摩擦补偿，其实质是前馈补偿，这种方法的关键是能准确建立摩擦模型并辨识出来，这也是工程上经常采纳的一种主流方法；第二种类型是不基于模型的摩擦补偿，其思想是将摩擦视为外干扰进行抑制，但该方法对零速时波形畸变补偿能力有限；第三种类型是基于现代控制理论的摩擦补偿，但这类控制方法相对复杂，对工程技术人员的知识水平要求较高且不易于工程实现。

早在 20 世纪 40 年代，人们就开始了间隙补偿技术的研究。直至现在，对该技术的研究仍然是有增无减。目前，间隙模型主要有三种：迟滞模型、死区模型和冲击模型。这三种间隙模型各有其独自的特点：迟滞模型主要描述的是在间隙运动期间系统所表现出来的迟滞特性，即系统传动链的输出端在间隙运动期间是静止不动的，反映的是一种位移关系；死区模型比迟滞模型更为广义，因为它综合考虑了运动构件间的间隙和结构弹性变形的影响，但它需要将通常的单质量系统转化成二质量系统来考虑，较迟滞间隙模型复杂，其反映的是相对位移和传递力矩的关系；间隙的存在，会使整个传动链中的运动构件发生“分离、冲击、接触”三种状态，冲击模型主要描述的就是其中的冲击过程，这种模型的参数是时变的或非线性的，较其他两种间隙模型更复杂。

总之，三种间隙模型所描述的现象侧重点各有不同，其复杂程度也有不同，相应的补偿方法也略有不同。迟滞模型和死区模型由于其简单性与可操作性，在理论研究和工程应用中较为多见。冲击模型在理论上挖掘更深，在齿轮传动动力学分析中较为多见，仍然处于研究当中。经过近几十年的发展，间隙补偿技术已逐渐发展完善。以现代控制理论为基础发展起来的自适应控制[16]、神经网络控制[17, 18]、滑模控制[17]以及 Backstepping 控制[18、19]等相关控制理论成为了研究该技术的有力工具。从间隙模型的特点出发，形成的逆模型补偿方法、线性控制补偿方法(如函数描述法等)、换向补偿方法、冲击补偿方法和多电机联动补偿方法等间隙非线性补偿方法更加切合工程实际应用。

### 6.2.1 非线性数学模型

谐波传动系统的动力学简化模型如图 6-11 所示，其电压平衡方程、转矩方程以及动力学方程分别为

$$u = L_{\mathrm{a}}\dot{i}_{\mathrm{a}} + R_{\mathrm{a}}i_{\mathrm{a}} + E \tag{6-1}$$

$$E = C_{\mathrm{e}}\dot{\theta} \tag{6-2}$$

$$T_{\mathrm{m}} = C_{\mathrm{m}}i_{\mathrm{a}} \tag{6-3}$$

$$J_{\mathrm{eq}}\ddot{\theta} = T_{\mathrm{m}} - T_{\mathrm{mh}} - T_{\mathrm{mf}} \tag{6-4}$$

$$\delta = f\left(\theta, B\right) \tag{6-5}$$

式中，$u$、$i_{\mathrm{a}}$、$E$ 分别是电枢电压、电流及反电动势，$2B$ 为折算到系统输出端的最大间隙。

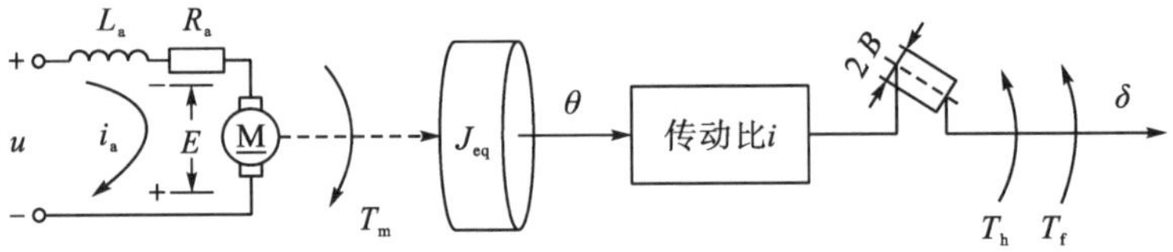


图 6-11 谐波传动式系统的动力学模型

### 6.2.2 LuGre 摩擦模型

LuGre 摩擦模型通过引入鬃毛假设来模拟摩擦行为，它综合考虑了 Dahl 模型和 Stribeck 模型的特点，较为全面地描述了摩擦行为的各种效应，包括黏弹效应、磁滞效应、Stribeck 效应以及预变形效应。根据鬃毛的特性，LuGre 模型可简化为一个质量-弹簧-阻尼系统，如图 6-12 所示。

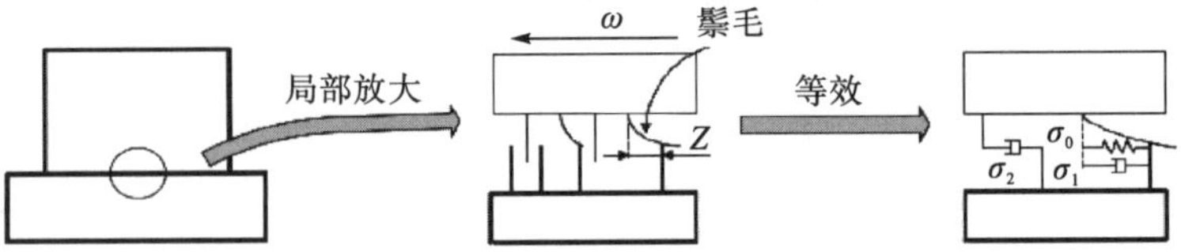


图 6-12 LuGre 摩擦模型的示意图

LuGre 模型的表达式为

$$T_{\mathrm{mf}} = \sigma_0 z + \sigma_1 \dot{z} + \sigma_2 \dot{\theta} \tag{6-6}$$

$$\dot{z} = \dot{\theta} - \sigma_0 \frac{\left|\dot{\theta}\right|}{g\left(\dot{\theta}\right)} z \tag{6-7}$$

$$g\left(\dot{\theta}\right) = T_{\mathrm{c}} + (T_{\mathrm{s}} - T_{\mathrm{c}})\exp\left(-\left(\left|\dot{\theta}\right| / \theta_{\mathrm{s}}\right)^2\right)^n \tag{6-8}$$

式中，$z$ 是鬃毛的平均形变量，$\sigma_0$ 和 $\sigma_1$ 分别是鬃毛的等效刚度和微观黏滞摩擦阻尼系数，

$\sigma_2$ 是宏观黏滞摩擦阻尼系数，$n$ 为 Stribeck 曲线形状和陡度的影响因子。基于 LuGre 模型(图 6-12)的摩擦力矩与角速度关系曲线如图 6-13 所示。

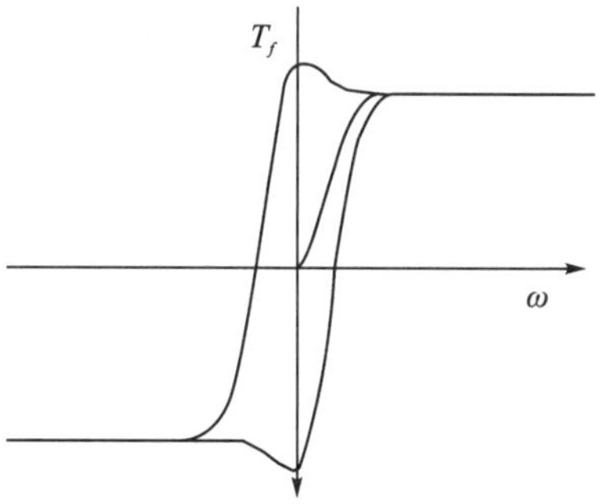


图 6-13　基于 LuGre 模型的摩擦力矩与角速度关系曲线

### 6.2.3　迟滞间隙

目前，常用的间隙模型主要有迟滞模型和死区模型。由于相位滞后对系统的影响较大，因此采用迟滞间隙模型来描述系统的间隙，如图 6-14(a)所示，其数学模型为

$$\dot{\delta}=\begin{cases}\dot{\theta}/i, & \dot{\theta}>0\text{且}\delta=\theta/i-B\text{，或}\dot{\theta}<0\text{且}\delta=\theta/i+B\\ 0, & \text{其他}\end{cases} \tag{6-9}$$

相应的间隙逆模型如图 6-14(b)所示，其数学模型为

$$\dot{\theta}=\begin{cases}i\dot{\delta}_d, & \dot{\delta}_d>0\text{且}\theta=i\left(\theta_d+B\right)\text{或}\dot{\delta}_d<0\text{且}\theta=i\left(\theta_d-B\right)\\ 0, & \dot{\delta}_d=0\\ 2iB\cdot\Delta\left(\tau-t\right)\cdot\operatorname{sgn}\left(\dot{\delta}_d\right), & \text{其他}\end{cases} \tag{6-10}$$

式中，$\delta_d$ 是系统输出转角的给定值，$\Delta\left(\tau-t\right)$ 是 Dirac $\Delta$ 函数，其作用是实现瞬时 $2iB$ 垂直跳跃补偿间隙。

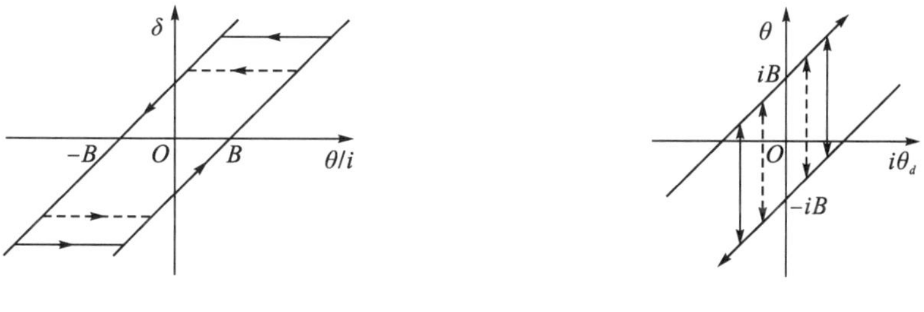


(a) 迟滞模型　　(b) 逆模型

图 6-14　迟滞间隙模型及其逆模型

# 6.3 柔性关节机器人控制技术

## 6.3.1 基于自适应 RBF 神经网络的多级滑模控制

### 1. 数学模型

基于自适应 RBF(radial basis function，径向基函数)神经网络的多级滑模控制的数学模型为

$$\begin{cases}\dot{\delta}=\dot{\delta}_{\mathrm{m}}\cdot C_{\mathrm{u}}/i\\ \ddot{\delta}_{\mathrm{m}}=\dfrac{k_{\mathrm{t}}}{J_{23\mathrm{m}}}\Delta\theta-\dfrac{\tau_{\mathrm{t}}+T_{\mathrm{mh}}+T_{\mathrm{mf}}}{J_{23\mathrm{m}}}\\ \Delta\dot{\theta}=\dot{\theta}-\dot{\delta}_{\mathrm{m}}\\ \ddot{\theta}=-\dfrac{k_t}{J_1}\Delta\theta-\dfrac{C_{\mathrm{m}}C_{\mathrm{e}}}{J_1R_{\mathrm{a}}}\dot{\theta}+\dfrac{C_{\mathrm{m}}K_{\mathrm{u}}}{J_1R_{\mathrm{a}}}u+\dfrac{\tau_{\mathrm{t}}}{J_1}\end{cases}\tag{6-11}$$

令等效扰动为

$$\begin{cases}T_2=\dfrac{\tau_{\mathrm{t}}+T_{\mathrm{mh}}+T_{\mathrm{mf}}}{J_{23\mathrm{m}}}\\ T_4=\dfrac{\tau_{\mathrm{t}}}{J_1}\end{cases}\tag{6-12}$$

令系统参数为

$$\begin{aligned}&\psi_{12}=\frac{C_{\mathrm{u}}}{i}\qquad \phi_{23}=\frac{K_{\mathrm{t}}}{J_{23\mathrm{m}}}\qquad \phi_{43}=\frac{K_{\mathrm{t}}}{J_1}\\ &\phi_{44}=\frac{C_{\mathrm{m}}C_{\mathrm{e}}}{J_1R_{\mathrm{a}}}\qquad \phi_{\mathrm{u}4}=\frac{C_{\mathrm{m}}K_{\mathrm{u}}}{J_1R_{\mathrm{a}}}\end{aligned}\tag{6-13}$$

式(6-11)可转化为如下形式：

$$\begin{cases}\dot{\delta}=\psi_{12}\dot{\delta}_{\mathrm{m}}\\ \ddot{\delta}_{\mathrm{m}}=\phi_{23}\Delta\theta-T_2\\ \Delta\dot{\theta}=\dot{\theta}-\dot{\delta}_{\mathrm{m}}\\ \ddot{\theta}=-\phi_{43}\Delta\theta-\phi_{44}\dot{\theta}+\phi_{\mathrm{u}4}u+T_4\end{cases}\tag{6-14}$$

式中，系统参数 $K_{\mathrm{t}}$、$J_1$ 和 $J_{23\mathrm{m}}$ 都是不确定参数，所以参数 $\psi_{12}$ 为确定性参数，参数 $\phi_{23}$、$\phi_{43}$、$\phi_{44}$ 和 $\phi_{\mathrm{u}4}$ 为不确定性参数，不确定性参数可用下式来表示：

$$\phi_{ij}=\psi_{ij}+\Delta\phi_{ij}\tag{6-15}$$

式中，$\psi_{ij}$ 为相应参数的标称值或确定值，$\Delta\phi_{ij}$ 为相应参数的变化值。

令

$$\begin{cases}F_2=\Delta\phi_{23}\cdot\Delta\theta-T_2\\ F_4=-\Delta\phi_{43}\cdot\Delta\theta-\Delta\phi_{44}\dot{\theta}+\Delta\phi_{\mathrm{u}4}u+T_4\end{cases}$$

$$\begin{cases} x_1 = \delta, x_2 = \dot{\delta}_{\mathrm{m}} \\ x_3 = \Delta\theta, x_4 = \dot{\theta} \end{cases}$$

再结合式(6-14)，则谐波传动系统可化成一个多级串联系统：

$$\begin{cases} \dot{x}_1 = \psi_{12} x_2 \\ \dot{x}_2 = \psi_{23} x_3 + F_2 \\ \dot{x}_3 = -x_2 + x_4 \\ \dot{x}_4 = -\psi_{43} x_3 - \psi_{44} x_4 + \psi_{\mathrm{u}4} u + F_4 \end{cases} \tag{6-16}$$

即有

$$\begin{Bmatrix} \dot{x}_1 \\ \dot{x}_2 \\ \dot{x}_3 \\ \dot{x}_4 \end{Bmatrix} = \begin{bmatrix} 0 & \psi_{12} & 0 & 0 \\ 0 & 0 & \psi_{23} & 0 \\ 0 & -1 & 0 & 1 \\ 0 & 0 & -\psi_{43} & -\psi_{44} \end{bmatrix} \begin{Bmatrix} x_1 \\ x_2 \\ x_3 \\ x_4 \end{Bmatrix} + \begin{Bmatrix} 0 \\ 0 \\ 0 \\ \psi_{u4} \end{Bmatrix} u + \begin{Bmatrix} 0 \\ F_2 \\ 0 \\ F_4 \end{Bmatrix} \tag{6-17}$$

系统的输出为

$$y = x_1 \tag{6-18}$$

在该多级串联系统中， $x_2$ 和 $x_3$ 为系统的虚拟控制量， $x_1$ 和 $x_4$ 为系统的实际控制量，且 $x_1$ 和 $x_4$ 可以通过系统内部的传感器直接进行测量。因此，可以基于 Backstepping 的逐步递推思想，对各级子系统分别进行滑模控制器的设计，以使各级子系统的输出均能够跟踪其上一级子系统的期望控制量。同时，利用自适应 RBF 神经网络对系统的不确定项 $F_2$ 和 $F_4$ 进行在线辨识，并利用自适应律来调整 RBF 神经网络的权值，以使系统的跟踪误差及参数误差降至最小。

### 2. RBF 网络模型结构

径向基函数神经网络是一种具有单隐含层(径向基层)的三层前馈网络，其输入输出为一种非线性映射关系，而其隐含层到输出层的映射则是线性的。与 BP(back propagatoin)网络相比，RBF 网络的隐含层节点使用高斯函数，是一个局部逼近网络，具有收敛速度快和无局部极小等优点，它用于非线性环节控制具有唯一最佳逼近的特性，其网络结构如图 6-15 所示。

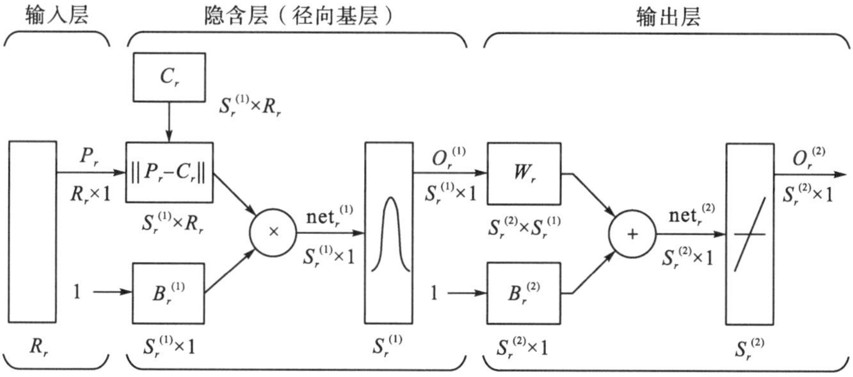


图 6-15　RBF 神经网络的结构

由于 RBF 神经网络具有万能逼近的特性，因此利用 RBF 神经网络对系统中的不确定项 $F_2$ 和 $F_4$ 进行自适应逼近，其相应的 RBF 网络算法为

$$h_j = \exp\left(-\frac{\left\|\left(\boldsymbol{P}_r - \boldsymbol{C}_{rj}\right)^{\mathrm{T}}\left(\boldsymbol{P}_r - \boldsymbol{C}_{rj}\right)\right\|}{2b_{rj}^2}\right) \quad (j = 1,2,\cdots,S_r) \tag{6-19}$$

$$\begin{cases} F_2 = \boldsymbol{W}_{F_2}^{\mathrm{T}}\boldsymbol{h}_{F_2} + \varepsilon_{F_2}, & \left\|\varepsilon_{F_2}\right\| \leqslant \varepsilon_N \\ F_4 = \boldsymbol{W}_{F_4}^{\mathrm{T}}\boldsymbol{h}_{F_4} + \varepsilon_{F_4}, & \left\|\varepsilon_{F_4}\right\| \leqslant \varepsilon_N \end{cases} \tag{6-20}$$

式中，$P_r$ 为网络的输入信号；$C_{rj}$ 为网络的第 $j$ 个节点的中心矢量；$b_{rj}$ 为网络的基宽；$h_j$ 为高斯基函数的输出；$\boldsymbol{h}_{F_2}$ 和 $\boldsymbol{h}_{F_2}$ 分别为不确定项 $F_2$ 和 $F_4$ 对应的高斯基函数；$W_{F_2}$ 和 $W_{F_4}$ 分别为不确定项 $F_2$ 和 $F_4$ 对应的网络权值；$\boldsymbol{\varepsilon}_{F_2}$ 和 $\boldsymbol{\varepsilon}_{F_4}$ 分别为不确定项 $F_2$ 和 $F_4$ 对应的网络逼近误差。

采用 RBF 网络逼近不确定项 $F_2$ 和 $F_4$，网络输入为 $\boldsymbol{P}_r = [S_1, S_2, S_3, S_4]$，则神经网络输出逼近结果分别为

$$\begin{cases} \widehat{F}_2 = \widehat{\boldsymbol{W}}_{F_2}^{\mathrm{T}}\boldsymbol{h}_{F_2}(\boldsymbol{P}_r) \\ F_4 = \widehat{\boldsymbol{W}}_{F_4}^{\mathrm{T}}\boldsymbol{h}_{F_4}(\boldsymbol{P}_r) \end{cases} \tag{6-21}$$

式中，RBF 神经网络的权值根据以下自适应律进行相应调整：

$$\begin{cases} \dot{\widehat{W}}_{F_2} = \gamma_{F_2}\boldsymbol{E}^{\mathrm{T}}\boldsymbol{P}\boldsymbol{b}_{F_2}h_{F_2} \\ \dot{\widehat{W}}_{F_4} = \gamma_{F_4}\boldsymbol{E}^{\mathrm{T}}\boldsymbol{P}\boldsymbol{b}_{F_4}h_{F_4} \end{cases} \tag{6-22}$$

式中，$\gamma_{F_2}$ 和 $\gamma_{F4}$ 为自适应增益，$\boldsymbol{E}$、$\boldsymbol{P}$ 为矩阵，$\boldsymbol{b}_{F_2}$ 和 $\boldsymbol{b}_{F_4}$ 为列向量。

各级子系统的滑模控制器均采用比例趋近律，即 $\dot{S}_i = -k_i S_i(k_i > 0)$，其相应的滑模面为 $S_i = x_i - x_{id}, i = 1,2,3,4$，$x_{id}$ 为第 $i$ 个子系统的期望输出量。

对于子系统 1，根据式(6-16)可得 $\dot{S}_1 = -k_1 S_1$，所以子系统 1 的虚拟控制量为 $x_{2d} = (-k_1 S_1 + \dot{x}_{1d}) / \psi_{12}$。对于其他子系统，根据式(6-16)，类似地可得到相应的虚拟控制量和实际控制量，分别为 $x_{3d} = \left(-k_2 S_2 + \dot{x}_{2d} - \widehat{F}_2\right) / \psi_{23}$，$x_{4d} = -k_3 S_3 + \dot{x}_{3d} + x_2$，$u = (-k_4 S_4 + \dot{x}_{4d} + \psi_{43}x_3 + \psi_{44}x_4 - \widehat{F}_4) / \psi_{u3}$。

### 3. 系统稳定性分析

为保证系统的稳定性，需要对基于自适应 RBF 神经网络的多级滑模控制系统进行稳定性分析，闭环误差状态矩阵方程为

$$\begin{Bmatrix} \dot{S}_1 \\ \dot{S}_2 \\ \dot{S}_3 \\ \dot{S}_4 \end{Bmatrix} = \begin{bmatrix} -k_1 & 0 & 0 & 0 \\ 0 & -k_2 & 0 & 0 \\ 0 & 0 & -k_3 & 1 \\ 0 & 0 & 0 & -k_4 \end{bmatrix} \begin{Bmatrix} S_1 \\ S_2 \\ S_3 \\ S_4 \end{Bmatrix} + \begin{Bmatrix} 0 \\ 1 \\ 0 \\ 0 \end{Bmatrix} \left(F_2 - \widehat{F}_2\right) + \begin{Bmatrix} 0 \\ 0 \\ 0 \\ 1 \end{Bmatrix} \left(F_4 - \widehat{F}_4\right) \tag{6-23}$$

在式(6-23)中，若误差列向量用 $\boldsymbol{E}$ 表示，对角矩阵用 $\boldsymbol{A}$ 表示，不确定项 $F_2$ 和 $F_4$ 对应

的列向量分别用$\boldsymbol{b}_{F_2}$和$\boldsymbol{b}_{F_4}$表示，则

$$\dot{\boldsymbol{E}} = \boldsymbol{A}\boldsymbol{E} + \boldsymbol{b}_{F_2}\left(F_2 - \widehat{F}_2\right) + \boldsymbol{b}_{F_4}\left(F_4 - \widehat{F}_4\right) \tag{6-24}$$

设 RBF 网络逼近不确定项的最优权值分别为 $W_{F_2}^* = \arg\min\limits_{W_{F_2}\in\Omega}\left(\sup\left|F_2 - \widehat{F}_2\right|\right)$ 和 $W_{F_4}^* = \arg\min\limits_{W_{F4}\in\Omega}\left(\sup\left|F_4 - \widehat{F}_4\right|\right)$，则其对应的最小逼近误差分别为 $\varepsilon_{\min F_2} = F_2 - \widehat{F}_2\left(\boldsymbol{W}_{F_2}^*\right)$ 和 $\varepsilon_{\min F_4} = F_4 - \widehat{F}_4\left(\boldsymbol{W}_{F_4}^*\right)$。则系统的闭环动态方程可转化为

$$\begin{aligned}\dot{\boldsymbol{E}} &= \boldsymbol{A}\boldsymbol{E} + \boldsymbol{b}_{F_2}\left[\varepsilon_{\min F_2} + \widehat{F}_2\left(\boldsymbol{W}_{F_2}^*\right) - \widehat{F}_2\right] + \boldsymbol{b}_{F_4}\left[\varepsilon_{\min F_4} + \widehat{F}_4\left(\boldsymbol{W}_{F_4}^*\right) - \widehat{F}_4\right] \\ &= \boldsymbol{A}\boldsymbol{E} + \boldsymbol{b}_{F_2}\left[\varepsilon_{\min F_2} + \left(\boldsymbol{W}_{F_2}^* - \widehat{\boldsymbol{W}}_{F_2}\right)^{\mathrm{T}} h_{F_2}\right] + \boldsymbol{b}_{F_4}\left[\varepsilon_{\min F_4} + \left(\boldsymbol{W}_{F_4}^* - \widehat{\boldsymbol{W}}_{F_4}\right)^{\mathrm{T}} h_{F4}\right]\end{aligned} \tag{6-25}$$

定义 Lyapunov 函数：

$$V_L = \frac{1}{2}\boldsymbol{E}^{\mathrm{T}}\boldsymbol{P}\boldsymbol{E} + \frac{1}{2\gamma_{F_2}}\left(\boldsymbol{W}_{F_2}^* - \widehat{\boldsymbol{W}}_{F_2}\right)^{\mathrm{T}}\left(\boldsymbol{W}_{F_2}^* - \widehat{\boldsymbol{W}}_{F_2}\right) + \frac{1}{2\gamma_{F_4}}\left(\boldsymbol{W}_{F_4}^* - \widehat{\boldsymbol{W}}_{F_4}\right)^{\mathrm{T}}\left(\boldsymbol{W}_{F_4}^* - \widehat{\boldsymbol{W}}_{F_4}\right) \tag{6-26}$$

式中，$\boldsymbol{P}$、$\boldsymbol{Q}$ 均为正定矩阵，且满足 Lyapunov 方程：

$$\boldsymbol{A}^{\mathrm{T}}\boldsymbol{P} + \boldsymbol{P}\boldsymbol{A} = -\boldsymbol{Q} \tag{6-27}$$

令 $V_{L1} = \frac{1}{2}\boldsymbol{E}^{\mathrm{T}}\boldsymbol{P}\boldsymbol{E}, V_{L2} = \frac{1}{2\gamma_{F_2}}\left(\boldsymbol{W}_{F_2}^* - \widehat{\boldsymbol{W}}_{F_2}\right)^{\mathrm{T}}\left(\boldsymbol{W}_{F_2}^* - \widehat{\boldsymbol{W}}_{F_2}\right) + \frac{1}{2\gamma_{F_4}}\left(\boldsymbol{W}_{F_4}^* - \widehat{\boldsymbol{W}}_{F_4}\right)^{\mathrm{T}}\left(\boldsymbol{W}_{F_4}^* - \widehat{\boldsymbol{W}}_{F_4}\right)$，联立以上各公式，整理可得

$$\begin{aligned}\dot{V}_{L1} = &-\frac{1}{2}\boldsymbol{E}^{\mathrm{T}}\boldsymbol{Q}\boldsymbol{E} + \boldsymbol{E}^{\mathrm{T}}\boldsymbol{P}\boldsymbol{b}_{F_2}\left(\boldsymbol{W}_{F_2}^* - \widehat{\boldsymbol{W}}_{F_2}\right)^{\mathrm{T}} h_{F2} + \boldsymbol{E}^{\mathrm{T}}\boldsymbol{P}\boldsymbol{b}_{F_2}\varepsilon_{\min F_2} \\ &+ \boldsymbol{E}^{\mathrm{T}}\boldsymbol{P}\boldsymbol{b}_{F_4}\left(\boldsymbol{W}_{F_4}^* - \widehat{\boldsymbol{W}}_{F_4}\right)^{\mathrm{T}} h_{F4} + \boldsymbol{E}^{\mathrm{T}}\boldsymbol{P}\boldsymbol{b}_{F_4}\varepsilon_{\min F_4}\end{aligned} \tag{6-28}$$

$$\dot{V}_{L2} = -\frac{1}{\gamma_{F_2}}\left(\boldsymbol{W}_{F_2}^* - \widehat{\boldsymbol{W}}_{F_2}\right)^{\mathrm{T}}\dot{\widehat{\boldsymbol{W}}}_{F_2} - \frac{1}{\gamma_{F_4}}\left(\boldsymbol{W}_{F_4}^* - \widehat{\boldsymbol{W}}_{F_4}\right)^{\mathrm{T}}\dot{\widehat{\boldsymbol{W}}}_{F_4} \tag{6-29}$$

联立式(6-28)和式(6-29)，化简并整理，可得 Lyapunov 函数的导数为

$$\begin{aligned}\dot{V} = \dot{V}_{L1} + \dot{V}_{L2} = &-\frac{1}{2}\boldsymbol{E}^{\mathrm{T}}\boldsymbol{Q}\boldsymbol{E} + \left(\boldsymbol{W}_{F_2}^* - \widehat{\boldsymbol{W}}_{F_2}\right)^{\mathrm{T}}\left(\boldsymbol{E}^{\mathrm{T}}\boldsymbol{P}\boldsymbol{b}_{F_2}h_{F_2} - \frac{1}{\gamma_{F_2}}\dot{\widehat{\boldsymbol{W}}}_{F_2}\right) \\ &+ \left(\boldsymbol{W}_{F_4}^* - \widehat{\boldsymbol{W}}_{F_4}\right)^{\mathrm{T}}\left(\boldsymbol{E}^{\mathrm{T}}\boldsymbol{P}\boldsymbol{b}_{F_4}h_{F_4} - \frac{1}{\gamma_{F_4}}\dot{\widehat{\boldsymbol{W}}}_{F_4}\right) + \boldsymbol{E}^{\mathrm{T}}\boldsymbol{P}\boldsymbol{b}_{F_2}\varepsilon_{\min F_2} + \boldsymbol{E}^{\mathrm{T}}\boldsymbol{P}\boldsymbol{b}_{F_4}\varepsilon_{\min F_4}\end{aligned} \tag{6-30}$$

因此，将设计自适应律式(6-22)代入式(6-30)，得

$$\dot{V} = \dot{V}_{L1} + \dot{V}_{L2} = -\frac{1}{2}\boldsymbol{E}^{\mathrm{T}}\boldsymbol{Q}\boldsymbol{E} + \boldsymbol{E}^{\mathrm{T}}\boldsymbol{P}\boldsymbol{b}_{F_2}\varepsilon_{\min F_2} + \boldsymbol{E}^{\mathrm{T}}\boldsymbol{P}\boldsymbol{b}_{F_4}\varepsilon_{\min F_4} \tag{6-31}$$

由于 $-\frac{1}{2}\boldsymbol{E}^{\mathrm{T}}\boldsymbol{Q}\boldsymbol{E} \leqslant 0$，因此只要保证所选 RBF 神经网络的最小逼近误差 $\varepsilon_{\min F_2}$ 和 $\varepsilon_{\min F_4}$ 足够小，即可实现 $\dot{V} \leqslant 0$。

### 4. 数值仿真及结果分析

模型中给定位置输入信号 $y_d = \sin(5\pi t)$，摩擦力矩为 Stribeck 模型，间隙宽度 $2B$ =0.23°，并假设系统参数 $k_{\mathrm{t}}$、$J_1$ 和 $J_{23\mathrm{m}}$ 的漂移量均为 10%。利用多级滑模控制方法对该模型进行

数值仿真，结果如图 6-16～图 6-19 所示。

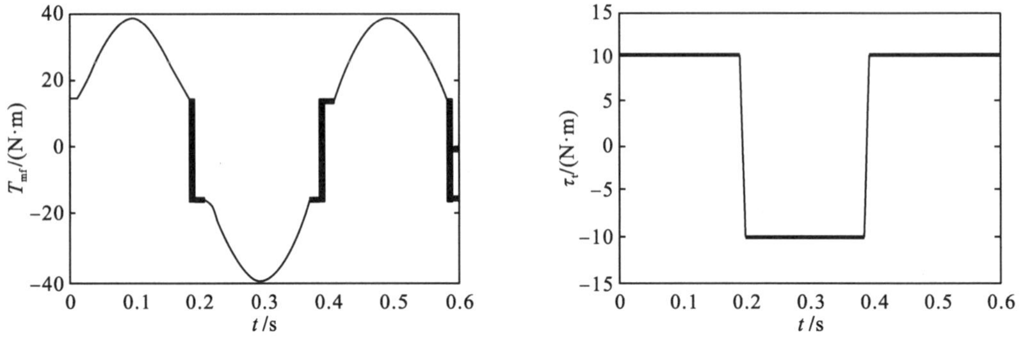


(a) 摩擦力矩　　(b) 间隙扰动力矩

图 6-16　系统中摩擦和间隙的扰动力矩曲线

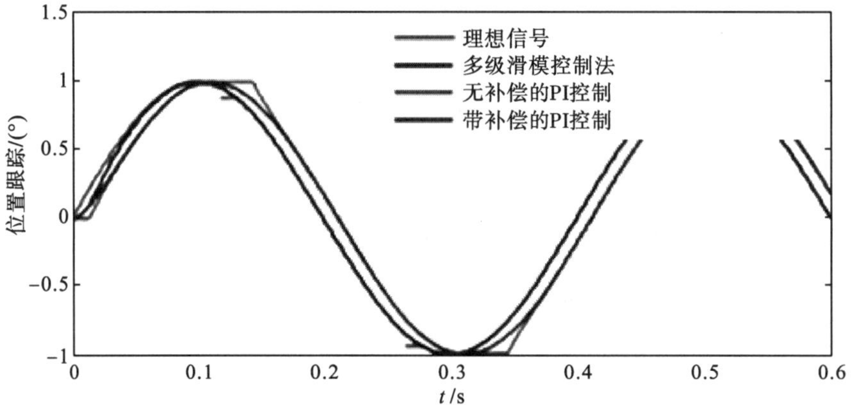


(a) 位置跟踪

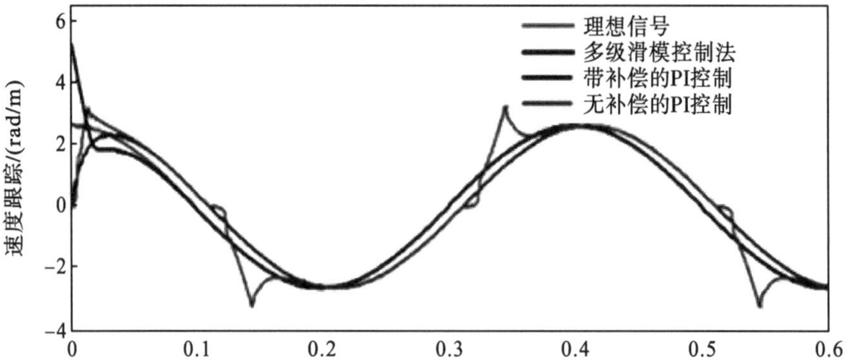


(b) 速度跟踪

图 6-17　正弦跟踪曲线

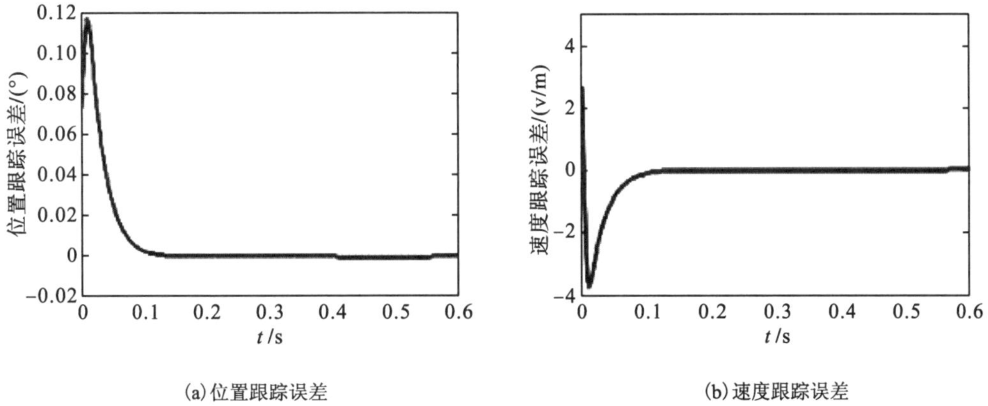


图 6-18 采用多级滑模控制方法时正弦跟踪误差曲线

从图 6-16 中看出，摩擦和间隙的扰动力矩曲线在系统速度过零时出现突变现象，这种不连续现象会给系统带来较大冲击，从而影响系统的伺服控制性能。

图 6-17 和图 6-18 分别为采用多级滑模控制方法时的正弦跟踪曲线和跟踪误差曲线。从图 6-17 中可知，采用多级滑模控制时的位置和速度跟踪曲线基本上没有波形失真现象发生，换向过程中波形过渡也比较平稳，且在整个过程中跟踪信号曲线与给定信号曲线基本重合。从图 6-18 中可知，采用多级滑模控制时的位置和速度跟踪稳态误差均接近于 0，这表明控制方法能够对间隙和摩擦等非线性因素起到更好的抑制作用，从而可使伺服控制性能得到进一步提高。

图 6-19 为多级滑模控制器中实际控制量的变化曲线。从图中可以看出，该实际控制量的变化曲线非常平滑，消除了传统滑模控制中所必然出现的“抖振”现象。

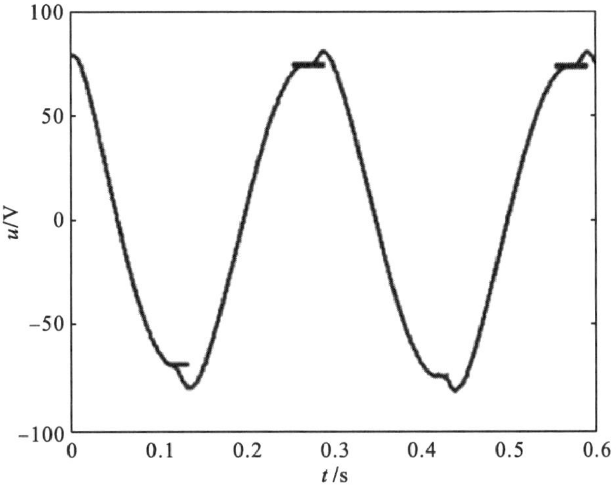


图 6-19 多级滑模控制器中实际控制量的变化曲线

### 6.3.2 基于 RBF 网络的动态面控制

#### 1. 数学模型

对于柔性滤波驱动机构，考虑柔性变形、非线性 LuGre 摩擦模型及传动误差、系统效率等非线性因素的影响，建立二阶非线性动力学模型如下，各参数如表 6-1 所示。

$$\begin{cases} J_{\mathrm{L}}\ddot{q}_{\mathrm{L}}+F_{\mathrm{L}}+F_{\mathrm{f}}-K\left(\dfrac{q_{\mathrm{m}}}{N}-q_{\mathrm{L}}-\gamma\right)=0 \\ J_{\mathrm{m}}N\ddot{q}_{\mathrm{m}}+\eta K\left(\dfrac{q_{\mathrm{m}}}{N}-q_{\mathrm{L}}-\gamma\right)=J_{\mathrm{m}}Nu \end{cases} \tag{6-32}$$

**表 6-1 柔性滤波驱动机构系统参数注释**

| 参数 | 注释 | 参数 | 注释 |
|---|---|---|---|
| $F_{\mathrm{f}}$ | 摩擦力矩/(N·m) | $F_{\mathrm{L}}$ | 负载/(N·m) |
| $K$ | 柔性刚度/(Nm/Rad) | $J_{\mathrm{L}}$ | 驱动机构转动惯量/(kg·m$^2$) |
| $J_{\mathrm{m}}$ | 电机转动惯量/(kg·m$^2$) | $N$ | 减速器组件减速比 |
| $\gamma$ | 传动误差/(arcmin) | $u$ | 电机输出力矩/(N·m) |
| $\eta$ | 传动系统效率 | $q_{\mathrm{L}}$ | 驱动机构位移/rad |
| $\dot{q}_{\mathrm{L}}$ | 驱动机构速度/(rad/s) | $\ddot{q}_{\mathrm{L}}$ | 驱动机构加速度/(rad/s$^2$) |
| $q_{\mathrm{m}}$ | 电机位移/rad | $\dot{q}_{\mathrm{m}}$ | 电机速度/(rad/s) |
| $\ddot{q}_{\mathrm{m}}$ | 电机加速度/(rad/s$^2$) | | |

为了简化模型，引入系统状态变量 $x_1=q_{\mathrm{L}}$， $x_2=\dot{q}_{\mathrm{L}}$， $x_3=q_{\mathrm{m}}$， $x_4=\dot{q}_{\mathrm{m}}$， $a=\dfrac{\eta K}{J_{\mathrm{m}}N}$ 及 $b=\gamma$，那么系统的动态方程可以写为

$$\begin{cases} \dot{x}_1=x_2 \\ \dot{x}_2=\dfrac{1}{J_{\mathrm{L}}}\left[-F_L-F_f+K\left(\dfrac{x_3}{N}-x_1-b\right)\right] \\ \dot{x}_3=x_4 \\ \dot{x}_4=u-a\left(\dfrac{x_3}{N}-x_1-b\right) \end{cases} \tag{6-33}$$

系统输出为

$$y=x_1 \tag{6-34}$$

## 2. 控制器的具体设计过程

第一步：定义误差 $e_1=x_1-x_d$，对其求导可得误差动态如下

$$\dot{e}_1=\dot{x}_1-\dot{x}_{\mathrm{d}}=x_2-\dot{x}_{\mathrm{d}} \tag{6-35}$$

取虚拟控制为

$$\overline{x}_2=-k_1e_1+\dot{x}_{\mathrm{d}} \tag{6-36}$$

式中，$k_1>0$ 为控制增益。为了避免对 $\overline{x}_2$ 微分产生大量导数项，引入一个新的状态变量 $x_{2\mathrm{f}}$，并让 $\overline{x}_2$ 通过一阶滤波器得到 $x_{2\mathrm{f}}$：

$$\tau_2\dot{x}_{2\mathrm{f}}+x_{2\mathrm{f}}=\overline{x}_2,\ x_{2\mathrm{f}}(0)=\overline{x}_2(0) \tag{6-37}$$

式中，$\tau_2$ 表示滤波器的时间常数。

第二步：定义误差 $e_2 = x_2 - x_{2f}$，对其求导可得动态方程如下：

$$\frac{NJ_L}{K}\dot{e}_2 = -\frac{NJ_L}{K}\dot{x}_{2f} - \frac{N}{K}F_L - \frac{N}{K}F_f + x_3 - Nx_1 - Nb = f_1(\bullet) + x_3 \tag{6-38}$$

式中，$f_1(\bullet) = -\frac{NJ_L}{K}\dot{x}_{2f} - \frac{N}{K}F_L - \frac{N}{K}F_f - Nx_1 - Nb$，输入变量 $Z_1 = [x_1, x_2, x_{1d}, \dot{x}_{1d}]^T$。由于 $f_1$ 中既含有 $\dot{x}_{2f}$，又含有未知量 $F_L$ 和 $F_f$，利用神经网络系统在一个紧集上以任意精度逼近任意连续函数的优点，存在 $\theta_1^T\xi_1(e_1)$ 使得

$$f_1(e_1) = \theta_1^T\xi_1(e_1) + \delta_1(e_1) \tag{6-39}$$

式中，$\delta_1$ 表示逼近误差，并满足不等式 $|\delta_1| \leqslant \varepsilon_1$，$\varepsilon_1 > 0$ 表示任意小的常数。依据第一步的思想，取稳定化函数为

$$\overline{x}_3 = -k_2e_2 - e_1 - \hat{\theta}_1^T\xi_1 \tag{6-40}$$

式中，$k_2$ 表示控制增益，$\hat{\theta}_1$ 是 $\theta_1$ 的估计值。让虚拟控制 $\overline{x}_3$ 通过一阶滤波器得到 $x_{3f}$，则

$$\tau_3\dot{x}_{3f} + x_{3f} = \overline{x}_3,\ x_{3f}(0) = \overline{x}_3(0) \tag{6-41}$$

式中，$\tau_3$ 表示滤波器的时间常数。

第三步：定义误差 $e_3 = x_3 - x_{3f}$，对其求导可得动态方程如下：

$$\dot{e}_3 = x_4 - \dot{x}_{3f} \tag{6-42}$$

根据第一步的思想，取稳定化函数为

$$\overline{x}_4 = -k_3e_3 - e_2 + \frac{\overline{x}_3 - x_{3f}}{\tau_3} \tag{6-43}$$

式中，$k_3$ 表示控制增益。让虚拟控制 $\overline{x}_4$ 通过一阶滤波器得到 $x_{4f}$，则

$$\tau_4\dot{x}_{4f} + x_{4f} = \overline{x}_4,\ x_{4f}(0) = \overline{x}_4(0) \tag{6-44}$$

式中，$\tau_4$ 表示滤波器的时间常数。

第四步：定义误差 $e_4 = x_4 - x_{4f}$，对其求导可得动态方程如下：

$$\dot{e}_4 = u - a\left(\frac{x_3}{N} - x_1 - b\right) - \dot{x}_{4f} = u + f_2(\bullet) \tag{6-45}$$

式中，$f_2(\bullet) = -a\left(\frac{x_3}{N} - x_1 - b\right) - \dot{x}_{4f}$，输入变量 $Z_1 = [x_1, x_2, x_3, x_4, x_{1d}, \dot{x}_{1d}, u_f]^T$。由于 $f_2$ 中既含有 $\dot{x}_{4f}$，又含有未知量 $a$、$b$ 和 $N$，充分利用神经网络系统在一个紧集上以任意精度逼近任意连续函数的优点，存在 $\theta_2^T\xi_2$ 使得

$$f_2(e_2) = \theta_2^T\xi_2(e_2) + \delta_2(e_2) \tag{6-46}$$

式中，$\delta_2$ 表示逼近误差，并满足不等式 $|\delta_2| \leqslant \varepsilon_2$，$\varepsilon_2 > 0$ 表示任意小的常数。

我们设计控制器为

$$u = -k_4e_4 - e_3 - \hat{\theta}_2^T\xi_2 \tag{6-47}$$

式中，$k_4$ 表示控制增益，$\hat{\theta}_2$ 是 $\theta_2$ 的估计值。

**注 6.1**　$u_f = G(s)u$ 一阶滤波器避开了代数循环问题，同时实际中执行器具有低频特性，在低频范围内可用 $u_f$ 代替 $u$，即 $u_f \approx u$。

为了避免神经网络的权值飘移，设计自适应律如下：

$$\begin{cases}\dot{\theta}_1=\Gamma_1(\xi_1 e_2-n_1|e_2|\hat{\theta}_1)\\ \dot{\theta}_2=\Gamma_2(\xi_2 e_4-n_2|e_4|\hat{\theta}_2)\end{cases} \tag{6-48}$$

式中，$n_1$、$n_2$、$\Gamma_1$和$\Gamma_2$为正实数。

### 3. 系统稳定性分析

定义滤波器误差：

$$y_i=x_{if}-\overline{x}_i \qquad (i=2,3,4) \tag{6-49}$$

边界层微分方程为

$$\begin{cases}y_2=-y_2/\tau_2+B_2(e_1,e_2,y_2,\ddot{x}_{\rm d})\\ y_3=-y_3/\tau_3+B_3(e_1,e_2,e_3,y_2,y_3,x_{\rm d},\dot{x}_{\rm d},\ddot{x}_{\rm d})\\ y_4=-y_4/\tau_4+B_4(e_1,e_2,e_3,y_2,y_3,y_4,x_{\rm d},\dot{x}_{\rm d},\ddot{x}_{\rm d})\end{cases} \tag{6-50}$$

其中，

$$\begin{cases}B_2=k_1\dot{e}_1-\ddot{x}_d\\ B_3=k_2\dot{e}_2+\dot{e}_1+\dot{\hat{\theta}}_1^{\rm T}\xi_1+\theta_1^{\rm T}\dfrac{\partial\xi_1}{\partial t}\\ B_4=k_3\dot{e}_3+\dot{e}_2-\dfrac{\dot{y}_3}{\tau_3}\end{cases}$$

定义闭环系统集合

$$\begin{aligned}&\Omega_1:=\left\{(x_{\rm d},\dot{x}_{\rm d},\ddot{x}_{\rm d}):x_{\rm d}^2+\dot{x}_{\rm d}^2+\ddot{x}_{\rm d}^2\leqslant\xi\right\}\\ &\Omega_2:=\left\{\sum_{i=1}^{4}e_i^2+\sum_{i=1}^{4}y_{i.}^2\leqslant 2p\right\}\end{aligned} \tag{6-51}$$

**定理 6.1** 针对系统公式(6-32)的控制问题，给定一个正数$p$，对所有满足初始条件的$V(0)\leqslant p$，控制器式(6-47)和自适应律式(6-48)使得闭环系统信号半全局一致有界，且跟踪误差收敛于零。

证明：考虑如下 Lyapunov 函数

$$V=\frac{1}{2}e_1^2+\frac{1}{2}\frac{NJ_{\rm L}}{K}e_2^2+\frac{1}{2}e_3^2+\frac{1}{2}e_4^2+\sum_{i=2}^{4}y_i^2+\frac{1}{2}{\rm tr}(\tilde{\theta}_1^{\rm T}\Gamma_1^{-1}\tilde{\theta}_1)+\frac{1}{2}{\rm tr}(\tilde{\theta}_2^{\rm T}\Gamma_2^{-1}\tilde{\theta}_2) \tag{6-52}$$

式中，tr 表示矩阵的迹。

对式(6-52)求导得

$$\begin{aligned}\dot{V}\leqslant\ & e_1(e_2+y_2-k_1e_1)+e_2(e_3+y_3-k_2e_2-e_1+\tilde{\theta}_1^{\rm T}\xi_1)+e_3(e_4+y_4-k_3e_3-e_2)\\ &+e_4(-k_4e_4-e_3+\tilde{\theta}_2^{\rm T}\xi_2)+\sum_{i=2}^{4}\left(-\frac{y_i^2}{\tau_i}+y_iB_i\right)-{\rm tr}(\tilde{\theta}_1^{\rm T}\Gamma_1^{-1}\dot{\theta}_1)-{\rm tr}(\tilde{\theta}_2^{\rm T}\Gamma_2^{-1}\dot{\hat{\theta}}_2)\\ \leqslant\ &\sum_{i=1}^{4}-k_ie_i+\sum_{i=1}^{3}|e_i||y_{i+1}|+{\rm tr}(\tilde{\theta}_1^{\rm T}\xi_1e_2)+{\rm tr}(\tilde{\theta}_2^{\rm T}\xi_2e_4)+\sum_{i=2}^{4}\left(-\frac{y_i^2}{\tau_i}+y_iB_i\right)\\ &-{\rm tr}(\tilde{\theta}_1^{\rm T}\Gamma_1^{-1}\dot{\theta}_1)-{\rm tr}(\tilde{\theta}_2^{\rm T}\Gamma_2^{-1}\dot{\hat{\theta}}_2)\end{aligned} \tag{6-53}$$

根据 Young' s 不等式，式(6-53)可得

$$\dot{V} \leqslant \sum_{i=1}^{4} -k_i^* e_i + \sum_{i=1}^{3} r_{i+1} y_{i+1}^2 + \mathrm{tr}\left(\tilde{\theta}_1^{\mathrm{T}}(\xi_1 e_2 - \Gamma_1^{-1}\dot{\theta}_1)\right) + \mathrm{tr}\left(\tilde{\theta}_2^{\mathrm{T}}(\xi_2 e_4 - \Gamma_2^{-1}\dot{\hat{\theta}}_2)\right) + \sum_{i=2}^{4} \frac{1}{2} B_i^2 \tag{6-54}$$

式中，$k_i^* = k_i - \frac{1}{2}, r_{i+1} = 1 - \frac{1}{\tau_i}$，且都为正常数。

利用 $-\tilde{\theta}_1^{\mathrm{T}}\theta_1 \leqslant -\frac{1}{2}\tilde{\theta}_1^2 + \frac{1}{2}\theta_1^2, -\tilde{\theta}_2^{\mathrm{T}}\hat{\theta}_2 \leqslant -\frac{1}{2}\tilde{\theta}_2^2 + \frac{1}{2}\theta_2^2$，并将自适应律代入式(6-54)可得

$$\begin{aligned} \dot{V} &\leqslant \sum_{i=1}^{4} -k_i^* e_i + \sum_{i=1}^{3} r_{i+1} y_{i+1}^2 + n_1 |e_2| \tilde{\theta}_1^{\mathrm{T}}\theta_1 + n_2 |e_4| \tilde{\theta}_2^{\mathrm{T}}\hat{\theta}_2 + \sum_{i=2}^{4} \frac{1}{2} B_i^2 \\ &\leqslant \sum_{i=1}^{4} -k_i^* e_i + \sum_{i=1}^{3} r_{i+1} y_{i+1}^2 + \sum_{i=2}^{4} \frac{1}{2} B_i^2 + \frac{1}{2} n(\tilde{\theta}_1^2 + \tilde{\theta}_2^2) + e_{\mathrm{M}} \end{aligned} \tag{6-55}$$

式中，$n = \min\{n_1 |e_2|, n_2 |e_4|\}$，$e_{\mathrm{M}} = \frac{1}{2} n_1 |e_2| \theta_1^2 + \frac{1}{2} n_2 |e_4| \theta_2^2$。

由式(6-55)可得

$$\dot{V} \leqslant -2\alpha V + \sum_{i=2}^{4} \frac{1}{2} B_i^2 + e_{\mathrm{M}} \tag{6-56}$$

式中，$\alpha$ 为正实数。

若 $\alpha > \left(\sum_{i=2}^{4} \frac{1}{2} B_i^2 + e_{\mathrm{M}}\right) / 2p$，则 $\dot{V} \leqslant 0$。如果 $V(0) \leqslant p$，$t \geqslant 0$ 则闭环控制系统半全局一致终结有界，且不大于 $\left(\sum_{i=2}^{4} \frac{1}{2} B_i^2 + e_{\mathrm{M}}\right) / 2\alpha$。

由式(6-56)可得

$$0 \leqslant V(t) \leqslant \left(\sum_{i=2}^{4} \frac{1}{2} B_i^2 + e_{\mathrm{M}}\right) / 2\alpha + \left[V(0) + \left(\sum_{i=2}^{4} \frac{1}{2} B_i^2 + e_{\mathrm{M}}\right) / 2\alpha\right] \mathrm{e}^{-2\alpha t}, \forall t \geqslant 0 \tag{6-57}$$

### 4. 数值仿真及结果分析

模型中给定位置输入信号 $y_{\mathrm{d}} = \sin(2\pi t)$，仿真中柔性滤波驱动机构系统初始条件为 $x_1(0) = x_2(0) = x_3(0) = x_4(0) = 0$，同时在系统动力学模型中代入可由实验获得的相关参数值，即传动机构的效率 $\eta = 74.5\%$，滤波传动机构测试传动误差 $\gamma = 10.44$ arcminute，及柔性刚度取为 $K = 7.2 \times 10^3 \mathrm{N \cdot m / rad}$。此外，LuGre 摩擦模型参数如表 6-2 所示。

**表 6-2 LuGre 摩擦参数值**

| $\sigma_0$ /(N·m/rad) | $\sigma_1$ /(N·m/rad) | $\sigma_2$ /(N·m/rad) | $F_s$ /(N·m) | $F_c$ /(N·m) | $\dot{x}_s$ /(rad/s) |
|---|---|---|---|---|---|
| 5 | 3 | 4 | 3.3 | 1.8 | 0.02 |

根据前面阐述可知，RBF 函数的中心和宽度极大地影响了自适应动态面控制器的性能。因此，在仿真实验中设置神经网络包含 15 个节点，网络中心平均分配在区间[−6,6]上，

中心宽度设置为 1.2。经过反复调试，确定了基于 RBF 神经网络的动态面控制器参数 $k_1=85$、$k_2=25$、$k_3=25$、$k_4=4$、$n_1=0.6$、$n_2=0.6$、$\Gamma_1=6$、$\Gamma_2=6, \tau_2=\tau_3=\tau_4=0.01$。结果如图 6-20～图 6-23 所示。

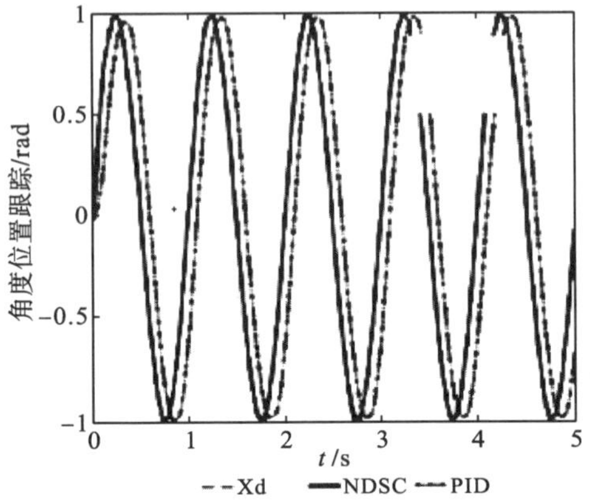


图 6-20　正弦位置跟踪

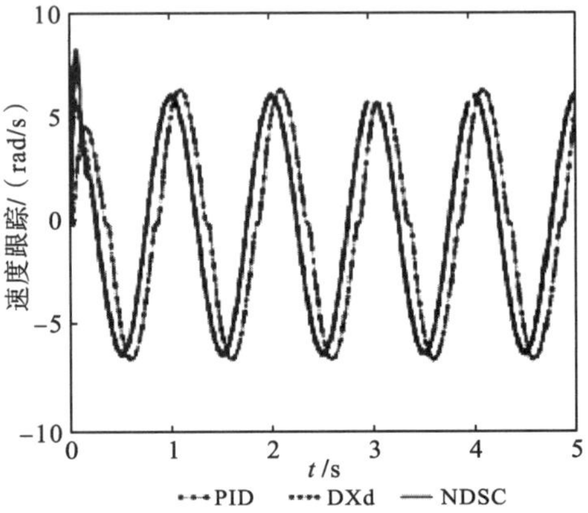


图 6-21　正弦速度跟踪

图 6-20 和图 6-21 为系统对于正弦输入的期望轨迹的跟踪控制，图中 Xd、DXd 分别表示参考位置和速度轨迹，PID 表示传统 PID 控制策略，NDSC 表示基于 RBF 网络的动态面控制方法。从这些曲线图可以看出，由于柔性变形、LuGre 摩擦模型以及传动误差、系统效率等非线性项的作用，PID 位置跟踪存在“平顶”现象，并且速度跟踪存在“死区”现象，从而使得其控制器很难满足高精度的控制要求。

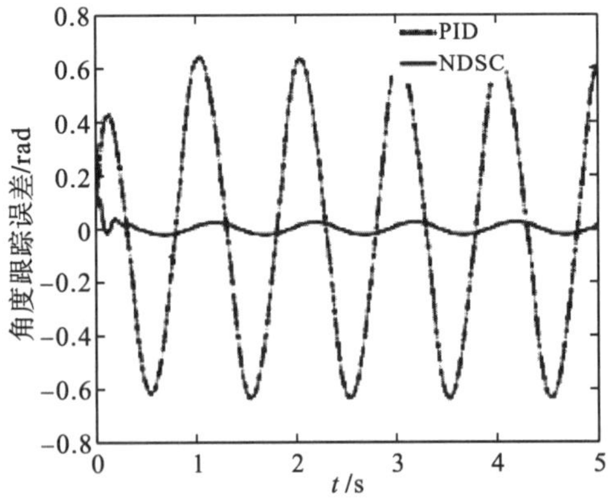


图 6-22　位移跟踪误差

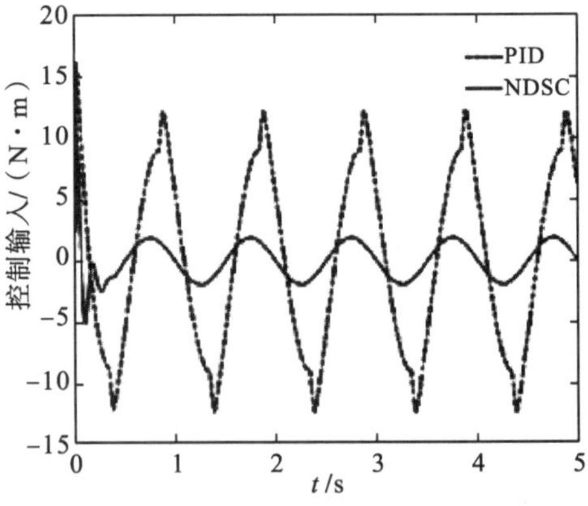


图 6-23　传递力矩

图 6-22 说明 NDSC 实现了高品质的轨迹跟踪，其误差迅速收敛在有界小区域内。另外，PID 和 NDSC 转速的轨迹跟踪误差分别为±0.6rad/s 和±0.03rad/s。由此可知，精度方面 NDSC 是 PID 的 20 倍，体现了所提控制方法的优越性。

从图 6-22 状态响应曲线可知，为加快系统的收敛速度，虽然控制输入在初期需要的能量较大，但随后迅速趋于平衡状态，抖动减小。很明显，NDSC 较 PID 更能有效地抑制参数未知、外界干扰和摩擦等因素的影响，从而实现平稳控制。

### 6.3.3　基于柔性滤波的自适应单参数权值 RBF 网络反演法控制

#### 1. 数学模型

基于柔性滤波驱动机构的工业机器人动力学方程描述如下：

$$\begin{aligned}&\boldsymbol{M}_{\mathrm{H}}(\boldsymbol{q})\ddot{\boldsymbol{q}}+\boldsymbol{C}_{\mathrm{H}}(\boldsymbol{q},\dot{\boldsymbol{q}})\dot{\boldsymbol{q}}+\boldsymbol{G}_{\mathrm{H}}(\boldsymbol{q})-\boldsymbol{\tau}_{\mathrm{ed}}=\boldsymbol{\tau}\\&\boldsymbol{J}_{\mathrm{m}}\ddot{\boldsymbol{q}}_{\mathrm{m}}+\boldsymbol{B}_{\mathrm{m}}\dot{\boldsymbol{q}}_{\mathrm{m}}+\boldsymbol{\tau}_{1}=\boldsymbol{\tau}_{\mathrm{m}}\\&\boldsymbol{L}\dot{\boldsymbol{i}}+\boldsymbol{R}\boldsymbol{i}+\boldsymbol{K}_{\mathrm{e}}\boldsymbol{q}_{\mathrm{m}}+\boldsymbol{u}_{\mathrm{ed}}=u\\&\boldsymbol{\tau}_{\mathrm{m}}=\boldsymbol{K}_{\mathrm{T}}\boldsymbol{i}\end{aligned}\tag{6-58}$$

各参数的具体意义如表 6-3 所示。

表 6-3　工业机器人系统参数注释

| 参数 | 注释 | 参数 | 注释 |
|---|---|---|---|
| $\boldsymbol{M}_{\mathrm{H}}$ | 机器人惯量矩阵 | $\boldsymbol{C}_{\mathrm{H}}$ | 机器人哥氏力和离心力矩阵 |
| $\boldsymbol{G}_{\mathrm{H}}$ | 机器人重力矢量 | $\boldsymbol{\tau}_{\mathrm{ed}}$ | 机器人力矩干扰项 |
| $\boldsymbol{\tau}$ | 机器人输入力矩 | $\boldsymbol{J}_{\mathrm{m}}$ | 电机的惯量矩阵 |
| $\boldsymbol{B}_{\mathrm{m}}$ | 电机黏滞摩擦系数 | $\boldsymbol{\tau}_{1}$ | 电机负载力矩 |
| $\boldsymbol{\tau}_{\mathrm{m}}$ | 电机力矩矢量 | $\boldsymbol{K}_{\mathrm{T}}$ | 电机转矩常数 |
| $\boldsymbol{u}_{\mathrm{ed}}$ | 有界干扰电压矢量 | $\boldsymbol{u}$ | 电机电压矢量 |
| $\boldsymbol{i}$ | 电机电流向量 | $\boldsymbol{L}$ | 电感对角矩阵 |
| $\boldsymbol{R}$ | 电阻对角矩阵 | $\boldsymbol{K}_{\mathrm{e}}$ | 电压对角矩阵 |
| $\boldsymbol{q}$ | 机器人角度矢量 | $\dot{\boldsymbol{q}}$ | 机器人速度矢量 |
| $\ddot{\boldsymbol{q}}$ | 机器人加速度矢量 | $\boldsymbol{q}_{\mathrm{m}}$ | 电机角度矢量 |
| $\dot{\boldsymbol{q}}_{\mathrm{m}}$ | 电机速度矢量 | $\ddot{\boldsymbol{q}}_{\mathrm{m}}$ | 电机加速度矢量 |

柔性滤波驱动机构与工业机器人之间有如下关系:

$$\begin{cases}\boldsymbol{\tau}_{1}=\boldsymbol{N}\boldsymbol{\tau}\\\boldsymbol{q}=\boldsymbol{N}\boldsymbol{q}_{\mathrm{m}}\end{cases}\tag{6-59}$$

式中，$\boldsymbol{N}=\mathrm{diag}\{n_1,n_2,\cdots,n_n\}$ 为柔性滤波传动机动比的对角矩阵。将式(6-59)代入式(6-58)，得

$$\begin{cases}\boldsymbol{M}(\boldsymbol{q})\ddot{\boldsymbol{q}}+\boldsymbol{C}(\boldsymbol{q},\dot{\boldsymbol{q}})\dot{\boldsymbol{q}}+\boldsymbol{G}(\boldsymbol{q})-\boldsymbol{\tau}_{\mathrm{e}}=\boldsymbol{K}_{\mathrm{T}}\boldsymbol{i}\\\boldsymbol{L}\dot{\boldsymbol{i}}+\boldsymbol{R}\boldsymbol{i}+\boldsymbol{K}_{\mathrm{e}}\dfrac{\dot{\boldsymbol{q}}}{\boldsymbol{N}}+\boldsymbol{u}_{\mathrm{ed}}=\boldsymbol{u}\end{cases}\tag{6-60}$$

式中，$\boldsymbol{M}(\boldsymbol{q})=\boldsymbol{N}\boldsymbol{M}_{\mathrm{H}}+\dfrac{1}{\boldsymbol{N}}\boldsymbol{J}_{\mathrm{m}}$，$\boldsymbol{G}(\boldsymbol{q})=\boldsymbol{N}\boldsymbol{G}_{\mathrm{H}}$，$\boldsymbol{C}(\boldsymbol{q},\dot{\boldsymbol{q}})=\boldsymbol{N}\boldsymbol{C}_{\mathrm{H}}+\dfrac{1}{\boldsymbol{N}}\boldsymbol{B}_{\mathrm{m}}$，$\boldsymbol{\tau}_{\mathrm{e}}=\boldsymbol{N}\boldsymbol{\tau}_{\mathrm{ed}}$。

**注 6.2** 假设工业机器人系统参数未知但有界，且系统具有以下特性：

①惯性矩阵 $\boldsymbol{M}(\boldsymbol{q})$ 是正定对称阵，且有界，即存在 $\sigma_0 > 0, \sigma_0 \in \mathbf{R}, 0 < \boldsymbol{M}(\boldsymbol{q}) \leqslant \sigma_0 \boldsymbol{I}$；

②惯性矩阵 $\boldsymbol{M}(\boldsymbol{q})$ 与哥氏力和离心力矩阵 $\boldsymbol{C}(\boldsymbol{q},\dot{\boldsymbol{q}})$ 存在关系 $\dot{\boldsymbol{q}}^{\mathrm{T}}(\boldsymbol{M}-2\boldsymbol{C})\dot{\boldsymbol{q}}=0$。

简化后具有两个关节的柔性滤波驱动机构工业机器人如图 6-24 所示，动力学中的各项具体表达式如下：

$$\boldsymbol{M}_{\mathrm{H}}(\boldsymbol{q})=\begin{bmatrix} p_1+p_2+2p_3\cos(q_2) & p_2+p_3\cos(q_2) \\ p_2+p_3\cos(q_2) & p_2 \end{bmatrix}$$

$$\boldsymbol{C}_{\mathrm{H}}(\boldsymbol{q},\dot{\boldsymbol{q}})=\begin{bmatrix} -p_3\dot{q}_2\sin(q_2) & -p_3(\dot{q}_1+\dot{q}_2)\sin(q_2) \\ p_3\dot{q}_1\sin(q_2) & 0 \end{bmatrix}$$

$$\boldsymbol{G}_{\mathrm{H}}(\boldsymbol{q})=\begin{bmatrix} p_4 g\cos(q_1)+p_5 g\cos(q_1+q_2) \\ p_5 g\cos(q_1+q_2) \end{bmatrix}$$

式中，$p_1=m_1 l_{c1}^2+m_2 l_1^2+I_1$，$p_2=m_2 l_{c2}^2+I_2$，$p_3=m_2 l_1 l_{c2}$，$p_4=m_1 l_{c2}+m_2 l_1$ 及 $p_5=m_2 l_{c2}$。

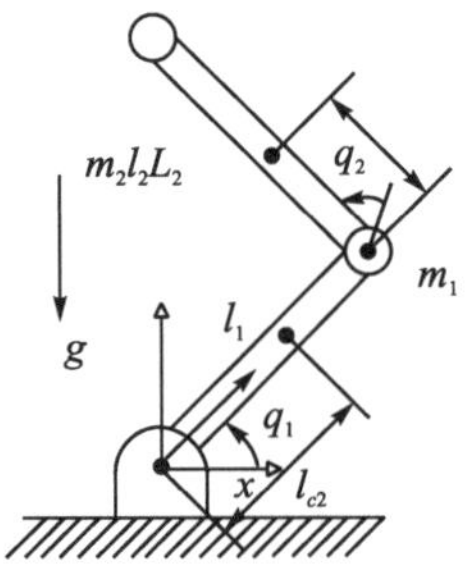


图 6-24 两关节空间机器人

为了更简便地表示机器人系统模型，定义新的变量：$\boldsymbol{x}_1=\boldsymbol{q}$，$\boldsymbol{x}_2=\dot{\boldsymbol{q}}$，$\boldsymbol{x}_3=\boldsymbol{i}$，则两个关节的柔性滤波驱动机构工业机器人的数学模型重写如下：

$$\begin{cases} \dot{\boldsymbol{x}}_1=\boldsymbol{x}_2 \\ \dot{\boldsymbol{x}}_2=\dfrac{1}{\boldsymbol{M}}(\boldsymbol{K}_{\mathrm{T}}\boldsymbol{x}_3-\boldsymbol{C}\boldsymbol{x}_2-\boldsymbol{G}+\tau_{\mathrm{e}}) \\ \dot{\boldsymbol{x}}_3=\dfrac{1}{\boldsymbol{L}}\left(\boldsymbol{u}-\boldsymbol{R}\boldsymbol{x}_3-\dfrac{1}{\boldsymbol{N}}\boldsymbol{K}_{\mathrm{e}}\boldsymbol{x}_2-\boldsymbol{u}_{\mathrm{ed}}\right) \end{cases} \tag{6-61}$$

## 2. 控制器的具体设计过程

第一步：对给定的参考输入信号 $x_{1\mathrm{d}}$，定义误差向量 $\boldsymbol{z}_1=\boldsymbol{x}_1-\boldsymbol{x}_{1\mathrm{d}}$。

选择 Lyapunov 函数：

$$V_1=\frac{1}{2}\boldsymbol{z}_1^{\mathrm{T}}\boldsymbol{z}_1 \tag{6-62}$$

对 $V_1$ 求导可得

$$\dot{V}_1=\boldsymbol{z}_1^{\mathrm{T}}\dot{\boldsymbol{z}}_1=\boldsymbol{z}_1^{\mathrm{T}}(\boldsymbol{x}_2-\dot{\boldsymbol{x}}_{1\mathrm{d}}) \tag{6-63}$$

选择虚拟控制律：

$$\boldsymbol{\alpha}_1(\boldsymbol{Z}_1)=-k_1\boldsymbol{z}_1+\dot{\boldsymbol{x}}_{1\mathrm{d}} \tag{6-64}$$

式中，$k_1>0$ 是控制器参数，$\boldsymbol{Z}_1=[x_1,x_{1\mathrm{d}},\dot{x}_{1\mathrm{d}}]^{\mathrm{T}}$。

把式(6-63)代入式(6-64)，简化为

$$\dot{\boldsymbol{V}}_1=-k_1\boldsymbol{z}_1^{\mathrm{T}}\boldsymbol{z}_1+\boldsymbol{z}_1^{\mathrm{T}}\boldsymbol{z}_2 \tag{6-65}$$

第二步：定义 $\boldsymbol{z}_2=\boldsymbol{x}_2-\boldsymbol{\alpha}_1$，对其求导可得

$$\dot{\boldsymbol{z}}_2=\frac{1}{M}(\boldsymbol{K}_{\mathrm{T}}\boldsymbol{x}_3-\boldsymbol{C}x_2-\boldsymbol{G}+\tau_{\mathrm{e}})-\dot{\boldsymbol{\alpha}}_1 \tag{6-66}$$

选择 Lyapunov 函数：

$$\boldsymbol{V}_2=\boldsymbol{V}_1+\frac{1}{2}\boldsymbol{z}_2^{\mathrm{T}}M\boldsymbol{z}_2 \tag{6-67}$$

$\boldsymbol{V}_2$ 对时间求导可以得

$$\begin{aligned}\dot{\boldsymbol{V}}_2&=\dot{\boldsymbol{V}}_1+\boldsymbol{z}_2^{\mathrm{T}}M\left[\frac{1}{M}(\boldsymbol{K}_{\mathrm{T}}\boldsymbol{x}_3-\boldsymbol{C}\boldsymbol{x}_2-\boldsymbol{G}+\tau_{\mathrm{e}})-\dot{\boldsymbol{\alpha}}_1\right]+\frac{1}{2}\boldsymbol{z}_2^{\mathrm{T}}\dot{M}\boldsymbol{z}_2\\&=-k_1\boldsymbol{z}_1^{\mathrm{T}}\boldsymbol{z}_1+\boldsymbol{z}_2^{\mathrm{T}}(\boldsymbol{K}_{\mathrm{T}}\boldsymbol{x}_3-\boldsymbol{C}\boldsymbol{\alpha}_1+\boldsymbol{z}_1-\boldsymbol{G}+\tau_{\mathrm{e}}-M\dot{\boldsymbol{\alpha}}_1)\end{aligned} \tag{6-68}$$

**注 6.3**　假定系统扰动 $\tau_{\mathrm{e}}$ 是未知的，但是其上界为 $\tau_{\mathrm{h}}>0$，即 $\tau_{\mathrm{h}}>\|\tau_{\mathrm{e}}\|>0$。

根据 Young' s 不等式得到

$$\boldsymbol{z}_2^{\mathrm{T}}\tau_{\mathrm{e}}\leqslant\frac{1}{2\varepsilon^2}\boldsymbol{z}_2^2+\frac{\varepsilon^2}{2}\tau_{\mathrm{h}}^2$$

式中，$\varepsilon$ 为任意小的正数，则得到

$$\dot{\boldsymbol{V}}_2\leqslant-k_1\boldsymbol{z}_1^{\mathrm{T}}\boldsymbol{z}_1+\boldsymbol{z}_2^{\mathrm{T}}\left(\boldsymbol{K}_{\mathrm{T}}\boldsymbol{x}_3+\boldsymbol{z}_1-\boldsymbol{C}\boldsymbol{\alpha}_1-\boldsymbol{G}+\frac{1}{2\varepsilon^2}\boldsymbol{z}_2-M\dot{\boldsymbol{\alpha}}_1\right)+\frac{\varepsilon^2}{2}\tau_{\mathrm{h}}^2 \tag{6-69}$$

式中，转动惯量 $M$ 是未知量，选取 $\hat{M}$ 作为未知参数 $(M)$ 的估计值。

构造虚拟控制器：

$$\boldsymbol{\alpha}_2(\boldsymbol{Z}_2)=\frac{1}{K_{\mathrm{T}}}\left(-k_2\boldsymbol{z}_2-\boldsymbol{z}_1+C\boldsymbol{\alpha}_1+\boldsymbol{G}-\frac{1}{2\varepsilon^2}\boldsymbol{z}_2+\hat{M}\dot{\boldsymbol{\alpha}}_1\right) \tag{6-70}$$

式中，$k_2>0$ 是控制器参数，$\boldsymbol{Z}_2=[x_1,x_2,x_{1\mathrm{d}},\dot{x}_{1\mathrm{d}},\hat{M}]^{\mathrm{T}}$。

定义：

$$\boldsymbol{z}_3=\boldsymbol{x}_3-\boldsymbol{\alpha}_2 \tag{6-71}$$

则

$$\dot{\boldsymbol{V}}_2\leqslant-\sum_{i=1}^{2}k_i\boldsymbol{z}_i^{\mathrm{T}}\boldsymbol{z}_i+\boldsymbol{z}_2^{\mathrm{T}}\left[\boldsymbol{K}_{\mathrm{T}}\boldsymbol{z}_3+(\hat{M}-M)\dot{\boldsymbol{\alpha}}_1\right]+\frac{\varepsilon^2}{2}\tau_{\mathrm{h}}^2 \tag{6-72}$$

第 3 步：对 $\boldsymbol{z}_3$ 求导可得

$$\dot{\boldsymbol{z}}_3=\frac{1}{\boldsymbol{L}}\left(\boldsymbol{u}-\boldsymbol{R}\boldsymbol{x}_3-\frac{1}{\boldsymbol{N}}\boldsymbol{K}_{\mathrm{e}}\boldsymbol{x}_2-\boldsymbol{u}_{\mathrm{ed}}\right)-\dot{\boldsymbol{\alpha}}_2 \tag{6-73}$$

选择 Lyapunov 函数：

$$\boldsymbol{V}_3=\boldsymbol{V}_2+\frac{1}{2}\boldsymbol{z}_3^{\mathrm{T}}\boldsymbol{z}_3 \tag{6-74}$$

$\boldsymbol{V}_3$ 对时间求导可以得到

$$\begin{aligned}\dot{V}_3 &= \dot{V}_2 + z_3^{\mathrm{T}}\left[\frac{1}{L}(u - Rx_3 - \frac{1}{N^*}K_{\mathrm{e}}x_2 - u_{\mathrm{ed}}) - \dot{\alpha}_2\right] \\ &= -\sum_{i=1}^{2}k_i z_i^{\mathrm{T}} z_i + z_2^{\mathrm{T}}(\hat{M} - M)\dot{\alpha}_1 + \frac{\varepsilon^2}{2}\tau_{\mathrm{h}}^2 + z_3^{\mathrm{T}}\left(f_3 + \frac{1}{L}u\right)\end{aligned} \tag{6-75}$$

其中，

$$\dot{\alpha}_1 = -k_1(x_2 - \dot{x}_{1\mathrm{d}}) + \ddot{x}_{1\mathrm{d}},\ \dot{\alpha}_2 = \sum_{i=1}^{2}\frac{\partial \alpha_2}{\partial x_i}\dot{x}_i + \sum_{i=1}^{2}\frac{\partial \alpha_2}{\partial x_{1\mathrm{d}}^{(i)}}x_{1\mathrm{d}}^{(i+1)} + \frac{\partial \alpha_2}{\partial \hat{M}}\dot{\hat{M}},$$

$$f_3(Z_3) = \frac{1}{L}\left(K_{\mathrm{T}}z_2 - L\dot{\alpha}_2 - Rx_3 - \frac{1}{N}K_{\mathrm{e}}x_2 - u_{\mathrm{ed}}\right), Z_3 = [x_1, x_2, x_3, x_{1\mathrm{d}}, \dot{x}_{1\mathrm{d}}, \hat{M}]^{\mathrm{T}}$$

可以看出，$f_3$ 中既含有 $\dot{\alpha}_2$，又含有系统未知参数，应用的自适应反演法处理此类问题非常复杂。为了解决此类问题，利用 RBF 网络系统的万能逼近特性，对于任意小 $\varepsilon_3 > 0$，存在神经网络系统 $\theta_3^{\mathrm{T}}\xi_3$，使得

$$f_3(Z_3) = \theta_3^{\mathrm{T}}\xi_3(Z_3) + \delta_3(Z_3) \tag{6-76}$$

式中，$\delta_3$ 表示逼近误差，并满足 $|\delta_3| \leqslant \varepsilon_3$。根据 Young' s 不等式，则

$$\begin{aligned}z_3^{\mathrm{T}} f_3 &= z_3^{\mathrm{T}}(\theta_3^{\mathrm{T}}\xi_3 + \delta_3) \\ &\leqslant \frac{1}{2l^2}z_3^2\|\theta_3\|^2\xi_3^{\mathrm{T}}\xi_3 + \frac{1}{2}l^2 + \frac{1}{2}z_3^2 + \frac{1}{2}\varepsilon_3^2\end{aligned}$$

把式(6-76)代入式(6-75)可得

$$\begin{aligned}\dot{V}_3 \leqslant & -\sum_{i=1}^{2}k_i z_i^{\mathrm{T}} z_i + z_2^{\mathrm{T}}(\hat{M} - M)\dot{\alpha}_1 + z_3^{\mathrm{T}}\left(\frac{1}{2l^2}z_3^{\mathrm{T}}\|\theta_3\|^2\xi_3^{\mathrm{T}}\xi_3 + \frac{1}{2}z_3 + \frac{1}{L}u\right) \\ & + \frac{1}{2}l^2 + \frac{1}{2}\varepsilon_3^2 + \frac{\varepsilon^2}{2}\tau_{\mathrm{h}}^2\end{aligned} \tag{6-77}$$

选择实际控制律：

$$u = L\left(-k_3 z_3 - \frac{1}{2}z_3 - \frac{1}{2l^2}z_3^{\mathrm{T}}\hat{\theta}\xi_3^{\mathrm{T}}\xi_3\right) \tag{6-78}$$

式中，$\hat{\theta}$ 是未知量 $\theta$ 的估计值，定义 $\theta = \|\theta_3\|^2$，即将神经网络权值转化为单参数 $\hat{\theta}$，从而简化了控制器结构并加快自适应律的求解速度。

把式(6-78)代入式(6-77)得

$$\dot{V}_3 \leqslant -\sum_{i=1}^{3}k_i z_i^{\mathrm{T}} z_i + z_2^{\mathrm{T}}(\hat{M} - M)\dot{\alpha}_1 + \frac{1}{2l^2}z_3^{\mathrm{T}}z_3\left(\|\theta_3\|^2 - \hat{\theta}\right)\xi_3^{\mathrm{T}}\xi_3 + \frac{1}{2}l^2 + \frac{1}{2}\varepsilon_3^2 + \frac{\varepsilon^2}{2}\tau_{\mathrm{h}}^2 \tag{6-79}$$

定义误差变量 $\tilde{M}$ 与 $\tilde{\theta}$

$$\begin{cases}\tilde{M} = \hat{M} - M \\ \tilde{\theta} = \hat{\theta} - \theta\end{cases}$$

对 $V_3$ 增广，取全系统 Lyapunov 函数：

$$V = V_3 + \frac{1}{2r_1}\tilde{M}^2 + \frac{1}{2r_2}\tilde{\theta}^2 \tag{6-80}$$

式中，$r_1$ 和 $r_2$ 为自适应增益系数。

则 $V$ 对时间的导数为

$$
\begin{aligned}
\dot{V} \leqslant & -\sum_{i=1}^{3} k_i \boldsymbol{z}_i^{\mathrm{T}} \boldsymbol{z}_i + \boldsymbol{z}_2^{\mathrm{T}} (\hat{M} - M) \dot{\boldsymbol{\alpha}}_1 + \frac{1}{2l^2} \boldsymbol{z}_3^{\mathrm{T}} \boldsymbol{z}_3 \left( \|\boldsymbol{\theta}_3\|^2 - \hat{\theta} \right) \boldsymbol{\xi}_3^{\mathrm{T}} \boldsymbol{\xi}_3 + \frac{1}{2} l^2 \\
& + \frac{1}{2} \varepsilon_3^2 + \frac{\varepsilon^2}{2} \tau_h^2 + \frac{1}{r_1} \tilde{M} \dot{\hat{M}} + \frac{1}{r_2} \tilde{\theta} \dot{\hat{\theta}} \\
\leqslant & -\sum_{i=1}^{3} k_i \boldsymbol{z}_i^{\mathrm{T}} \boldsymbol{z}_i + \frac{1}{r_1} \tilde{M} (r_1 \boldsymbol{z}_2^{\mathrm{T}} \dot{\boldsymbol{\alpha}}_1 + \dot{\hat{M}}) + \frac{1}{r_2} \tilde{\theta} \left( -\frac{1}{2l^2} r \boldsymbol{z}_3^{\mathrm{T}} \boldsymbol{z}_3 \boldsymbol{\xi}_3^{\mathrm{T}} \boldsymbol{\xi}_3 + \dot{\hat{\theta}} \right) \\
& + \frac{1}{2} l^2 + \frac{1}{2} \varepsilon_3^2 + \frac{\varepsilon^2}{2} \tau_{\mathrm{h}}^2
\end{aligned}
\tag{6-81}
$$

设计自适应律如下

$$
\begin{cases}
\dot{\hat{M}} = -r_1 \boldsymbol{z}_2^{\mathrm{T}} \dot{\boldsymbol{\alpha}}_1 - m_1 \hat{M} \\
\dot{\hat{\theta}} = \dfrac{1}{2l^2} r \boldsymbol{z}_3^{\mathrm{T}} \boldsymbol{z}_3 \boldsymbol{\xi}_3^{\mathrm{T}} \boldsymbol{\xi}_3 - m_2 \hat{\theta}
\end{cases}
\tag{6-82}
$$

式中，$m_1$ 和 $m_2$ 为正数。

### 3. 系统稳定性分析

基于以上所设计的控制器，将上述自适应律代入式(6-81)得

$$
\dot{V} \leqslant -\sum_{i=1}^{3} k_i \boldsymbol{z}_i^{\mathrm{T}} + \frac{1}{2} l^2 + \frac{1}{2} \varepsilon_3^2 + \frac{\varepsilon^2}{2} \boldsymbol{\tau}_{\mathrm{h}}^2 - \frac{m_1}{r_1} \tilde{M} \hat{M} - \frac{m_2}{r_2} \tilde{\theta} \hat{\theta}
\tag{6-83}
$$

由于 $-\tilde{M}\hat{M} = -\frac{1}{2}\tilde{M}^2 - \frac{1}{2}\tilde{M}M \leqslant -\frac{1}{2}\tilde{M}^2 + \frac{1}{2}M^2$，同理可得 $-\tilde{\theta}\hat{\theta} \leqslant -\frac{1}{2}\tilde{\theta}^2 + \frac{1}{2}\theta^2$。从而有

$$
\begin{aligned}
\dot{V} & \leqslant -\sum_{i=1}^{3} k_i \boldsymbol{z}_i^{\mathrm{T}} - \frac{1}{2} + \frac{1}{2} \frac{m_1}{r_1} \tilde{M}^2 - \frac{1}{2} \frac{m_1}{r_1} \tilde{\theta}^2 + \frac{1}{2} l^2 + \frac{1}{2} \varepsilon_3^2 + \frac{\varepsilon^2}{2} \tau_{\mathrm{h}}^2 + \frac{1}{2} \frac{m_1}{r_1} M^2 + \frac{1}{2} \frac{m_2}{r_2} \theta^2 \\
& \leqslant -\alpha_0 V + b_0
\end{aligned}
\tag{6-84}
$$

式中，$\alpha_0 = \min\left[2k_1, \dfrac{2k_2}{\lambda_{\max} M}, 2k_3, m_1, m_2\right], b_0 = \dfrac{1}{2} l^2 + \dfrac{1}{2} \varepsilon_3^2 + \dfrac{\varepsilon^2}{2} \tau_{\mathrm{h}}^2 + \dfrac{1}{2} \dfrac{m_1}{r_1} M^2 + \dfrac{1}{2} \dfrac{m_2}{r_2} \theta^2$，则

$$
V(t) \leqslant \left( V(0) - \frac{b_0}{\alpha_0} \right) \mathrm{e}^{-\alpha_0 (t - t_0)} + \frac{b_0}{\alpha_0} \leqslant V(0) + \frac{b_0}{\alpha_0}, \qquad \forall t \geqslant t_0
\tag{6-85}
$$

由式(6-85)可得，$z_i (i = 1,2,3)$, $\tilde{M}$ 和 $\tilde{\theta}$ 属于集合

$$
\varOmega = \left\{ \left( z_i, \tilde{M}, \tilde{\theta} \right) \middle| V(t) \leqslant V(0) + \frac{b_0}{\alpha_0}, \qquad \forall t \geqslant t_0 \right\}
$$

并有 $\lim\limits_{x \to \infty} z_1^2 \leqslant \dfrac{2b_0}{2\alpha_0}$。

### 4. 仿真实验分析

基于柔性滤波驱动机构的两关节工业机器人参数为

$$
L_1 = 0.205\mathrm{m} \qquad L_2 = 0.21\mathrm{m} \qquad L_{c1} = 0.1025\mathrm{m} \qquad L_{c2} = 0.105\mathrm{m}
$$

$$
m_1 = 3.55\mathrm{kg} \qquad m_2 = 0.75\mathrm{kg} \qquad I_1 = 0.04\mathrm{km \cdot m^2} \qquad I_2 = 0.03\mathrm{km \cdot m^2}
$$

$$\boldsymbol{L}=\begin{bmatrix}0.3 & 0\\ 0 & 0.24\end{bmatrix}\quad \boldsymbol{R}=\begin{bmatrix}2.8 & 0\\ 0 & 2.8\end{bmatrix}\quad \boldsymbol{N}=\begin{bmatrix}160 & 0\\ 0 & 160\end{bmatrix}$$

$$\boldsymbol{J}_{\mathrm{m}}=\begin{bmatrix}8.7 & 0\\ 0 & 8.47\end{bmatrix}\quad \boldsymbol{\tau}_{\mathrm{e}}=\begin{bmatrix}0.2\cos(\pi t/12) & 0\\ 0 & 0.2\cos(\pi t/12)\end{bmatrix}$$

$$\boldsymbol{K}_{\mathrm{e}=}\begin{bmatrix}2.42\times10^{-4} & 0\\ 0 & 2.18\times10^{-4}\end{bmatrix}\quad \boldsymbol{B}_{\mathrm{m}=}\begin{bmatrix}1.3\times10^{-5} & 0\\ 0 & 2\times10^{-5}\end{bmatrix}$$

选取基于柔性滤波驱动机构的两关节工业机器人的外界扰动、初始状态以及期望跟踪轨迹如下：

$$\tau_{\mathrm{ed}}=\left[0.2\cos(\pi t/12),0.2\cos(\pi t/12)\right]^{\mathrm{T}}$$

$$q(0)=[0,0]^{\mathrm{T}}\qquad \dot{q}(0)=[0,0]^{\mathrm{T}}\qquad \ddot{q}(0)=[0,0]^{\mathrm{T}}$$

$$q_{\mathrm{d}}=\left[0.1+1.4\mathrm{e}^{-50t^{3}},1.5-0.5\mathrm{e}^{-50t^{3}}\right]^{\mathrm{T}}$$

另外，RBF 函数的中心和宽度极大地影响了自适应神经网络控制器的性能。因此，设置神经网络包含 12 个节点，中心 $c_j$ 均匀分布在[−1.5,1.5]× [−1.5,1.5]× [0,3]，宽度 $b_j$ 为 1。控制器参数为 $k_1=28$，$k_2=25$，$k_3=27$，$r_1=0.01$，$r_2=0.01$，$m_2=25$，$1=10$，$\varepsilon=0.04$。仿真实验结果如图 6-25 和图 6-26 所示。

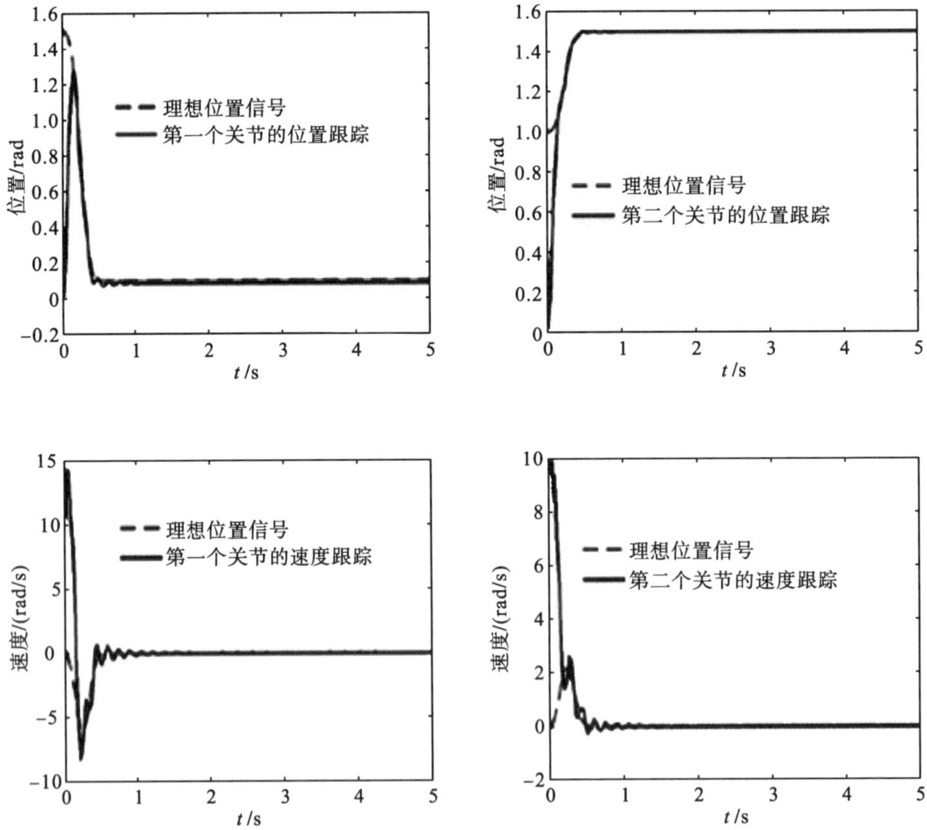


图 6-25 工业机器人位置与速度跟踪

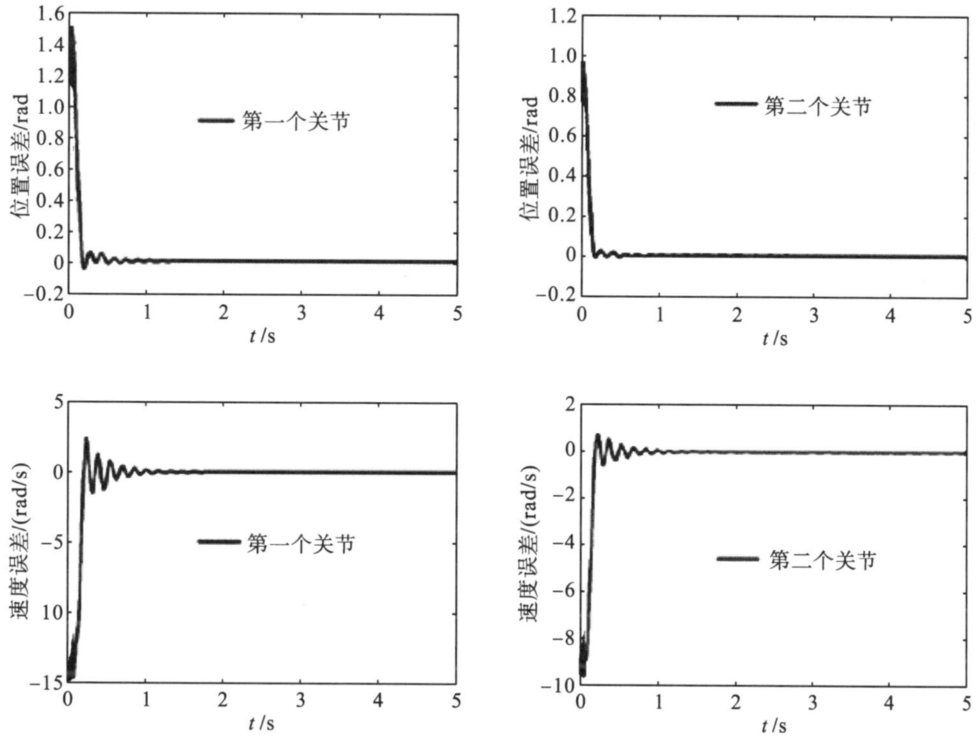


图 6-26　工业机器人位置与速度跟踪误差

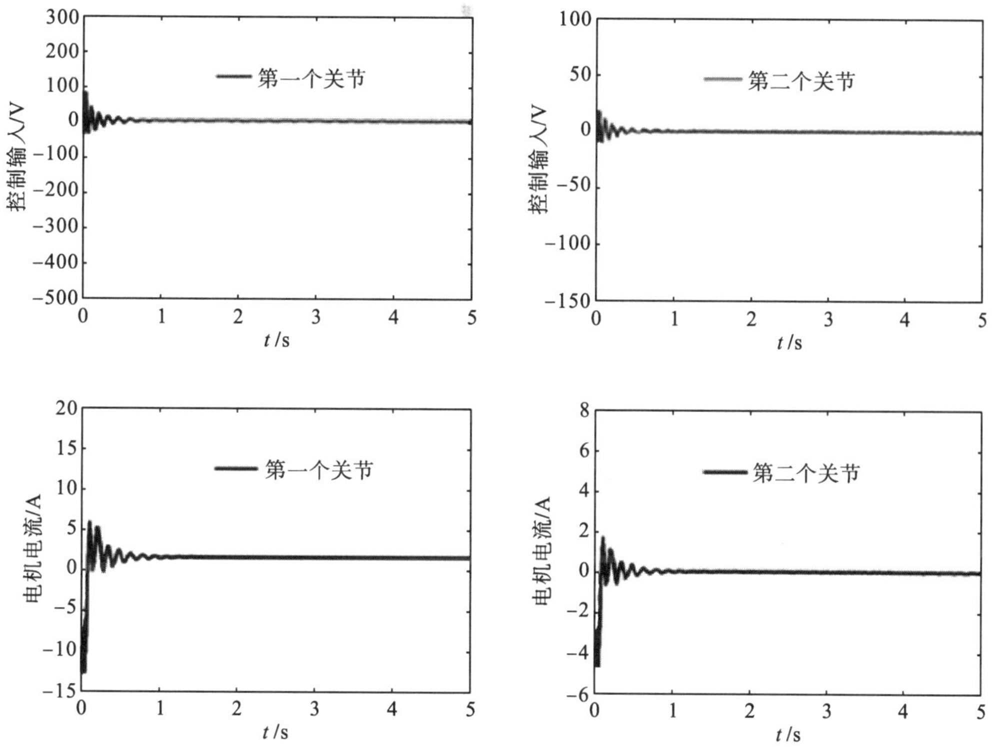


图 6-27　工业机器人关节电压与电流

从图 6-27 中可知，为加快系统的收敛速度，虽然控制输入在初期需要的能量较大，但随后迅速趋于平衡状态，抖动减小，实现了柔性滤波驱动机构机器人的高品质控制。

### 6.3.4 基于柔性滤波的干扰观测器 RBF 网络动态面控制

#### 1. 数学模型

移动机器人的运动如图 6-28 所示，从理论上讲，两个后轮采用柔性滤波驱动机构独立驱动，通过变换输入电压以实现两后轮的速度差，从而达到调整车体与跟踪轨迹位置的目的。另外，移动机器人的前轮为随动轮，仅起支撑车体的作用。

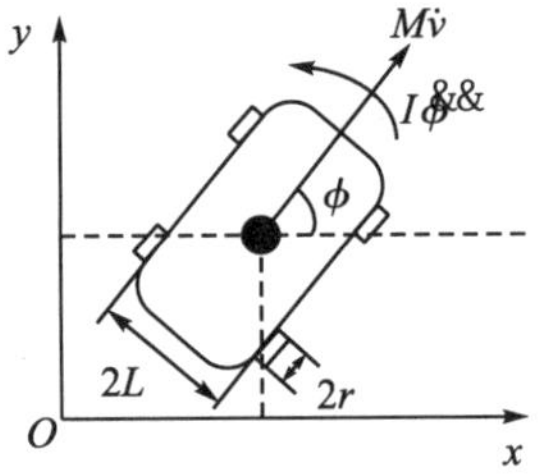


图 6-28 移动机器人

由图 6-28 可知，移动机器人动力学方程描述如下

$$\begin{aligned}
\dot{v} &= -\frac{2c}{Mr^2+2I_w}v+\frac{kr}{Mr^2+2I_w}(u_r+u_1) \\
\ddot{\phi} &= -\frac{2cL^2}{I_v r^2+2I_w L^2}\dot{\phi}+\frac{krL}{I_v r^2+2I_w L^2}(u_r+u_1) \qquad (6\text{-}86) \\
k &= \frac{ik_m}{R_\alpha}
\end{aligned}$$

动力学模型各参数的注释如表 6-4 所示。为了更简便地表示移动机器人系统模型，引入新的变量如下：

$$x_1=v \qquad x_2=\phi \qquad x_3=\dot{x}_2$$

$$a_1=\frac{2c}{Mr^2+2I_w} \qquad b_1=\frac{kr}{Mr^2+2I_w}$$

$$a_2=-\frac{2cL^2}{I_v r^2+2I_w L^2} \qquad b_2=\frac{krL}{I_v r^2+2I_w L^2}$$

则移动机器人系统的动力学方程如下：

$$\begin{cases}
\dot{x}_1=a_1x_1+b_1(u_r u_1) \\
\dot{x}_2=x_3 \\
\dot{x}_3=a_2x_3+b_2(u_r u_1)
\end{cases} \qquad (6\text{-}87)$$

表 6-4　移动机器人系统参数注释

| 参数 | 注释 | 参数 | 注释 |
| --- | --- | --- | --- |
| $I_{\text{v}}$ | 绕机器人重心的转动惯量/(kg·m$^2$) | $I_{\text{w}}$ | 驱动轮的转动惯量/(kg·m$^2$) |
| $M$ | 机器人总质量/kg | $k$ | 滤波驱动机构驱动增益/(Nm/V) |
| $c$ | 轮胎与地面的摩擦系数/(kg·m$^2$/s) | $R_{\alpha}$ | 电机的电枢电阻/Ω |
| $i$ | 减速器传动比 | $v$ | 机器人前进速度/(m/s) |
| $\varphi$ | 机器人方向角/rad | $K_{\text{m}}$ | 电机的电磁力矩常数/rad |
| $u_{\text{r}}$ | 后桥右轮电机的驱动电压/V | $u_{\text{l}}$ | 后桥左轮电机的驱动电压/V |

首先，要对系统进行解耦，系统动态方程属于耦合系统，转化为参数严格反馈形式。令

$$\begin{bmatrix} u_r \\ u_l \end{bmatrix} = \begin{bmatrix} 1 & -1 \\ 0 & 1 \end{bmatrix} \begin{bmatrix} u_1 \\ u_2 \end{bmatrix} \tag{6-88}$$

则$u_{\text{r}} = u_1 - u_2$，式(6-87)可以解耦为两个独立的子系统：

$$\begin{cases} \dot{x}_1 = a_1 x_1 + b_1 u_1 \\ \dot{x}_2 = x_3 \\ \dot{x}_3 = a_2 x_3 + b_2 u_1 - 2b_2 u_2 \end{cases} \tag{6-89}$$

移动机器人户外运动会遇到比在室内更多未知的不确定干扰，实际控制系统中不可避免地存在各种先验未知、隐含的建模误差和外界干扰。另外，柔性滤波驱动机构参数由于周边环境温度、材料磨损等条件的变化以及摩擦系数变化而具有的不确定性都会影响机器人动静态性能。因此，假设所有不确定项的总和可以用不确定函数 $d$ 表示。

综上所述，机器人系统的动力学模型为

$$\begin{cases} \dot{x}_1 = a_1 c x_1 + b_1 k u_1 \\ \dot{x}_2 = x_3 \\ \dot{x}_3 = a_2 c x_3 + b_2 k u_1 - 2b_2 k u_2 + d \end{cases} \tag{6-90}$$

## 2. 制器设计

1) 干扰观测器

定义状态变量 $\boldsymbol{X} = [x_2, x_3]^{\text{T}}$，由式(6-90)可得

$$\dot{\boldsymbol{X}} = \boldsymbol{f}(\boldsymbol{X}) + \boldsymbol{B}(\boldsymbol{X})u_2 + \boldsymbol{C}(\boldsymbol{X})d \tag{6-91}$$

其中，

$$\boldsymbol{f} = \begin{bmatrix} x_3 \\ a_2 c x_3 + b_2 k u_1 \end{bmatrix} \qquad \boldsymbol{B} = \begin{bmatrix} 0 \\ -2b_2 k \end{bmatrix} \qquad \boldsymbol{C} = \begin{bmatrix} 0 \\ 1 \end{bmatrix}$$

通过变换，式(6-91)可写成

$$\boldsymbol{C}d = \dot{\boldsymbol{X}} - \boldsymbol{f} - \boldsymbol{B}u_2 \tag{6-92}$$

干扰观测器为

$$\dot{\hat{d}} = \boldsymbol{L}\left(\dot{\boldsymbol{X}} - \boldsymbol{f} - \boldsymbol{B}u_2 - \boldsymbol{C}\hat{d}\right) \tag{6-93}$$

式中，$\hat{d}$ 是 $d$ 的估计值。

定义辅助变量

$$Z = \hat{d} - u_2 \tag{6-94}$$

定义非线性干扰观测器增益 $L$

$$\boldsymbol{L} = \frac{\partial u_2(\boldsymbol{X})}{\partial \boldsymbol{X}} \tag{6-95}$$

对式(6-94)微分可知：

$$\dot{Z} = \dot{\hat{d}} - \dot{u}_2 - \boldsymbol{L}(-\boldsymbol{f} - \boldsymbol{B}u_2 - \boldsymbol{C}\hat{d}) = \boldsymbol{L}\left[-\boldsymbol{f} - \boldsymbol{B}u_2 - \boldsymbol{C}(Z + u_2)\right] \tag{6-96}$$

定义误差 $e_d = d - \hat{d}$，则有

$$\dot{e}_d + \boldsymbol{LC}e_d = -\dot{\hat{d}} + \boldsymbol{LC}(d - \hat{d}) \tag{6-97}$$

得

$$\dot{e}_d + \boldsymbol{LC}e_d = -\boldsymbol{L}(\dot{\boldsymbol{X}} - \boldsymbol{f} - \boldsymbol{B}u_2 - \boldsymbol{C}d) = 0 \tag{6-98}$$

选择增益向量 $\boldsymbol{L} = [c_1, c_2]^{\mathrm{T}}$，则有

$$u_2 = c_1 x_2 + c_2 x_3 \tag{6-99}$$

非线性干扰观测器设计如下：

$$\begin{cases} \hat{d} = Z + c_1 x_2 + c_2 x_3 \\ \dot{Z} = -c_1 x_3 + c_2\left(-a_2 c x_3 - b_2 k u_1 + 2b_2 k u_2 - Z - c_1 x_2 - c_2 x_3\right) \end{cases} \tag{6-100}$$

2) 干扰补偿的 RBF 网络动态面控制

采用干扰观测器的输出来补偿机器人所受到的干扰，设计控制律

$$u_2 = u_{\mathrm{ND}} - u_{\mathrm{D}} \tag{6-101}$$

式中，$u_{\mathrm{ND}}$ 为 RBF 网络动态面控制器输出，$u_{\mathrm{D}}$ 为非线性干扰观测器的输出。则有

$$\dot{x}_3 = a_2 c x_3 + b_2 k u_1 - 2b_2 k(u_{\mathrm{ND}} - u_{\mathrm{D}}) + d \tag{6-102}$$

定义 $u_{\mathrm{D}} = -1/2b_2 k \cdot \hat{d}$，并代入式(6-102)得

$$\dot{x}_3 = a_2 c x_3 + b_2 k u_1 - 2b_2 k u_{\mathrm{ND}} + \tilde{d} \tag{6-103}$$

对移动机器人系统式(6-90)和式(6-103)，自适应 RBF 网络动态面控制器设计步骤如下。

第一步：给定参考输入，定义动态面 $S_1 = x_1 - y_d$，对其微分后得

$$\dot{S}_1 = a_1 c x_1 + b_1 k u_1 - \dot{y}_d = f_1 + b_1 k u_1 \tag{6-104}$$

式中，$f_1(S_1) = a_1 c x_1 - \dot{y}_d$。$f_1$ 是一个未知函数，它含有未知摩擦系数 $c$ 与 $y_d$ 的微分，而传统动态面技术处理此类问题较复杂。因此，利用 RBF 网络系统在一个紧集上以任意精度逼近任意连续函数的特点，存在等式

$$f_1(S_1) = \theta_1^{\mathrm{T}} \xi_1(S_1) + \delta_1(S_1) \tag{6-105}$$

式中，$\delta_1$ 是逼近误差，且 $\left|\delta_1(S_1)\right| < \varepsilon_1$。

结合式(6-104)与式(6-105)，设计如下控制律

$$u_1=\frac{\hat{k}}{(\hat{k}^2+\varepsilon)b_1}\left(-\hat{\theta}_1^{\mathrm{T}}\xi_1-k_1S_1\right) \tag{6-106}$$

式中，$\hat{k}$ 与 $\hat{\theta}_1$ 是 $k$ 与 $\theta_1$ 在 $t$ 时刻的估计值，$k_1>0$ 是设计常数。

设计自适应律如下：

$$\begin{cases}\dot{\hat{\theta}}_1=\eta_1\left(\xi_1S_1-m_1\hat{\theta}_1\right)\\ \dot{\hat{k}}_1=\eta_3\left(S_1u_1-m_3\hat{k}\right)\end{cases} \tag{6-107}$$

式中，$\eta_1$、$\eta_3$、$m_1$ 和 $m_3$ 为正设计常数。

第二步：给定参考输入，定义动态面 $S_2=x_2-y_{\mathrm{r}}$，对其微分后得

$$\dot{S}_2=x_3-\dot{y}_{\mathrm{r}} \tag{6-108}$$

选择虚拟控制函数 $a$

$$a=-k_2S_2+y_r \tag{6-109}$$

式中，$k_2>0$ 是设计常数。

虚拟控制函数 $a$ 通过一阶滤波器得到 $a_f$，则有

$$\tau\dot{a}_f+a_f=a \qquad a_f(0)=a(0) \tag{6-110}$$

式中，$\tau$ 为正的滤波器时间常数。

第三步：定义动态面 $S_3=x_3-\alpha_t$，对其微分后得

$$\begin{aligned}\dot{S}_3&=a_2cx_3+b_2ku_1-2b_2ku_{\mathrm{ND}}+\tilde{d}-\dot{\alpha}_f\\&=f_2+b_2ku_1-2b_2ku_{\mathrm{ND}}-\dot{\alpha}_f\end{aligned} \tag{6-111}$$

式中，$f_2(S_3)=a_2cx_3+\tilde{d}$。可以看出，$f_2$ 是一个未知函数，它既含有 $\tilde{d}$，又含有未知摩擦系数 $c$。同理，对任意小的 $\varepsilon_2>0$，存在 RBF 网络系统 $\theta_2^{\mathrm{T}}\boldsymbol{\xi}_2$，使得

$$f_2(S_3)=\theta_2^{\mathrm{T}}\boldsymbol{\xi}_2(S_3)+\delta_2(S_3) \tag{6-112}$$

式中，$\delta_2$ 表示逼近误差，并满足 $|\delta_2|\leqslant|\varepsilon_2|$。

结合式(6-111)与式(6-112)，设计如下控制律：

$$u_{\mathrm{KD}}=\frac{\hat{k}}{\left(\hat{k}+\varepsilon\right)2b_2}\left(\hat{\theta}_2^{\mathrm{T}}\boldsymbol{\xi}_2+k_3S_3+b_2\hat{k}u_1-\dot{a}_f\right) \tag{6-113}$$

式中，$\hat{\theta}_2$ 是 $\theta_2$ 在 $t$ 时刻的估计值，$k_3>0$ 是设计常数。

设计自适应律如下：

$$\begin{cases}\dot{\hat{\theta}}_2=\eta_2\left(\boldsymbol{\xi}_2S_3-m_2\hat{\theta}_2\right)\\ \dot{\hat{k}}=\eta_3\left(S_1u_1-m_3\hat{k}\right)\end{cases} \tag{6-114}$$

3) 与传统动态面技术的比较

为验证所构造控制器的优点，将神经网络动态面控制器与传统的动态面控制器进行比较。

第一步：由式(6-104)可知，取控制律为

$$u_1=\frac{1}{b_1 k}\left(-k_1 S_1-a_1 c x_1+\dot{y}_d\right) \tag{6-115}$$

第二步：由定义可知，虚拟控制函数$\alpha$ 由式(6-109)求得。

第三步：由式(6-111)可知，取控制律为

$$u_{\mathrm{ND}}=\frac{1}{2 b_2 k}\left(k_3 S_3+a_2 c x_3+b_2 k u_1+\tilde{d}-\dot{\alpha}_f\right) \tag{6-116}$$

将 RBF 网络动态面控制器式(6-106)、式(6-113)与传统的动态面控制器式(6-116)、式(6-116)进行比较，发现传统的动态面技术需要精确的数学模型和较多的表达式数量项。

正面进行稳定性分析。定义滤波器误差$y=\alpha_f-\alpha$，则

$$\dot{\alpha}_f=-\frac{y}{\tau} \tag{6-117}$$

边界层微分方程为

$$\dot{y}=-\frac{y}{t}+B\left(S_2,S_3,y,\hat{k},\hat{\theta}_2,y_{\mathrm{r}},\dot{y}_{\mathrm{r}},\ddot{y}_{\mathrm{r}}\right) \tag{6-118}$$

式中，$B=k_2\dot{S}_2-\ddot{y}_{\mathrm{r}}$，由

$$y\dot{y}_{\mathrm{r}}\leqslant-\frac{y^2}{\tau}+y^2+\frac{1}{4}B^2$$

得

$$\begin{aligned}
\dot{S}_1&=\theta_1^{\mathrm{T}}\boldsymbol{\xi}_1+\delta_1-b_1\tilde{k}u_1+b_1\hat{k}u_1\\
&=\theta_1^{\mathrm{T}}\boldsymbol{\xi}_1+\delta_1-b_1\tilde{k}u_1+\left(1-\frac{\varepsilon}{\hat{k}^2+3}\right)\left(-\hat{\theta}_1^{\mathrm{T}}\boldsymbol{\xi}_1-k_1S_1\right)\\
&=-k_1S_1-\tilde{\theta}_1^{\mathrm{T}}\boldsymbol{\xi}_1+\delta_1-b_1\tilde{k}u_1+\frac{\varepsilon}{\hat{k}^2+\varepsilon}\left(\tilde{\theta}_1^{\mathrm{T}}\boldsymbol{\xi}_1+k_1S_1\right)\\
&\leqslant-k_1S_1-\tilde{\theta}_1^{\mathrm{T}}\boldsymbol{\xi}_1-b_1\tilde{k}u_1+\gamma_1
\end{aligned} \tag{6-119}$$

式中，$\gamma_1\geqslant(S_1,\hat{k},\hat{\theta},y_{\mathrm{d}},\dot{y}_{\mathrm{d}})$是连续函数，且$\gamma_1\geqslant\left|\delta_1+\frac{\varepsilon}{\hat{k}^2+\varepsilon}\left(\hat{\theta}_1^{\mathrm{T}}\boldsymbol{\xi}_1+k_1S_1\right)\right|$。

同理，可推出

$$\dot{S}_2=S_3+y-k_2S_2 \tag{6-120}$$

$$\begin{aligned}
\dot{S}_3&=\theta_2^{\mathrm{T}}\boldsymbol{\xi}_2+\delta_2+b_2ku_1+2b_2k_{\mathrm{ND}}-\dot{\alpha}_f-2b_2\hat{k}u_{\mathrm{ND}}\\
&=\theta_2^{\mathrm{T}}\boldsymbol{\xi}_2+\delta_2+b_2ku_1+2b_2\tilde{k}u_{\mathrm{ND}}-\dot{\alpha}_f-\left(1-\frac{\varepsilon}{\hat{k}^2+\varepsilon}\right)\left(\hat{\theta}_2^{\mathrm{T}}\boldsymbol{\xi}_2+k_3S_3+b_2\hat{k}u-\dot{\alpha}_f\right)\\
&\leqslant\tilde{\theta}_2^{\mathrm{T}}\boldsymbol{\xi}_2-b_2\tilde{k}u_1+2b_2\tilde{k}u_{\mathrm{ND}}-k_3S_3+\gamma_2
\end{aligned} \tag{6-121}$$

式中，$\gamma_2\geqslant\left(S_2,S_3,\hat{k},\hat{\theta}_2,y_{\mathrm{r}},\dot{y}_{\mathrm{r}}\right)$是连续函数，且$\gamma_2\geqslant\left|\delta_2+\frac{\varepsilon}{\hat{k}^2+\varepsilon}\left(\hat{\theta}_2^{\mathrm{T}}\boldsymbol{\xi}_2+k_3S_3+b_2\hat{k}u_1-\dot{\alpha}_f\right)\right|$。

根据 Young’s 不等式得

$$S_1\dot{S}_1=(-k_1+)S_1^2-\tilde{\theta}_1^{\mathrm{T}}\boldsymbol{\xi}_1S_1-b_1\tilde{k}u_1S_1+\frac{1}{4}\gamma_1^2 \tag{6-122}$$

同理，可推出

$$S_2\dot{S}_2=\frac{1}{4}S_3^2+\frac{1}{4}y^2-\left(k_2-2\right)S_2^2$$

$$S_3S_3^2=-\theta_2^{\mathrm{T}}\boldsymbol{\xi}_2S_3+b_2\tilde{k}u_{\mathrm{ND}}S_3-\left(k_3-1\right)S_3^2+\frac{1}{4}\gamma_2^2 \tag{6-123}$$

对于任意的 $p>0$，定义集合

$$\begin{cases}\Omega_1=\left\{\left(S_1,\hat{k},\hat{\theta}\right):S_1^2+\eta_3^{-1}\tilde{k}_2^2+\eta_1^{-1}\tilde{\theta}_1^{\mathrm{T}}\tilde{\theta}\leqslant 2p\right\}\\ \Omega_2=\left\{\left(S_1,S_2,\hat{k},\hat{\theta}\right):\sum_{i=1}^{3}S_i^2+\eta_3^{-1}\tilde{k}_2^2+\eta_1^{-1}\tilde{\theta}_1^{\mathrm{T}}\tilde{\theta}_1\leqslant 2p\right\}\\ \Omega_3=\left\{\left(S_1,S_2,S_3,\hat{k},\hat{\theta}_1,\hat{\theta}_2,y\right):\sum_{i=1}^{3}S_i^2+\eta_3^{-1}\tilde{k}_2^2+\eta_1^{-1}\tilde{\theta}_1^{\mathrm{T}}\tilde{\theta}_1+\eta_2^{-1}\tilde{\theta}_2^{\mathrm{T}}\tilde{\theta}_2+y^2\leqslant 2p\right\}\end{cases} \tag{6-124}$$

**定理** 6.2　针对基于柔性滤波驱动机构的移动机器人系统，给定一个正数 $p$，对所有满足初始条件 $V(0)\leqslant p$，相应的控制器和自适应律使得闭环系统信号半全局一致有界，同时跟踪误差收敛到零附近。

证明：定义 Lyapunov 函数

$$V=\frac{1}{2}\left(\sum_{i=1}^{3}S_i^2+y^2+\sum_{i=1}^{2}\eta_i^{-1}\tilde{\theta}_i^{\mathrm{T}}\tilde{\theta}_i+\eta_3^{-1}\tilde{k}^2\right) \tag{6-125}$$

对式(6-125)求导得

$$\begin{aligned}\dot{V}\leqslant&\left(-k_1+1\right)S_1^2-\left(-k_2-2\right)S_2^2-\left(k_3-\frac{5}{4}\right)S_3^2+\sum_{i=1}^{2}\frac{1}{4}\gamma_i^2\\&+\left(\frac{5}{4}+\frac{1}{\tau}\right)y^2+\frac{1}{4}B^2-b_1\tilde{k}u_1S_1-b_2\tilde{k}u_1S_3\\&+2b_2\tilde{k}u_{\mathrm{ND}}S_3+\tilde{k}S_1u_1-m_3\tilde{k}\hat{k}-\sum_{i=1}^{2}m_i\tilde{\theta}_i^{\mathrm{T}}\hat{\theta}_i\end{aligned} \tag{6-126}$$

在 $-m_i\tilde{\theta}_i^{\mathrm{T}}\hat{\theta}_i=-m_i\tilde{\theta}_i^{\mathrm{T}}\left(\tilde{\theta}_i+\theta_i\right)\leqslant-2^{-1}m_i\left\|\tilde{\theta}_i\right\|^2+2^{-1}m_i\left\|\theta_i\right\|^2$ 以及 $i=1,2$ 时有

$$-m_3\tilde{k}\hat{k}\leqslant-2^{-1}m_3\tilde{k}^2+2^{-1}m_3k^2$$

则

$$\begin{aligned}\dot{V}\leqslant&\left(-k_1+1\right)S_1^2-\tilde{k}u_1\left(b_2S_3+b_1S_1\right)+\sum_{i=1}^{2}\frac{1}{4}\gamma_i^2-\left(k_2-2\right)S_2^2\\&+2b_2\tilde{k}u_{\mathrm{ND}}S_3-\left(k_3-\frac{5}{4}\right)S_3^2+\left(\frac{5}{4}-\frac{1}{\tau}\right)y^2+\frac{1}{4}B^2+\tilde{k}S_1u_1\\&-\frac{1}{2}\left(m_1\left\|\tilde{\theta}_1\right\|^2+m_2\left\|\tilde{\theta}_2\right\|^2+m_3\tilde{k}^2\right)+\frac{1}{2}\left(m_1\left\|\theta_1\right\|^2+m_2\left\|\theta_2\right\|^2+m_3k^2\right)\end{aligned} \tag{6-127}$$

如果 $V(t)=\frac{1}{2}\left(\sum_{i=1}^{3}S_i^2+y^2+\sum_{i=1}^{2}\eta_i^{-1}\tilde{\theta}_i^{\mathrm{T}}\tilde{\theta}_i+\eta_3^{-1}\tilde{k}^2\right)=p$，那么 $\gamma_i^2\leqslant\varDelta_i^2$ 和 $B^2\leqslant\varGamma^2$。定义

$\mu = 2^{-1}\left(m_1\|\theta_1\|^2 + m_2\|\theta_2\|^2 + m_3k^2\right) + \sum_{i=1}^{2}\frac{1}{4}\Delta_i^2 + \frac{1}{4}\Gamma^2$ 。代入式(6-124)得

$$\dot{V}(t) \leqslant -2a_0V(t) + \mu \tag{6-128}$$

于是，在$V(t)=p$条件下，只要通过选取适当的设计常数，使得$a_0 \geqslant \mu/2p$，则$\dot{V}(t)\leqslant 0$，从而由式(6-125)可知

$$0 \leqslant V(t) \leqslant \frac{u}{2a_0} + \left[V(0) - \frac{u}{2a_0}\right]e^{-2a_0t} \tag{6-129}$$

### 4. 系统仿真实验分析

使用 S 函数与 Simulink 模块来验证基于柔性滤波驱动机构的移动机器人的干扰观测器 RBF 网络动态面控制方法的有效性，并与传统动态面技术进行了对比。

跟踪路径$\varphi(t)=\sin t$，$v_d(t)=1\text{m/s}$，系统初始条件中方向角$\varphi(0)=0\text{ rad}$，线速度$v_d(0)=0.5\text{ m/s}$。另外，选择的单参数权值 RBF 网络包含 12 个节点，中心均匀分布在$[-5,5]$内，宽度为 1.5。

自适应 RFB 网络动态面控制器参数为$k_1=20$、$k_2=20$、$k_3=20$、$m_1=0.06$，$m_2=0.06$、$m_3=0.05$、$\eta_1=1.8$、$\eta_2=1.8$、$\eta_3=1.2$、$\varepsilon=0.01$、$\tau=0.01$。传统动态面控制器参数为$k_1=4$、$k_2=4$、$k_3=12$、$\tau=0.01$。

(1)轨迹跟踪分析。图 6-29～图 6-32 为机器人在传统动态面控制(DSC)与神经网络动态面控制(NNDSC)作用下的轨迹跟踪结果以及轨迹跟踪误差曲线。由图 6-29 和图 6-31 可知，两种方法的响应时间分别为 1.2s 与 2.2s，即 NNDSC 的收敛速度明显优于 DSC。从图 6-30 和图 6-32 可知，NNDSC 误差在±0.0003rad 内，而 DSC 误差在±0.003rad 内，即方向角正弦跟踪性能 NNDSC 优于 DSC 倍数级。

(2)鲁棒性分析。为了验证系统的鲁棒性，假定驱动增益$k$、摩擦系数$c$分别取为原来的 200%、300%和 50%。从图 6-33(a)可知，200%时误差为 0.007m/s，300%时误差为 0.011m/s，50%时误差为 0.008m/s。从图 6-33(b)～图 6-33(c)可知，系数增加到 200%时，右轮控制输入几乎没有变化。当系数继续增加时，控制输入小幅增加，但系数为原来的 50%时控制输入显著增加。综上所述，对于基于柔性滤波驱动机构的移动机器人的干扰观测器，RBF 网络动态面方法能根据实际环境变化做出实时自动在线调整，具有很好的鲁棒性。

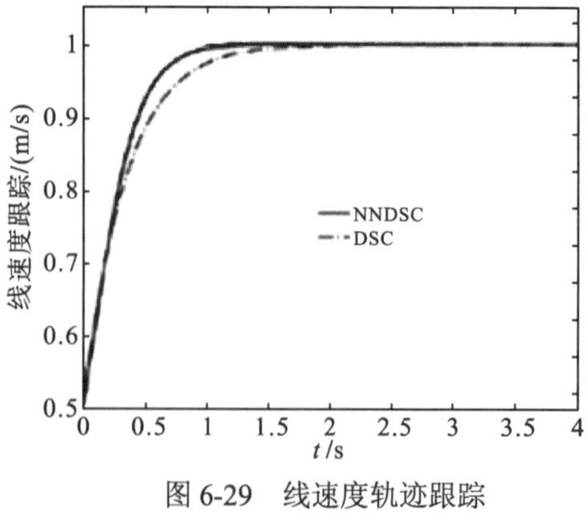


图 6-29 线速度轨迹跟踪

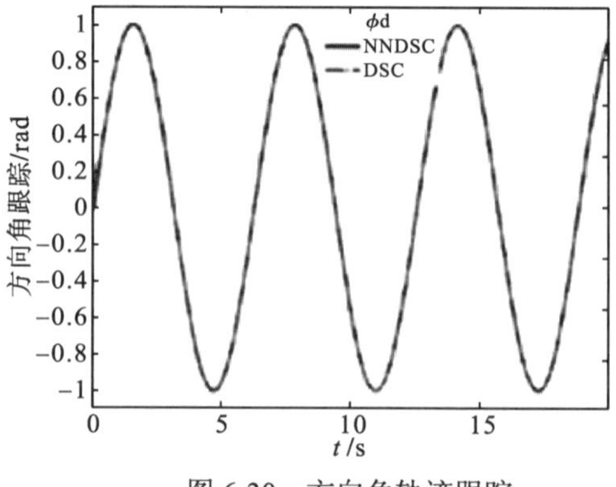


图 6-30 方向角轨迹跟踪

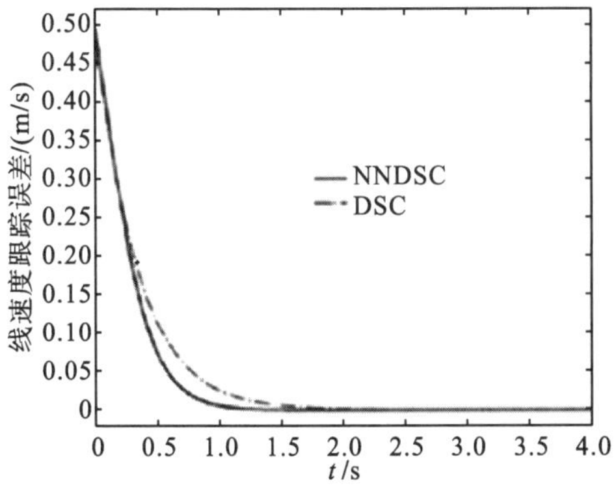


图 6-31　线速度跟踪误差图

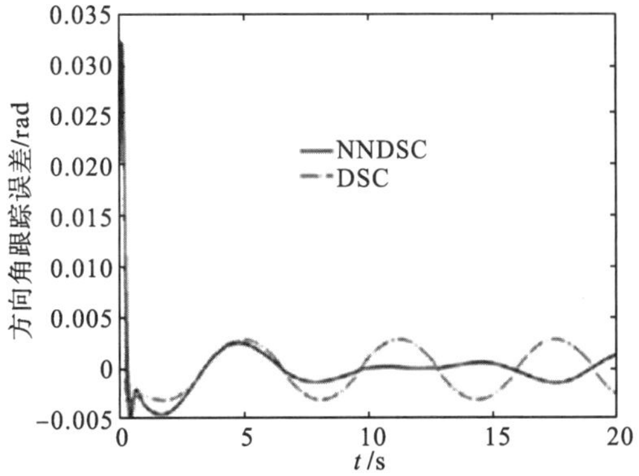


图 6-32　方向角跟踪误差

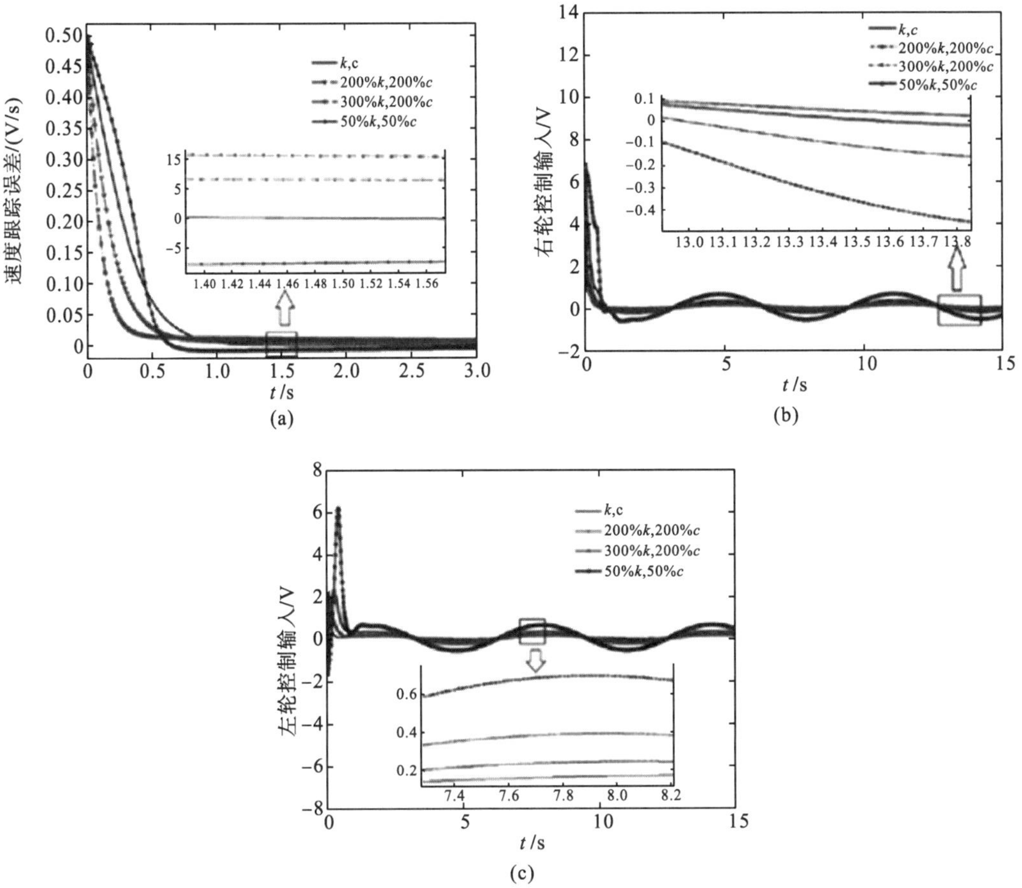


图 6-33　鲁棒性分析

(3) 摩擦干扰。考虑系统存在库仑摩擦和黏性摩擦，摩擦定义如下

$$F(v) = F_c \text{sgn}(v) + Bv$$

式中，$F_c$ 为库仑摩擦力，$B$ 为黏滞摩擦系数，$v$ 为速度，$F_c = 1.5, B = 0.8$。非线性干扰观测器参数为 $c_1 = 20$，$c_2 = 20$。

在有摩擦的情况下，真实摩擦力与非线性干扰观测器观测的摩擦力对比结果如图 6-34 所示，图中明显说明所提出的非线性干扰观测器能很好地观测实际摩擦力的变化。图 6-35 展示了采用传统动态面控制(DSC)、神经网络动态面控制(NNDSC)和带有观测器的神经网络动态面控制(NNDSC with observer)算法实现的机器人轨迹跟踪结果。三种控制算法相应的跟踪误差结果如图 6-36 所示，DSC 跟踪误差稳定在±0.0695rad 内，NNDSC 跟踪误差稳定在±0.0175rad 内，带有观测器的 NNDSC 跟踪误差稳定在±0.0023rad 内。对比从这些曲线特征图可知，带有观测器的 NNDSC 能很好地补偿摩擦干扰。

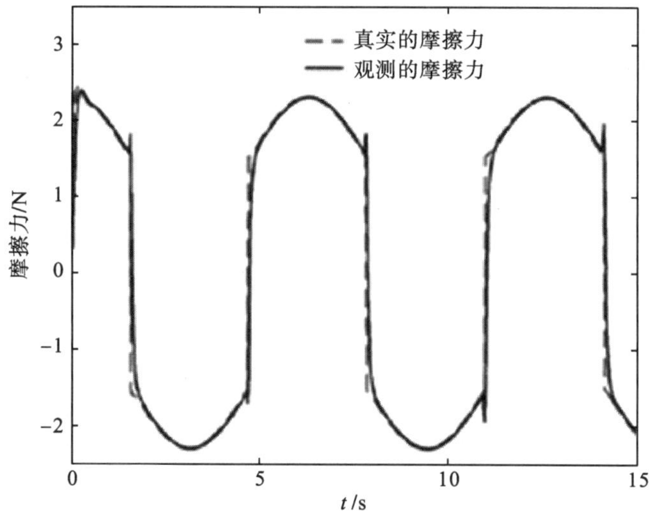


图 6-34　非线性观测器观测的摩擦力与真实的对比

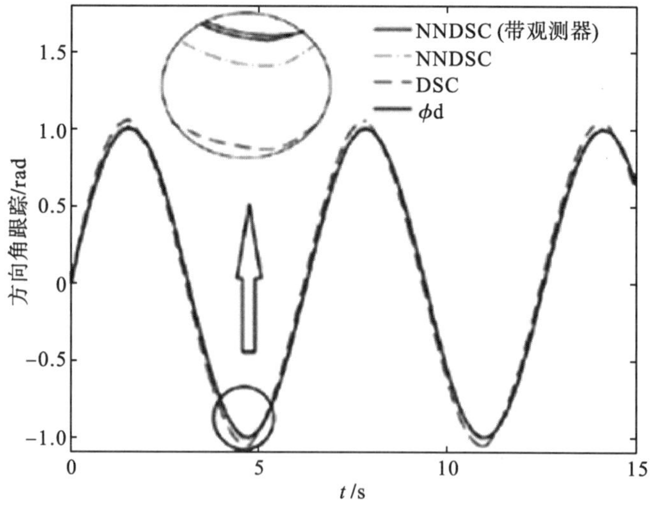


图 6-35　方向角轨迹跟踪对比

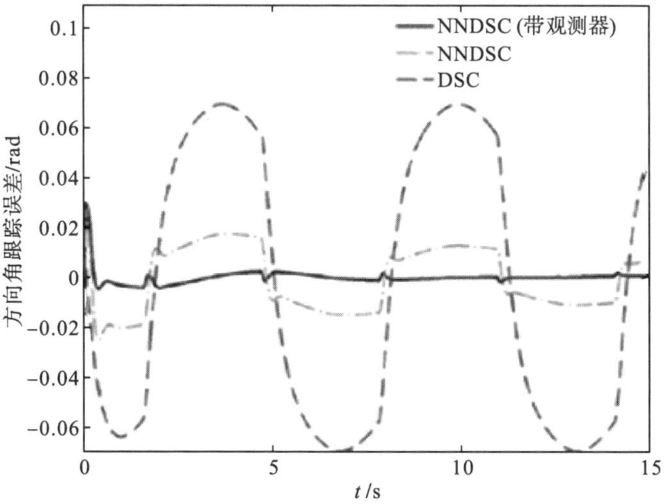


图 6-36　方向角跟踪误差对比

## 思考题与练习题

1. 传统机器人驱动关节能否与生物仿生技术相结合？如有，举例说明。
2. 柔性关节驱动有哪几种常见类型，并说明其优缺点。
3. 在机器人驱动关节应用中，神经网络控制有何优势？
4. 针对 LuGre 摩擦模型中部分状态不可测问题，如何进行补偿？
5. 柔性关节控制可以采取哪些常用控制方法，请举例说明。
6. 在控制器设计中，采用动态面设计方法相对于传统方法有哪些主要优势？
7. 神经网络逼近未知函数的前提条件是什么？
8. 单参数权值 RBF 网络结构与多权值 RBF 网络结构相比，具有哪些优缺点？
9. 对于含有外部扰动或者建模不确定性的柔性驱动机构，设计一种具有较强鲁棒性的控制方案。

## 参 考 文 献

[1] 刘文芝，张乃仁，张春林，等. 谐波齿轮传动中杯形柔轮的有限元计算与分析[J]. 机械工程学报，2006，42：52-57.
[2] 王长明，阳培，张立勇. 谐波齿轮传动概述[J]. 机械传动，2006，4：86-88.
[3] 李敏. 滤波驱动机构不确定性补偿的机器人鲁棒滑模控制方法研究[D]. 重庆：重庆大学博士学位论文，2012.
[4] 华磊. 冗余双臂机器人协调操作方法研究[D]. 哈尔滨：哈尔滨工业大学硕士学位论文，2013.
[5] 贾一. 美国的火星探测机器人[J]. 机器人技术与应用，2001，5：25-28.
[6] 孟石，戴先中，甘亚辉. 多机器人协作系统轨迹约束关系分析及示教方法[J]. 机器人，2012，34：546-552，565.
[7] 庞素敏. 自动调隙摆线针轮行星传动设计研究[D]. 重庆：重庆大学硕士学位论文，2008.
[8] 蒙运红. 2K-H 型摆线针轮行星传动性能理论的研究[D]. 武汉：华中科技大学博士学位论文，2007.

[9] 陈小安. 精密摆线针轮行星传动装置[P]. 中国：101280824，2008.

[10] 张希杰. 基于工业机器人的齿轮轴磨削自动化系统设计与研究[D]. 合肥：合肥工业大学硕士学位论文，2013.

[11] Andersson S，Söderberg A，Björklund S. Friction models for sliding dry，boundary and mixed lubricated contacts[J]. Tribology International，2007，40: 580-587.

[12] Haessig D A，Friedland B. On the modeling and simulation of friction[C]. American Control Conference，1990: 1256-1261.

[13] Xu Q，Li Y. Dahl model-based hysteresis compensation and precise positioning control of an XY parallel micromanipulator with piezoelectric actuation[J]. Journal of Dynamic Systems，Measurement，and Control, 2010: 132.

[14] Olsson H，Åström K J，De Wit C C，et al. Friction models and friction compensation[J]. European Journal of Control，1998，4: 176-195.

[15] Johanastrom K，Canudas-de-Wit C. Revisiting the LuGre friction model[J]. IEEE Control Systems，2008，28: 101-114.

[16] Slotine J J E，Li W. Composite adaptive control of robot manipulators[J]. Automatica，1989，25: 509-519.

[17] Zhihong M，Paplinski A P，Wu H R. A robust MIMO terminal sliding mode control scheme for rigid robotic manipulators[J]. IEEE Transactions on Automatic Control，1994，39: 2464-2469.

[18] 罗绍华. 基于 RBF 网络逼近的机器人自适应动态面控制方法研究[D]. 重庆：重庆大学博士论文，2013.

[19] Jiangdagger Z P，Nijmeijer H. Tracking control of mobile robots: A case study in backstepping[J]. Automatica，1997，33: 1393-1399.

# 第 7 章　工业机器人现场通信设计

本章主要介绍工业机器人现场通信设计中的相关问题。首先，从工业机器人现场通信需求出发，介绍工业现场总线以及工业以太网的若干协议与标准。其次，介绍 OPC(OLE for Process Control，用于过程控制的 OLE)技术以及一种基于 OPC 的工业现场异构通信架构。最后，以一个特定的工业机器人应用场景为例，介绍其通信系统的设计与实现方法。

## 7.1　工业机器人通信需求与现场总线

典型的工业机器人现场通信场景如图 7-1 所示，其中包括现场机器人各种底层传感器、可编程逻辑控制器(programmable logic controller，PLC)、操作站、管理站、信息服务器和远程控制站，各个模块和系统之间需要通信链路相互联系，进行信息交互，实现协同配合，完成生产任务。其中，由于底层传感器、PLC 一般只能通过专有线路或现场总线传输信息，而管理站和服务器采用以太网传输，因此本章介绍现场总线和工业以太网。

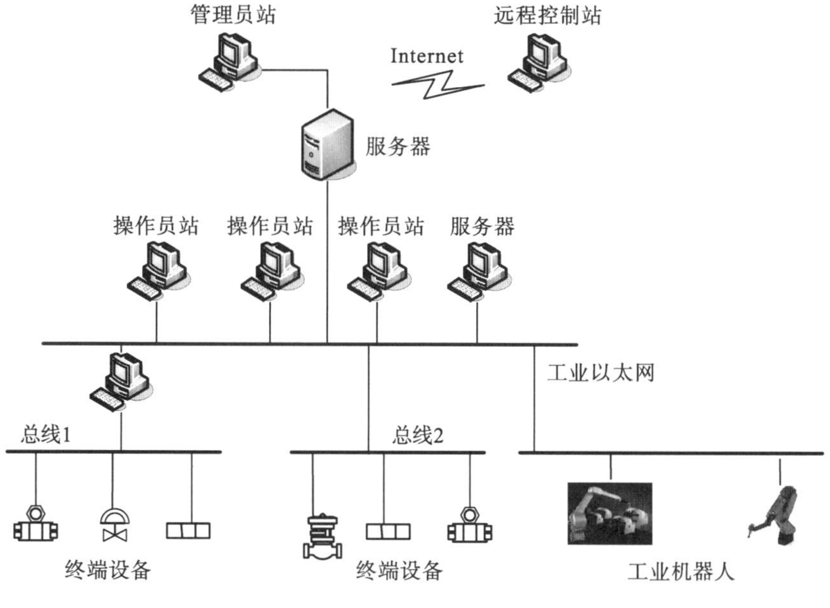


图 7-1　典型的工业机器人应用现场网络结构

### 7.1.1　集散式控制系统

随着计算机可靠性的提高以及价格的下降，集散式控制系统(distributed control system，DCS)在自动控制领域应运而生，它由数字调节器、可编程控制器以及多台计算机构成，当一台计算机出现故障时，其他计算机立即接替该计算机的工作，使系统继续正常运行。在集散式控制系统中，系统的风险被分散到多台计算机中来承担，避免了集中控制系统的高风险，提高了系统的可靠性。在集散式控制系统中，测量仪表、变送器一般为模拟仪表，控制器多为数字式，因而它又是一种模拟数字混合系统。这种系统与模拟式仪表控制系统、集中式数字控制系统相比较，在功能、性能、可靠性上都有了很大的进步，可以实现现场装置级、车间级的优化控制。但是，在集散式控制系统形成的过程中，由于受早期计算机发展的影响，各厂家的产品自成封闭体系，即使在同一种协议下，仍然存在不同厂家的设备有不同的信号传输方式且不能互连的现象，因此实现互换与互操作有一定的局限性。

### 7.1.2　现场总线控制系统

现场总线控制系统(fieldbus control system，FCS)突破了集散式控制系统通信由专用网络的封闭系统来实现所造成的缺陷，把基于封闭、专用的解决方案变成了基于公开化、标准化的解决方案，即可以将来自不同厂商但遵守同一协议规范的自动化设备，通过现场总线控制系统，把集散式控制系统集中与分散结合的集散系统结构[图 7-2(a)]变成新型全分布式系统结构，把控制功能彻底下放到现场，即现场总线控制系统[图 7-2(b)]。

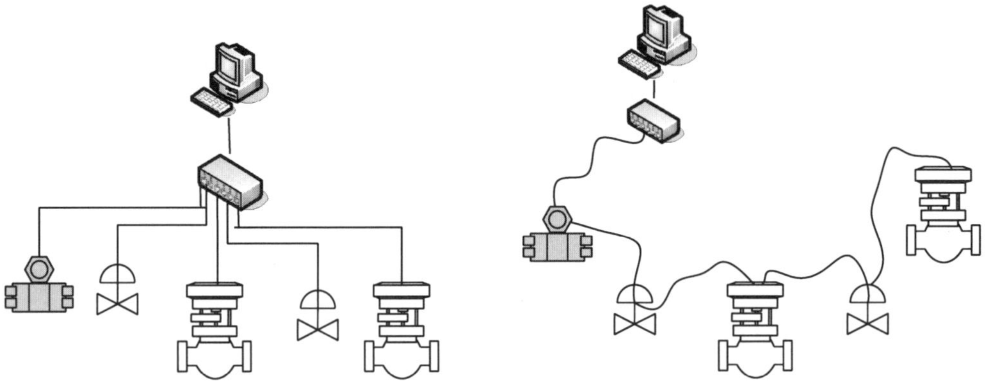

(a)传统控制系统结构　　(b)现场总线控制系统结构

图 7-2　传统控制系统与基于现场总线控制系统的结构图

现场总线具有较高的测控性能，一是得益于仪表的智能化，二是得益于设备的通信化。把微处理器置入现场自控设备，使设备具有数字计算和数字通信能力，一方面提高了信号的测量、控制和传输精度，另一方面丰富了测控信息的内容，为实现其远程传送创造了条件。在现场总线的环境下，借助设备的计算、通信能力，在现场就可进行许多复杂计算，形成真正分散在现场的完整的控制系统，提高了控制系统运行的可靠性。

此外，还可借助现场总线网段与其他网段进行联网，实现异地远程自动控制，如操作位于几百公里之外的电气开关、进行参数的设定等。系统还可提供如阀门开关动作次数、故障诊断等信息，便于操作管理人员更好、更深入地了解生产现场和自控设备的运行状态，这在传统仪表控制系统中是无法实现的。

### 7.1.3　现场总线含义和标准

按照国际电工委员会(International Electro-technical Commission，IEC)的定义，现场总

线(fieldbus)是指安装在制造或过程区域的现场装置与控制室自动控制装置之间的开放式、标准化、数字化、串行双向、多点互通的数据通信总线[1]。它作为工厂数字通信网络的基础，沟通了生产过程现场与控制设备之间及其与更高控制管理层次之间的联系。它不仅是一个基层网络，而且还是一种开放式、新型全分布式控制系统。这是一项以智能传感、控制、计算机、数字通信等技术为主要内容的综合技术，是信息化带动工业化和工业化推动信息化的适用技术，是能应用于各种计算机控制领域的工业总线。因现场总线潜藏着巨大的商机，世界范围内的各大公司都投入相当大的人力、物力、财力来进行开发研究。当今现场总线技术一直是国际上各大公司激烈竞争的领域，由于现场总线技术的不断创新，过程控制系统由第四代的 DCS 发展到至今的 FCS，即第五代过程控制系统。而 FCS 和 DCS 的真正区别在于其现场总线技术。现场总线技术以数字信号取代模拟信号，在 3C(computer、control、communication)技术的基础上，大量现场检测与控制信息就地采集、就地处理、就地使用，许多控制功能从控制室移至现场设备。由于国际上各大公司在现场总线技术这一领域的竞争，仍未形成一个统一的标准，目前现场总线网络互联都是遵守 OSI 参考模型。由于现场总线以计算机、微电子、网络通信技术为基础，这一技术正在从根本上改变控制系统的理念和方法，将极大地推动整个工业领域的技术进步，对工业自动化系统的影响将是积极和深远的。

自 20 世纪 80 年代起，各种现场总线相继出现，根据不完全统计，迄今为止国际上已经出现过的总线有 200 多种，而不同总线标准的现场设备不能互换，严重影响了其使用效果[1]。因此，IEC 从 1984 年就专门成立了现场总线统一标准工作组，并经过几十年的工作，形成了现场总线标准 IEC 61158。需要注意的是，目前最新的是 2007 年发布的 IEC 61158 第四版[2]，它是由多部分组成且长达 8100 页的系列标准，包括：①IEC/TR61157-2-1 总论与导则；②IEC61157-2-2 物理层服务定义与协议规范；③IEC61157-2-300 数据链路层服务定义；④IEC61157-2-400 数据链路层协议规范；⑤IEC61157-2-500 应用层服务定义；⑥IEC61157-2-600 应用层协议规范。各部分的关系如图 7-3 所示。

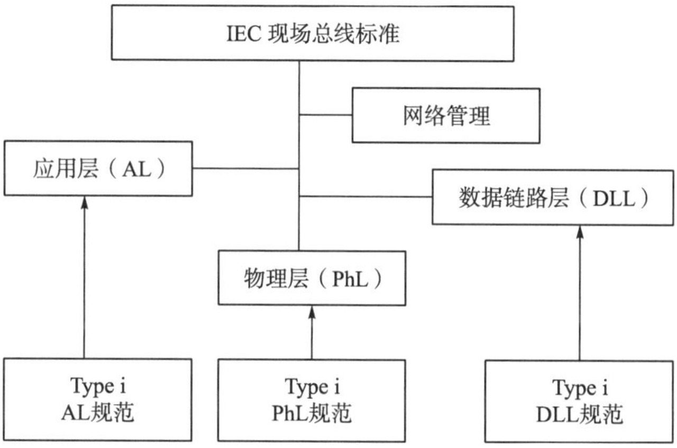


图 7-3　IEC 现场总线标准结构图

具体来说，在 IEC 61158 第四版中列举了 20 种现场总线和工业以太网标准，其中现场总线标准如表 7-1 所示。

表 7-1　IEC 61158 中的现场总线标准

| 类型 | 名称 | 备注 | 类型 | 名称 | 备注 |
|---|---|---|---|---|---|
| Type1 | TS61158 | 现场总线 | Type11 | TCnet | 实时以太网 |
| Type2 | CIP | 现场总线 | Type12 | EtherCAT | 实时以太网 |
| Type3 | Profibus | 现场总线 | Type13 | Ethernet Powerlink | 实时以太网 |
| Type4 | P-Net | 现场总线 | Type14 | EPA | 实时以太网 |
| Type5 | FF HSE | 高速以太网 | Type15 | Modbus-RTPS | 实时以太网 |
| Type6 | SwiftNet | 被撤销 | Type16 | SERCOS I&II | 现场总线 |
| Type7 | WorldFIP | 现场总线 | Type17 | VNET/IP | 实时以太网 |
| Type8 | INTERBUS | 现场总线 | Type18 | CC_Link | 现场总线 |
| Type9 | FF H1 | 现场总线 | Type19 | SERCOS III | 实时以太网 |
| Type10 | PROFINET | 实时以太网 | Type20 | HART | 现场总线 |

表 7-1 中，Type1 是原 IEC 61158 第一版技术规范的内容，该总线主要依据 FF 现场总线，并部分吸收 WorldFIP 现场总线技术而来，所以经常被理解为 FF 现场总线；Type2 CIP（common industry protocol）包括 DeviceNet、ControlNet 现场总线和 Ethernet / IP 实时以太网；Type6 SwiftNet 由于市场应用很不理想，已被撤销；Type13 是预留给 Ethernet Powerlink（EPL）实时以太网的。

此外，除了 IEC 61158，IEC 和 ISO 还制定了一些特殊行业的现场总线国际标准。

(1) ISO 公路车辆技术委员会电气电子分委员会发布的用于高速通信的公路车辆-数字信息交换系统的 CAN（controller aera network）总线。

(2) IEC 铁路电气设备技术委员会发布的国际标准 IEC 61365 列车通信网总线。

(3) IEC 低压配电与控制装置分委员会发布的国际标准 IEC 62026 低压配电与控制装置-控制器与设备接口总线。该标准包含了已有的四种现场总线：DeviceNet、SDS、ASI 以及 Seriplex 总线。DeviceNet 与 SDS 都是基于 CAN 总线的，即其底层的两层协议使用 CAN 总线数据协议，补充了物理层，另外增加了应用层和设备规范文件，从而构成了完整、开放的现场总线。

(4) IEC 发布的 IEC 61491 工业机械电气设备-控制单元与驱动装置之间的实时通信串行数据标准，即 SERCOS（serial real-time communication system）总线。该标准主要用于伺服系统或运动控制系统中对位置、速度、扭矩等的控制。

需要说明的是，IEC 61491 标准的 SERCOS Ⅰ和Ⅱ型总线即 IEC 61158 第四版中的 Type16 现场总线，而 SERCOS III 则被列为 Type 19 实时以太网总线。

### 7.1.4　典型的现场总线

本节将介绍应用比较广泛的现场总线，如 CAN 总线、基金会现场总线等。

### 1. 控制器局域网(CAN)总线

CAN 总线最早由德国 BOSCH 公司推出，得到 Intel、Motorola、NEC 等公司的支持，它广泛用于离散控制领域，其总线规范已被国际标准化组织制定为国际标准。CAN 总线也是建立在国际标准化组织的开放系统互连模型基础上的，不过，其模型结构只有 3 层，只取 OSI 底层的物理层、数据链路层和应用层。其信号传输介质为双绞线，通信速率最高可达 1Mbit/s/ 40m，直接传输距离最远可达 10km/5kbit/s，可挂接设备最多可达 110 个。CAN 的信号传输采用短帧结构，传输时间短，具有自动关闭功能，具有较强的抗干扰能力。CAN 支持多主方式工作，网络上任何节点均在任意时刻主动向其他节点发送信息，支持点对点、一点对多点和全局广播方式接收 /发送数据。它采用非破坏性总线仲裁技术，当出现几个节点且同时在网络上传输信息时，优先级高的节点可继续传输数据，而优先级低的节点则主动停止发送，从而避免了总线冲突。目前，已有多家公司开发了符合 CAN 协议的通信芯片，比如 Intel 公司的 82527、Motorola 公司的 MC68HC05X4、Philips 公司的 82C250 等。

### 2. 基域现场总线

基域现场总线(Foundation Field bus，FF)以美国 Fisher-Rousemount 公司为首，联合了横河、ABB、西门子、英维斯等 80 家公司制定的 ISP 协议和以 Honeywell 公司为首的联合欧洲等地 150 余家公司制定的 WorldFIP 协议，于 1994 年 9 月合并。该总线在过程自动化领域得到了广泛的应用，具有良好的发展前景。

基域现场总线采用国际标准化组织的开放化系统互联 OSI 的简化模型(1、2、7 层)，即物理层、数据链路层、应用层，另外增加了用户层。FF 分低速 H1 和高速 H2 两种通信速率，前者传输速率为 31.25kbit/s，通信距离可达 1900m，可支持总线供电和本质安全防爆环境。本质安全防爆环境中的传输速率为 1Mbit/s 和 2.5Mbit/s，通信距离为 750m 和 500m，支持双绞线、光缆和无线发射。FF 的物理媒介的传输信号采用曼彻斯特编码。FF 总线就是 IEC 61158 中的 Type 1 型总线标准。

### 3. Lonworks 总线

Lonworks 总线由美国 Echelon 公司推出，并由 Motorola、Toshiba 公司共同倡导。它采用了 ISO/OSI 模型的全部七层通信协议，采用了面向对象的设计方法，通过网络变量把网络通信设计简化为参数设置，其通信速率为 300bit/s～15Mbit/s，直接通信距离可达到 2700m(78kbit/s，双绞线 )，支持双绞线、同轴电缆、光纤、射频、红外线、电源线等多种通信介质。Lonworks 技术采用的 LonTalk 协议被封装到 Neuron(神经元)的芯片中，并得以实现。采用 Lonworks 技术和神经元芯片的产品，被广泛应用在楼宇自动化、家庭自动化、保安系统、办公设备、交通运输、工业过程控制等行业。

### 4. DeviceNet 总线

DeviceNet 总线是一种低成本的通信连接，也是一种简单的网络解决方案，有着开放的网络标准。DeviceNet 具有的直接互联性，不仅改善了设备间的通信，而且提供了相当重要的设备级阵地功能。DebiceNet 基于 CAN 技术，传输率可在 125kbit/s、250kbit/s 和 500kbit/s 中任意选择，每个网络的最大节点为 64 个，其通信模式为：生产者/客户 (producer/consumer)，采用多信道广播信息发送方式；支持设备的热拔插，可带电更换网络节点，在线修改网络配置，即 DeviceNet 网络上的设备可以自由连接或断开，不影响网上的其他设备，且设备安装布线成本也较低。

### 5. Profibus 总线

Profibus 总线是德国标准(DIN19245)和欧洲标准(EN50170)的现场总线标准。由 Profibus-DP、Profibus-FMS、Profibus-PA 系列组成。Profibus-DP 用于分散外设间高速数据传输，适用于加工自动化领域。Profibus-FMS 适用于纺织、楼宇自动化、可编程控制器、低压开关等。Profibus-PA 用于过程自动化的总线类型，服从 IEC 61157-2 标准。Profibus 支持主-从系统、纯主站系统、多主多从混合系统等几种传输方式。Profibus 提供了以下三种类型：DP 和 FMS 的 RS485 传输、PA 的 IEC 61157-2 传输和光纤传输。

(1) Profibus-DP 和 Profibus-FMS 的 RS485 传输技术。RS485 采用屏蔽的双绞铜线电缆，共用一根导线时，适用于需要高速传输和设备简单而又便宜的各个领域。在不使用中继器时，每段最多有 32 个站；使用中继器时最多可到 127 个站。传输速率为 9.6kbit/s～12Mbit/s，一旦设备投入运行，全部设备均需选用同一传输速率。

(2) Profibus-PA 的 IEC 61157-2 传输技术。IEC 61157-2 传输技术能满足化工和石化工业的要求，可保证本质安全性，现场设备通过总线供电。这是一种位同步协议，可进行无电流的连续传输。在不使用中继器时，每段最多有 32 个站；使用中继器时，最多可到 126 个站。传输速率为 31.25kbit/s。

(3) 光纤传输技术。在电缆干扰很大的场合，可使用光纤导体，以增大高速传输的最大距离，一种专用的总线插头可将 RS485 信号转换成光纤信号或者将光纤信号转换成 RS485 信号，这使得在同一系统中，可同时使用 RS485 和光纤传输技术。

### 6. HART 总线

HART (highway addressable remote transducer) 总线最早由 Rosemount 公司开发，其特点是在现有模拟信号传输线上实现数字信号通信，属于模拟系统向数字系统转变的过渡产品。其通信模型采用物理层、数据链路层和应用层三层，支持点对点主从应答方式和多点广播方式。物理层采用 FSK (frequency shift keying) 技术，在 4～20mA 模拟信号上叠加一个频率信号，频率信号采用 Bell202 国际标准；数据传输速率为 1200bit/s，逻辑“0”的信号频率为 2200Hz，逻辑“1”的信号传输频率为 1200Hz。

由于它采用模拟数字信号混合的方式，难以开发通用的通信接口芯片。HART 总线能利用总线供电，可满足本质安全防爆的要求，并可用于以手持编程器与管理系统主机作为主设备的双主设备系统。

### 7. 控制与通信链路系统总线

控制与通信链路系统 (control & communication link，CC-Link) 总线于 1996 年 11 月由

以三菱电机为主导的多家公司共同推出，在亚洲占有较大份额。在 CC-Link 总线中，可以将控制和信息数据同时以 10Mbit/s 高速传送至现场网络，具有性能卓越、使用简单、应用广泛、节省成本等优点。其不仅解决了工业现场配线复杂的问题，同时具有优异的抗噪性能和兼容性。CC-Link 是一个以设备层为主的网络，同时也可覆盖较高层次的控制层和较低层次的传感层。2005 年 7 月，CC-Link 被中国国家标准委员会批准为中国国家标准指导性技术文件。

### 8. WorldFIP 总线

WorldFIP 总线具有单一的总线结构，以满足不同的应用领域的需求，而且没有任何网关或网桥，用软件的办法来解决高速和低速的衔接。WorldFIP 总线与 FF-HSE 总线可以实现“透明连接”，并对 FF 总线的 H1 在传输速率等方面进行了拓展。

### 9. SERCOS 现场总线

SERCOS 总线接口标准，是一种用于数字伺服和传动系统的现场总线接口和数据交换协议，能够实现工业控制计算机与数字伺服系统、传感器和可编程控制器 IO 口之间的实时数据通信，也是目前用于数字伺服和传动数据通信的唯一国际标准。

SERCOS 总线采用环型结构，为主-从通信方式，使用光纤作为传输介质，是一种高速、高确定性的总线，目前其产品的通信速率可达到 2Mbit/s、4Mbit/s、8Mbit/s、16Mbit/s，采用普通光纤为介质时的环传输距离可达 40m，可最多连接 254 个节点。

各种总线的特点比较如表 7-2 所示。

**表 7-2　多种现场总线的比较**

| 总线类型 | 技术特点 | 主要应用场合 |
|---|---|---|
| FF | 功能强大，实时性好，总线供电；但协议复杂，实际应用少 | 流程控制 |
| WorldFIP | 有较强的抗干扰能力，实时性好，稳定性好 | 工业过程控制 |
| Profibus-PA | 总线供电，实际应用较多；但支持的传输介质较少，传输方式单一 | 过程自动化 |
| Profibus-DP/FMS | 速度较快，组态配置灵活 | 车间级通信、工业、楼宇自动化 |
| Inter-Bus | 开放性好，与 PLC 的兼容性好，协议芯片内核由国外厂商垄断 | 过程控制 |
| P-Net | 系统简单，便宜，再开发简易，扩展性好；但响应较慢，支持厂商较少 | 农业、养殖业、食品加工业 |
| SwiftNet | 安全性好，速度快 | 航空 |
| CAN | 采用短帧，抗干扰能力强，速度较慢，协议芯片内核由国外厂商垄断 | 汽车检测、控制 |
| Lonworks | 支持 OSI 七层协议，实际应用较多，开发平台完善，协议芯片内核由国外厂商垄断 | 楼宇自动化、工业、能源 |
| SERCOS I、II | 数据传输速率高，可保证严格同步实时传输，抗电磁干扰能力强 | 伺服控制系统 |

### 7.1.5 基于 Ethernet 和 TCP/IP 的工业以太网协议

除了狭义的现场总线，IEC 61158 还制定了工业以太网的标准[2]。因为在工业现场通信中，将工业以太网引入底层网络有两点优势[3, 4]：一是使现场层、控制层和管理层在垂直层面方便集成；二是能降低不同厂家设备在水平层面上的集成成本。IEC 61158 第四版包括了 10 种工业以太网标准，根据其通信实现的原理，大体可以分为三类，如图 7-4 所示。

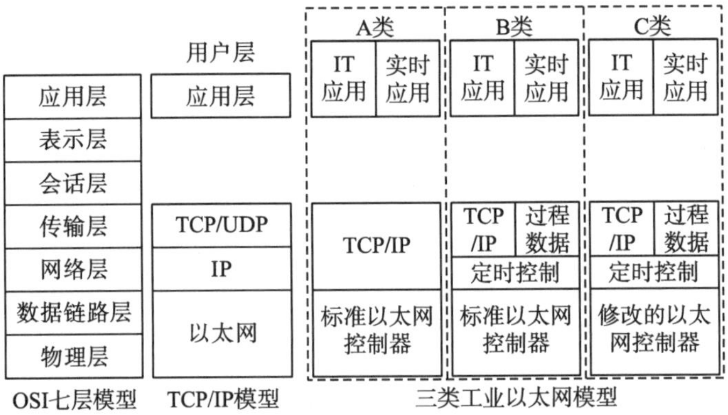


图 7-4 TCP/IP 模型与三种工业以太网通信模型

(1) A 类：基于 TCP/IP 实现，即使用 TCP/IP 协议栈，通过上层合理的控制来应付通信中的非确定性因素，主要有 Modbus/TCP 和 EtherNET/IP 等。该方式能够胜任 100ms 级的应用场合。

(2) B 类：基于以太网实现，即使用标准的以太网通信硬件，但不使用 TCP/IP 协议栈来传输过程数据，而是引入一种专门的过程数据传输协议，并使用特定以太网类型的以太网数据帧进行传输，主要有 ProfiNet (v1)、Ethernet Powerlink (EPL)、EPA ( Ethernet for Plant Automation) 等。该方式能够实现 5～10ms 级的准实时通信。

(3) C 类：修改以太网的实现，即使用专门的从站硬件来实现，在实时通道内有实时 MAC 接管通信控制，简化通信数据处理，而非实时数据仍然可以在开放通道内按原来的协议传输，主要有 EtherCAT、ProfiNet (v3)、SERCOS III 等。该方式可以实现响应时间小于 1ms 的硬实时通信。

下面，将应用比较广泛的工业以太网标准介绍如下[5-10]。

#### 1. Modbus/TCP

Modbus/TCP 即 IEC 61158 第四版中的 Type 15 实时工业以太网 Modbus-RTPS，于 1998 年由德国施耐德公司提出，是最早被提出的工业以太网协议。Modbus-RTPS 由两部分组成，即分散式控制系统的结构与 Modbus/TCP 的信息结构的结合。Modbus/TCP 的构架十分简单，是将 Modbus 数据帧嵌入标准 TCP 数组帧内，使其成为一种工业以太网应用层的标准协议。它是一种应用十分广泛、开放式、面向连接的通信方式。它基于修改的 TCP/IP 协议实现，即首先把 TCP/IP 数据帧进行改动，使其嵌入 Modbus 数据帧。这种呼叫与应答相对应的模式配合 Modbus 的主从站模式，提高了交换式计算机以太网技术的精确性。Modbus/TCP 作为最先基于以太网技术开发的以太网协议，在许多领域得到了广泛应用。

### 2. ProfiNet

德国西门子公司于 1988 年发布工业 Ethernet 白皮书，于 2001 年发布其工业 Ethernet 的规范，称为 ProfiNet，主要包括三方面的技术：①基于组件对象模型(component object module，COM)的分布式自动化系统；②规定了 ProfiNet 现场总线和标准以太网之间的开放、透明通信；③提供了一个独立于制造商，包括设备层和系统层的系统模型。

ProfiNet 的基础是组件技术(component technology)。在 ProfiNet 中，每个设备都被看作一个具有 COM 接口的自动化设备，同类设备都具有同样的 COM 接口。在系统中通过调用 COM 接口来调用设备功能。组件对象模型使不同制造商遵循同一个原则创建的组件之间能够混合使用，简化了通信编程。每一个智能设备中都有一个标准组件，智能设备的功能则通过对组件进行特定的编程来完成。同类设备具有相同的内置组件，对外提供相同的 COM 接口，为不同厂家的设备提供了良好的互换性和互操作性。COM 对象之间还可通过 DCOM 连接协议进行互连和通信。

ProfiNet 采用标准 TCP/IP 以太网作为连接介质，采用标准的 TCP/UDP/IP 协议及应用层的 RPC/DCOM，以完成节点之间的通信和网络寻址。它可以同时挂接系统 Profibus 设备和新型的智能现场设备。现有的 Profibus 网段可以通过一个设备(Proxy)连接到 ProfiNet 网络当中，使整套 Profibus 设备和协议能够原封不动地在 ProfiNet 中使用，传统的 Profibus 设备可以通过 Proxy 与 ProfiNet 上的 COM 对象进行通信，并通过 OLE 自动化接口实现 COM 对象之间的调用。

### 3. HSE

基金会现场总线 FF 于 2000 年发布 Ethernet 规范，称为 HSE(high speed Ethernet)。HSE 是以太网协议 802.3、TCP/IP 协议族与 FF H1 的结合体。基金会现场总线明确将 HSE 定位于实现控制网络与 Internet 的集成。HSE 体系结构的核心部分包括三部分：链接设备、以太网现场设备、以太网交换器。其中，链接设备负责将一个 H1(31.25kbit/s)网段与 HSE(100Mbit/s)网段连接起来，同时也有网关的功能和网桥的功能。网关的功能使 HSE 网络得以与其他信息网络和工厂控制网络相连接，HSE 的链接设备会直接将从 H1 网段收集的报文转化为 IP 地址。网桥的作用是将多个 H1 网段连接起来，避免了主机系统干扰 H1 总线网段与 H1 连接设备之间的对等通信。

在使用中，由 HSE 链接设备将 H1 网段信息传送到以太网的主干网上，这些信息可以通过互联网送到主控制室，并进一步送到企业的 ERP 和管理系统中。操作员在主控制室可以直接使用网络浏览器查看现场运行情况。现场设备同样可以从网络获取控制信息。

### 4. EtherNET / IP

美国洛克韦尔自动化公司于2000年发布了工业Ethernet规范，定义为EtherNET / IP。EtherNET / IP 网络采用商业以太网通信芯片和物理介质，采用星型拓扑结构，利用以太网交换机实现各种设备之间的点对点连接，能同时支持10Mbit/s和100Mbit/s以太网的商业产品。它的一个数据包最多可达 1500B，数据传输速率可达 10/100Mbit/s，因而采用EtherNET/IP便于实现大量数据的高速传输。

EtherNET/IP模型由IEEE802.3物理层和数据链路层标准、以太网TCP/IP协议族和控制与信息协议三个部分组成。前两部分为标准的互联网技术。EtherNET/IP模型的特色部分就是被称作控制和信息协议的CIP(control information protocol)部分，它是1999年颁布的，与ControlNet和DeviceNet控制网络中使用的CIP相同。CIP一方面提供实时I/O通信，另一方面实现信息的对等通信。其控制部分用来实现实时I/O通信，信息部分则用来实现非实时的信息交换。

### 5. EtherCAT

EtherCAT 是由德国BECKHOFF 自动化公司提出的开放的工业以太网协议。2003 年底，负责推广和维护EtherCAT 的组织ETG(EtherCAT Technology Group)成立，目前其成员超过1000 个，他们共同支持并推广 EtherCAT 技术。

EtherCAT采用主-从网络通信方式，其主站使用标准以太网接口卡和以太网控制器，从站使用的是专门的控制芯片。EtherCAT 利用分布在每个从站上的最多4 个MII 接口，可以拓扑成任意形状，极大地方便了 EtherCAT 网络的组织。其具有适用性广、可与其他以太网协议和设备并存、同步性及兼容性强、传输效率高等特点。

### 6. EPA

EPA(ethernet for plant automation)实时以太网标准是我国第一个拥有自主知识产权的现场总线国家标准，也是我国第一个被国际认可和接受的工业自动化领域的标准，主要应用于工业现场设备间通信，采用分段化系统结构和确定性通信调度控制策略，使以太网、无线局域网、蓝牙等广泛应用于工业企业管理层、过程监控层网络的商业技术也可直接应用于变送器、执行机构、远程I/O、现场控制器等现场设备间的通信。

在EPA系统中，根据通信关系，将控制现场划分为若干个控制区域，每个区域通过一个EPA 网桥互相分隔，将本区域内设备间的通信流量限制在本区域内；不同控制区域间的通信由 EPA 网桥进行转发；在一个控制区域内，每个 EPA 设备按事先组态的分时发送原则向网络上发送数据，由此避免了碰撞，保证了 EPA 设备间通信的确定性和实时性。此外，采用EPA网络，还可以实现工业企业综合自动化智能工厂系统中从底层的现场设备层到上层的控制层、管理层的通信网络平台基于以太网技术的统一。

### 7. SERCOS III

SERCOS III 具有特定的物理层连接的硬件架构，同时其接口协议结构和应用规范的定义也是特定的。SERCOS III 在主站和从站均使用特定硬件，该专有硬件将CPU从通信任务中解放出来，并确保了快速的实时数据处理和基于硬件的同步，从站需要特殊的硬件，而主站可以基于软件方案，SERCOS 用户组织提供 SERCOS III 的 IP Core 给基于 FPGA 的 SERCOS III 硬件开发者使用。

SERCOS III 采用集束帧方式来传输，网络节点必须采用菊花链或封闭的环形拓扑，由于以太网具有全双工能力，菊花链实际上已经构成一个独立的环。因此对于一个环形拓扑，实际上相当于提供一个双环，使得它允许冗余数据传输。直接交叉通信能力由每个节点上的两个端口来实现，在菊花链和环形网络中，实时报文在它们向前和向后时经过每个节点，因此节点具有在每个通信周期中相互通信两次而无须通过主站的能力，无须经过主站对数据进行路由。除了实时通道，它也使用时间槽方式进行无碰撞的数据传输，SERCOS III 也提供可选的非实时通道来传递异步数据。

SERCOS III 中各个节点通过硬件层进行同步。在通信循环的第一个报文初期，主站同步报文被嵌入第一个报文，以此来达到这个目的，确保在 100ns 以下的高精度时钟同步偏移。基于硬件的过程补偿了运行延迟和以太网硬件所造成的偏差，不同的网段使用不同的循环时钟仍然可实现所有的同步运行。

8. EPL

EPL 最初由 B&R 开发并于 2001 年使用，EPL 标准化组织是一个独立的用户组织，自 2003 年以来，负责该技术的进一步发展。EPL 是一个完全免专利费的技术，独立于供应商，采用纯软件方式的协议，却可达到硬实时的性能。2008 年，该组织提供了该技术的开源版本。EPL 集成了完整的 CANopen 机制，并充分满足 IEEE802.3 以太网标准，即该协议提供了所有标准的以太网功能特点，包括交叉通信和热插拔，允许网络以任意方式进行拓扑。

EPL 使用时隙和轮询混合方式来实现数据的同步传输。为进行协调，网络中指定 PLC 或工业 PC 作为管理节点(manage node，MN)。该管理节点运行周期性时隙的调度并据此来同步所有网络设备，并控制周期性数据通信。所有其他设备运行为受控节点(controlled node，CN)。在每个同步周期阶段，MN 以固定的时间序列逐次向 CN 发送“轮询请求帧 PReq”。每个 CN 以 PRes 方式立即响应这个请求并传输数据，所有其他节点可以侦听这个响应。一个 EPL 的周期包括三个部分。在第一个阶段，MN 发送了循环启动 SoC 帧给网络中的所有节点，以同步网络中的所有设备。抖动大约 20ns。周期性同步数据交换发生在第二个阶段，多路复用技术在这个阶段可用于优化网络带宽。第三个阶段的标志是异步启动信号 SoA，用于传输大容量、非时间苛刻的数据包。例如，用户数据或 TCP/IP 帧，均可在异步阶段进行传输。EPL 分为实时和非实时域。在异步阶段的数据传输支持标准的 IP 帧，通过路由器将实时域和非实时域数据隔离以确保数据安全。EPL 非常适合各种自动化应用，包括 I/O、运动控制、机器人任务、PLC 与 PLC 间的通信，以及显示任务。

### 7.1.6 基于工业以太网的通信设计

本节将以三菱可编程逻辑控制器(programmable logic controller，PLC)为目标，举例说明基于总线与以太网的通信方法。通信系统的组成如图 7-5 所示，其中，图中用上位机表示控制与监测设备，PLC 表示现场的控制与执行机构，双方通过 RS485 总线以及工业以太网链接。

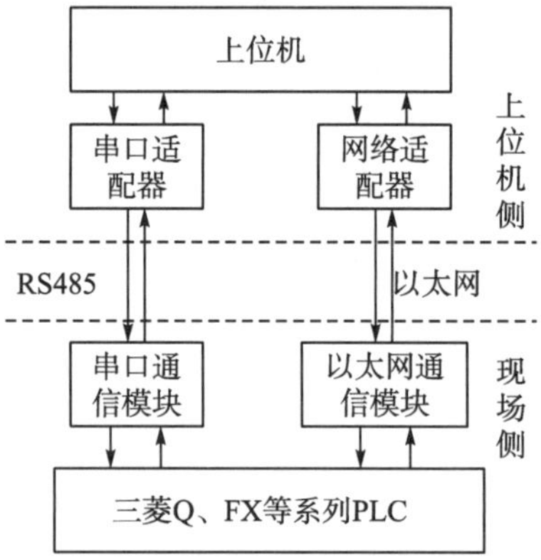


图 7-5 基于总线的工业现场直接通信结构示意图

#### 1. 基于 RS485 总线的现场通信

(1)基于 RS485 总线通信的步骤。RS485 总线是串口通信协议的一种，虽然没有被列入 IEC 61158，但依然在工业现场广泛使用，采用 RS485 总线进行通信，其工作步骤如下。

①连接并安装 RS485 适配器；②在软件中打开 RS485 串口，并进行参数配置；③进行通信，实现数据交互；④完成通信，关闭 RS485 串口。在实际通信中，根据数据传输的方向，可以分为上位机从 PLC 中读数据、上位机向 PLC 写入数据，其关键在于通信命令格式的不同。下面将对通信命令的格式进行介绍[11,12]。

(2)上位机从 PLC 中读数据的格式。上位机从 PLC 中读数据的过程可分为两部分，一是上位机向 PLC 发出读数据指令，二是 PLC 将数据发回上位机。其中，如图 7-6(a)所示，数据读取指令都是以 ENQ 作为报头(header)，以校验码和 CR、LF 作为报文的结束，用串口号来区分不同的 PLC，站号设为 00h，PLC 号为 FFh；PLC 中的可用操作码包括 BR(读取位)、WR(读取字)、BW(写入位)、WW(写入字)等，此处为 WR 命令；等待时间是指 PLC 从接收到命令包到做出反应的时间间隔；数据区包括要读取的首单元号和单元个数；校验码为和校验，即从站号开始到数据区的各个字符的 ASCII 码相加(十六进制表示)，其结果的最后两位即为校验码。

此外，从 PLC 发往上位机的数据读写结果格式如图 7-6(b)所示。STX 为正确报文的开始标志；CR、LF 为正确报文的结束标志；数据区为从 PLC 中读取的数据。

| ENQ | 站号 | PLC 号 | 命令 | 等待时间 | 数据区 | | 校验码 | CR | LF |
|---|---|---|---|---|---|---|---|---|---|
| | | | | | 首元号 | 单元数 | | | |

(a) 读数据时，向 PLC 发出的指令格式

| STX | 站号 | PLC 号 | 数据区 | ETX | 校验码 | CR | LF |
|---|---|---|---|---|---|---|---|
| | | | 读取的数据 | | | | |

(b) 读数据时，PLC 返回的指令格式

图 7-6 上位机从 PLC 中读数据的格式

错误处理的方法是，如果上位机接收到的报文的第一个字符是 NAK，说明信息的传输发生异常，则上位机将发送与上次相同的信息，如果反复数次仍然接收到 NAK 错误应答标志，则上位机强制结束本次传输。另外，错误代码给出了错误的原因和相应的解决方法。

(3) 上位机向 PLC 中写数据的格式。与前述相似，上位机向 PLC 中写数据也可分为两部分，一是上位机向 PLC 发出写入数据指令，二是 PLC 将写入结果发回上位机。其中，如图 7-7(a) 所示，上位机向 PLC 中写数据的指令格式与从 PLC 中读取数据的指令格式相似，差异的地方在于：此时数据区由三部分组成，包括要写入数据的起始单元、单元数和各指定单元需要写入的具体数据。

写数据时，PLC 的响应返回数据结构 [图 7-7(b)]，ACK 为正确报文的开始标志；CR、LF 为正确报文的结束标志。另外，异常处理的方法与读数据时相同。

| ENQ | 站号 | PLC 号 | 命令 | 等待时间 | 数据区 | | | 校验码 | CR | LF |
|---|---|---|---|---|---|---|---|---|---|---|
| | | | | | 首元号 | 单元数 | 写入数据 | | | |

(a) 写数据时，向 PLC 发出的指令格式

| ACK | 站号 | PLC 号 | CR | LF |
|---|---|---|---|---|

(b) 写数据时，PLC 返回的指令格式

图 7-7 上位机向 PLC 中写数据的格式

## 2. 基于工业以太网的现场通信

本节将介绍基于工业以太网与三菱 FX 系列 PLC 的通信。

(1) 基于以太网的通信流程。首先，在实现基于以太网的 PLC 通信时，需要按照以下步骤[11, 12]进行：①在 PLC 上连接并安装以太网适配器；②在 PLC 中对以太网适配器的参数进行设置；③在上位机上利用 Windows 自带的 ping 命令，确认以太网适配器初始化完成；④上位机中创建通信程序，进行通信，数据处理如图 7-8 所示；⑤上位机完成通信，关闭并退出程序。

与基于 RS485 总线的通信相同，基于工业以太网的通信也可以分为上位机从 PLC 中读数据、上位机向 PLC 写入数据，其关键在于通信命令格式的不同。下面将对通信命令的格式进行介绍，需要说明的是，在本节介绍的以太网通信中，遵循三菱的 MC 协议，并采用二进制数据格式，另外，写入与读取数据的命令及其具体含义如表 7-3 所示。

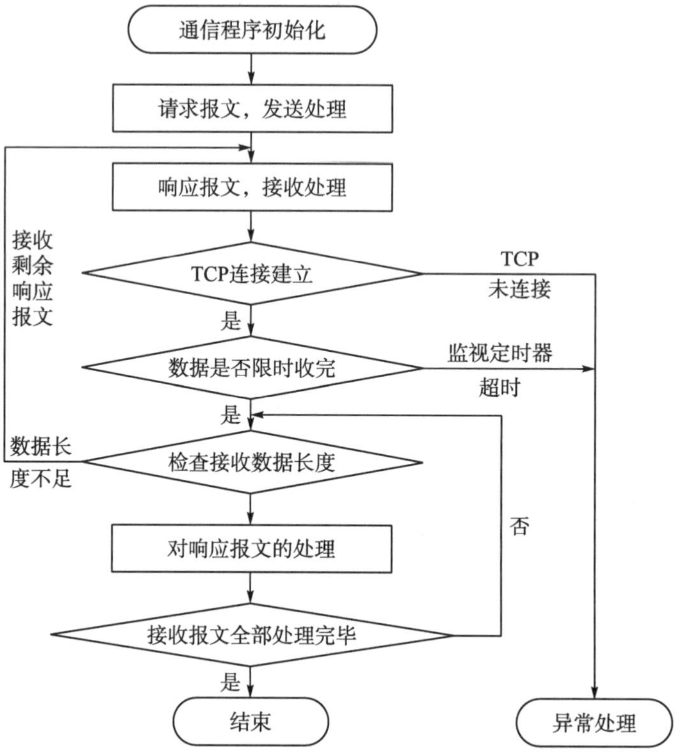


图 7-8　上位机中的通信数据处理流程图

**表 7-3　三菱 PLC 读取写入数据采用的命令**

| 项目 | | 命令 | 处理内容 | 1 次通信可执行的处理点数 |
|---|---|---|---|---|
| 成批读出 | 位单位 | 00 | 以 1 点位单位读取数据(X、Y、M、S、T、C) | 256 |
| | 字单位 | 01 | 以 16 点位单位读取数据(X、Y、M、S、T、C) | 512 |
| | | | 以 1 点位单位读取数据(D、R、T、C) | 64 |
| 成批写入 | 位单位 | 02 | 以 1 点位单位写入数据(X、Y、M、S、T、C) | 160 |
| | 字单位 | 03 | 以 16 点位单位写入数据(X、Y、M、S、T、C) | 160 |
| | | | 以 1 点位单位写入数据(D、R、T、C) | 64 |

(2)上位机从 PLC 中读数据的格式。基于以太网通信时，上位机从 PLC 中读数据的过程也可分为两部分：一是上位机向 PLC 发出读数据指令，二是 PLC 将数据返回上位机。其中，如图 7-9(a)所示，数据读取指令包含报头、副标题、PC 号、监视定时器、命令文本、命令结束标志。其中，报头由以太网、IP 地址、TCP/UDP 通信方式等组成；副标题是命令类型，读命令可以为 00 或 01；PC 号为 PLC 的站号，必须为 FF；监视定时器，为数据读取设置的定时，在错误处理时使用，其流程见图 7-8；文本命令，此处记为字符 A 区，由需要读取的数据起始地址和长度组成；结束标志为 00。当读取成功时，返回的数

据格式如图 7-9(b)所示，报头与发送时一致；副标题为 80；结束代码为 00；文本命令，此处记为字符 B 区，由读取返回的数据组成；结束标志为 00。

错误处理的方法如下：当读取到结束代码为 5B 时，说明数据读取异常，则上位机可继续发送上次的命令，如果反复多次，仍然错误，则可强制结束本次通信。此外，如图 7-9(c)所示，返回的异常代码可以用于分析错误的原因，并根据其寻找相应的解决方法。

| 报头 | | | 副标题 | PLC号 | 监视定时器 | | 文本（命令） | 结束标志 |
|---|---|---|---|---|---|---|---|---|
| 以太网 | IP | TCP/UDP | | | L | H | | |
| 14字节 | 20字节 | | 00 | FF | OA | 00 | 字符A区 | 00 |

(a) 上位机向PLC写入命令格式

| 报头 | | | 副标题 | 结束代码 | 文本（命令） | 结束标志 |
|---|---|---|---|---|---|---|
| 以太网 | IP | TCP/UDP | | | | |
| 14字节 | 20字节 | | 80 | 00 | 字符B区 | 00 |

(b)读取成功时PLC返回的数据格式

| 报头 | | | 副标题 | 结束代码 | 异常代码 | 结束标志 |
|---|---|---|---|---|---|---|
| 以太网 | IP | TCP/UDP | | | | |
| 14字节 | 20字节 | | 80 | 5B | | 00 |

(c)读取失败时返回的数据格式

图 7-9　上位机从 PLC 读取数据命令格式及返回数据格式

(3)上位机向 PLC 中写数据的格式。同样，上位机通过以太网向 PLC 写入数据的过程也可分为两部分：一是上位机向 PLC 发出写入数据指令，二是 PLC 将执行结果返回上位机。其中，如图 7-10(a)所示，数据写入指令包含报头、副标题、PC 号、监视定时器、文本(命令)、结束标志。与数据读取指令不同的是，此时副标题为 02 或 03，表示数据写入；文本命令，记为字符 C 区，由具体需要写入的数据组成。

当写入成功时，返回的数据格式如图 7-10(b)所示，报头与发送时一致；副标题为 8；结束代码为 00。

错误处理的方法如下：当读取到结束代码为 5B 时，说明数据写入异常，可仿照数据读取错误的方法进行处理。同样的，如图 7-10(c)所示，返回的异常代码可以用于分析错误的原因，并根据其寻找相应的解决方法。

| 报头 | | | 副标题 | PLC号 | 监视定时器 | | 文本（命令） | 结束标志 |
|---|---|---|---|---|---|---|---|---|
| 以太网 | IP | TCP/UDP | | | L | H | | |
| 14字节 | 20字节 | | 02 | FF | OA | 00 | 字符C区 | 00 |

(a) 上位机向PLC写入命令格式

| 报头 | | | 副标题 | 结束代码 |
|---|---|---|---|---|
| 以太网 | IP | TCP/UDP | | |
| 14字节 | 20字节 | | 82 | 00 |

(b)写入成功时返回的数据格式

| 报头 | | | 副标题 | 结束代码 | 异常代码 | 结束标志 |
|---|---|---|---|---|---|---|
| 以太网 | IP | TCP/UDP | | | | |
| 14字节 | 20字节 | | 82 | 5B | | 00 |

(c)读取失败时返回的数据格式

图 7-10 上位机从 PLC 读取数据命令格式及返回数据格式

## 7.2 工业机器人现场通信系统

从本书 7.1 节可以看出，直接利用现场总线进行机器人与工业设备之间的通信存在通用性差、开发时间长等问题，因此，人们也在寻找适用性强的替代方法。本节将介绍一种基于组件对象模型技术的工业现场通信方法。

### 7.2.1 组件对象模型技术

组件对象模型（component object model，COM）是 Microsoft 公司创建并已取得广泛认可的一种组件标准。在 COM 标准中，COM 对象被很好地封装起来，客户无法访问对象的实现细节，提供给用户的唯一的访问途径是通过 COM 接口来访问。对于 COM 接口有两方面的含义：首先它是一组可供调用的函数，由此客户可以让该对象做某些事情；其次，接口是组件程序及其客户程序之间的协议。也就是说接口不但定义了可用什么函数，也定义了当调用这些函数时对象要做什么。

COM 提供了编写组件的一个标准方法，遵循 COM 标准的组件可以被组合起来以形成应用程序。组件和客户之间通过“接口”来发生联系，至于这些组件是谁编写的、如何实现的都是无关紧要的。

遵循 COM 规范编写的组件具有以下特点。

(1)COM 组件以二进制的形式发布，所以 COM 组件是完全与语言无关的。

(2)COM 组件可以在不妨碍老客户的情况下被升级，COM 提供了一种实现同一组件不同版本的标准方法，升级其实就是在现有的组件上增加新的接口就可以了。

(3)COM 组件可以透明地在网络上被重新分配位置，远程机器上的组件同本地机器上的组件的处理方式没有什么差别。

(4)COM 组件是一种给其他应用程序提供面向对象的 API 服务的极好方法。

客户程序和组件程序通过接口进行相互之间的通信。组件程序就是通过接口暴露它的功能给客户程序的，而 COM 客户程序是不可能看见组件对象本身的。仅有接口是可见的，它告诉客户程序能利用组件能干什么，如何利用它的功能。在组件内，接口以虚函数表的形式实现。实际上，COM 标准就是标准的接口和使用它所需协议的描述，所以说接口是 COM 允许对象跨进程、跨计算机进行交互的关键技术。

### 7.2.2　从 COM 技术到 OPC

OPC 是为过程控制专门设计的 OLE 技术[13-16]，由一些技术占领先地位的自动化系统和硬件、软件公司与微软公司紧密合作而建立的，并且成立了专门的 OPC 基金会来管理，OPC 基金会负责 OPC 规范的制订和发布。OPC 提出了一套统一的标准，采用典型的 client/server 模式，针对硬件设备的驱动程序由硬件厂商或专门的公司完成，提供具有统一 OPC 接口标准的 server 程序，软件厂商只需按照 OPC 标准编写 client 程序访问(读/写) server 程序，即可实现与硬件设备的通信。其优势如下。

(1)硬件厂商熟悉自己的硬件设备，因而设备驱动程序性能更可靠、效率更高。

(2)软件厂商可以减少复杂的设备驱动程序的开发周期，只需开发一套遵循 OPC 标准的程序就可以实现与硬件设备的通信，因此可以把人力、物力资源投入到系统功能的完善中。

(3)可以实现软硬件的互操作性。

(4)OPC 把软硬件厂商区分开来，使得双方的工作效率有了很大的提高，使用 OPC 与未使用 OPC 的通信系统组成对比如图 7-11 和图 7-12 所示，可以看出，使用 OPC 后，可以极大地简化系统结构，提高系统效率。

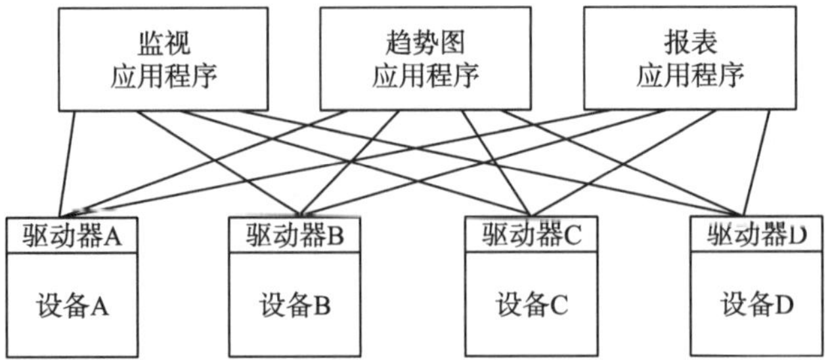


图 7-11 未使用 OPC 的控制系统

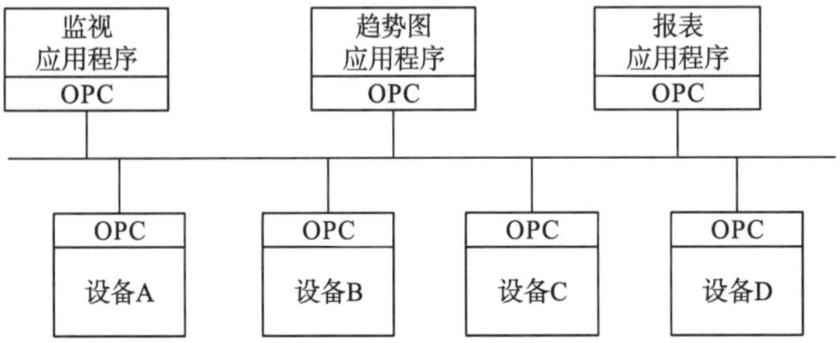


图 7-12 使用 OPC 的控制系统

### 7.2.3 基于 OPC 的异构现场通信实现

由于现场总线至今仍然是多种总线共存的局面，系统集成和异构网段之间的数据交换面临许多困难，因此以 OPC 作为异构网段集成的中间件可以形成如图 7-13 所示的异构工业现场通信架构，解决多种总线共存时的互联互通问题。其中，每个总线段提供各自的 OPC 服务器，任一个 OPC 客户端软件都可以通过一致的 OPC 接口访问这些 OPC 服务器，从而获得各个总线段的数据；控制系统以太网是将 Ethernet、TCP/IP 等商用计算机通信领域的主流技术直接应用于工业控制现场设备间的产物。

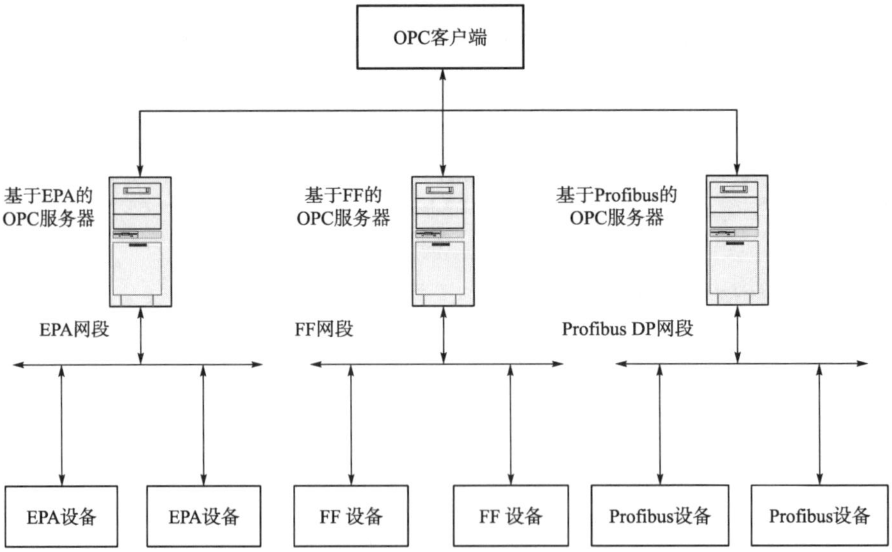


图 7-13 基于 OPC 技术的异构工业现场通信架构

基于 OPC 通信的机器人现场通信客户端如图 7-14 所示，即机器人通信客户端通过调用 OPC 标准接口，透过 OPC 服务器对各种底层设备进行访问，而无须涉及具体的总线标准和协议。此外，在 OPC 客户端调用服务器读取底层设备数据有两种方法：同步数据读取方法和异步数据读取方法，这两种方法如图 7-15 和图 7-16 所示。

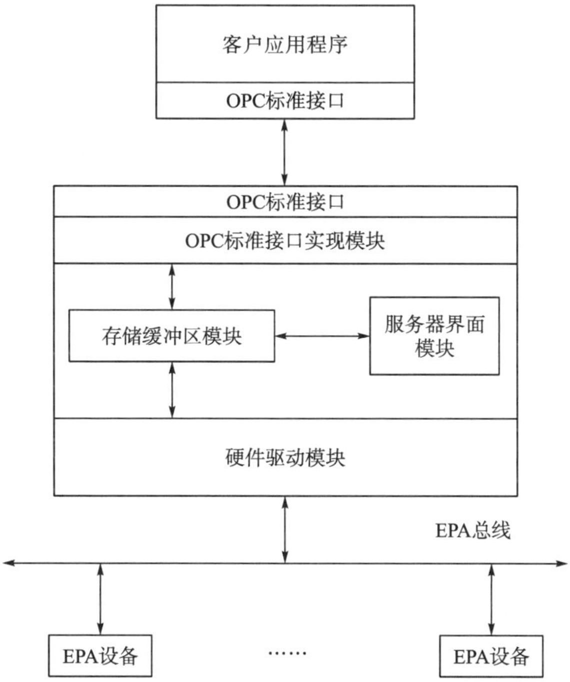


图 7-14　基于 OPC 技术的现场机器人通信客户端设计

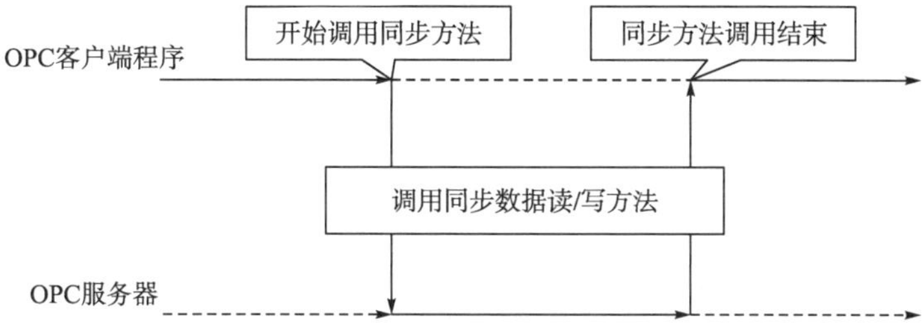


图 7-15　针对 OPC 的同步数据读写方法

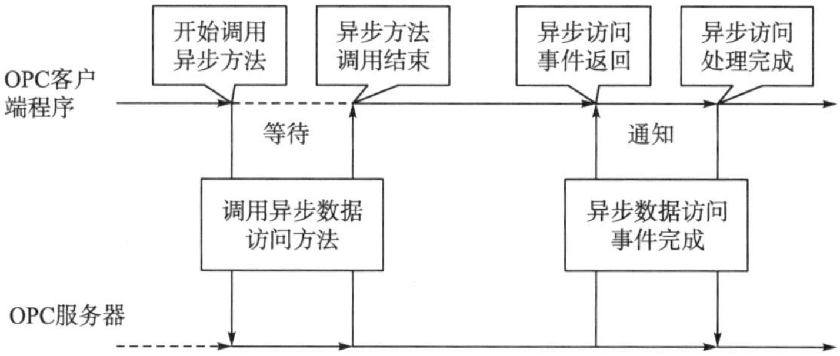


图 7-16　针对 OPC 的异步数据读写方法

实际上，OPC 服务器的核心功能就是根据相应的硬件设备访问协议和数据格式(即硬件驱动)，利用 TCP/IP 协议中的 TCP 或 UDP 套接字，对硬件设备进行访问，使数据在服务器与硬件设备之间同步，实现变量的读/写操作，如图 7-17 所示。

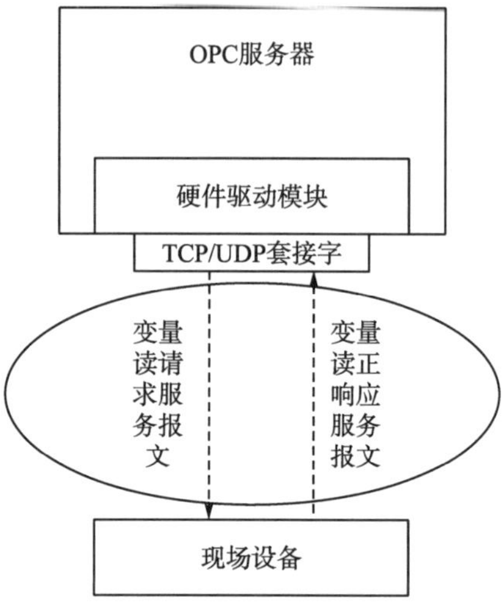


图 7-17 典型 OPC 服务其核心功能

此外，典型的 OPC 服务器主要提供服务器状态、地址空间、组对象状态、数据项状态、同步读写接口、异步读写接口、回调接口等服务，典型的 OPC 服务器功能组成如图 7-18 所示，该服务的工作流程如图 7-19 所示。

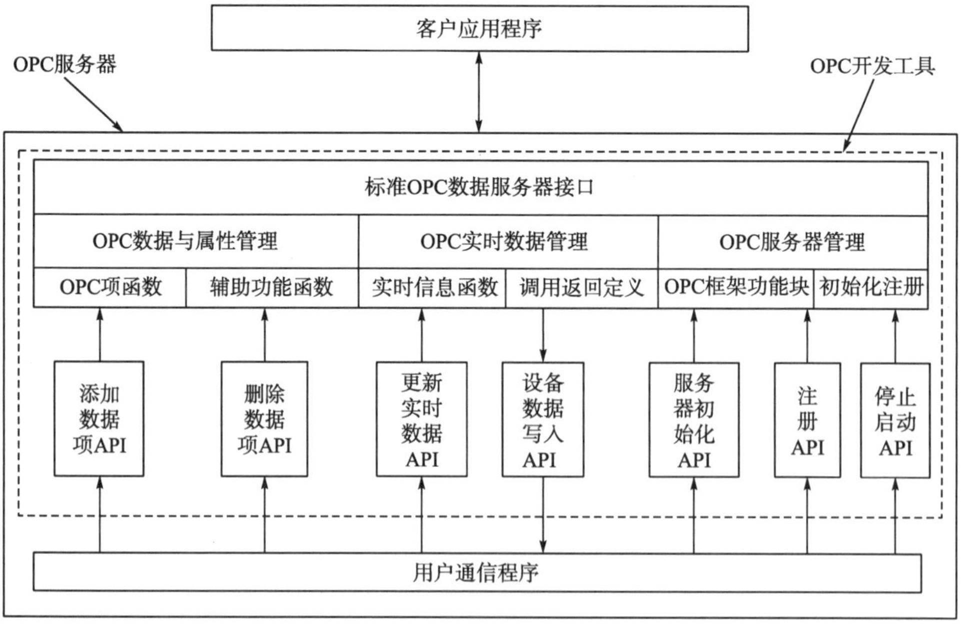


图 7-18 典型的 OPC 通信程序功能模块组成框图

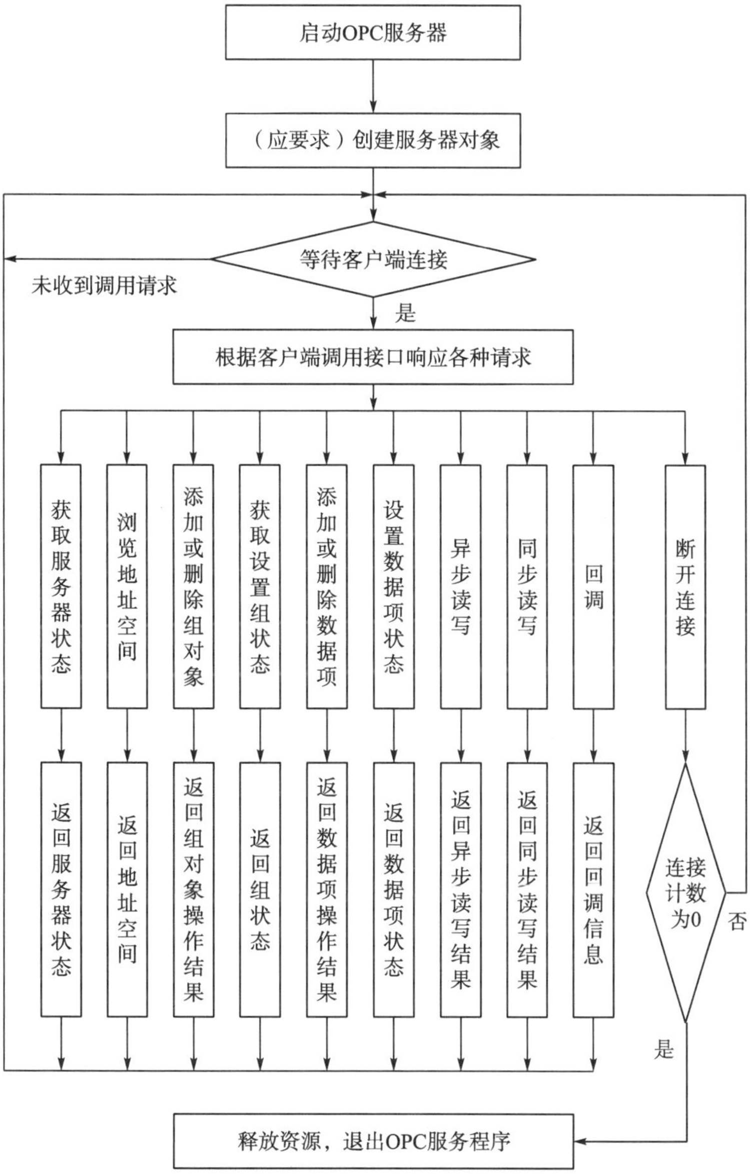


图 7-19　典型 OPC 服务器工作流程

## 7.3　工业机器人现场通信系统设计

本节拟针对一种实际应用场合，介绍工业机器人现场的通信设计。

### 7.3.1　某工业机器人通信系统结构

首先，该实际应用的场景如图 7-20 所示。本项目中，机器人根据底层设备的信息，完成工件拾取、放置等工作。底层设备主要有传感器和 PLC，其传感器有位置传感器、接近传感器等；PLC 为西门子 S7-200 型和三菱 Q02U 型 PLC。

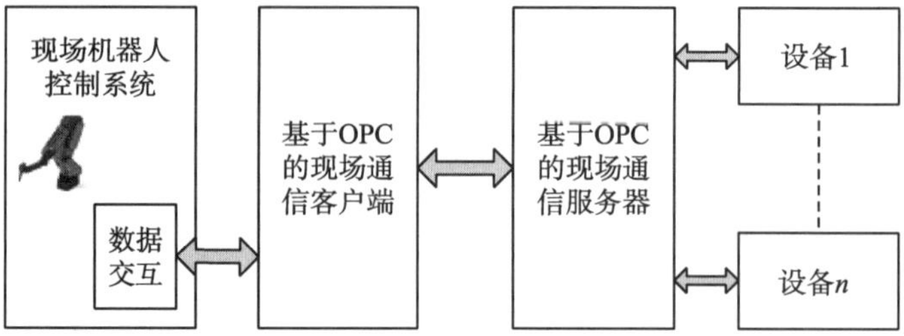


图 7-20　某工业机器人通信系统结构

## 7.3.2　某工业机器人通信网络组成

根据硬件实际情况，本项目需要进行三种通信参数配置。一是 S7-200 直接进行 RS485 通信；二是 S7-200 利用 C243-1 模块进行以太网通信；三是 Q02U 利用 QJ71E71-100 模块进行以太网通信。具体如下所述。

### 1. S7-200 直接进行基于 RS485 通信

本例中，西门子 S7-200 型 PLC 的 RS485 通信设置如下所述。波特率为 9600bit/s，主机号为 2；数据位为 8；停止位为 2；校验位为偶校验；总数据为 11。需要注意的是，在后期 OPC 软件配置时，也需要遵循对等配合原则，设置的通信参数与硬件 PLC 参数一致。具体配置方法如下。

(1) 在 S7-200 的编程软件的系统块内，对通信端口进行设置，如图 7-21 所示。

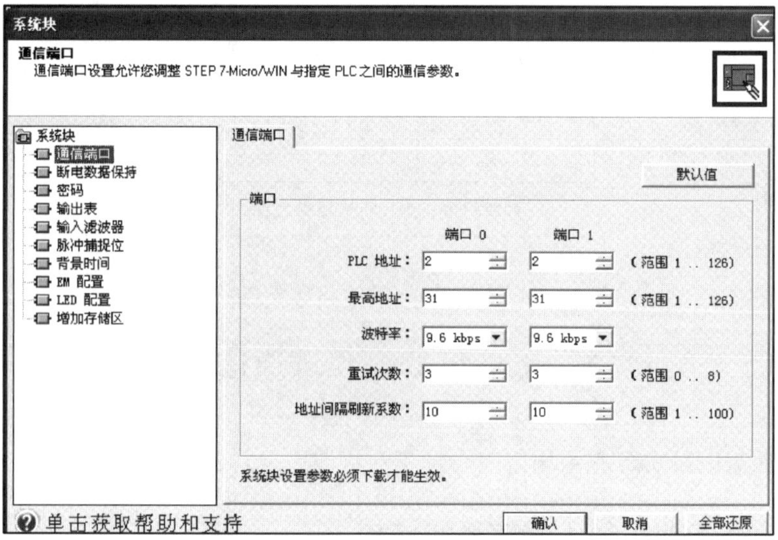


图 7-21　S7-200 型 PLC 的通信端口设置

(2) 在 S7-200 的编程软件的系统块内，对通信参数进行设置，如图 7-22 所示。

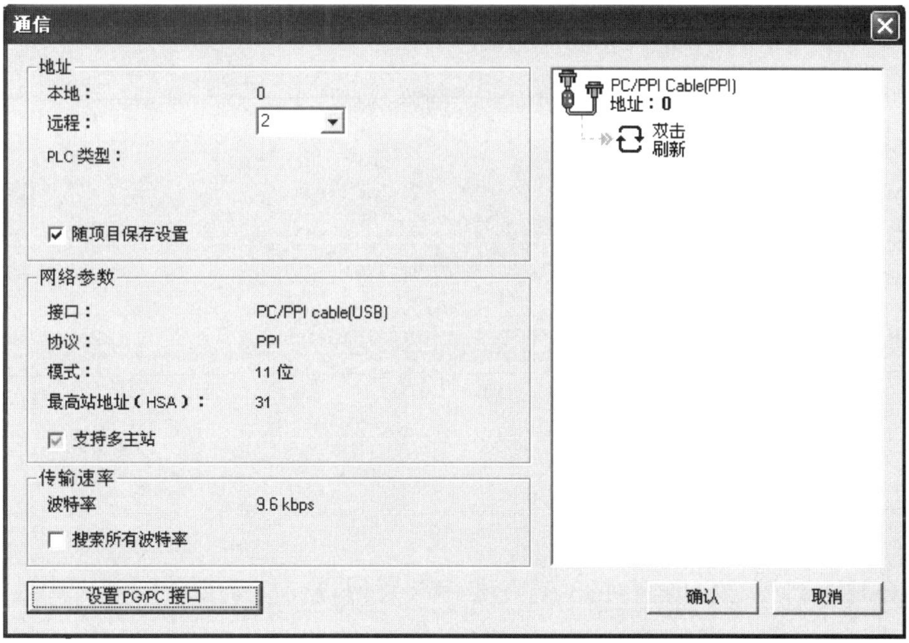


图 7-22　S7-200 型 PLC 的通信参数设置

## 2. S7-200 利用 C243-1 模块连接以太网通信

本例中，C243-1 模块连接到 S7-200 型插板的 2 号位置，配置如图 7-23 所示，其网络地址配置 IP 地址为 192.168.0.10，如图 7-24 所示。

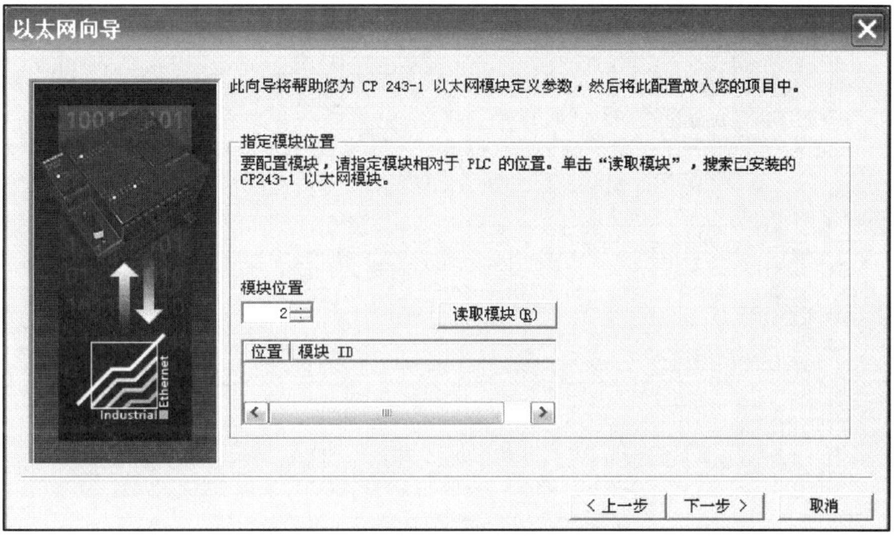


图 7-23　C243-1 模块的基本设置

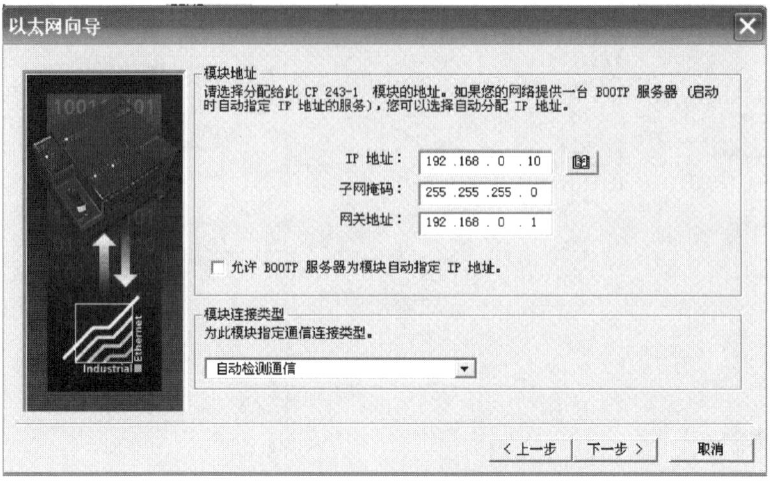


图 7-24 C243-1 模块的通信参数设置

## 3.Q02U 利用 QJ71E71-100 模块进行以太网通信

本例中，三菱 Q02U 型 PLC 通过 QJ71E71-100 模块连接到工业以太网，其配置参数如下。

(1) QJ71E71-100 模块位置等基本配置如图 7-25 所示。

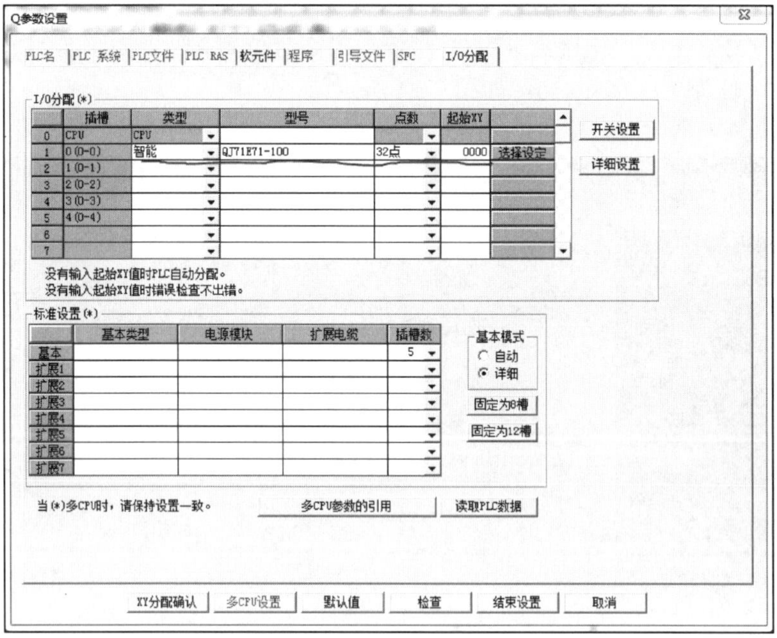


图 7-25 QJ71E71-100 模块基本参数设置

(2) QJ71E71-100 模块网络参数设置如图 7-26 所示。其中，网络类型选择以太网，起始 I/O 号根据现场槽上的模块进行设置；网络号为 1，站号为 2，模式选择“在线”。

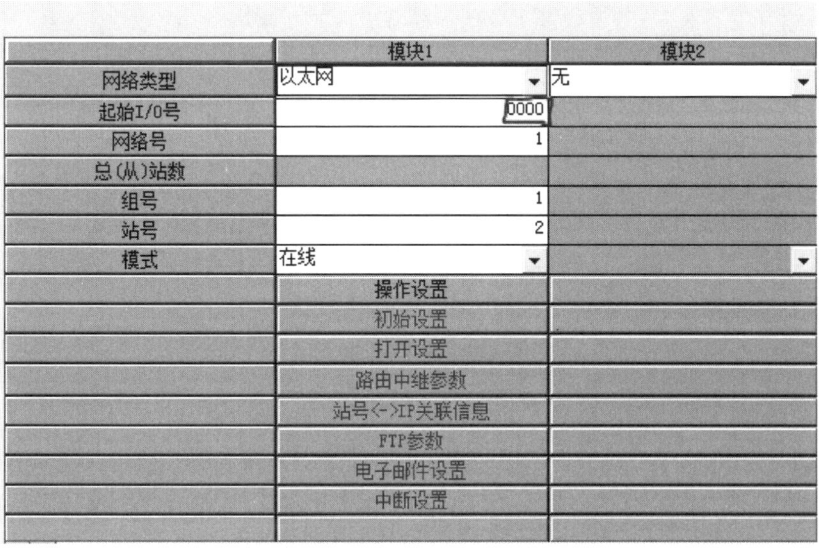


图 7-26　QJ71E71-100 模块网络参数设置

(3) QJ71E71-100 模块网络地址配置如图 7-27 所示。

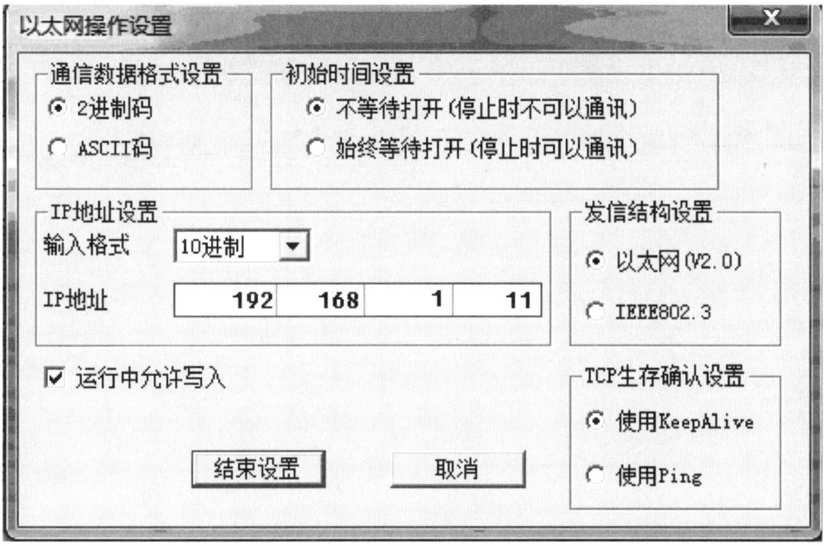


图 7-27　QJ71E71-100 模块网络地址设置

(4) QJ71E71-100 模块网络协议配置如图 7-28 所示。需要注意的是，网络协议是通信能否完成的关键。

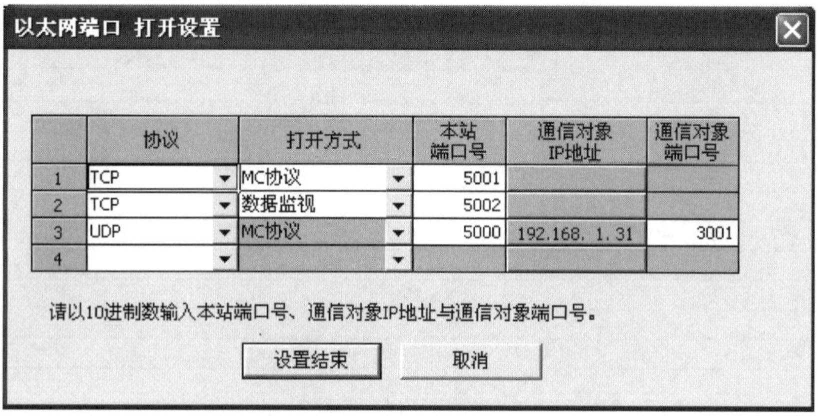


图 7-28　QJ71E71-100 模块网络地址设置

### 7.3.3　工业机器人通信系统配置

本项目采用 KEPWareEx 软件搭建 OPC 服务器，其安装和使用可参考使用手册。本章仅介绍项目相关的通信设置，其中 KEPWareEx 软件界面如图 7-29 所示。在利用其实现工业机器人通信 OPC 服务器时，需要完成的工作主要有：①通信链路设置；②通信设备设置；③通信数据项设置。

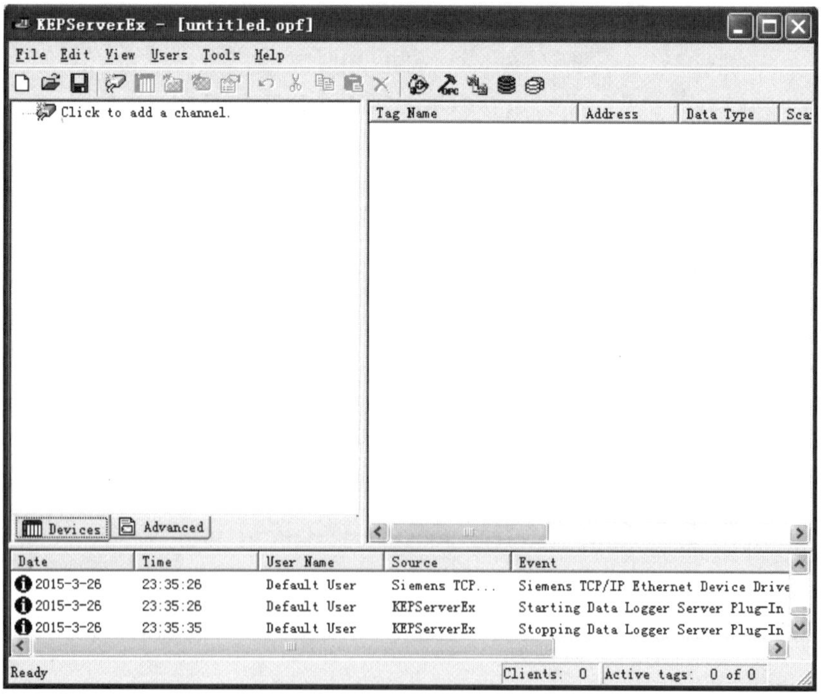


图 7-29　KEPWareEx 软件界面图

下面先介绍通信链路设置。

## 1. OPC 服务器的通信链路设置

需要注意的是，由于系统中存在 RS485 与工业以太网两种连接方式，以及西门子 S7-200 和三菱 Q02U 两种 PLC，所以，需要 OPC 服务器的通信链路设置对这三条链路分别进行配置：一是通过 RS485 与 S7-200 连接的链路，如图 7-30 所示；二是通过以太网与 S7-200 连接的链路，如图 7-31 所示；三是通过以太网与 Q02U 连接的链路，如图 7-32 所示。

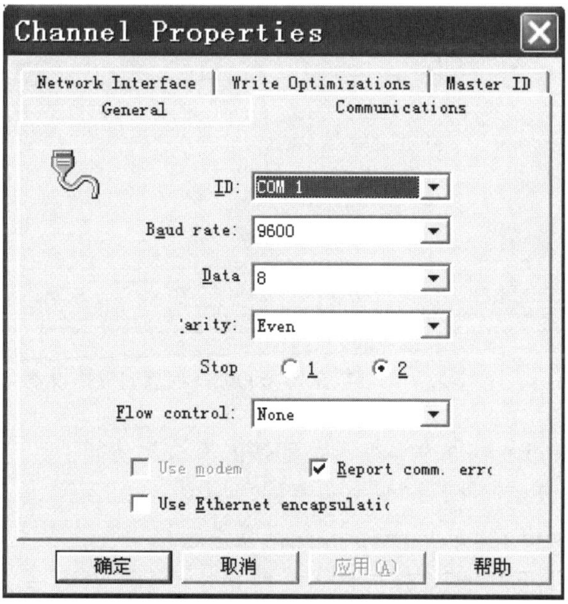


图 7-30　通过 RS485 与 S7-200 连接的链路设置

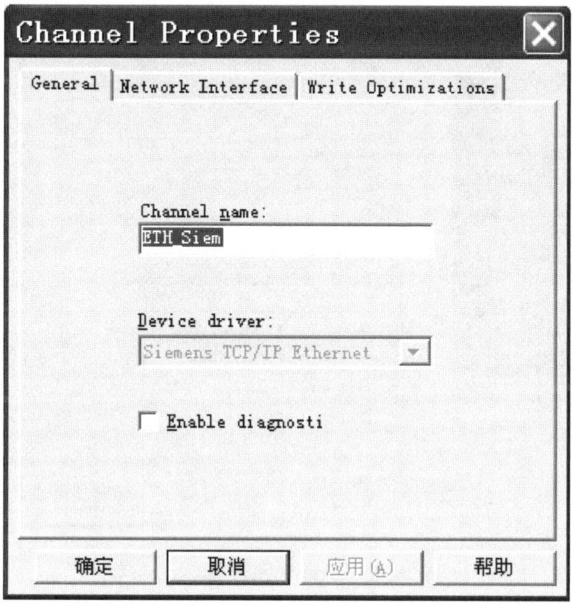


图 7-31　通过以太网与 S7-200 连接的链路设置

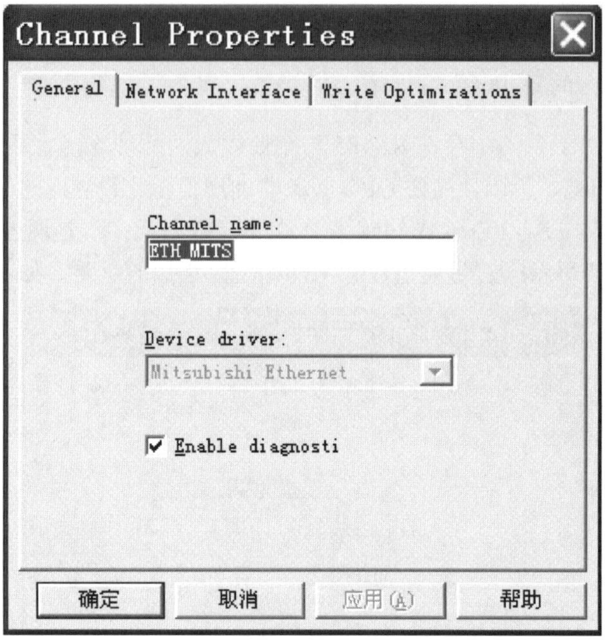


图 7-32 通过以太网与 Q02U 连接的链路设置

其中，在 KEPWareEx 软件中添加链路连接的方法简述如下。

(1)打开 KEPWareEx 软件，创建空白工程，如图 7-29 所示。

(2)双击左框 click to add a channel，并根据硬件选择相应的硬件驱动，如图 7-33 所示。其中，针对 RS485 与 S7-200 的连接，直接选择 Siemens S7-200；针对以太网与 S7-200 的连接，选择 Siemens TCP/IP Ethernet，针对以太网与 Q02U 的连接，选择 Mitsubishi Ethernet。

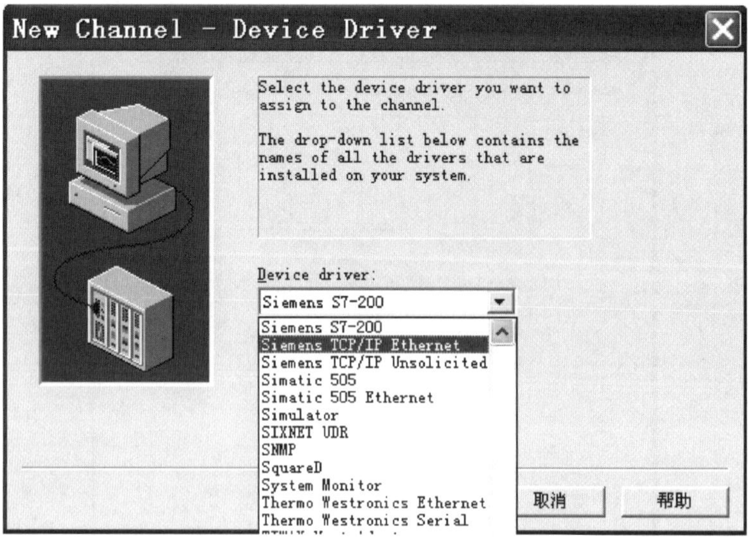


图 7-33 配置链路设备驱动示意图

(3)配置服务器网络参数，主要是对服务器中的网络适配卡进行配置。

(4)对服务器数据更新参数进行配置，采用默认参数即可，如图 7-34 所示。

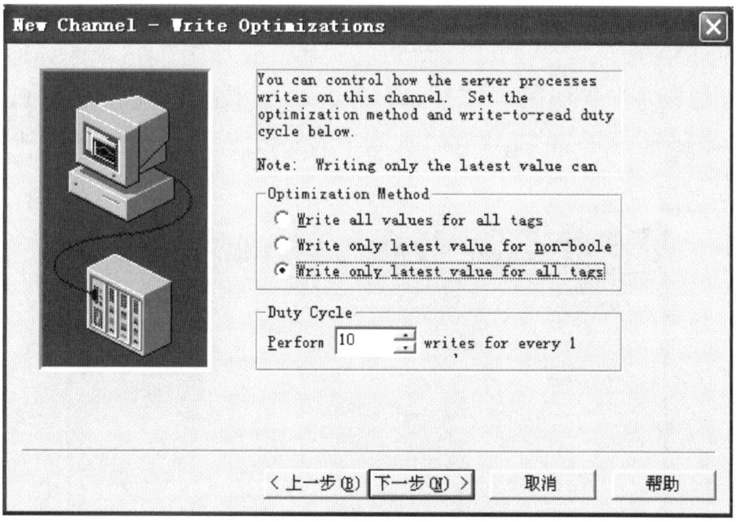


图 7-34　链路数据更新参数设置

## 2. OPC 服务器中通信设备配置

在完成通信链路的配置后，就可以进行通信设备的配置，即通过配置的链路索引到指定的设备。在本项目中，共有三个设备需要配置：一是通过 RS485 连接的 S7-200 型 PLC，二是通过以太网连接的 S7-200 型 PLC，三是通过以太网连接的 Q02U 型 PLC。配置好的通信设备如图 7-35 所示。

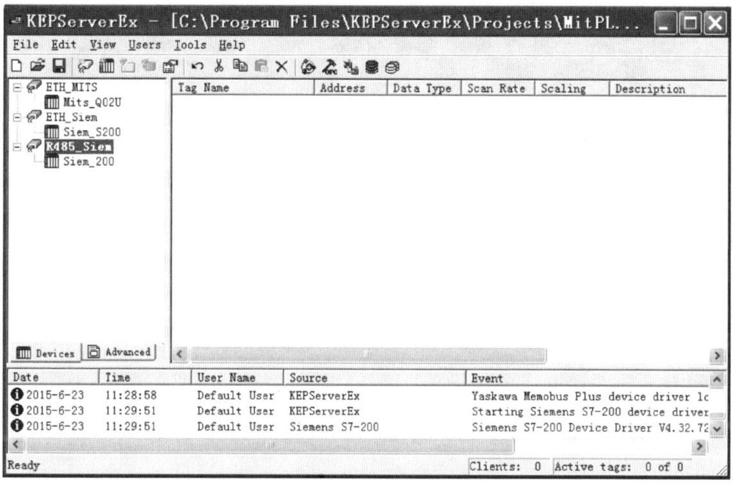


图 7-35　完成的通信设备配置情况

其中，在 KEPWareEx 软件中添加通信设备的方法简述如下。

(1)在配置的链路下方，单击 click to add a device，添加新的通信设备。

(2)对新添加的设备命名，并根据硬件选择相应的设备。针对 S7-200，选择 S7-200；

针对 Q02U，选择 Q Series。

(3)根据 7.3.2 节中硬件配置的参数，对添加的通信设备的网络参数进行配置，主要包括网络地址、组号、设备地址号设置。

最后，通过 RS485 连接的 S7-200 型 PLC 设备配置如图 7-36 所示，通过以太网连接的 S7-200 型 PLC 设备配置如图 7-37 所示，通过以太网连接的 Q02U 型 PLC 设备配置如图 7-38 所示。特别需要注意的是，其中各项参数要与前述硬件参数配置相匹配，否则无法正常进行通信。

图 7-36 通过 RS485 连接的 S7-200 型 PLC 设备配置

图 7-37 通过以太网连接的 S7-200 型 PLC 设备配置

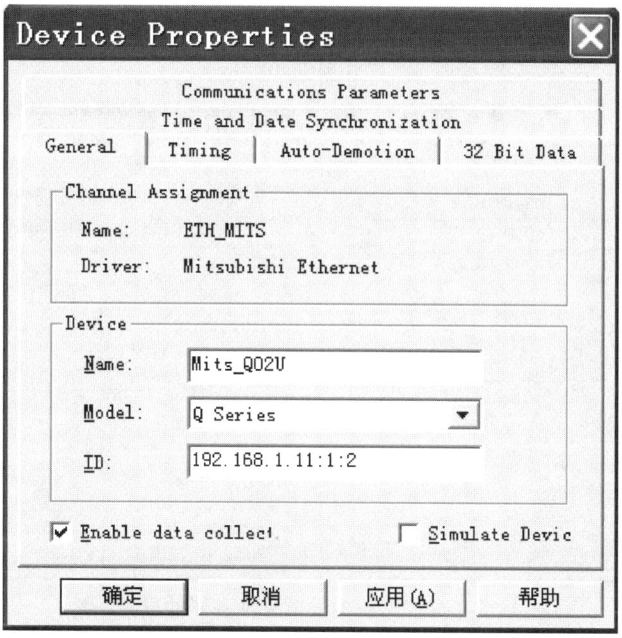


图 7-38　通过以太网连接的 Q02U 型 PLC 设备配置

### 3. OPC 服务器中数据项配置

在完成通信设备的配置后，即可添加数据项，以便通信接受客户端访问。这是实现异构工业现场通信的关键环节。在本项目中，需要添加三类数据项，一是由 RS485 连接的 S7-200 型 PLC 中的数据项；二是由以太网连接的 S7-200 型 PLC 中的数据项；三是由以太网连接的 Q02U 型 PLC 中的数据项。

其中，在 KEPWareEx 软件中添加数据项的方法简述如下。

(1)在配置的通信设备中，单击 new tag，添加新数据项，如图 7-39 所示。

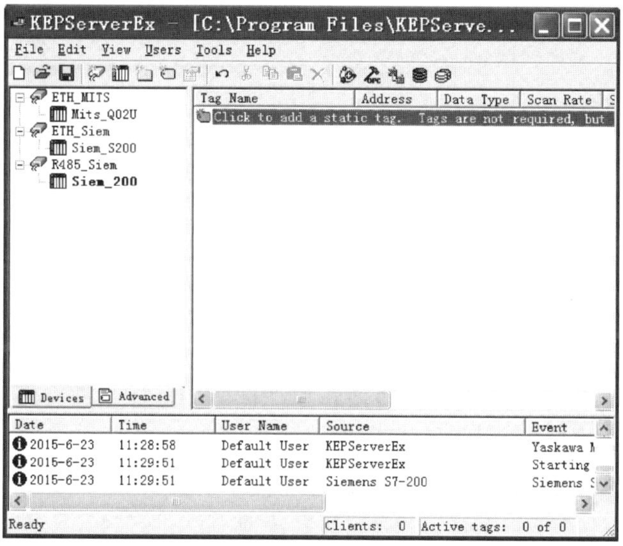


图 7-39　某项目中配置完成通信设备情况

(2)为新添加的数据项命名，根据 PLC 内部程序，选择相应的位寄存器或数据段，并对数据类型、可读写属性等进行配置，如图 7-40 所示。

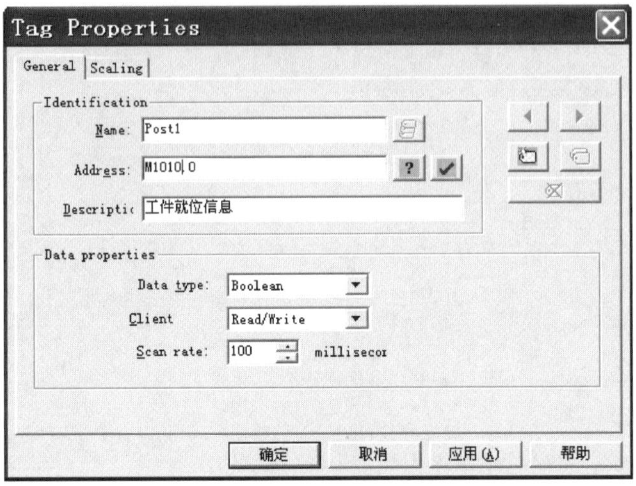

图 7-40 对添加的数据项各属性进行配置

并根据硬件选择相应的设备。针对 S7-200，选择 S7-200；针对 Q02U，选择 Q Series。

(3)重复上一个步骤，将所有需要的数据项添加完毕，并保存工程。

最后，该项目配置完成的 OPC 服务器链路、设备、数据项工程如图 7-41 所示。

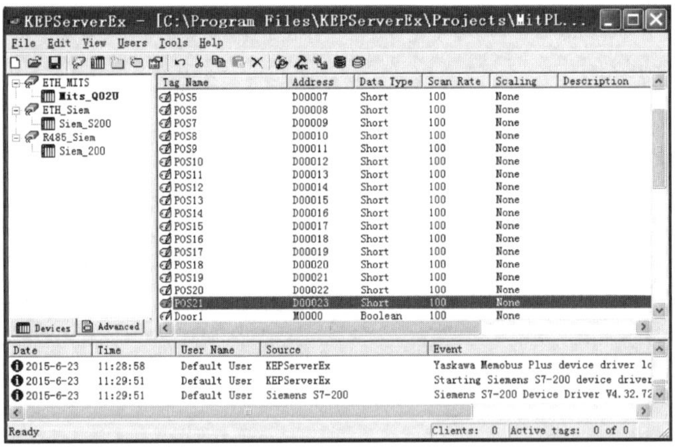

图 7-41 完成的 OPC 服务器配置情况

## 7.3.4 工业机器人通信客户端开发

在本节中，笔者将就工业机器人通信客户端程序的设计与开发进行介绍。

首先，采用面向对象的方法，将 OPC 服务器访问功能封装起来，称为 OPCOperateClass(本地操作类)，供调度、管理程序直接调用；其次，在工业机器人通信客户端程序中，对 OPCOperateClass 中的数据读取方法进行调用，即可通过 OPC 服务器实现底层设备信息读取。

### 1. OPCOperateClass 的设计

OPCOperateClass 结构设计如图 7-42 所示，包括初始化、数据写入、数据读取、关闭等功能。其中，各项功能简述如下。

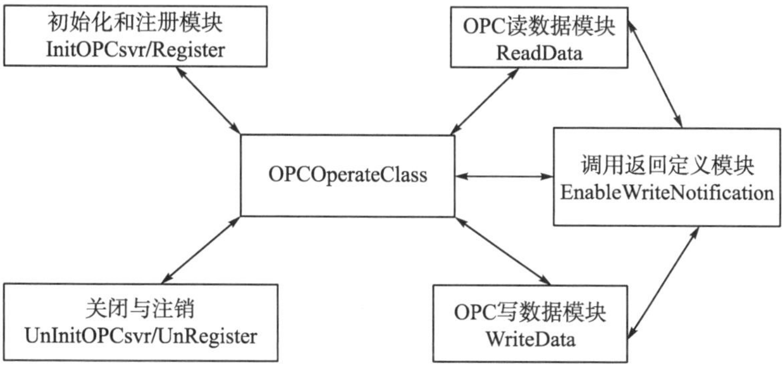


图 7-42　OPCOperateClass 功能组成

(1) OPCOperateClass 初始化。

①初始化 COM 库，调用 CoInitialize()；

②连接 OPC 服务器，调用 CLSIDFromProgID()；

③创建 OPC 操作实例 IOPCServer，调用 CoCreateInstance ()；

④添加 OPC 操作组，调用 IOPCServer→AddGroup()；

⑤创建 OPC 操作组管理接口 IOPCItemMgt，调用 IOPCItemMgt→QueryInterfacep()；

⑥添加 OPC 操作组数据项，调用 IOPCItemMgt→AddItems()；

⑦获取 OPC 数据同步读写接口 IOPCSyncIO，调用 IOPCItemMgt→QueryInterface()。

在操作组数据项添加时，其结构如下：

```
m_Items[i].szAccessPath= L"";            // 获取地址，默认为空
m_Items[i].szItemID= bstrlD ;            // 与 OPC 服务器配置文件中 tag 项对应
m_Items[i].bActive= TRUE;                // 数据激活选项，默认为 True
m_Items[i].hClient= i;                   // 数据项编号，由开发者自定
m_Items[i].dwBlobSize= 0;                // 数据块大小，默认为 0
m_Items[i].pBlob= NULL;                  // 数据块指针，默认为空
m_Items[i].vtRequestedDataType=11;       // 数据类型，为 BOOL
```

其中，vtRequestedDataType 属性对应的各种数据类型整理如表 7-4 所示。

**表 7-4　数据类型变量对应表**

| 数值类型 | 布尔型 | 字节型 | 十进制字节型 | 整型 | 无符号整型 | 单精度浮点型 | 双精度浮点型 | 字符串 |
|---|---|---|---|---|---|---|---|---|
| 取值 | 11 | 17 | 14 | 2 | 3 | 4 | 5 | 8 |
| VARIANT 取值 | booVal | bVal | — | iVal | IVal | fltVal | dblVal | bstrVal |

(2) OPCOperateClass 同步读/写操作。

①选择需要读写的数据项对应的服务指针；

②若为写入，将要写入的数据放入临时缓存，若为读，直接转入下一步骤；

③调用 IOPCSyncIO 的 Rcad/Write 方法，将数据写入数据项/从数据项读取数据；

④若为读，根据数据类型，将读出的数据保存为需要的类型。

(3) OPCOperateClass 异步读/写操作。

①选择需要读写的数据项对应的服务指针；

②若为写入，将要写入的数据放入临时缓存，直接激活异步写入信号，等待异步写执行返回信号，若为真，则写入成功；

③若为读，调用 IOPCAsyncIO 的 Write 方法，等待回调函数的执行情况，从缓存区中取出读取的数据。

(4) OPCOperateClass 关闭与注销操作。

①调用操作组管理接口，销毁所有数据项 IOPCItemMgt→RemoveItems；

②关闭操作组管理接口，IOPCItemMgt→Release()；

③调用 OPC 操作实例，销毁操作组，IOPCServer→RemoveGroup；

④关闭 OPC 操作实例，IOPCServer→Release()；

⑤关闭 COM，CoUninitialize()。

## 2. 通信功能设计

在工业机器人通信客户端程序中，通信功能结构如图 7-43 所示。机器人通信客户端调用 OPCOperateClass 的读取和写入方法，并通过以太网与 OPC 服务器端软件进行数据交互，而 OPC 服务器端软件则利用前面配置的链路、设备、数据项对相应设备中的寄存器进行操作，完成数据的读取和写入。

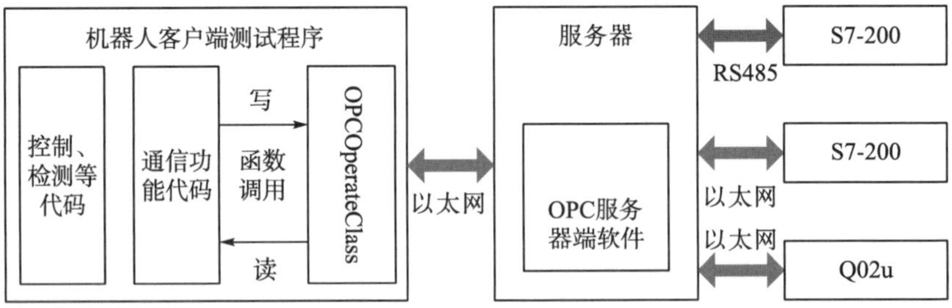


图 7-43 通信功能结构示意图

## 3. 通信功能测试

依照前面的说明和思路，笔者完成了通信功能测试软件，如图 7-44 所示。另外，各数据项的测试也可完成。

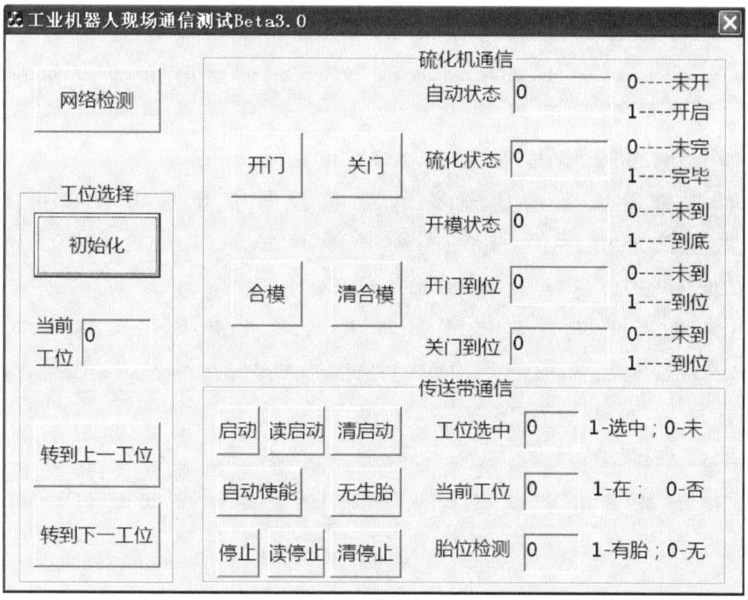


图 7-44　通信功能测试软件界面

## 思考题与练习题

1. 现场总线在工业网控制网络中处于什么位置？其作用是什么？
2. DCS 和 FCS 控制系统的特点及区别是什么？
3. 现场总线的定义是什么？其主要结构特点和技术特点是什么？
4. 试举例说出几种常用的现场总线。
5. 将以太网技术应用到工业控制网络中，需要解决哪些主要问题？
6. 试举例说出几种常用的工业以太网标准。
7. 工业以太网与普通以太网的区别是什么？为什么大都只采用 ISO/OSI 模型中的少数几层？
8. 简述 OPC 技术的用途，并分析其核心技术内容。
9. 利用 OPC 软件，编写 C 语言程序，实现对特定数据段的访问。

## 参 考 文 献


[1]谬学勤. 解读 IEC61158 第四版现场总线标准[J]. 仪器仪表标准化与计量, 2007, 3: 2-4.

[2]IEC 61158 ed. 4. Industrial Communication Networks - Fieldbus Specifications[S]. 2007, www. iec. ch/.

[3]王平. 工业以太网技术[M]. 北京: 科学出版社, 2007: 3-5.

[4]德国倍福公司. 实时以太网: I/O 层超高速以太网[J]. 工业以太网与现场总线, 2007, 12: 12-13.

[5]IEC 61784-2. Industrial communication networks-Profiles-Part 2: Additional fieldbus profiles for real-time networks based on ISO / IEC 8802-3[S].

[6]郇极, 刘艳强. 工业以太网现场总线 EtherCAT 驱动程序设计与应用[M]. 北京: 北京航空航天大学出版社, 2010.

[7]单春荣. 工业以太网现场总线 EtherCAT 及驱动程序设计[J]. 制造业自动化, 2007, 5: 15-16.

[8]Du P S. Introduction and comparison of the different industrial Ethernet technology[J]. Instrument Standardization & Metrology, 2005, 5: 16-19.

[9]缪学勤. 论六种实时以太网的通信协议[J]. 自动化仪表, 2005, 26(6): 4-5.

[10]冯世宁, 马杰, 赵雪飞. 若干种实时以太网标准的比较[J]. 南京师范大学学报, 2010, 10(2): 87-92.

[11]FX 系列微型可编程控制器用户手册[M]. 三菱电机, JY997D19701, 2009: 9.

[12]FX3U-ENET-ADP 用户手册[M]. 三菱电机, JY997D48201, 2013: 4.

[13]王平, 李大庆, 王颢. OPC 服务器开发工具包软件的设计与实现[J]. 计算机工程, 2009, 35(22): 275-277.

[14]桂卫华, 胡志坤. VC++6. 0 环境下的 OPC 通信设计及其在控制系统中的应用[J]. 编程控制器与工厂自动化(PLC FA), 2005, 11: 11-14.

[15]Mai S, Vu V T, Yi M J. An OPC UA client development for monitoring and control applications [A]. IFOST, 2011, 2: 700-705.

[16]陆会明, 阎志峰. OPCUA 服务器地址空间关键技术研究与开发[J]. 电力自动化设备, 2010, 30(7): 109-113.

# 第8章　工业机器人设计与运用案例

本章主要以一类工业机器人——自动硫化上下料系统为例，从总体设计、本体结构设计、驱动系统选择与设计、控制设计等方面，介绍工业机器人在实际工业环节中设计与运用的具体情况。

## 8.1　项目介绍

### 8.1.1　项目目的

在传统的轮胎生产过程中，由于其核心环节——硫化过程，需要人工将预制的胎条放入硫化炉模具中进行硫化处理，而在此过程中，高温容易导致人身伤亡，不仅有严重的安全隐患，而且人工上下料还存在效率不高、人力成本较大等缺点。针对该情况，项目组设计了一种免充气轮胎自动上下料系统(俗称自动上下料机器人，简称机器人)来替代人工完成轮胎硫化过程中的上下料环节。

设计该项目有三方面的目的：①在胎条硫化过程中的上下料环节上实现无人生产，减少轮胎生产中的人力成本；②与周边传送带和硫化机(炉)等设备配合，协同完成上下料过程中的物料输送、硫化启动、物料到位检测等基本功能，并对主要工作节点进行检测和报警，提高生产质量；③实现轮胎硫化生产环节中传送带、机器人、硫化机三者之间的无缝衔接，实现长时间无人生产，提升产量。

### 8.1.2　关键技术和创新

在本项目的实施过程中，由于橡胶轮胎的物理特殊性、生产空间有限性、多种机械需要协调配合等，在轮胎夹具、整体结构方案设计、多设备协同方案方面均需要克服一系列难题，因此，项目组提出在如下三方面进行创新，并解决了其中的关键问题。

(1)性能导向的轮胎夹具设计，又称机械抓手的设计。未硫化的轮胎具有易变形、易破损的特点，硫化后的轮胎具有易于模具黏结等特点，项目组综合利用力学分析、结构设计、有限元设计与仿真的方法，设计出满足要求的轮胎夹具，并根据现场测试效果，反复修改优化设计结构和参数，最终得到满足需求的轮胎夹具，并经过现场测试，抓取效果平稳、牢靠、结实。

(2)功能导向的整体系统方案设计。针对轮胎上下料空间有限、运动复杂、时间要求高等特点，项目组遵循“时间优先、功能导向”的设计原则：从生产环节着眼，通过分解工作流程，得到系统机械主体结构和布局，以及时间约束；根据时间要求，设计运行距离、反推速度与加速度要求；最后根据速度与加速度要求，结合机械主体结构和载荷，并按照实际运行距离，确定满足要求的传动方式和传动结构，并由此进行具体的机械设计与电气设计。

(3)多设备协同的控制方案实现。针对轮胎硫化过程需要硫化机(炉)、机器人、传送带三者之间协同配合的实际情况，项目组设计了基于隐形组态的协同控制方案[1]，即利用工业控制网络，对硫化机、传送带 PLC 控制点位信号实现可靠、准确、快速的操作。此外，在机器人控制中，项目组还从硬件与软件两方面着手，确保每个动作的平稳、准确、快速，进而确保多方配合的准确性和高效性。

# 8.2 项目总体设计

工业自动化生产项目设计需要与现场布局、工艺流程、生产节拍等紧密契合，这样才能充分整合上下工艺流程、适应生产需求，高质量、高效率地完成生产任务。

下面，将免充气轮胎自动上下料机器人的现场布局、工艺流程、生产节拍等进行详细介绍，并根据免充气轮胎的材料特性、生产规律设计上下料机器人的结构、动作、节拍时间等，进而根据设计的动作、节拍等完成机械、电气、控制的设计及选型。

## 8.2.1 总体布局

本项目在实施中，现场环境有两种，其主要区别在传送带，第一种是双层双列传送带；第二种是单层单列传送带。由此，本项目的布局也分为两种，第一种的总体布局如图 8-1 所示。

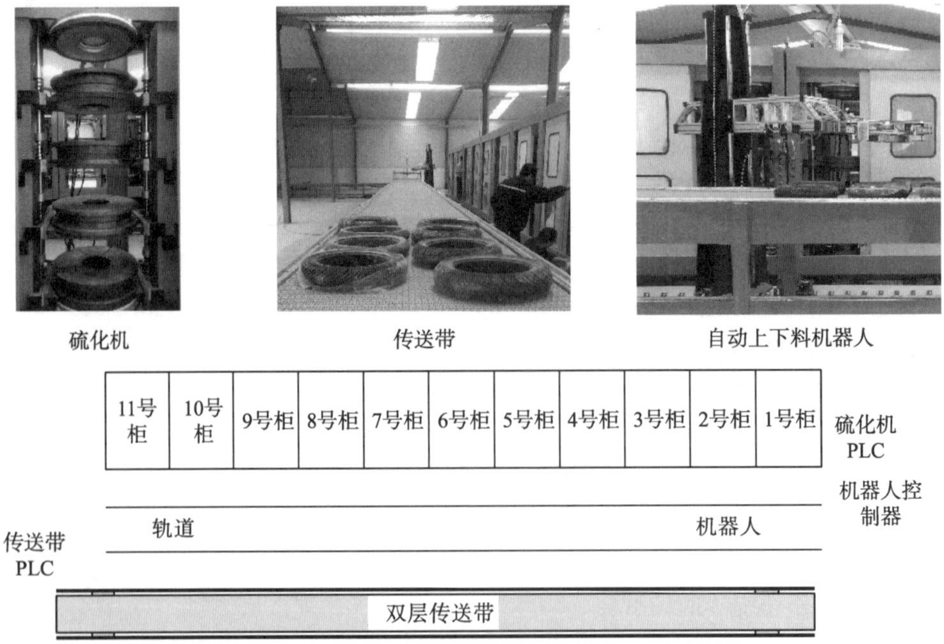


图 8-1 XX 厂 8021 轮胎自动硫化生产线电气设备布局

### 1. 生产线基本尺寸

该生产线的基本尺寸如图 8-2 所示。机器人中心到模具中心距离为 1350mm，到输送带较远轮胎中心距离为 1400mm，机器人横臂长度为 1500mm。机器人升降行程为 1800mm，硫化机各层下模具高度为 752mm、1124.5mm、1497mm、1869.5mm，输送带各层高度为 480mm、1200mm。

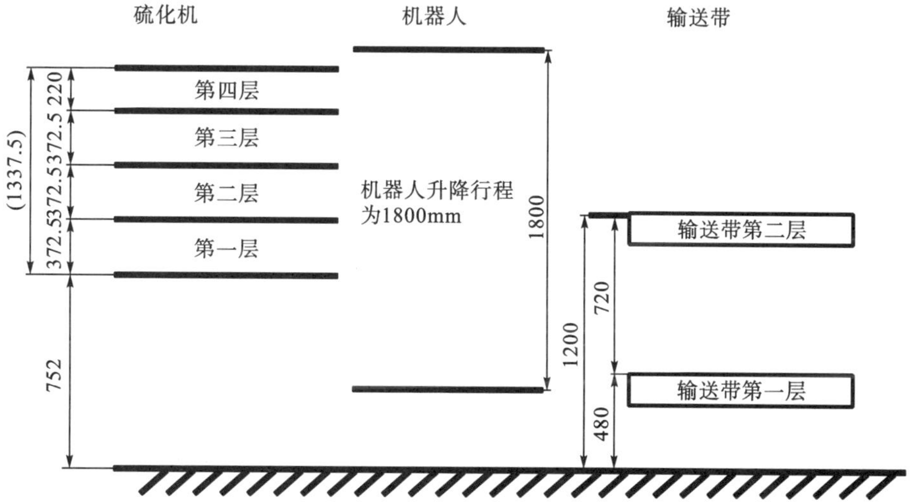


图 8-2　8021 生产线相对高度图(mm)

该生产线共放置 22 台硫化机，两台硫化机为一组(A1 和 A2 为一组)，每台硫化机共 4 层模具，输送带为单层。根据工艺要求，当生胎放入模具后，硫化机应迅速合模开始硫化。

### 2. 生产过程简要说明

生产流程为：第一台硫化机开模，机器人从模具中取出硫化完毕的成品轮胎，放置于输送带上，再从输送带上取生胎放入刚取出成品胎的模具中，继而模具合拢，开始硫化，机器人再运动到第二台硫化机旁，进行第二次取胎放胎任务，以此类推。

该生产线主要用于硫化型号为 16×3.0 的电动车轮胎。每条轮胎的硫化时间为 35~40min；由于工作量较大，故硫化机从合模到开模时间设定为 40min，即 2400s。每条轮胎的硫化时间为 35~40min；由于机器人需在 2400s 内应对 22 台硫化机共 88 个轮胎的硫化，预留一定的行走作业时间，每台硫化机约有 100s 的工作时间，即每个胎有 25s 的工作时间。

对于每一个轮胎的硫化，主要分为生胎抓取、生胎定型、生胎放置、成品胎取出四个部分。

(1) 生胎抓取。生胎由输送带输送到指定位置后，通过控制机器人三轴的运动，使机械手爪到达生胎所处位置，再通过控制电磁阀使机械手爪上的部分气缸动作，从而抓住生胎。

(2)生胎定型。由于生胎是由一条直线橡胶条通过接头机接头而成，形状并非规则圆形，而模具上对应位置为标准圆，为使生胎顺利落入模具中，机械手爪内圈需撑开成一个圆形，达到定型作用。

(3)生胎放置。在传统工艺中，工人将生胎放入模具后，需按压生胎，确保生胎完全落入模具。当抓取并定型了生胎的机械手爪运动到模具上方，并收回气缸，使生胎掉入模具后，机械手再通过一个升降机构的动作，压实轮胎。

(4)成品胎取出。经过长时间的硫化后，成品胎与模具黏合力很大，并不能轻易从模具中取出轮胎。机械手爪需附带外推机构，通过多次推撞，使轮胎与模具分离。

### 8.2.2 工艺环节

为了满足生产需求，经过实地调研，该生产线原有的工序流程如图 8-3 所示，即轮胎的生产环节包括：胎条挤出、胎条截断、轮胎接头、预撑定型、生胎传送、生胎上料、轮胎硫化、熟胎下料、熟胎传送等九个主要工序。

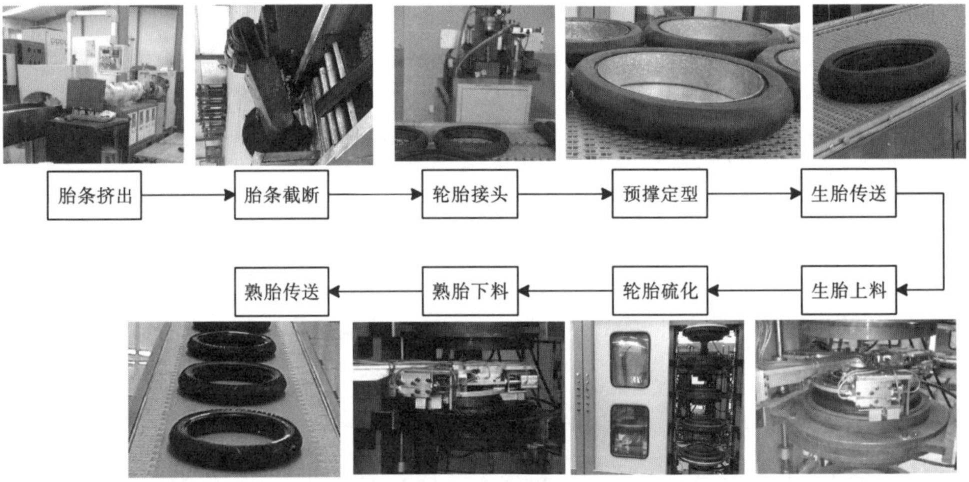


图 8-3 XX 厂轮胎自动工艺简要示意图

#### 1. 主要生产工序说明

(1)胎条挤出。该工序是为了获得满足要求形状的橡胶。将混炼后的橡胶投入压出机，并经过模具，获得胎面和胎侧。

(2)胎条截断。由于挤出的胎条是连续的长条，为了满足轮胎生产要求，需要将其截断成一定长度的短条，以便后续工序使用。

(3)胎条接头。该工序是通过轮胎接头机，将轮胎胎条弯曲成圆后，用切刀切去两头边缘，加热两头边缘并对接的过程。

(4)预撑定型。该工序是将对接后不规则的生胎，制作为尺寸固定、形状固定的生胎的过程，定型中常用到的工具为定型圈，其为大小固定的内撑圆圈。

(5)生胎传送。该工序是传送带将经过预撑定型的生胎，排列整齐，并按照一定精度，运送到机器人生产位置。

(6) 生胎上料。该工序负责将经过预撑定型的生胎放入硫化机内。

(7) 轮胎硫化。该工序是将定型好的生胎放入硫化机模具中，经过一定时间的加热硫化，形成成品胎的过程。对于放入模具的单个生胎，硫化机先进行合模加热，并通入空气，当达到硫化的时间后，模具自动打开。

(8) 熟胎下料。该工序负责将硫化好的成品熟胎，放置到传送带上。

(9) 熟胎传送。该工序是由传送带将硫化好的成品熟胎，传送到指定的存放位置。

#### 2. 机器人工序说明

针对这一生产工序，设计的轮胎自动硫化生产线自动上下料机器人主要有如下两个功能。

(1) 生胎上料，即硫化机内模具空闲时，在传送带的协助下，将经过定型工艺并到达生产准备位置的生胎，进行无损地夹取，将其放入模具中，并在一台硫化机四层全部放满后，控制硫化机开始硫化。

(2) 熟胎下料，即当硫化机对生胎硫化完成后，机器人读取到硫化完成指示信号，并确认正常开模以及熟胎正常落到下模后，机器人及时将熟胎取出，然后放置到传送带工作位置，并由传送带传送至熟胎存放处。

#### 3. 机器人功能要求及解决方案

在轮胎生产过程中，主要是硫化工序中，生胎表面和形状、生胎硫化时间及一致性、熟胎在模具余留时间等均比较敏感，在实践中，项目组重点研究、实现并逐步改进的地方如下。

(1) 轮胎夹具，也称为手爪，其主要目的是无损运送生胎、可靠地取出熟胎。

(2) 机器人本体结构设计和优化，其主要目的包括实现轮胎放入和取出的快速、平稳，以及整体稳定、可靠。

(3) 电气设备选型及优化，其主要目的包括优化线路布局、为机器人各向运动提供足够的力矩并保证可靠性。

(4) 控制程序设计及优化，其主要目的包括充分发挥机械、电气部分的能力，实现机器人本体功能。

(5) 基于隐形组态的周边设备协同工作和优化，其主要目的是实现与周边硫化机和传送带的配合，实现生产线的正常、可靠运行。

### 8.2.3　节拍设计

为了更好地适应生产需求，机器人的工作节拍需要进行精心设计，下面给出根据最短时间要求设计的机器人运行节拍方案，如图 8-4 所示。

#### 1. 最短时间设计——一进一出方式

该方法的目的是通过计算的时间和实测的距离，计算出机器人单轴运行速度和加速度要求，进而为电机及减速器的选型做准备。

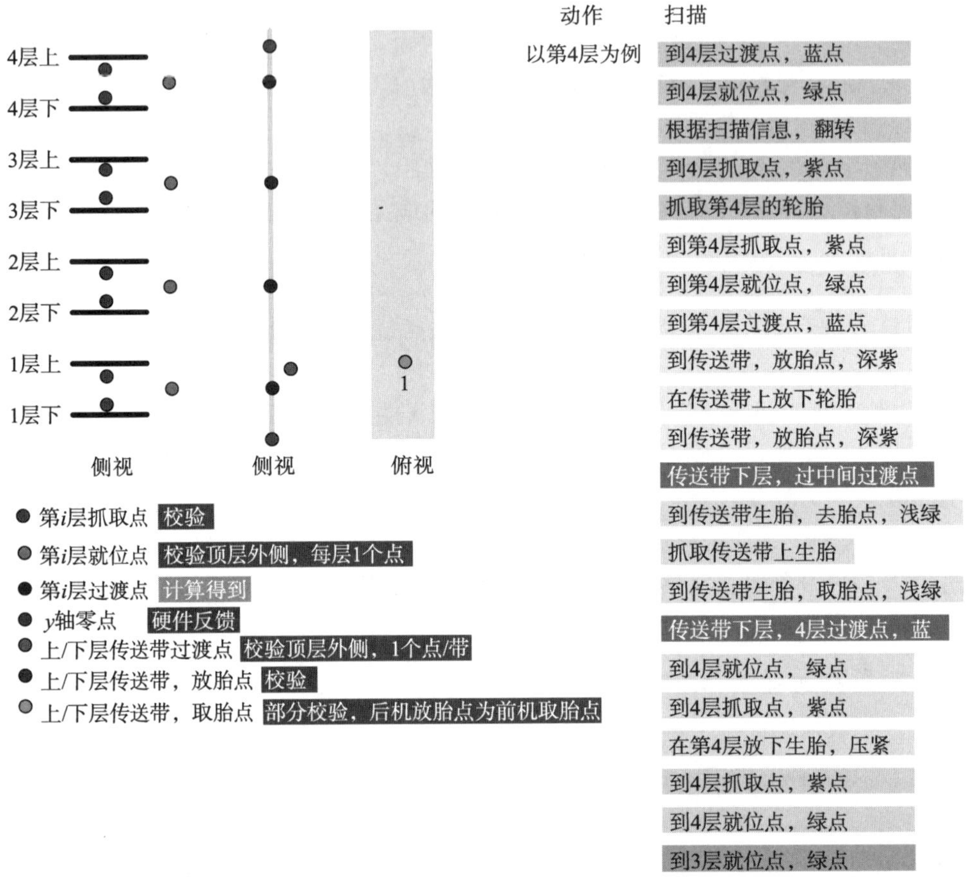


图 8-4 机器人最短时间生产节拍方案

## 2. 流程分解和时间计算

去掉机器人从一台硫化机完成位置到下一台硫化机过渡点位置的动作，以及机器人对硫化机扫描的动作，机器人对硫化机四层上下料的动作可以看成四个重复的动作，而影响这四个重复动作完成时间的主要因素是上下料的距离。上下料的距离分为传送带轮胎中心到硫化机模具的水平距离和竖直距离。根据生产线实际情况，水平距离为 2250mm，竖直最大距离为 1340mm，所以影响完成时间的主要因素是水平距离，且各层水平距离相同，所以四个重复动作的时间相同。

机器人完成从一台硫化机完成位置到下一台硫化机过渡点位置的动作，以及对硫化机扫描的动作，时间控制在 10s 内，那么完成对硫化机四层上下料的动作需要控制在 100s 内，每层动作的时间为 25s。

硫化机每层上下料动作包括：从每层就位点运动到模具的抓取点抓取熟胎，将熟胎运送到传送带上，抓取传送带上的生胎，将生胎放到硫化机模具里面，最后机器人运动到硫化机下层准备点。这个过程包括 4 个抓放胎动作、2 个运输轮胎动作，其中抓放胎动作固定，每个动作需要 3s，总共 12s，运输轮胎动作需要在 6.5s 以内。那么升降轴需要的最小加速度为 0.13m/s$^2$，速度为 0.42m/s，横轴需要的最小加速度为 0.22m/s$^2$，速度为 0.7m/s。为了机器人能够稳定运行，对机器人速度和加速度留有充分余量，设计机器人的速度和加速度如表 8-1 所示。

**表 8-1　设计机器人的速度和加速度**

| 轴号 | 速度/(m/s) | 加速度/(m/s$^2$) |
| --- | --- | --- |
| 轨道轴 | 1.0 | 0.5 |
| 升降轴 | 0.9 | 0.5 |
| 横梁轴 | 1.4 | 0.5 |

根据以上对机器人速度和加速度的需求分析，再结合机器人各轴负荷的实际情况，利用电机选型软件对机器人传动机构建模，最终确定机器人各个轴的电机功率、减速器减速比，具体结果在后面进行详细介绍。

### 3. 针对现场修改——四进四出

根据现场具体情况，针对工厂的需求，项目组对上下料的时序经行修改，将抓取熟胎与放入生胎分开，即先逐层取出模具中的四条熟胎，然后依次放入生胎，该流程称为四进四出方式，其中，四进四出方式与一进一出方式在流程上的差异如图 8-5 所示。

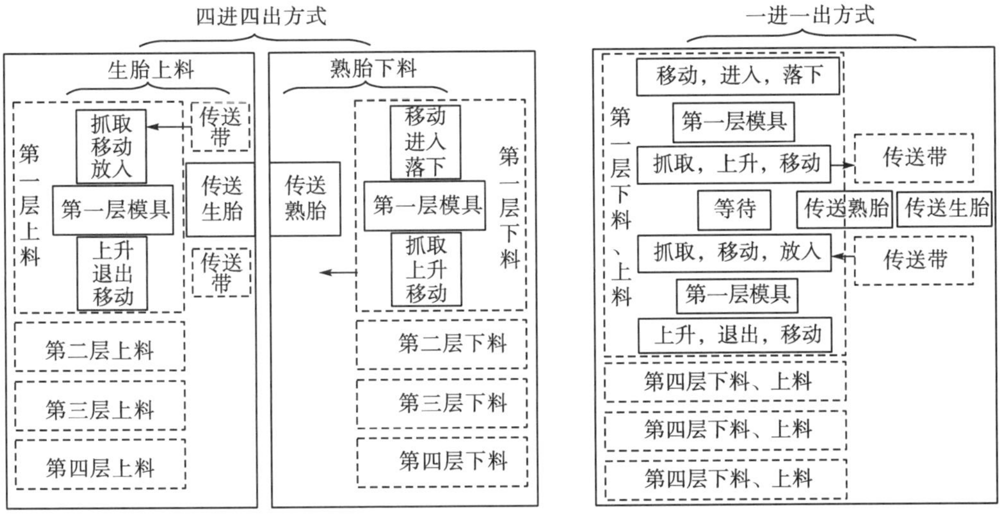


(a) 四进四出工序流程示意图　　(b) 一进一出工序流程示意图

图 8-5　一进一出与四进四出方式流程对比示意图

需要说明是，一进一出方式与四进四出方式在实现上最大的区别是：相对于一进一出方式，机器人在四进四出方式中，放下生胎(熟胎)后，均会有一个从传送带(模具)上方到模具(传送带)上方的空跑过程，由于该过程包含上升、水平移动、下降等多个动作，耗时较长，将会影响机器人完成单轮生产的总时间，从而对提高生产效率不利。另外，额外消耗的具体时间，将在后面进行介绍。

4. 时间对比

由于时序的修改，在每层上下料过程中需要增加两个无胎运输动作，每个动作约为6.5s，每台硫化机4层，总共在原时间的基础上需要增加52s(6.5×2×4=52)。此外，由于一进一出方式中，需要增加四轮传送带传送熟胎到传送生胎的到位时间，每轮大约2.5s，总计10s。因此，修改后，按照四进四出方式上下料的时间会远远超过一进一出方式的总时间，超出的时间为42s。

### 8.2.4 总体方案设计

根据上述分析，项目组设计的自动上下料机器人总体方案如图8-6所示。

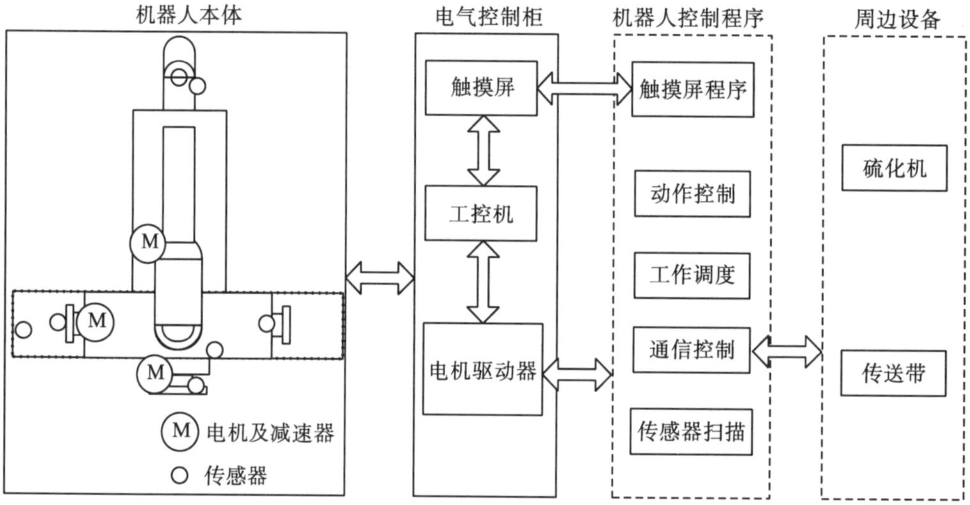


图8-6 机器人生产工艺设计(以一进一出为例)

该方案包括机器人本体、电气控制部分、机器人控制程序三大部分，各部分的功能和设计在后面的各节分别描述。

## 8.3 项目工业机器人本体设计

根据应用需求，实现将硫化完毕的成品轮胎自动取出并送到输送带上，然后从输送带上抓取生胎放到硫化机模具中。本节将根据生产现场实际需要，介绍硫化机上下料机器人总体机械结构的设计、验证和改进；主要包括机械本体结构设计、关键部件设计和本体安装调试等部分。

### 8.3.1 机械本体结构设计

根据前述的工作环境及要求，项目组进行了机器人机械结构的初步设计，并结合可行性、可靠性进行优化设计，完成了机器人的机械本体和末端执行器设计。设计加工完毕并在工业现场完成调试工作后，就调试现象进行了总结。

### 1. 8021 的工作环境和要求

(1) 机器人基本工作流程。本书研究的硫化机上下料机器人主要应用于免充气轮胎硫化生产线，现将其工作过程进行简单描述：机器人一侧为硫化机，另一侧为轮胎输送带，如图 8-7 所示。

该生产线共放置 22 台硫化机，每台硫化机共 4 层模具，输送带共 2 层。根据工艺要求，当生胎放入模具后，硫化机应迅速合模开始硫化。故生产流程为第一台硫化机开模，机器人自模具中取出硫化完毕的成品轮胎，放置于输送带上，再从输送带上取生胎放入刚取出成品胎的模具中，继而模具合拢，开始硫化，机器人再运动到第二台硫化机旁，进行第二次取胎放胎任务，以此类推。

(2) 机器人的工作对象和要求。该生产线主要用于硫化型号为 16×3.0 的电动车轮胎，如图 8-8 所示，包括生胎和成品胎。二者在性质和尺寸上都有差别，生胎较软，成品胎较硬，成品胎较生胎外圈直径较大、内圈直径较小、高度较小。每个轮胎净重约为 3kg。此外，由于成品胎与模具黏合较紧，取胎时轮胎对机器人末端执行器有 500~600N 的冲击力。

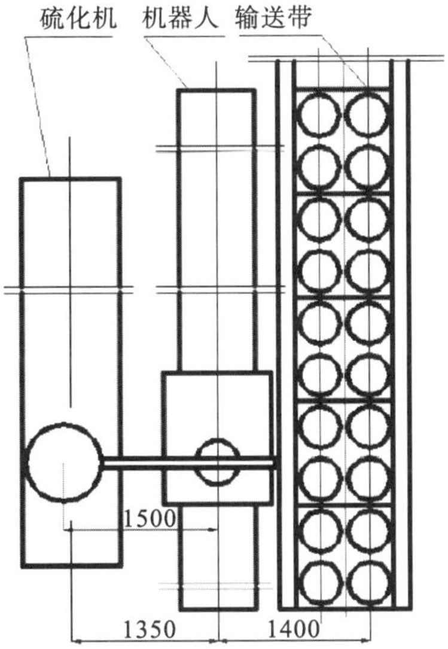


图 8-7　相对位置图(mm)

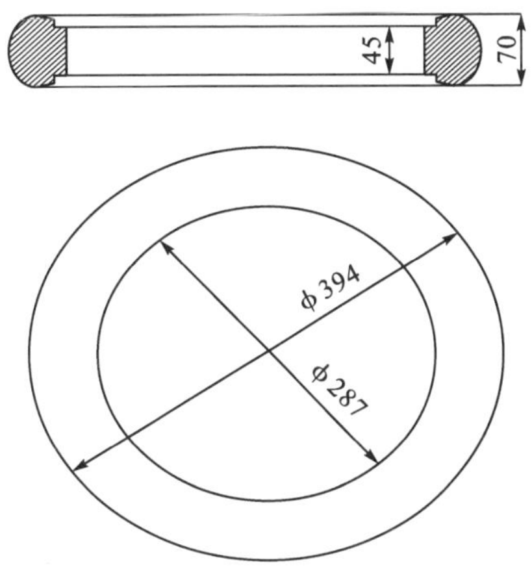


图 8-8　16×3.0 轮胎(mm)

### 2. 8021 机器人的结构设计方案

根据前面所描述的机器人工作环境和时间，项目组进行了机器人本体的初步设计，如图 8-9 所示。

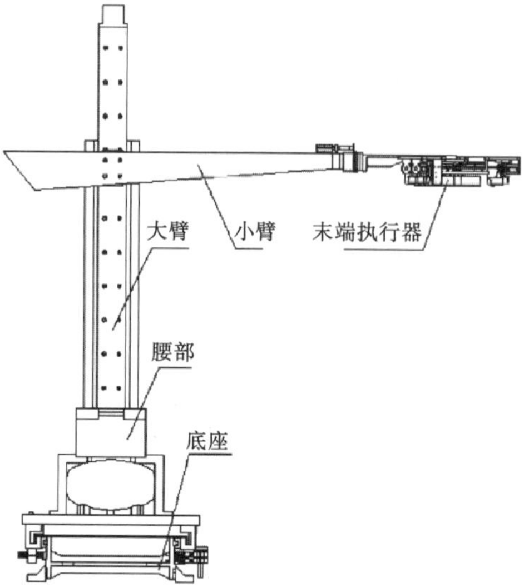

图 8-9 机器人结构简图

机器人的本体结构主要由底座、腰部、大臂、小臂和末端夹持机构组成[2]。它具有三个自由度，即两个移动副、一个旋转副：底座与其他部分之间为移动副，腰部与底座间为旋转副，小臂与大臂之间为移动副。底座是机器人的基础部分，固定在地面上，且其为机器人的导轨，铺设长度为 25m，其上装有齿条，通过齿轮齿条传动，并用直线导轨为机器人提供支撑和滑动导引。腰部是手臂的支撑部件，可以相对于底座旋转，实现机器人的回转功能。大臂由线性模组构成，其上的滚珠丝杠为小臂提供升降导引。由于硫化机开模时，轮胎有可能位于上模，也可能位于下模，末端夹持机构需具备 180° 的旋转功能。

为满足机器人在工业环境中的持续可靠运行，笔者分别对初步设计中的底座及移动平台、转台、主体进行了细化和优化，并添加上料辅助机构用以节约时间。

(1)底座及移动平台。机器人底座及平台采用交流伺服电机驱动，经蜗轮蜗杆减速器减速后驱动齿轮齿条传动，从而实现机器人本体的移动。底座上安装有两条直线导轨，平台上固定四个相应的滑块，从而辅助齿轮齿条传动，保证机器人平稳、准确移动。减速器的输出轴和齿轮的安装轴用两个深沟球轴承来支撑，以保证传动平稳，图 8-10 所示为机器人底座及移动平台结构。

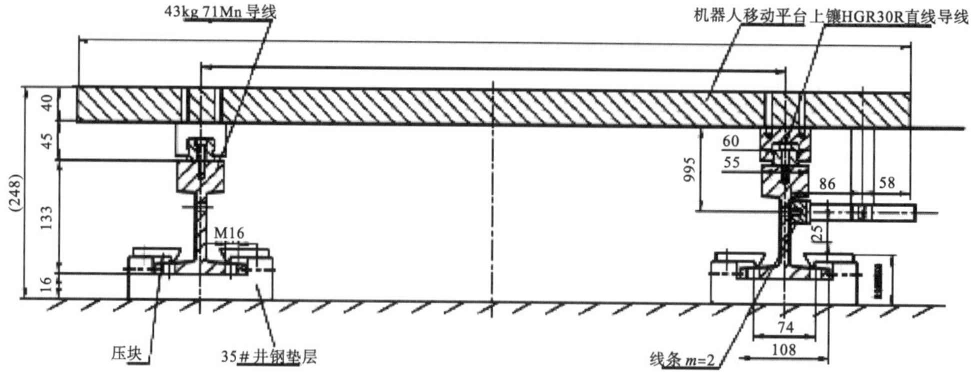

图 8-10 底座及移动平台结构(mm)

对于超长行程生产线，一般选择齿轮齿条进行传动(图 8-10)。所研究的生长线长度为 25m，属于超长行程，故选择齿轮齿条进行传动。齿轮齿条材质均为 45 钢，表面淬火处理，硬度为 50～55HRC，精度等级为 7 级。机器人的底座的齿轮齿条参数如表 8-2 及表 8-3 所示。

**表 8-2　底座齿轮参数表**

| 名称 | 模数 | 压力角 | 分度圆直径 | 中心距 | 齿根高 | 齿顶高 |
|---|---|---|---|---|---|---|
| 符号 | $m$ | $\alpha$ | $d$ | $a$ | $h_f$ | $h_a$ |
| 数值 | 2mm | 20° | 126mm | 65mm | 2mm | 2.5mm |

**表 8-3　底座齿条参数表**

| 名称 | 模数 | 压力角 | 齿宽 |
|---|---|---|---|
| 符号 | $m$ | $\alpha$ | $b$ |
| 数值 | 2mm | 20° | 25mm |

(2)旋转平台。转台采用交流伺服电机驱动，直接连入减速比为 1∶79 的蜗轮蜗杆减速器的输入轴上，从而带动转盘上方主体及末端执行器实现 360° 正转或反转，如图 8-11 所示。

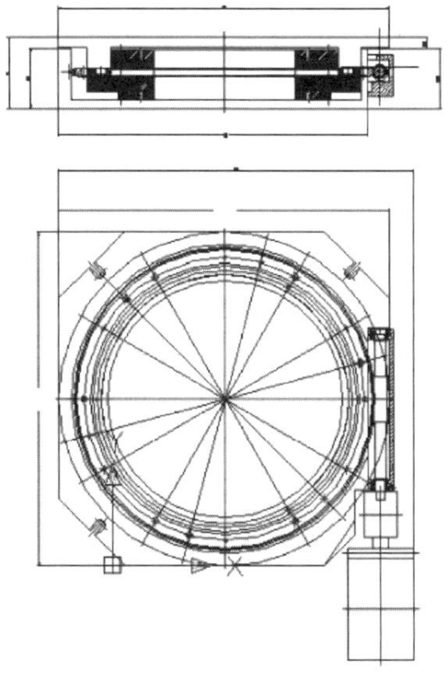

图 8-11　机器人转台结构

(3)升降机构。采用交流伺服驱动，通过高弹性梅花联轴器，连入滚珠丝杠的输入端。丝杠的公称直径为 50mm，导程为 10mm，长度为 2100mm，可实现大范围升降运动，完成带有四层模具的硫化机的取胎放胎任务。通过安装四组直线导轨，为横梁和末端执行器的升降提供滑动导引和支撑，从而使末端执行器运动平稳，如图 8-12 所示。

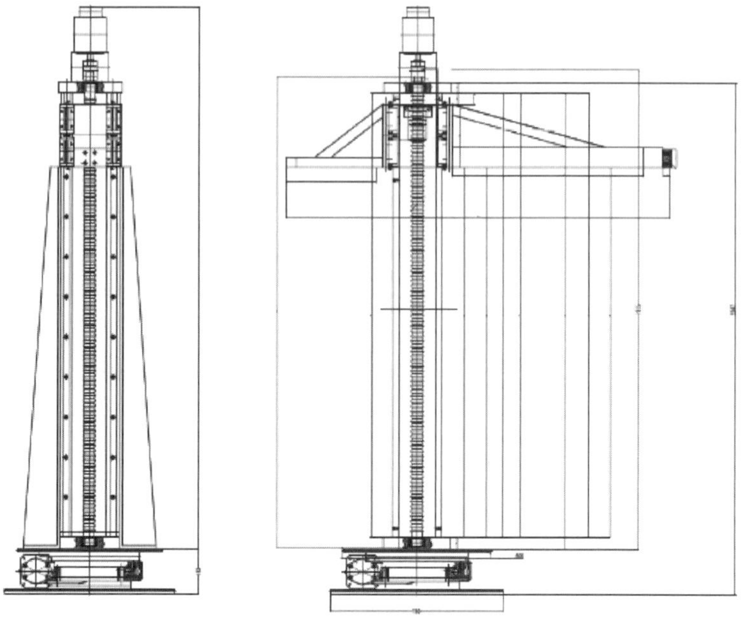

图 8-12　机器人本体结构图

(4)上料辅助机构。由于上下胎料工作量大，项目组设计了一套机器人上料辅助机构。设计思路为:保持原有机器人上下料方式,但增加一套设备替代原有机器人完成部分任务,从而节约总体时间。

新设备主要包括两部分：旋转物料托盘、两轴直线抓胎单元。旋转物料托盘实现生胎与熟胎的交换，两轴直线抓胎单元实现输送带与旋转物料托盘的轮胎上下料，如图 8-13 所示。

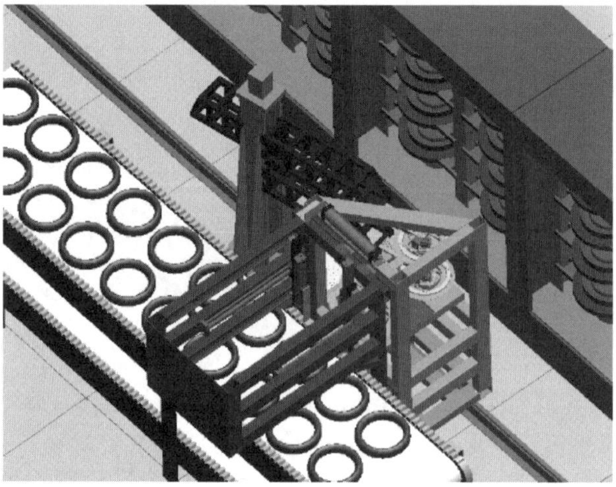

图 8-13　机器人总体结构图

针对上料辅助机构，机器人的横臂需要做出一定的调整。相对于原有结构调整为：单个手爪变为上下两个手爪。两个手爪同时进入硫化机中相邻两层模具空腔内，完成上下料操作。两个手爪间高度差设计为 372.5mm，与硫化机设计图纸中相邻两层模具高度差一致。而根据最新测量数据，相邻两层模具实际高度差为 369~374mm，则两个手爪高度差至少为 374mm，才能同时进入所有模具内。

旋转物料托盘主要由一个缸径为 100mm 的旋转气缸作动力驱动，由四个圆盘作执行机构。待四个圆盘左右两边分别放好生胎或熟胎后，旋转气缸动作，四个圆盘旋转 180°，实现生胎与熟胎位置的交换。

四个圆盘上下层间的高度差与机器人两层手爪的高度差一致。安装物料托盘的机架通过连接件与机器人滑台固定连接，并于机架下方安装四个直线导轨滑块。因而，旋转物料托盘与机器人在导轨方向上做同样的直线运动。机器人手爪与物料托盘间距离恒定，机器人抓胎时直接运动到圆盘中心点即可。

两轴直线抓胎单元工作原理为：由三个无杆气缸和一个模组分别组成两轴直线移动平台，带动手爪实现在传送带胎位点与旋转物料圆盘中心点处的分别定位。

由于单台硫化机为四个模具，而输送带同一条线上只有两个胎位，故两轴直线抓胎单元需相对于旋转物料托盘有一个平行于机器人导轨方向的直线运动。该运动由一个缸径为 80mm 的标准气缸驱动，并用两根 HG30 直线导轨作滑动导引。

### 8.3.2 关键部件设计

机器人本体是机器人末端夹持机构运动到定点的基础，而机器人手爪(末端夹持机构)是机器人胜任预期任务的基础[3]。

由前述已知，轮胎装卸机器人的预期任务有：生胎抓取、生胎定型、生胎安放和成品胎抓取。针对这四个任务，本机器人设计了三套机构：内撑机构用于完成抓取和定型；下压机构用于完成生胎安放；外推机构和内撑机构共同完成成品胎抓取。

在传统工艺中，当生胎由接头机接好后，冷却 1h，再由工人将近似圆形的生胎按压入一个圆形的定型圈中，放置约 10min 完成生胎定型。待模具开模后，戴好手套的工人将定型好的生胎放入下模具中，并按压生胎，使其完全落入下模，此过程即为生胎安放。硫化完毕后，硫化机开模，工人观察成品胎是否黏附于上模或下模，再用一根长铁棒将不同位置上的胎运用杠杆原理将轮胎一侧撬出，再用力将其取下，从而完成成品胎抓取。该工艺劳动强度大，危险系数高(模具表面温度为 140℃)，且重复程度高，适合由机器人来完成。

#### 1. 内撑机构的设计

轮胎生胎十分柔软，为了将其顺利抓起，项目组设计了一种内撑结构，通过内撑力使轮胎定型。通过现场试验发现，如果内撑机构仅与轮胎内径的部分区域相接触，则无法保证整个轮胎形成一个完整的圆形。硫化机的模具尺寸与轮胎生胎的尺寸极为接近，此时轮胎便无法顺利放入模具中。因此必须使轮胎内径完全与夹持机构相接触。经过不断的实验，同时考虑尺寸、干涉等影响，最终设计出的内撑结构，如图 8-14 所示。

内撑机构由五个相同的连杆机构组成，并呈圆形排列，如图 8-14 和图 8-15 所示。每个连杆机构由三个连杆组成，但机构曲柄由一圆盘代替，因此可视为一个四连杆机构。驱动为 ACQ32×35 型号气缸，气缸直接与其中一个连杆机构相连，其余 4 个连杆机构的驱动力则来自转动盘。随着气缸的伸缩，连杆机构所附带的五个圆弧会构成半径不等的圆。动力源为一个缸径 32mm 的薄型气缸，作用在其中两个四杆机构的连杆上。当气缸伸出时，气缸推动连杆，使摇杆上的叶片张开，形成一个直径为 292mm 的圆，达到一个抓取生胎并定型的作用；当气缸收缩时，连杆收回，带动摇杆缩小，最大直径变为 245mm。在安放生胎时，需先将该气缸收缩，让生胎落入模具，再进行下压动作。

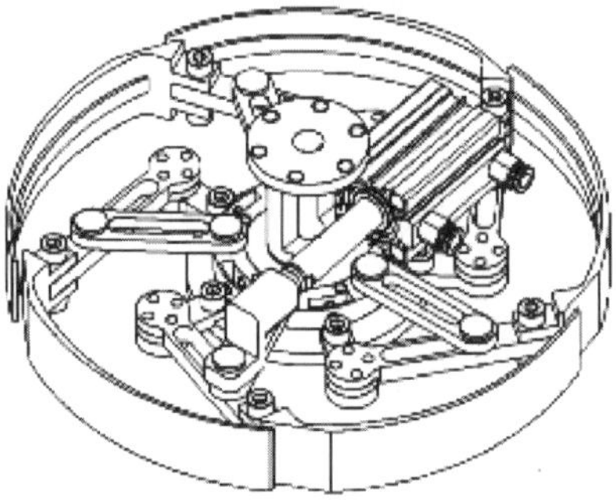

图 8-14 内撑机构示意图

图 8-15 内撑机构的实物图

## 2. 下压结构的设计

内撑结构抓起轮胎之后，其中的五个圆弧会构成一个整圆与轮胎内径完全接触。当轮胎运送至模具上方后，气缸收缩，此时轮胎被放置于模具上方。由于生胎较为柔软，会立即变形，再加上生胎与模具表面之间的摩擦作用，使得生胎无法顺利进入模具。为了解决这一问题，项目组设计了一个下压结构，如图 8-16 所示。

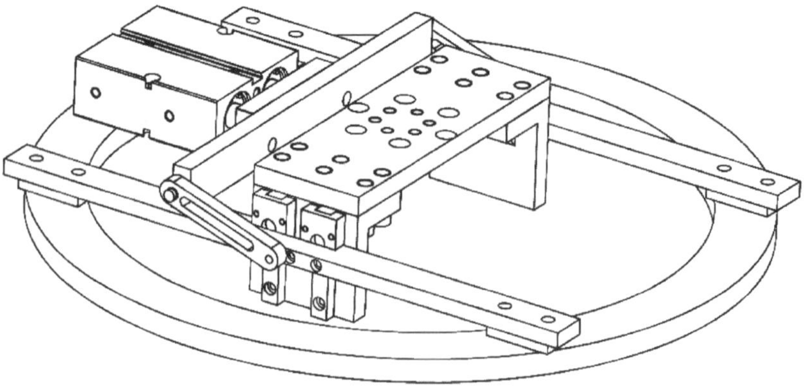

图 8-16 下压结构示意图

下压结构用一个双滑块机构实现水平方向运动与竖直方向运动的转换。由于本机器人所抓取生胎的高度约为 60mm，所以下压行程需达到 30mm，而由于硫化机内模具打开后，上下模具间距有限制，应尽量减小手爪的高度，以利于进入模具腔内，故选择了双滑块机构。经设计，该机构高度约为 40mm，如果选用楔形凸轮机构，高度约为 60mm，而直接用气缸下推，高度可能达到 80~90mm。

### 3. 外推结构的设计

外推结构由三组推手组成，每组推手有两个推动装置。其中一个由气缸推动直接前进；另一个由气缸、平行四边形机构、双滑块机构组成，沿椭圆曲线做平动。控制两个推动装置动作的时序，可以将轮胎挤出模具并抓牢，从而完成抓胎任务，外推结构示意图如图 8-17 所示。

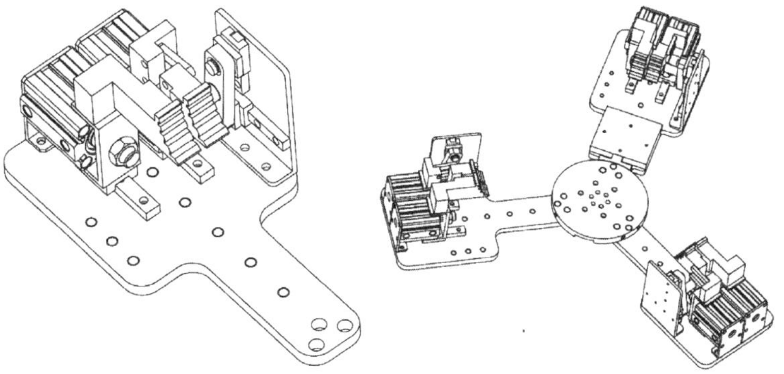

图 8-17　外推结构示意图

### 4.末端执行器的备用方案

若硫化机不具备顶出机构，机器人抓取熟胎时要耗费大量的时间来推松轮胎再进行抓取，严重占用了总的工作时间。故基于硫化机具备顶出机构，且模具脱开时，轮胎脱落于下模具中并与模具无黏连的前提，对机器人手爪进行了一定简化预备设计：取消了原有的外推熟胎推松机构，内撑结构和下压结构都选取了缸径大一号的气缸，内撑结构最大外径加大到与车间内工人使用的定型圈直径相近(定型圈直径平均为 294mm)，末端执行器改进三维图如图 8-18 所示。

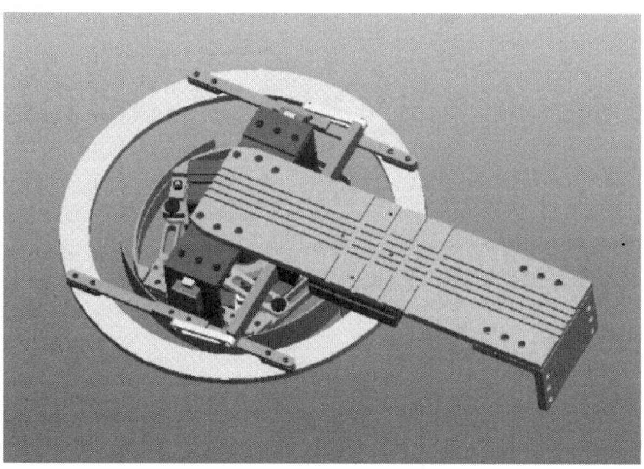

图 8-18　末端执行器改进三维图

### 8.3.3 本体安装调试

设计、制造完毕后，笔者前往现场安装调试。现场实物如图 8-19 所示。

图 8-19 8021 机器人现场实物图

## 8.4 项目工业机器人电气设计

驱动系统提供机器人运动的动力，是机器人完成各种动作的动力保障。驱动系统的性能是评价机器人性能的主要参考因素[4]。传动装置是一种实现力矩、速度以及能量传递和变换的装置，它的主要作用有：能量的分配与传递、运动形式的改变及运动速度的改变。整个电气的控制系统结构图如图 8-20 所示。

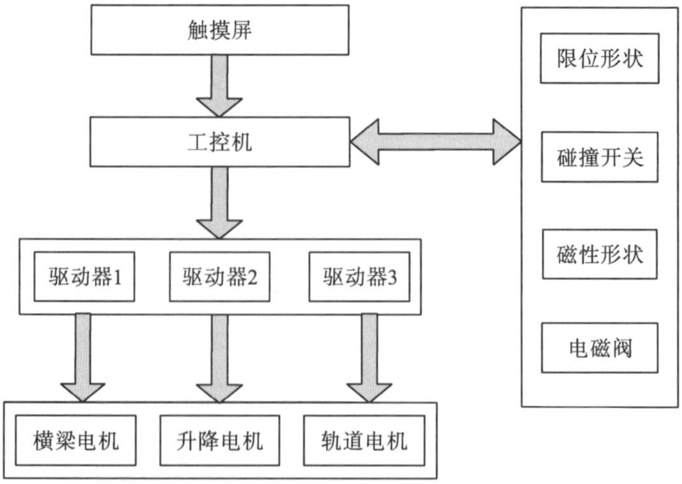


图 8-20 控制系统结构

### 8.4.1　驱动方式及减速器的选择

#### 1. 驱动方式选择

目前，机器人驱动方式有气压驱动、液压驱动及电机驱动等多种方式，它们各自的优缺点不同，适用范围也不同。

气压驱动：能源成本较低，机械结构简单，但是定位精度比较差。

液压驱动：输出力可在很大的范围内调节，定位精度比较高，但是对温度变化敏感，油液易泄露，噪声比较大。

电机驱动：电机驱动机器人的效率比较高，运动速度以及位姿准确度超过气动及液压驱动，噪声和污染都比较小。

综上所述，根据实际的需要，本书设计的机器人选用电机驱动。

#### 2. 电机驱动模式方式选择

(1) 步进电机。其最大的特点是成本低、性能稳定、结构简单，可直接通过数字控制实现位移和速度的控制，不需要反馈信息，误差不会累积，但是功率较小，不适合大功率输出场合。

(2) 直流伺服电机。直流伺服电机的技术相对比较成熟，但是其内部结构复杂，而且价格比较贵，所以应用不是很普遍，主要应用在对启动转矩要求较大的场合。

(3) 交流伺服电机。因为其性能稳定、结构简单、运行可靠，输出功率较大，所以目前大多数的工业机器人普遍采用交流伺服电机作为其驱动装置。结合机器人的实际要求，采用交流伺服电机作为机器人关节的驱动电机，目前在机器人本体上应用较多的减速器有谐波减速器、行星齿轮减速器和蜗轮蜗杆减速器。谐波减速器的谐波传动是利用柔性元件可控的弹性变形来传递运动和动力的，结构简单、体积小、重量轻、传动精度高，传动平稳，传动效率高，但缺点是柔轮寿命有限、不耐冲击，刚性与金属件相比较差，输入转速不能太高。行星齿轮减速器主要特点是减速比大、精度高、同轴传动和输出扭矩大，适用于高速、重载和高精度场合。蜗轮蜗杆减速器的主要特点是具有反向自锁功能，可以有较大的减速比，输入轴和输出轴可以不在同一轴线上。硫化机上下料机器人选用蜗轮蜗杆减速器作为其传动机构的减速装置。

#### 3. 伺服电机选型

机器人由于受自身工作环境的制约，对驱动电机的要求主要是转动惯量小、堵转转矩大、启动时间短、启动电压低，承受急启急停的能力较强，并且频繁启停[5]。因此，项目组结合以下几个方面的参考因素，来决定伺服电机的选型。

(1) 负载/电机惯量。转动惯量对伺服系统的精度、稳定性、动态响应都有影响，惯量越小，系统的动态特性反应越好，惯量大，系统的机械常数大，响应慢，会使系统的固有频率下降，容易产生谐振，因而限制了伺服带宽，影响了伺服精度和响应速度，也较难控制，惯量的适当增大只有在改善低速爬行时有利。因此，在不影响系统刚度的条件下，应

尽量减小惯量。在计算负载惯量时，需要根据具体的机械类型驱动方式分别计算。负载惯量通用计算公式为

$$J_L=\sum_{j=1}^{M}J_j\left(\frac{\omega_j}{\omega}\right)^2+\sum_{j=1}^{M}m_j\left(\frac{V_j}{\omega}\right)^2 \tag{8-1}$$

式中，$J_j$ 为各转动件的转动惯量(kg·cm$^2$)；$\omega_j$ 为各转动件角速度(rad/min)；$m_j$ 为各转动件的质量(kg)；$V_j$ 为各移动件的速度(m/min)；$\omega$ 为伺服电机的角速度(rad/min)。

(2)转速。电机选择首先应依据机械系统的快速行程速度来计算，快速行程的电机转速应严格控制在电机的额定转速之内，并应在接近电机的额定转速的范围内使用，以有效利用伺服电机的功率。

(3)转矩。伺服电机的额定转矩必须满足实际需要，但是不需要留有过多的余量，因为一般情况下，其最大转矩为额定转矩的三倍。需要注意的是，连续工作的负载转矩小于等于伺服电机的额定转矩，机械系统所需要的最大转矩小于伺服电机输出的最大转矩。

(4)短时间特性(加减速转矩)。伺服电机除连续运转区域外，还有短时间内的运转特性，如电机加减速，用最大转矩表示；即使容量相同，最大转矩也会因各电机而有所不同。最大转矩影响驱动电机的加减速时间常数，可用下式估算线性加减速时间常数 $t_a$，根据该公式确定所需的电机最大转矩，选定电机容量。

$$t_a=\frac{(J_{\mathrm{L}}+J_{\mathrm{M}})n}{95.5\times(0.8T_{\max}-T_{\mathrm{L}})} \tag{8-2}$$

式中，$n$ 为电机设定速度(rad/min)；$J_{\mathrm{L}}$ 为电机轴换算负载惯量(kg·cm$^2$)；$J_{\mathrm{M}}$ 为电机惯量(kg·cm$^2$)；$T_{\max}$ 为电机最大转矩(N·m)；$T_{\mathrm{L}}$ 为电机轴换算成负载转矩(N·m)。

(5)连续特性(连续实效负载转矩)。对要求频繁启动、制动的机械设备，为避免电机过热，必须检查它在一个周期内电机转矩的均方根值，并使它小于电机连续额定转矩。

根据上述负载的要求，选取了机器人各轴电机的功率以及速度与加速度，电机减速器减速比的参数，如表 8-4 所示。

**表 8-4 电机及减速器参数**

| 轴号 | 速度/(m/s) | 加速度/(m/s$^2$) | 负载/kW | 电机功率/kW | 减速器减速比 |
|---|---|---|---|---|---|
| 轨道轴 | 1.0 | 0.5 | 1500 | 3 | 1∶4 |
| 升降轴 | 0.9 | 0.5 | 500 | 4.4 | 1∶4 |
| 横梁轴 | 1.4 | 0.5 | 200 | 1.5 | 1∶3 |

根据上述几条原则，硫化机上下料机器人选用松下 A5 系列 MSME152 型号伺服电机，额定转矩为 7.16N·m，额定转速为 2000rad/min，额定功率为 1.5kW，带抱闸。驱动器型号为 MDDHT5540，如图 8-21 所示。

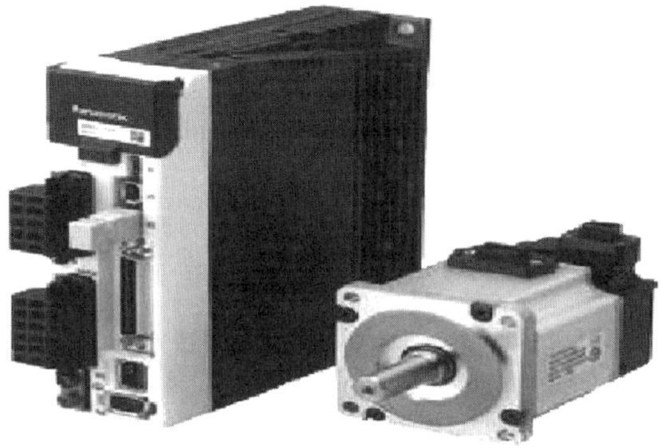

图 8-21　松下 MSME152 伺服电机及 MDDHT5540 驱动器

### 4. 关键传感器选型

限位开关又称接近开关，可以安装在相对静止的物体(如固定架、门框等，简称静止物)上或者运动的物体(如行车、门等，简称运动物)上。当运动物接近静止物时，开关的连杆驱动开关的接点引起闭合的接点断开或者断开的接点闭合。由开关接点开、合状态的改变去控制电路和电机。

经过论证和实验对比，发现选用欧姆龙型的接近开关能够满足机器人在现场的各项工作的需要。图 8-22 为限位开关的一些特性。

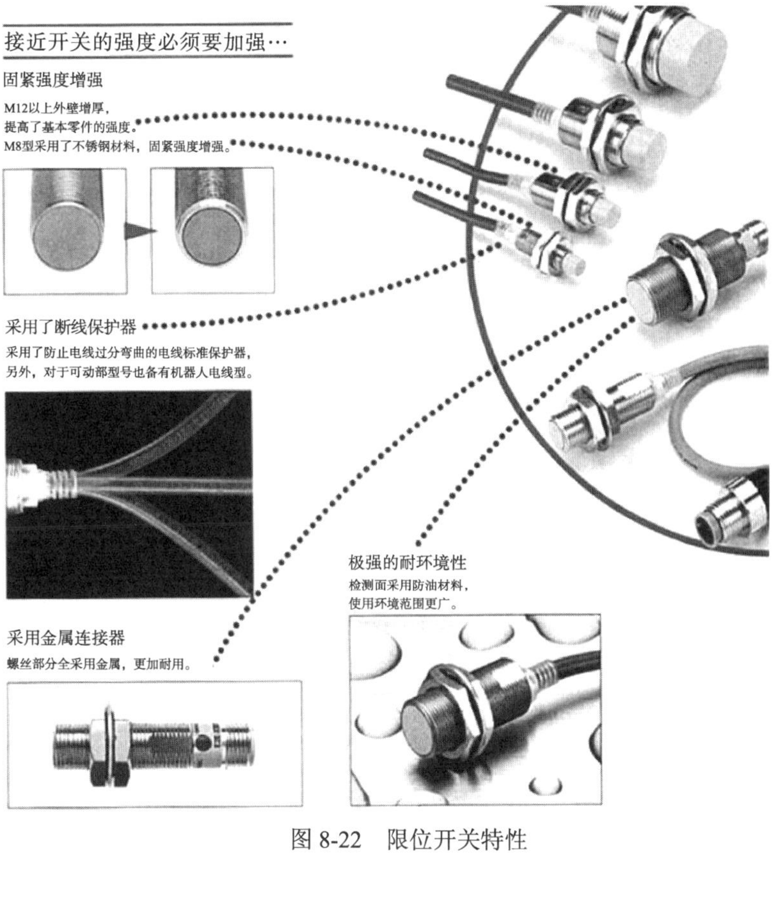


图 8-22　限位开关特性

在机器人中采用限位开关的目的是判断机器人三轴是否准确达到原点和正负限位，机器人在做单轴零点校正时，向限位开关运动，当经过零点接近开关时，机械臂减速，当检查到限位开关信号时，机械臂立刻制动。因此，接近开关的感应精度、电机的运转速度和控制系统每次控制电机制动的时间延迟决定了零点精度。在现场实验中，测得机器人零点精度误差达 1mm，该值满足设计的需求。

### 5. 运动控制器选型

控制系统的硬件选型主要包括工控机产品的选择、机型的选择和模块的选择。目前，国内外有众多的工控机生产商提供多种系列、功能各异的工控机产品，所以在选择工控机产品和机型的时候，一定要在满足系统功能需要的前提下，权衡利弊、全面分析、合理选择以求经济实用，防止资源浪费。结合项目的经验，选用工控机、端子板、触摸屏如下所述。

(1) 工控机。工控机是一种嵌入式 PC 与运动控制卡结合为一体的运动控制器。机器人采用的是 GUC-T 系列 GUC-400-TPV/TPG-M01-L2-F4G 型号的运动控制器，与以往的运动控制卡通过总线插入计算机的 PCI 插槽上的方式相比，其运行更加稳定可靠，抗干扰能力强，体积更小，便于搬运。其运行平台为 Windows CE 或者 Windows XP，此处采用应用较为普遍的 Windows XP 系统。运动控制器通过脉冲信号的输出控制机器人各轴的伺服驱动器，进而控制各轴的伺服电机的运转。此外控制器还提供了高速 I/O 接口，能够满足数字信号控制需求，通过数字信号输出控制末端执行器的各电磁阀，以实现执行器的翻转、打开、闭合等动作；通过数字信号的输入控制器了解机器人目前的状态。通过模拟量接口输入的激光测距传感器的模拟量信号数值来判断硫化机的状态信息。控制器外形如图 8-23 所示，与各伺服驱动器直接相连的有一块端子板。

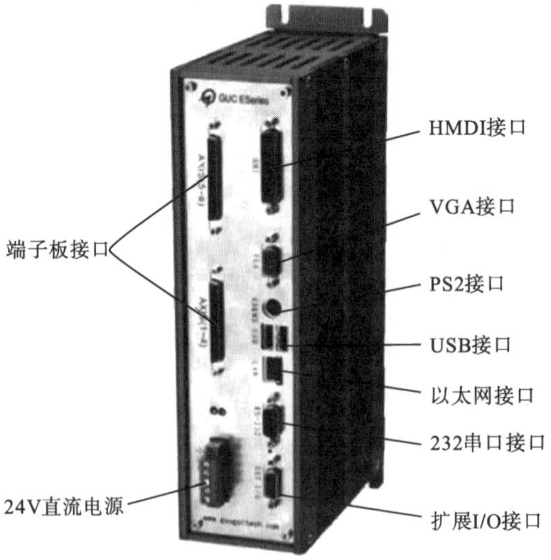


图 8-23　机器人 GUC 多轴一体化运动控制器

(2) 端子板。端子板如图 8-24 所示，端子板包含数字量输入输出、模拟量输入、驱动器输出。数字量输入输出在端子板的右边，由两排 16 路通用数字量输入和输出组成，通用数字量输入输出信号包括限位信号、电磁阀信号和磁性开关信号等。连接控制器的信号端口在端子板的上方，其为 50 芯引脚，由专门的线缆连接端子板和控制器。连接驱动器的端口在端子板的左边，端口号为 Axis1~Axis4，每个端口可以单独控制伺服驱动器运动，端子板最多能连接 4 个驱动器，正好能够满足控制系统的需求。电源接口在端子板的左下方，为直流 24V 供电。

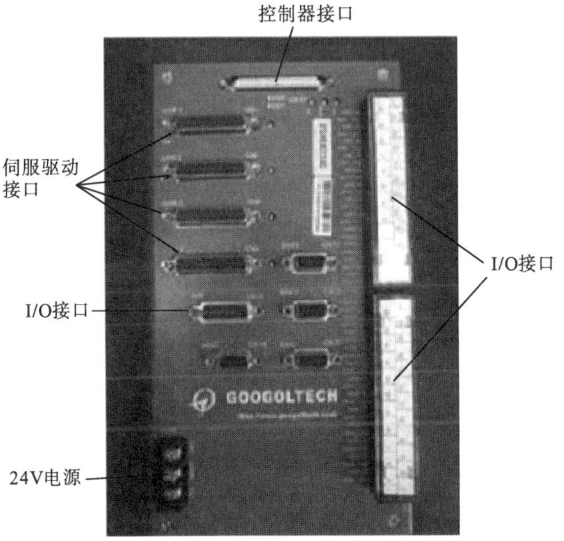


图 8-24 运动控制器端子板

(3) 威纶通 EMT3120A 触摸屏。触摸屏作为控制系统的上位机，其功能越来越复杂，不仅仅是一块简单的操作屏，其更多地融入了网络功能，能够实现显示、操作、监控等功能，是一个网络化信息控制平台。目前，比较流行的触摸屏有威纶通、西门子、汇通等品牌，其中威纶通触摸屏适用广泛、扩展性能良好，能够连接西门子、罗克韦尔等 PLC，其良好的串口通信协议能够支持与工控机之间的通信。机器人选用威纶通 EMT3120A 触摸屏，其配置高、画面清晰、运行稳定，如图 8-25 所示。机器人中触摸屏为操作人员提供了一个便于交互的人机界面，同时实现了对机器人运动状态的实时监控，兼顾机器人手动示教的作用。

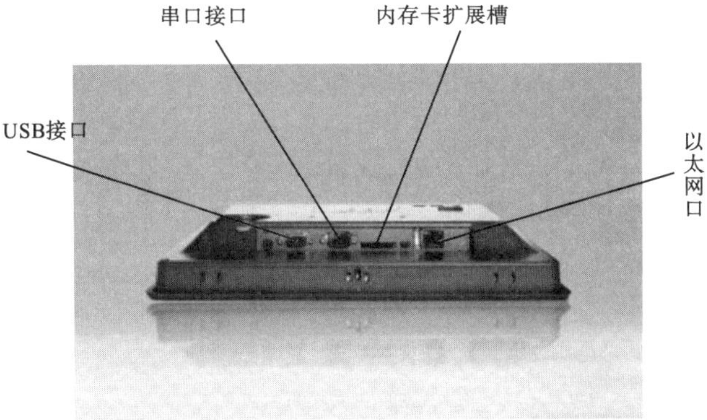


图 8-25 威纶通 EMT3120A 触摸屏接口

## 8.4.2 电气设计与实现

电气设计包括电气系统电源供电设计、系统连接设计、输入端口分配、输出端口分配等多个部分，下面将对各个部分做详细介绍。

### 1. 电气系统电源供电

由于工厂采用三相 380V 供电，所以控制系统采用的是三相 380V 供电，并由一个总电源开关控制主电路的通断。三相 380V 电源其单项与地之间电压为 220V，可以为开关电压和上电指示灯供电。由于选用的是松下伺服驱动器和电机，需要 220V 电源为其供电，并且松下 3kW 驱动器必须由三相供电，所以三相 380V 工业电源必须经过 380V/220V 变压器，再经过滤波器处理后方能给松下驱动器供电。对于每个驱动器应该配有一个空开，并且三个驱动器前面配一个总空开。工控机普遍采用的是 DC24V 供电，并且触摸屏和端子板也是采用 DC24V 供电，为了加强主电路供电的稳定性和可操作性，工控机和触摸屏由一个 DC24V 开关电源负责供电，端子板和其他传感器以及电机抱闸由另外一个 DC24V 开关电源负责供电，并且在它们前面分别配有一个空开。为了适应夏天炎热的天气，控制柜应该配备一个散热风扇，为了方便调试，控制柜应该准备一个插排，插排和风扇分配一个空开。主电路供电如图 8-26 所示。

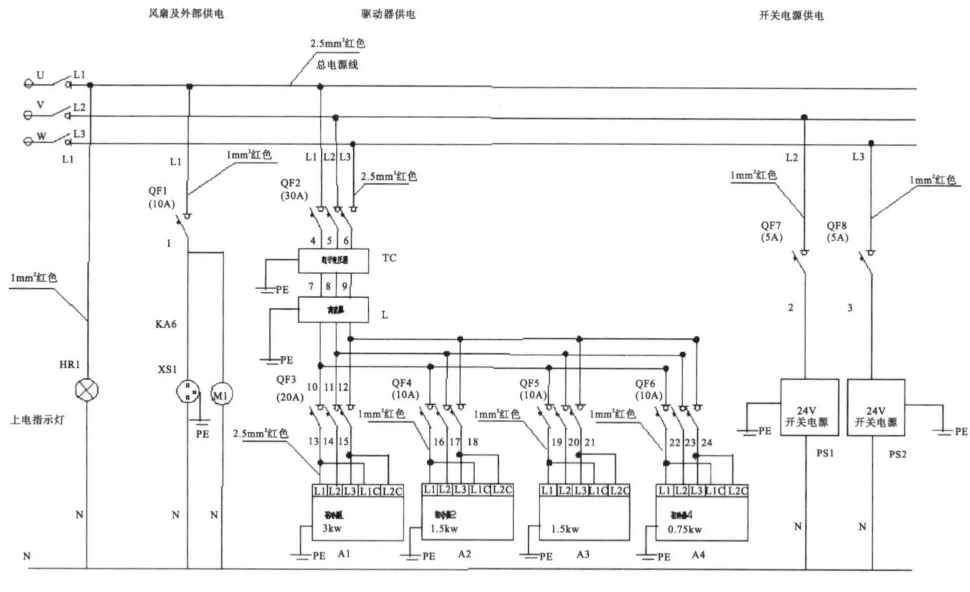


(a) 工控板电路连接图

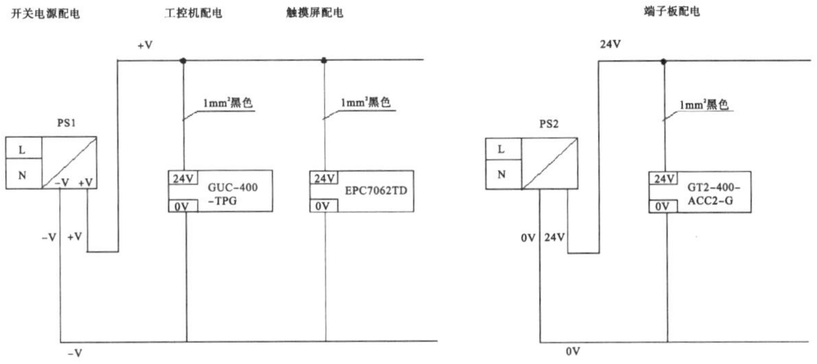


(b) 触摸屏电路连接图　　(c) 端子板电路连接图

图 8-26　主电路供电

## 2. 系统主要部分连线

控制系统硬件主要由触摸屏、工控机、端子板和驱动器组成。工控机与触摸屏之间采用 RS232 串口连接，工控机与端子板之间采用工控机专用线缆连接，端子板与驱动器之间采用 16 芯屏蔽双绞线连接。其连接图如图 8-27 所示。

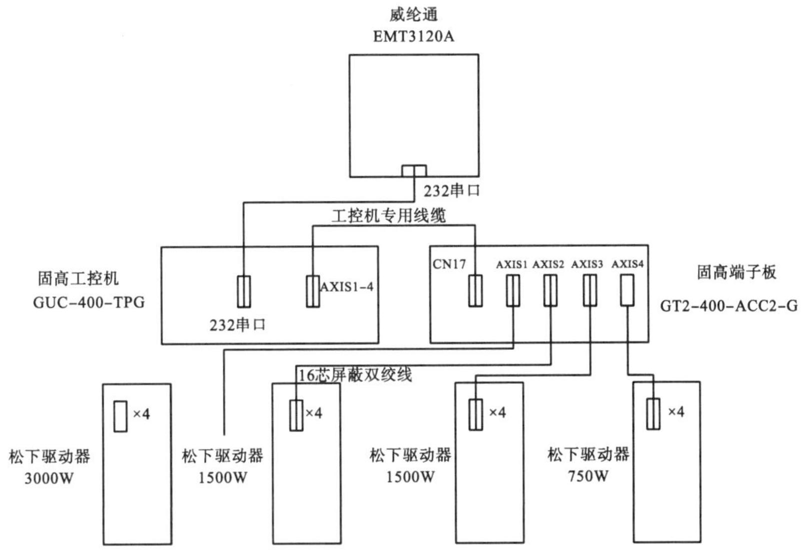


图 8-27　控制系统硬件连接

## 3. 输入端口分配及连线

输入信号主要分为接近开关输入信号和磁性开关输入信号。接近开关输入信号是各个轴的正负限位和原定信号，机器人有三个轴，机器人上下料辅助系统有一个轴，总共有 12 个接近开关信号输入。磁性开关输入信号是检查各个气缸伸缩是否到位的输入信号，每个气缸安装两个磁性开关，总共有 8 个气缸及 16 个磁性开关信号输入。其接线图如图 8-28 所示。

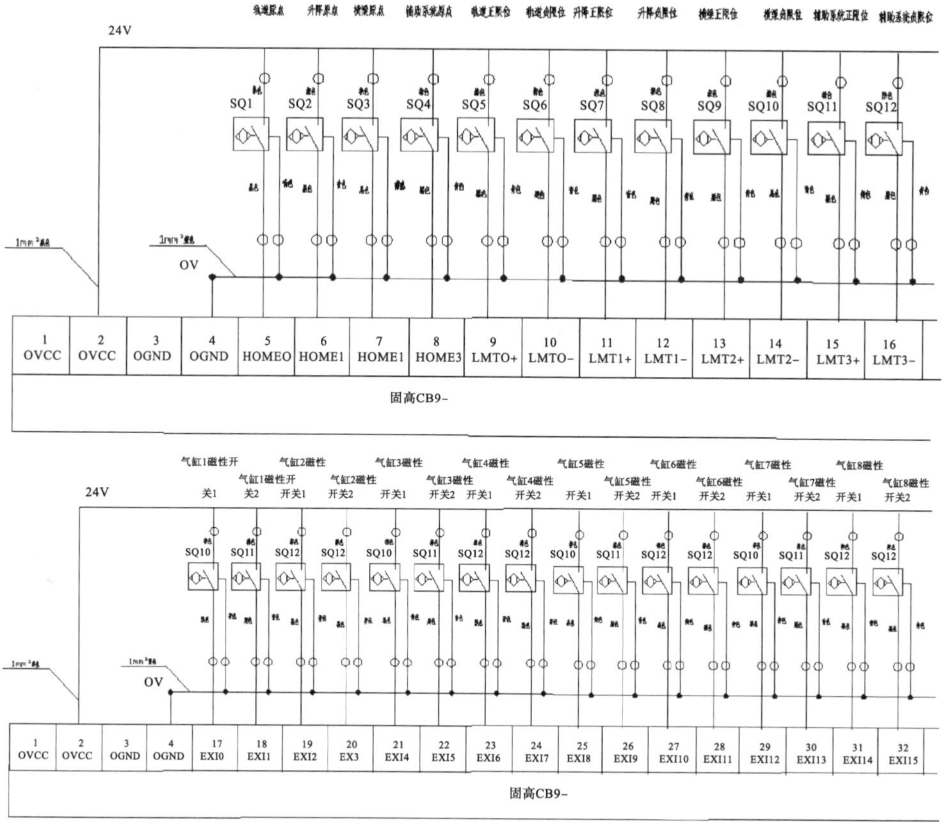


图 8-28　输入端口分配及连线

### 4. 输出端口分配及连线

输出信号主要控制各个轴电机的抱闸及其夹持装置和辅助上下料系统各个气缸的动作。其中，机器人总共有 4 个电机(本体 3 个，辅助上下料系统 1 个)，每个电机由一个输出端口控制抱闸的开合，需要 4 路输出信号。每个夹持装置有 1 个气缸，共有 4 个夹持装置，每个气缸由一个输出信号控制，需要 8 路输出信号。辅助上下料系统有 4 个气缸，需要 4 路输出信号。所以，总共需要 12 路输出信号。每路输出信号需要加继电器隔离以增加控制系统的稳定性和安全性，并加大输出信号的驱动能力。其接口分配和连线图如图 8-29 所示。

## 8.4.3　电气参数优化

在机器人安装完毕后，需要对机器人的参数进行一系列的调整，使其能够满足在现场环境中无故障运行，达到所需要的快速性、稳定性和准确性，所以需要对电机的伺服单元进行优化。

调整(调谐)是优化伺服单元响应性的功能。响应性取决于伺服单元中设定的伺服增益。伺服增益通过多个参数(速度环增益、位置环增益、滤波器、摩擦补偿、转动惯量比等)的组合进行设定，彼此之间相互影响。因此，伺服增益的设定必须考虑各个参数设定值之间的平衡。一般情况下，刚性高的机械可通过提高伺服增益来提高响应性。但对于刚性低的机械，当提高伺服增益时，可能会产生振动，从而无法提高响应性。此时，可以通过伺服单元的各种振动抑制功能来抑制振动。伺服增益的出厂设定为稳定的设定。可根据用户机械的状态，使用伺服驱动器上与调整相关的辅助功能来调整伺服增益，以进一步提高响应性。使用该功能后，上述的多个参数将被自动调整，因此通常无须单独调整。

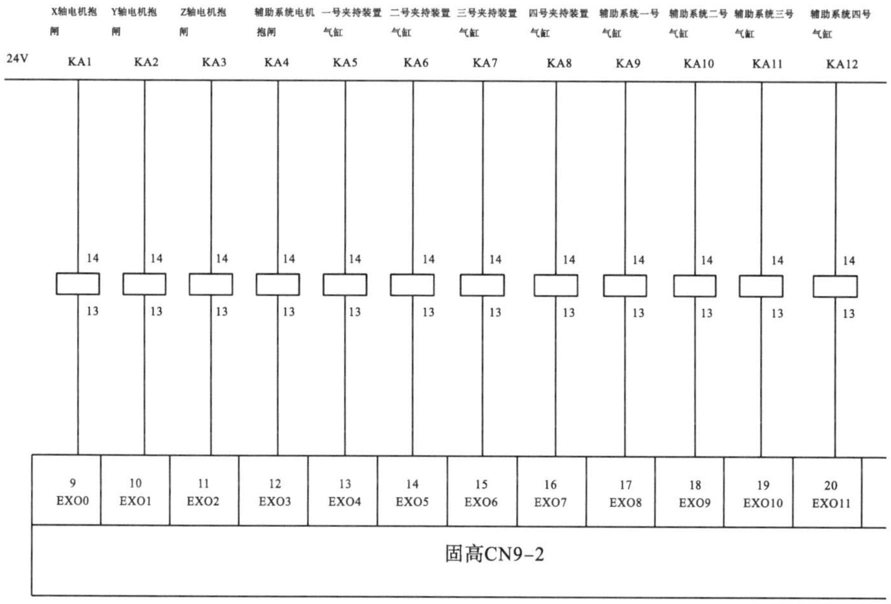


图 8-29　输出端口分配及连线

图 8-30 为基本调整步骤的流程图。根据所用机械的状态和运行条件进行适当调整。

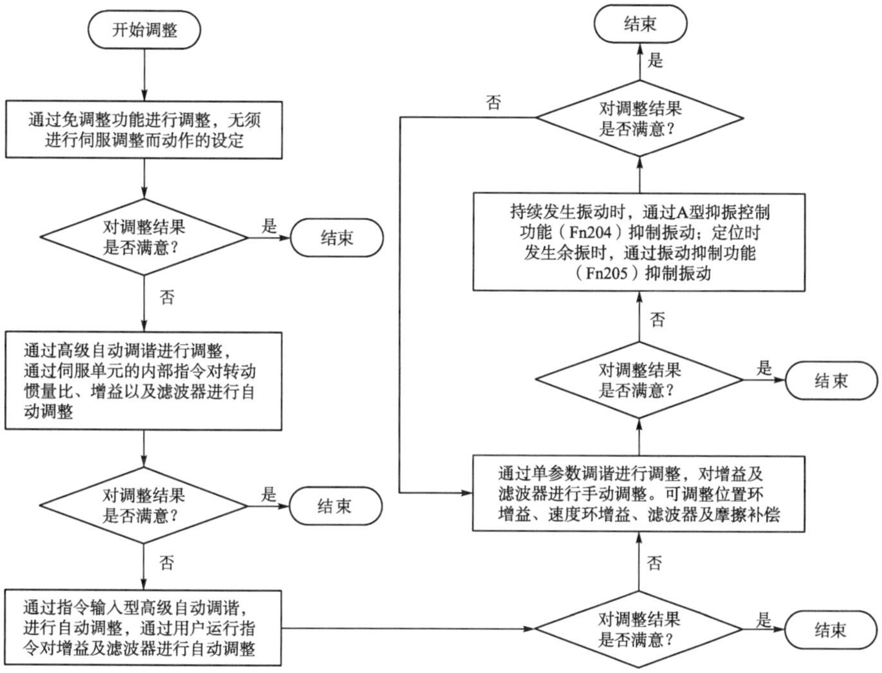


图 8-30　基本调整步骤流程图

# 8.5 项目工业机器人控制设计

程序是机器人自动运行的核心，在可靠的机械及电气的保障下，程序担负着如何控制机器人完成各式各样的动作和任务的作用。控制程序的关键在于稳定，在于有一个可靠的控制结构，机器人的控制结构中包含了运动、通信、触摸屏方面的内容。总体控制架构涉及控制流程的整个架构，而各部分又独立完成相关的任务。

## 8.5.1 总体控制架构

本项目的机器人控制建构如图 8-31 所示。

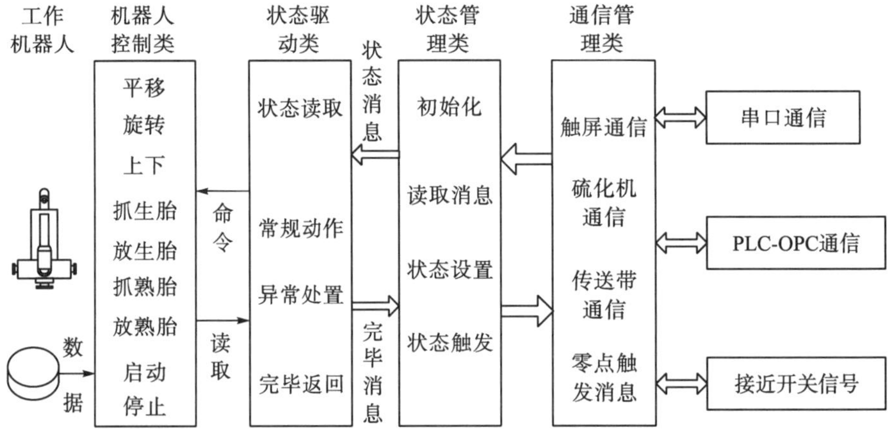


图 8-31 控制总体架构

在图 8-31 中，机器人为运行主体，机器人控制类功能是直接与机器人进行交互来控制机器人完成相关动作，其中包括抓放胎、零点矫正、自动运行等。

状态驱动类功能是完成基本的机器人状态的读取和运动的组合，在状态管理类和机器人控制类之间作为一个数据交互桥梁，状态管理类功能也起着数据桥梁的作用，将通信获取的硫化机和传送带信息发送给状态驱动类来驱动机器人运动，同样从状态驱动类处获取机器人的相关信息来发送给通信管理类。

通信管理类功能是完成机器人与触屏、硫化机和传送带之间的通信，保证各个系统之间可以正常交互运行。

## 8.5.2 工作流程设计

整个控制流程分为开工、生熟串抓、收工三个模式，在开工阶段，硫化机是空的，该阶段只是单向地向硫化机里放生胎。该阶段结束后，即整条流水线的硫化机都放进生胎后，机器人回到第一台硫化机准备点处等待进入生熟串抓阶段工作。该阶段，机器人首先是将单台硫化机的四层硫化好的熟胎抓取出来，然后再向硫化机里填上生胎，然后移动到下一台硫化机重复动作。该阶段动作一直持续重复。直到接收到操作员的停机指令后，机器人在完成当前工作后，回到第一台硫化机准备点处才开始进入第三阶段，即收工阶段。该阶段机器人不再向硫化机内放生胎，只是单向地将硫化机内硫化好的熟胎抓取出来。

三个工作阶段的单台硫化机轮胎抓取流程图如图 8-32、图 8-33 和图 8-34 所示。

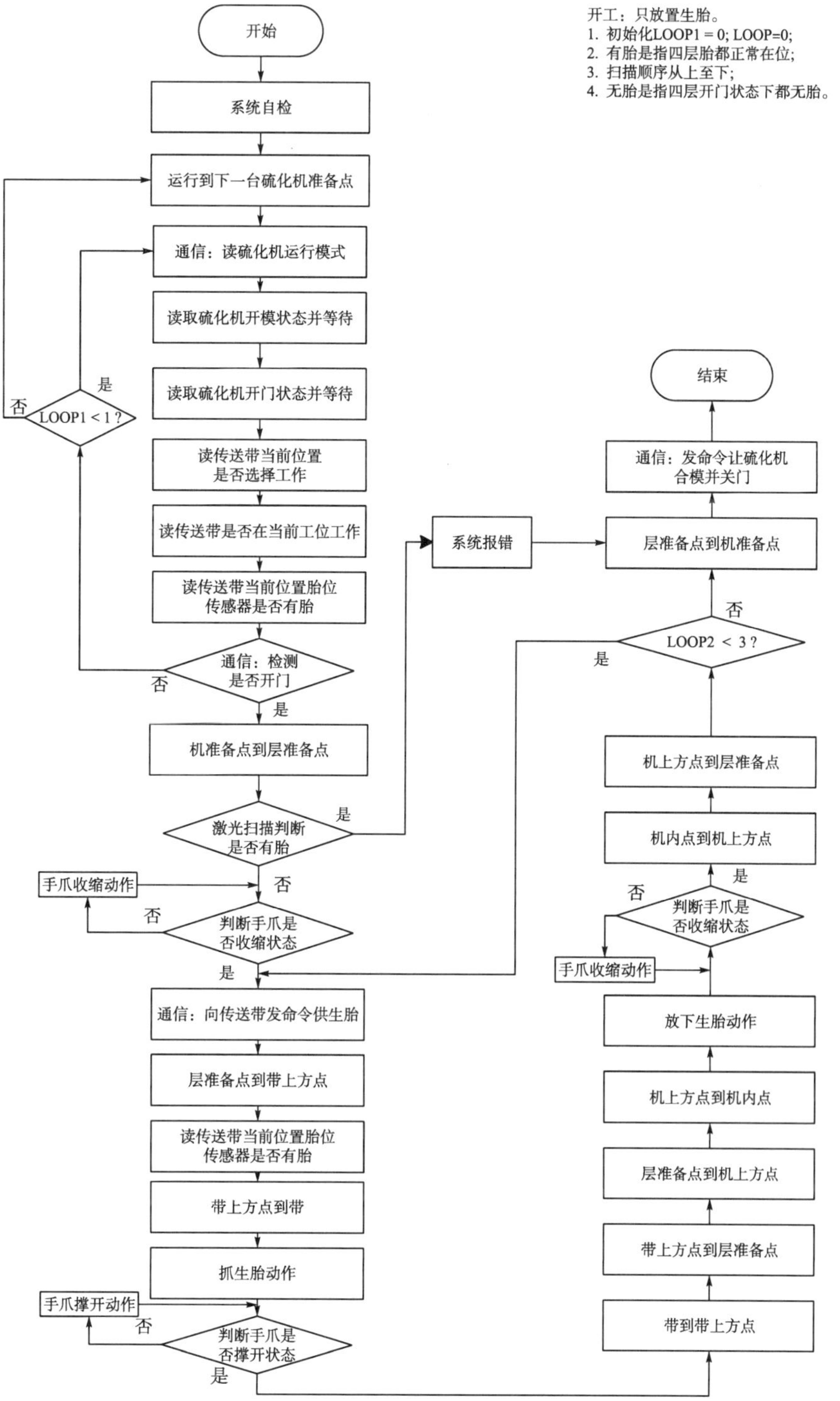


图 8-32　只抓取生胎流程

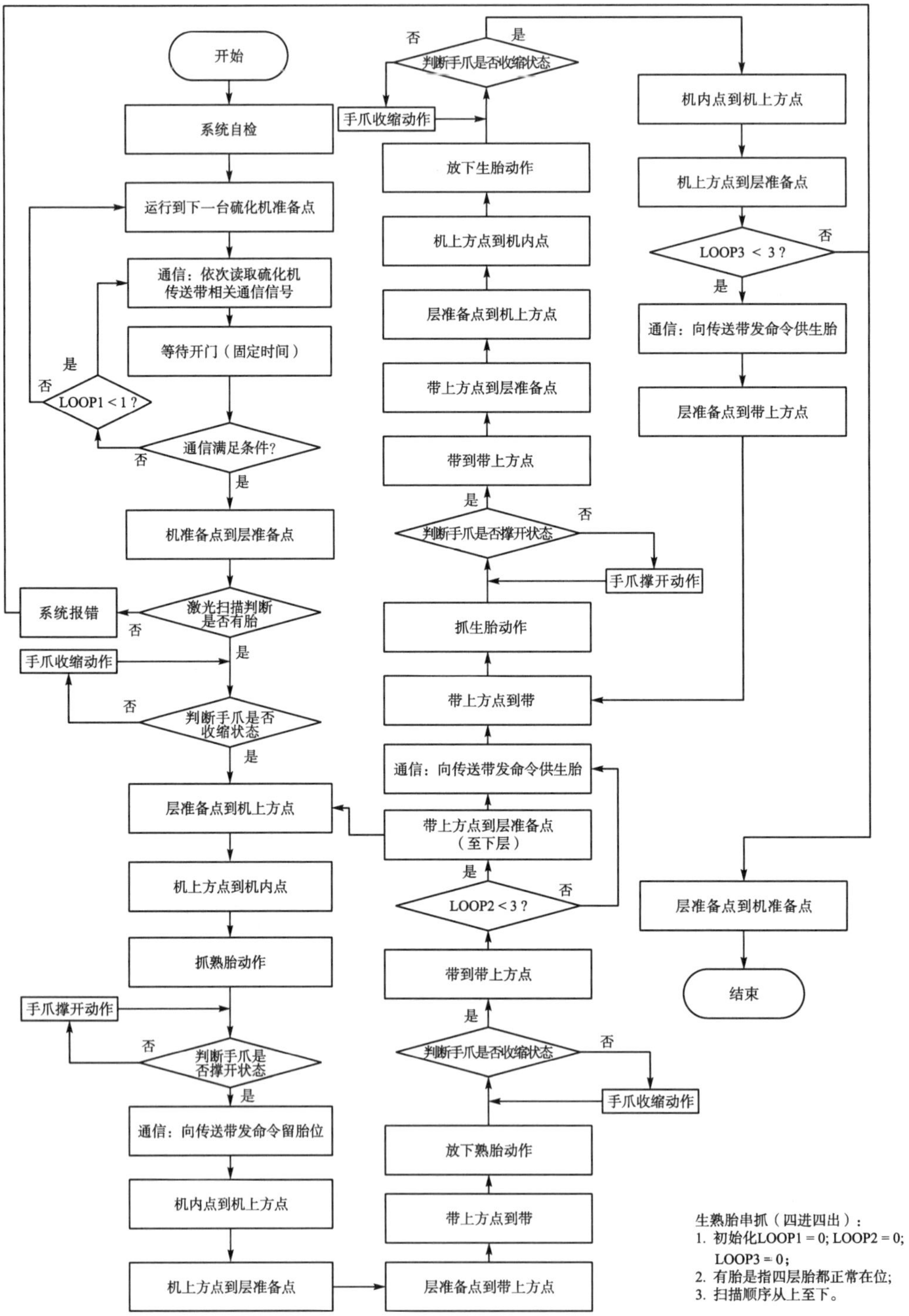


图 8-33　抓生胎放熟胎流程

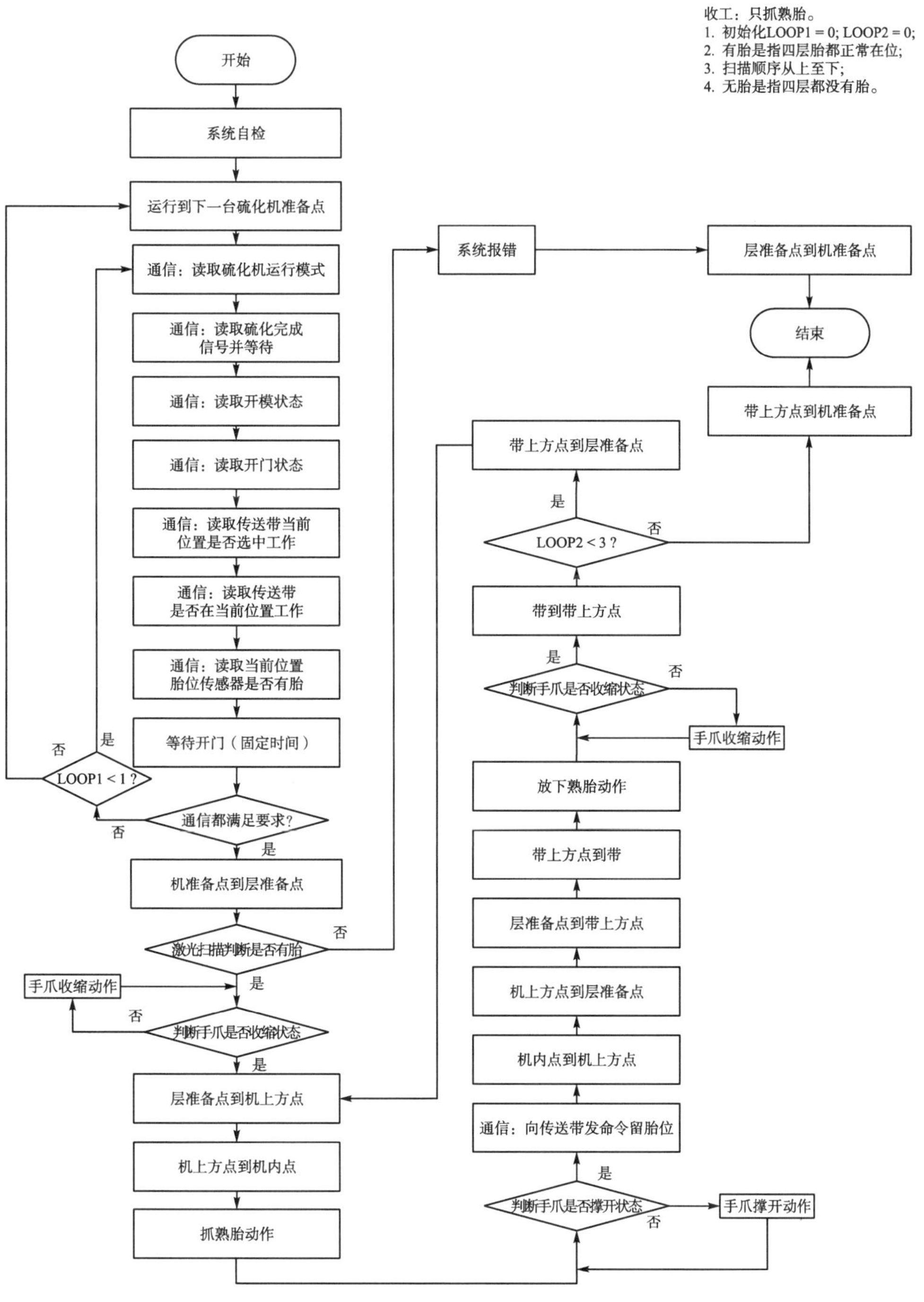


图 8-34　收工流程

## 8.5.3　工业现场通信设计

为了满足现场传送带、机器人、硫化机之间的协同，项目组设计了基于隐形组态的工业现场通信方案，包括通信网络架构、通信网络协议。

### 1. 轮胎生产线工业通信网络架构

为了满足机器人的工作需求，对单条生产线的通信与控制，设计通信与控制网络架构，如图 8-35 所示。

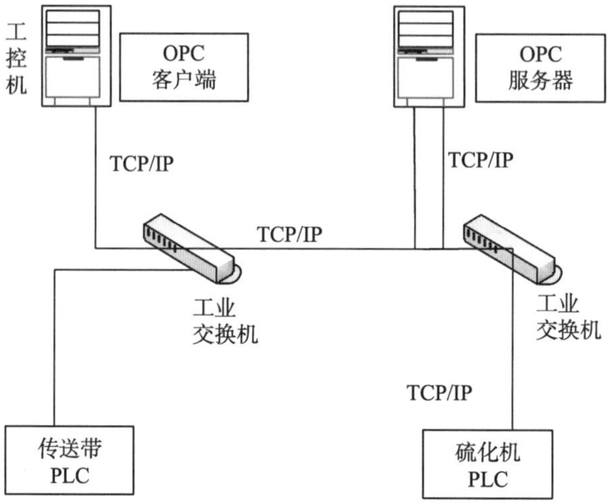


图 8-35 单条生产线工控网络示意图

网络中，各模块的通信协议与处理软件如表 8-5 所示。

**表 8-5 工控网络中各模块通信协议与程序**

| 名称 | 通信协议 | 通信程序 |
|---|---|---|
| OPC 服务器 | TCP/IP<br>RS485 | Kepware |
| OPC 客户端 | TCP/IP | 自编 |
| 硫化机控制(三菱 PLC) | TCP/IP | 设备自带 |
| 传动带控制(三菱 PLC) | TCP/IP | 设备自带 |

### 2. 轮胎生产线工业通信协议

在本方案中，通信网络协议包括机器人与硫化机通信协议、机器人与传送带通信协议两部分，下面对其分别进行介绍。

(1)机器人与硫化机通信协议。

①IP 地址配置，硫化机的 IP 地址配置如表 8-6 所示。

**表 8-6 机器人与硫化机 IP 地址设置表**

| 序号 | 名称 | IP 地址 | 端口 | 说明 |
|---|---|---|---|---|
| 1 | 机器人 | 192.168.1.51 | 5001 | 通过 OPC 配置与读取 |
| 2 | 硫化机 | 192.168.1.101 | 5000 | |
| 3 | 传送带 | 192.168.1.161 | 5001 | |

②PLC 寄存器设置。为了满足生产实际，还需要将硫化机 PLC 中的寄存器与控制目标协同起来。总体上，硫化机采用的三菱 Q02u 系列 PLC，包含 4 类信息，分别为机器人就位信息、上料完毕信息、硫化完成信息、柜门开关信息，共 88 个变量，具体含义如下。

a. 机器人就位信息，其接收变量为 M1~M22，类型为 BOOL，1 表示机器人就位，硫化机打开相应柜门；0 表示机器人离开，关闭相应柜门。此信号由服务器发往 PLC，服务器主动发。

b. 上料完毕信息，其接收变量为 M23~M44，类型为 BOOL，1 表示上料完毕。此信号由服务器发往 PLC，服务器主动发。

c. 硫化完成信息，其发送变量为 M45~M66，类型为 BOOL，1 表示 PLC 已完成硫化，机器人可以抓取；0 表示硫化还未结束，还需等待。此信号由 PLC 返回服务器，服务器主动读。

d. 柜门开关信息，其发送变量为 M67~M88，类型为 BOOL，1 表示门已打开，机器人可以抓取；0 表示门关闭。此信号由 PLC 返回服务器，服务器主动读。

(2) 机器人与传送带通信协议设置。

①机器人与传送带通信地址配置，如表 8-7 所示。

**表 8-7　OPC 服务器与传送带 RS485 地址设置表**

| 序号 | 名称 | RS485 地址 | 说明 |
| --- | --- | --- | --- |
| 1 | 服务器 | 0 | 通过 OPC 配置与读取 |
| 2 | 硫化机 | 2 | |

②传送带 PLC 寄存器设置。硫化机采用的西门子 S7-200 系列 PLC，包含 4 类信息，分别为上层传送带就位信息、下层传送带就位信息、上层下料完毕变量、下层下料完毕变量，共 4 个变量。

a. 上层传送带就位信息，其接收变量为(Q01)，类型为 short，1 表示上层传送带就位，0 表示上层传送带正在准备中。此信号由 PLC 发往服务器，服务器主动读。

b. 下层传送带就位信息，其接收变量为(Q02)，类型为 short，1 表示下层传送带就位，0 表示下层传送带正在准备中。此信号由 PLC 发往服务器，服务器主动读。

c. 上层下料完毕变量，其接收变量为(Q03)，类型为 short，1 表示上层传送带下料完毕，传送带可以卸下上面的熟胎；0 表示上层传送带正在下料中。此信号由服务器发往 PLC，服务器主动发。

d. 下层下料完毕变量，其接收变量为(Q04)，类型为 short，1 表示下层传送带下料完毕，传送带可以卸下上面的熟胎；0 表示下层传送带正在下料中。此信号由服务器发往 PLC，服务器主动发。

### 3. 机器人通信服务器设计

在本设计中，机器人通信服务器采用 Kepware 软件实现，开发 Kepware 软件的 KEPServerEx 公司为全球工业界领先的 OPC 服务器，提供非常卓越的工业互联通信能力，集成了工业市场上 100 多种通信协议、支持数百种以上设备型号的驱动程序。配置完成的 Kepware 服务器如图 8-36 所示。

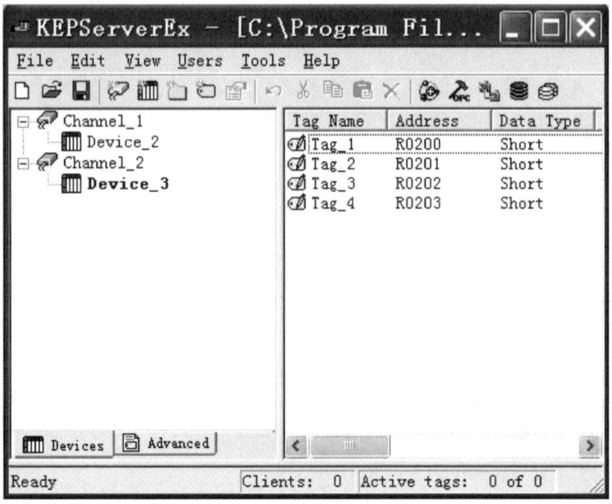


图 8-36 配置完成的 Kepware OPC 服务器

### 8.5.4 现场调试

#### 1. 测量相关传感器和电机运行情况

(1) 传感器。通过触发传感器读取返回值来确定获取传感器的状态，确定是否正常工作。①接近开关：触碰接近开关，接近开关灯亮。②磁性开关：利用电磁阀控制气缸动作，按下电磁阀，两个气缸的不同磁性开关亮起，松开电磁阀，其余两个磁性开关亮起。

(2) 电机。通过运行电机来观察电机是否有异常发生，读取编码器的值，查看是否与发送脉冲一致。

(3) 气缸。通过控制电磁阀来控制气缸动作，查看气缸是否运行合理。按下电磁阀，手爪收缩；松开电磁阀，手爪撑开。

#### 2. 确定零点位置

在确定机械零点和电气零点正常安装之后，利用零点矫正程序使得机器人运行到各轴相应零点。

根据手爪的位置确定零点矫正的顺序，在不会干涉的情况下，首先手动进行前进轴的零点矫正，接着进行上下轴的零点矫正，最后进行横轴的零点矫正。多次进行零点矫正，查看是否每次零点矫正都在相同的位置。

#### 3. 保存相关相对位置

保存的相对位置包括：①传送带相对零点的相对位置；②硫化机准备点相对于零点的相对位置；③硫化机层准备点相对于零点的相对位置；④传送带上方点相对于零点的相对位置。

#### 4. 保存硫化机点位信息

首先保证机器人在零点位置，然后利用点位和插补模式移动机器人到相应的硫化机内部抓胎位置，保存当前点为硫化机的点位信息，然后依次保存相关点位，直至所有硫化机点位信息都保存完毕。

#### 5. 单步运行流程中的关键步骤

运行步骤包括：①从零点到硫化机准备点；②从硫化机准备点到传送带上；③从传送带上到硫化机层准备点。

#### 6. 单台硫化机自动运行流程

自动运行流程包括：①自动抓生胎；②自动抓熟胎、放生胎；③自动抓熟胎三个流程。

#### 7. 通信基础代码测试

①读取硫化机硫化完成、开模、开门等信息，查看是否正确；②控制硫化机自动硫化，查看是否可以完成该动作；③读取传送带相应工位的有无胎信息，查看是否能够正确获得相关信息；④控制传送带启动、停止、重新启动等，查看是否可以完成相关动作。

#### 8. 硫化机、机器人、传送带联调

在通信模块测试结束后，进行硫化机、机器人、传送带联调，完成自动化流水线运行，查看联调的合理性。

测试流程如下：①启动机器人，开启自动运行模式，此时，机器人运行，传送带运行，硫化机运行，机器人能够从抓生胎模式转换到抓生胎放熟胎模式，最后到只放熟胎模式；②其间查看硫化机和传送带是否能够对应硫化机的指令完成相应动作。

## 参考文献

[1] 郭洪红. 工业机器人运用技术[M]. 北京：科学出版社, 2008.

[2] 蔡自兴. 机器人学[M]. 北京：清华大学出版社, 2008.

[3] 叶晖, 管小清. 工业机器人实操与应用技巧[M]. 北京：机械工业出版社, 2010.

[4] 郑泽钿, 陈银清, 林文强，等. 工业机器人上下料技术及数控车床加工技术组合应用研究[J]. 组合机床与自动化加工技术, 2013, 7: 105-108.

[5] 余任冲. 工业机器人应用案例入门[M]. 北京：电子工业出版社, 2015.